普通牧实验教

实验教

（第三版）

主　编　郭松青　李文清

副主编　李泽朋　谭红革　张小娟　郭艳蕊

参　编（按姓氏笔画）

王金华　王　娟　刘文泼　刘　冶

刘鸿鹏　齐雪莲　许　莹　严慧羽

杨　芳　陈逸飞　张敬芳　张　颖

郭松云　魏　通

中国教育出版传媒集团

高等教育出版社·北京

PUTONG WULI SHIYAN JIAOCHENG

内容简介

本书是在 2019 年出版的高等学校物理实验教学示范中心系列教材《普通物理实验教程》(第二版)的基础上,结合近年来的教学研究成果和教材使用情况修订而成的。本书共分"实验理论基础知识""基础实验""设计实验专题"三篇,分为 13 章,包含 100 个实验。其中"基础实验"包含 66 个实验,可作为必修和选修实验;"设计实验专题"包含 34 个实验,可作为实验室开放选题或选修实验。本书"基础实验"中实验所配教学录像资料作了部分修改,期望为使用者提供更多的帮助。

本书可供高等学校理工科各专业的学生作为物理实验课程教材使用,也可供其他读者阅读。

图书在版编目(CIP)数据

普通物理实验教程 / 郭松青,李文清主编. -- 3 版. -- 北京 : 高等教育出版社,2023.12
ISBN 978-7-04-059757-8

Ⅰ. ①普… Ⅱ. ①郭… ②李… Ⅲ. ①普通物理学-实验-高等学校-教材 Ⅳ. ①O4-33

中国国家版本馆 CIP 数据核字(2023)第 010287 号

策划编辑	吴 荻	责任编辑	吴 荻	封面设计	王 琰	版式设计	杜微言
责任绘图	于 博	责任校对	王 雨	责任印制	存 怡		

出版发行	高等教育出版社	网 址	http://www.hep.edu.cn
社 址	北京市西城区德外大街 4 号		http://www.hep.com.cn
邮政编码	100120	网上订购	http://www.hepmall.com.cn
印 刷	北京市密东印刷有限公司		http://www.hepmall.com
开 本	787mm×1092mm 1/16		http://www.hepmall.cn
印 张	26.5	版 次	2015 年 11 月第 1 版
			2023 年 12 月第 3 版
字 数	570 千字		
购书热线	010-58581118	印 次	2023 年 12 月第 1 次印刷
咨询电话	400-810-0598	定 价	53.00 元

前言

本书是在 2015 年出版的高等学校物理实验教学示范中心系列教材《普通物理实验教程》(2018 年获得中国民航大学校级优秀教材奖)、2019 年出版的《普通物理实验教程》(第二版)(2021 年获得天津市课程思政优秀教材奖)的基础上,结合近年的教学研究成果和教材使用情况修订而成的。本书作为高等学校理工科各专业学生的物理实验课程教学用书,在修订过程中,我们秉承不变的理念,以适应新工科教育为前提,以奠定优良的基本实验能力、培养综合能力和创新意识、提高综合素质为目标,以适应时代要求和满足学生需求为根本任务。

本次修订保持了原教材的整体结构及内容编排规则,重点改进了原教材中基础实验篇中一些实验项目。第一,增加了 12 个实验项目,以满足不同院校实验教学的需要。第二,结合专业培养计划的修订和实验设备的更新在实验步骤及数据处理等方面作了相应的变化,更有利于实验课程的教学。第三,补充了部分实验项目所用实验设备的实物图片,更便于学生学习。第四,对部分实验项目的实验数据记录表和实验结果表重新设计,更便于使用。第五,对实验教学视频资料进行了补充和修改。修订后的教材可以满足 30~60 学时的实验课程的需求,也满足选做、选修实验课程和实验室开放课的需要。

本书由郭松青、李文清担任主编,郭松青负责全书的整理和统稿工作。参与本书编写工作的老师们的具体工作如下:绪论、第 1、第 2、第 3、第 9 章由郭松青负责编写;第 4、第 13 章、附录及参考文献由李文清、张敬芳、郭松云负责编写;第 5、第 10 章由张小娟、李泽朋、张颖负责编写;第 6、第 11 章由郭艳蕊、谭红革、陈逸飞、齐雪莲负责编写;第 7、第 12 章由李泽朋、谭红革、杨芳、魏通、严慧羽、郭松青、刘文泼负责编写;第 8 章由刘鸿鹏负责编写;新增的实验项目分布在第 6、第 7 章,由郭松青、李泽朋、谭红革负责编写;图表由郭松青、王金华、许莹、王娟负责制作;视频资料由刘冶负责制作;阅读资料由张小娟、郭松云负责整理。全书的校对工作由郭松青、李文清、李泽朋、谭红革负责完成。在本书编写过程中得到了理学院领导、物理实验中心领导、系领导和同事们的支持和帮助,编者在此深表谢意。在本书编写过程中参阅了大量的书籍资料,这些书籍资料凝聚了物理学同行们的智慧,编者在此一并表示衷心的感谢。

由于我们的水平有限和实验室条件的限制,书中难免有一些错误、不当之处,敬请各位读者批评指正。

编　者
2022 年 6 月

目录

第三篇　设计实验专题

第 一 篇

实验理论基础知识

绪论

一、普通物理实验的任务和特点

物理学是自然科学中最基础、最重要、最活跃的一门实验科学. 而实验是人们为实现或验证某些想法,借助一些仪器而完成的有目的性的工作. 纵观物理学发展的历史长河,正是由于伽利略把实验的方法引入了物理学理论的研究中,才成就了今天的物理学理论. 纵观近现代颁发给物理学中里程碑式的重大发现的诺贝尔物理学奖,据不完全统计,与实验相关的获奖项目占总获奖项目的约 70%. 因此,可以说物理实验是物理学理论的先驱. 物理实验在实验思想、实验方法以及实验手段等方面是各学科科学实验的基础,体现了大多数科学实验的共性,在培养学生严谨的科学思维和创新能力,培养学生理论联系实际,特别是与科学技术发展相适应的综合能力等方面起着重要的作用. 由此可见,物理实验的重要性非同一般.

普通物理实验课是为高等学校理工科专业独立设置的一门非常重要的基础实验课. 它是理工科专业的大学生在实验思想、实验方法、实验技能等方面首先接触到的较为系统的、严格的基础训练,是培养学生自主学习精神、创新思维乃至为未来从事科技事业奠定基础的关键一步. 普通物理实验课不仅具有极强的科学性,同时也具有极强的时代性、社会性. 普通物理实验课不仅使学生将理论知识与实验知识融为一体,更主要的是在培养学生的基础科学实验能力、科学世界观、良好的综合素质等多方面,起着其他课程不可替代的、重要的作用.

(一) 普通物理实验课的主要任务

普通物理实验课的主要任务是对大学生进行严格的、系统的实验理论、实验方法、实验技能和科学研究能力的培养和训练. 具体而言,即培养和训练学生的① 使用实验教材、查阅参考资料的能力;② 初步设计实验的能力;③ 正确调整和使用常用的基本实验仪器的能力;④ 正确观察实验现象,准确记录实验数据的能力;⑤ 科学、正确地处理实验数据,分析实验数据的可靠性,得出正确的实验结果的能力;⑥ 撰写规范的、完整的实验报告的能力.

普通物理实验课可以培养学生理论联系实际和实事求是的科学作风,严谨认真的科学态度,积极主动的探索精神,遵守纪律、团结协作、爱护公共财产的优良品德. 普通物理实验课不仅可以使学生掌握实验知识,而且可以使学生提高自己的综合素质.

(二) 普通物理实验课的主要特点

1. 普通物理实验课的内容大多数属于验证型的内容,具有极强的目的性. 要验证理论就必须得到与理论相吻合的实验现象和结果,这得采取合适的方法和手段才能实现. 实验手段会随着时代的变迁不断地变化. 实验方法是长期实践经验的积累,需要传承,并在传承的基础上进行创新.

2. 普通物理实验课的基本技能不能简单地理解为操作技能,物理实验课的基本技能具有十分广泛的内涵. 基本技能包括:实验仪器的选择、使用、维护和保养,实验设备的组装、调试、校验和操作,实验现象的观察、分析,实验数据的测量,仪器故障的检查、分析和排除等诸多方面. 所以说,普通物理实验课是既要动手又要动脑才能获得基本技能的一门课程.

3. 物理实验是根据数据来说明具体问题的,可以说数据是物理实验的语言. 物理实验教学中要针对不同的要求选择恰当的数据处理方法,得出科学合理的实验结果.

4. 普通物理实验课是课内外相结合的一门课程. 到实验室上实验课仅仅是普通物理实验课中的一个环节,而不是全部,这一点和理论课有着非常大的区别. 那么普通物理实验课是由哪些环节构成的呢?

二、普通物理实验课的主要环节和成绩评定基本规则

(一) 普通物理实验课的主要环节及成绩评定比例

1. 课前预习环节(占实验成绩的 20%)

课前预习环节是每次普通物理实验课的首要环节,若没有预习则不得进行本次实验课,且不给补做机会.

课前预习环节主要步骤:第一,根据课程表确定预习的实验项目;第二,阅读实验教材及参考资料,明确实验目的,理解并掌握实验原理、方法;第三,了解实验内容、步骤及注意事项;第四,设计数据记录表格.

预习报告是课前预习环节完成的体现,也是教师评定预习环节成绩的依据.

预习报告要求在专用实验报告纸上完成. 预习报告要求包含的内容如下:

(1) 实验日期,实验名称,实验目的,实验仪器名称和型号(可在上课时填写)(这部分内容的成绩占实验成绩的 5%).

(2) 实验原理(简要地叙述主要原理,列出实验用到的公式,画出受力分析图、电路图、光路图),实验内容,实验步骤(这部分内容的成绩占实验成绩的 10%).

(3) 实验数据记录表格(请使用本书后的实验数据记录表格)(这部分内容的成绩占实验成绩的 5%).

注意:上课时一定要把预习报告带到实验室,教师检查并视完成情况评定预习成绩.

2. 上实验课(实验的实际操作)环节(占实验成绩的 50%)

这个环节是在规定的实验室内完成的. 学生进入实验室后,应该遵守实验室规则,服从教师的安排,熟悉所用的仪器,合理安排各仪器的位置,操作一定要符合安全规范. 实验中遇到问题要尽量自己解决和处理,锻炼自己分析问题和解决问题的能力;仪器出现故障时应在教师的指导下学习排除故障的方法,完成故障的排除. 上实验课时应该立足于学习实验方法,以提高实验技能为目标,不要以为测量完实验数据就意味着完成了实验.

实验课由以下环节组成.

(1) 检查预习报告. 教师可采用适当的方式检查学生的预习报告,指出其中的不足,提醒学生在提交完整实验报告时完善预习报告中的不足之处.

（2）教师指导性地讲解．教师讲解时，学生应注意听讲，并对教师提出的实验要求作相应的笔记，为后续内容作准备（这部分内容的成绩占实验成绩的 5%）．

（3）实验操作．首先，熟悉仪器，检查仪器的工作状态，经教师允许后方可进行下一步实验；其次，依据实验要求的基本步骤，独立地实施实验操作，观察实验现象（这部分内容的成绩占实验成绩的 25%）．

（4）测量及数据记录．实验数据读取要准确、清晰、完整，不允许随意增加或减少有效数字位数．实验数据记录要用不可轻易擦除痕迹的笔（中性笔、圆珠笔等）将读取的数据记录在预习时设计的实验数据记录表格里．如数据记录有误，在该数据上作一个标记（画一条斜线或画一交叉线）即可，切忌涂写得很乱；然后在空白处记录正确的数据或另画一个表格来记录正确的数据．记录的数据必须真实，不可为了得到一个好的结果来"凑"数据，也不允许抄袭他人数据（这部分内容的成绩占实验成绩的 15%）．

注意：数据记录完成后，经教师确认（教师签字）才有效．

（5）实验室整理．实验数据由教师签字后，学生整理自己所用的实验仪器，将仪器恢复成原样，做好实验记录的填写及实验室的简单整理，经教师允许后方可离开实验室（这部分内容的成绩占实验成绩的 5%）．

注意：此时实验课并没有完成．学生应保管好实验数据记录单（有教师签字，称为原始数据）．上交实验报告时，该记录单要一并上交．

3. 实验总结环节（占实验成绩的 30%）

测量完实验数据后，学生离开实验室，但实验并没有完成，还需要完成如下的工作：

（1）实验数据的整理．在预习报告的基础上绘制表格，将实验测量数据准确地誊写在表格中．然后按要求对实验数据作进一步的处理．数据计算需要计算过程；作图要求按作图规范，图线符合规范，必须在坐标纸上完成；数据整理结束后，给出实验结果．上述内容直接在预习报告的后面完成（这部分内容的成绩占实验成绩的 15%）．

（2）讨论与总结．内容不限，可以针对该实验观察到的实验现象进行讨论，也可以是对实验的重点问题、难点问题等的讨论、研究、体会，或是对实验所用仪器的改进等方方面面的内容（这部分内容的成绩占实验成绩的 5%）．

（3）课后思考题的解答（这部分内容成绩占实验成绩的 5%）．

（4）实验报告的完整性．补足预习报告中的不足；将第 3 环节的每项要求均写在正式报告上，完成坐标纸上应作的图线．在下一次上实验课前，将完整的实验报告、所作图表，连同原始数据一起交给教师（这部分内容的成绩占实验成绩的 5%）．

（二）普通物理实验教学成绩评定基本规则

普通物理实验课成绩的评定分为过程性成绩（平时成绩）评定和终结性成绩（考试成绩）评定两部分，其中平时成绩占 70%，考试成绩占 30%，但考试成绩具有"一票否决权"．具体规则如下：每次实验成绩按十分制原则评定，评定比例如前所述；平时成绩为每次实验成绩的平均值；考试成绩按百分制评定，考试成绩不合格者则实验课总成绩计为不合格.

注意：平时成绩不合格者，取消考试资格，成绩按不合格计.

三、怎样上好普通物理实验课

上好普通物理实验课首先要有明确的学习目的、端正的学习态度；其次，按普通物理实验课的主要环节的规范和要求，认真地完成每个环节；第三，在教学环节的实践中，训练和培养严谨的科学态度、实事求是的科学精神、坚韧不拔的工作作风，通过实践培养和提高创新意识及综合素质，为科学研究奠定良好的基础.

要上好普通物理实验课，还要严格遵守学校制定的有关实验室、仪器设备的管理和使用等方面的各项规章制度，具体要求如下.

1. 作好预习. 通过预习及预习报告的撰写明确该实验"做什么""用什么做""怎么做".

2. 遵守纪律. 严格遵守课堂纪律，不得旷课、迟到、早退. 迟到 15 分钟不得进入实验室. 在实验室不准随意移动、拆卸、更换仪器设备；如发现仪器设备有问题应及时向教师反映以便问题得到及时解决并分清责任. 实验仪器设备实行损坏赔偿制度，若经确认属无故损坏仪器设备，一律照价赔偿.

3. 保证安全. 进入实验室，安全是第一要务. 第一，要保证自身的安全；第二，要保证仪器设备的安全. 这两方面的安全都要靠严格执行相关的规章制度实现.

4. 签字制度. 预习报告、实验数据、实验用仪器设备维护和使用记录均需教师签字确认才有效.

5. 保持卫生. 保持实验室的环境卫生，不准将任何垃圾留在实验室.

6. 按时提交实验报告. 下次上实验课前交上次的实验报告（包括原始数据），教师批改并记录成绩；超过 1 个月未交者按 0 分计入成绩.

第 1 章
测量的基本知识

　　物理实验不仅是让实验者通过观察实验现象给出定性的解释,更重要的是通过测量物理量对实验现象给出一个定量的解释. 测量就是要根据一定的规则读取相应的数据,这就存在一个数据读取位数是否有效的问题. 因此,测量的基本知识、数据读取及其规则、有效数字及运算规则是进行实验之前就要掌握的重要内容.

1.1　测量的基本知识

　　测量:是将待测物理量与选定的标准同类物理量进行定量比较的操作过程. 测量得到的结果要包含数值(标准单位的倍数)、单位及数据的可靠性.

　　测量分类的方法很多. 常用的有根据待测物理量与测量结果的关系分为直接测量和间接测量. 也可根据待测物理量的测量条件等因素分为等精度测量和不等精度测量.

　　1. 直接测量:是指用标准测量工具与待测物理量进行比较,得到待测物理量的结果的操作过程. 如用天平可直接测量物体的质量,用米尺可直接测量物体的长度,用秒表可直接测量时间等.

　　2. 间接测量:是指用标准测量工具不能直接得到测量结果,而必须先进行相关物理量的直接测量,再根据待测物理量与直接测量量的函数关系进行数学运算得到待测物理量的测量结果的过程. 如测量球体密度 ρ 时,先用天平测量球体的质量 m,再用游标卡尺测量球体的直径 d,然后根据函数 $\rho = 6m/\pi d^3$ 即可算出球体的密度 ρ.

　　实验中,有些物理量,如球体的体积 V,可以直接测出,此时它属于直接测量量,但也可先测其直径 d,再利用函数 $V = \pi d^3/6$ 计算,这时它属于间接测量量. 大多数待测物理量是没有直接测量工具的,因此,大多数待测物理量属于间接测量量.

　　3. 等精度测量:是指在相同的测量条件下完成待测物理量的多次连续重复测量的过程. 如用 50 分度的游标卡尺在相同条件下对铜棒直径 d 测量 5 次,测量结果是 2.98 mm、3.00 mm、2.98 mm、2.98 mm、2.96 mm,每次测量结果可能不同,但测量工具、测量环境等完全相同,可以保证这五个测量结果的可靠性一致,这五个测量结果为等精度测量量.

　　4. 不等精度测量:是指在测量条件不相同的情况下完成待测物理量的多次连续重复测量的过程. 如对铜棒直径 d 测量 5 次,先用 50 分度的游标卡尺测量 3 次,得到测量结果为 2.96 mm、2.98 mm、2.98 mm,再用螺旋测微器测量 2 次,测得结果为 2.975 mm、2.986 mm,这五个数据测量结果不完全相同,测量结果的可靠性也不相同,这五个测量结果是不等精度测量量. 不等精度测量量在后期进行数据处理时比较麻烦,需要根据每个测量量的"权重"进行"加权平均"处理,实验中我们很少采用这种"加权平均"的处理方法.

　　注意:本书中的多次重复测量量如无说明,均为等精度测量量. 后面的数据处理方法均是适用于等精度测量量的.

1.2　数据读取及其规则

　　简单地说,测量就是借助测量工具来读取并记录待测物理量的数据的过程. 测量工具的选择十分重要,其选择的原则是要符合实验原理、实验方法以及结果对数据精度的要求,否则就得不到正确的测量数据. 如长度测量常用的测量工具及其分度值为:钢质的米尺(分度值 1 mm)、50 分度的游标卡尺(分度值 0.02 mm)、螺旋测微器(分度值 0.01 mm). 若待测物理量的精度要求测量结果与实际值的差低于 0.01 mm,此时很显然得选用螺旋测微器来测量,其他两种测量工具达不到要求. 测量工具选好后,即可开始读取和记录待测物理量的测量值. 测量数据的读取和记录与所用测量工具的分度值和测量要求有关. 由于测量工具种类繁多,所以读取数据规则不尽相同. 测量数据的读取大致上可依据如下规则:

　　1. 一般情况下数据应读到测量工具的最小分度值后再估读一位. 其中最小分度值所在位为准确值. 估读的一位数据可根据测量工具的分度间距、分度数值等估读到测量工具的最小分度值的 1/10、1/5、1/4、1/2,该位数据是欠准确的.

　　2. 特殊情况下也有测量值的估读位就是测量工具的最小分度值的时候. 如测量工具的最小分度值是 0.5 或 0.2 等情况时,测量值的最后一位读取 0.3、0.6 等,这些都是估读值,此时就不要再读下一位了.

　　3. 带有游标的测量工具一般情况下不需要估读. 但特殊的情况下,如 10 分度的游标卡尺,则要估读到最小分度值的一半.

　　4. 数字式测量工具、步进式读数仪器(电阻箱)不需要估读,其所显示的数字的最后一位为欠准确数字.

1.3　有效数字及运算规则

1.3.1　有效数字

　　数学上,将一个数从左边第一个不是 0 的数字数起,到该数字的末位数为止的所有的数字都称为这个数的有效数字. 如 0.021 30,其有效数字是从 2 开始到最右侧的 0 为止的数,即 2 130 为该数的有效数字,该数字有效数字的位数为 4 位.

　　在实验中,通常将实际能够测量到的可靠数字(通过直读获得的准确数字)与存疑数字(通过估读得到的那部分数字)称为有效数字,即测量结果中能够反映被测量大小的带有一位存疑数字的全部数字. 如测得铜棒的直径为 2.975 mm,其中 2.97 mm 是可靠数字,最后一位 0.005 mm 则是估读的存疑数字,可靠数字与存疑数字一起构成测量值,即该铜棒直径的有效数字. 数字的位数不仅表示数字的大小,也反映测量的精确程度.

有效数字的记录方法如下:

1. 有效数字的位数一定要准确,与所用的测量工具相吻合. 有效数字的位数是反映实际测量结果的,与所选的单位和小数点的位置无关. 读取的数据中,中间出现的"0"和后面出现的"0"均不可随意删除,当然也不可随意添加. 如一个测量数据为 15.06 cm,可以记为 0.150 6 m、150.6 mm,它们均具有 4 位有效数字. 测量数据若是 15.060 cm,尽管数学上与前面的数据是完全相同的,但后一个数据的有效数字位数是 5 位,它表示二者的测量精度不同,相差一个数量级.

2. 待测物理量的单位变化时,不可以改变有效数字的位数. 如薄凸透镜的焦距测量量为 15.06 cm,我们可以根据需要将它的单位进行如下变换来记录该测量数据:0.150 6 m = 1.506 dm = 15.06 cm = 150.6 mm.

3. 当待测物理量很大或很小时,可用科学计数法来记录测量数据,但有效数字位数不可改变. 如实验测得钠黄光的波长为 590.6 nm,可记为 590.6×10^{-9} m = 5.906×10^{-7} m = 590.6 nm.

1.3.2 有效数字的运算规则

当数据测量结束后,需要对测得的数据进行整理和运算才能得到实验结果. 运算时对有效数字的处理很重要,其基本原则是既不可丢失有效数字,也不可添加有效数字. 具体说就是:可靠数字之间运算的结果仍为可靠数字;可靠数字与存疑数字之间的运算结果为存疑数字;存疑数字之间的运算结果仍为存疑数字. 即运算的最终结果应为可靠数字加一位存疑数字. 但最后结果有时可根据需要保留两位存疑数字. 有效数字的具体运算规则如下.

1. 加减运算:运算结果与参与运算的数据中存疑数字(加下划线)最高的位数相同,如

计算 50.1+1.45+0.581 2 = 52.131 2   运算结果为 52.1

2. 乘除运算:运算结果与参与运算的数据中有效数字最少的位数相同,如

计算 0.012 1×25.64×1.057 28 = 0.328 014 8   运算结果为 0.328

再计算 2.504 6×2.005×1.52 = 7.633 018 96   运算结果为 7.63

但如果积或商的首位数字为 1、2、3 时,建议多留一位有效数字,如

计算 1 258÷99 = 12.707 071   运算结果为 12.7

3. 乘方、开方运算:运算结果的有效数字位数与被乘方或被开方之数的有效数字的位数相同,如

计算 $25.64^2 = 657.409\ 6$ 运算结果为 657.4

再计算 $\sqrt{2.504\ 6} = 1.582\ 592\ 81$ 运算结果为 1.582 6

4. 对数运算:运算结果的有效数字位数与对数的真数的位数相同,如

计算 lg 543 = 2.734 799 83　　　　运算结果为 2.73

5. 一般函数运算:运算结果的有效数字位数的确定方法是,将自变量的末位数字上加 1(或减 1)后作运算,运算结果中与原来的运算结果出现差异的最高位就是运算结果有效数字的最后一位. 如

计算 $\sin 31°28' = 0.522\ 002\ 43$　　　　　　$\sin(31°28'+1') = 0.522\ 250\ 52$

上述计算结果出现差异的最高位是小数点后第 4 位,由此得运算结果为 0.522 0.

6. 常数如 $\sqrt{3}$、1/6 等,无理数如自然底数 e、圆周率 π 等对运算结果的有效数字位数无影响,应尽量多取几位,尽量减少对运算结果数值的影响.

1.3.3　有效数字的修约规则

根据《数值修约规则与极限数值的表示和判定》(GB/T 8170—2008),有效数字的修约规则通常采用"四舍六入五成双",具体如下:

1. 当保留 n 位有效数字时,若第 $(n+1)$ 位数字 ≤ 4 就舍掉.

2. 当保留 n 位有效数字时,若第 $(n+1)$ 位数字 ≥ 6,则第 n 位数字加 1.

3. 当保留 n 位有效数字时,若第 $(n+1)$ 位数字 = 5 且后面数字为 0,则当第 n 位数字为偶数时就舍掉后面的数字,当第 n 位数字为奇数时则加 1;若第 $(n+1)$ 位数字 = 5 且后面还有不为 0 的任何数字时,无论第 n 位数字是奇数还是偶数都加 1.

如将下组数据保留一位小数,结果为:45.77 ≈ 45.8、43.03 ≈ 43.0、47.15 ≈ 47.2、25.650 0 ≈ 25.6、20.651 2 ≈ 20.7.

练习题

1. 准确读出下图中所示数据.

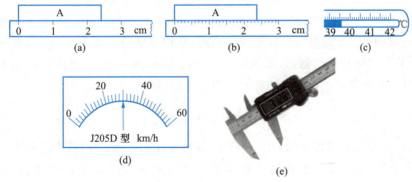

(a)　　　　　　　　(b)　　　　　　　　(c)

(d)　　　　　　　　(e)

2. 完成下列运算.

(1) 22.40 + 18.125 - 3.067　　　　　(2) 0.065 10 × 1.24

(3) 20.105 ÷ 15.82　　　　　　　　　(4) lg 3 052.12

(5) $\sqrt{20.005}$　　　　　　　　　　　(6) cos 27°18′

第 2 章
不确定度的基本知识及处理方法

2.1 误差的基本概念

在实验室里我们已经完成了对直接测量量的测量和数据记录,但实验课并没有结束. 我们还要对所记录的数据进行处理,得到实验的最终结果. 通过上一章的学习我们知道,实验课上记录的数据是可靠数字与存疑数字,即有效数字. 这就是说,我们记录的数据与实际要测量的物理量的真实数值(真值 ξ)相比存在差异,这个差异就是测量误差. 由此可知,测量值的有效数字位数越多,相应的测量误差就越小.

真值是指被测量的实际大小,它是客观存在的,也是一个理想化的概念. 实际实验中真值是得不到的,通常采用"约定真值"的方法来代替真值. 例如,可以用测量值的算术平均值、公认的理论值等作为"约定真值"来代替实际的真值.

测量值 x_i 与真值 ξ 之差称为绝对误差 Δx,它反映了测量值偏离真值的大小和方向,是一个有单位的代数量,但它不能反映测量工具的精度. 绝对误差 Δx 与真值 ξ 的商的百分数称为相对误差 $E(x)$,这是一个量纲一的量,它也能反映误差的大小和方向. 数学上记为

$$\Delta x = x_i - \xi \tag{2.1.1}$$

$$E(x) = \frac{\Delta x}{\xi} \times 100\% \tag{2.1.2}$$

在实际实验中由于被测量的真值 ξ 的准确值是得不到的,因而就得不到绝对误差 Δx 的准确值. 在对测量精度要求不高时,常用下面的方式来代替. 如对一个被测量做了 N 次等精度的测量,得到的测量值记为:$x_1, x_2, \cdots, x_N$,被测量的真值是未知的,但是可以得到该被测量的算术平均值 $\bar{x}$,记为

$$\bar{x} = \frac{1}{N}(x_1 + x_2 + \cdots + x_N) = \frac{1}{N} \sum_{i=1}^{N} x_i \tag{2.1.3}$$

算术平均值 $\bar{x}$ 与每个测量值 x_i 相比,其可靠性都更高,故将算术平均值 $\bar{x}$ 作为"约定真值"来替代实际的真值 ξ,而用算术平均值 $\bar{x}$ 与测量值 x_i 的差(称为偏差 μ_i)来替代绝对误差 Δx.

在实际的实验中,误差的存在是不可避免的,它来自实验理论、方法、仪器、操作、数据记录、数据处理等整个实验过程的每一环节,因此,在实验的每个环节中都应尽量地降低引起各种误差对实验结果的影响.

2.2　误差的分类及消除方法

在实验中根据误差的来源和性质,我们通常把误差分为系统误差、随机误差和过失误差三类.

2.2.1　系统误差的来源及消除方法

系统误差(也称为规律误差)是指由于仪器结构不完善、仪器未校准、实验理论本身的近似性、测量方法不完善或测量者的生理特点等造成的误差. 系统误差的特点是测量结果向一个方向偏离,其数值按一定规律变化,具有重复性、单向性.

1. 系统误差的来源

(1) 仪器误差是由于仪器本身的缺陷或没有按规定条件使用仪器而造成的,如仪器的零点不准、仪器未调整好、外界环境(光线、温度、湿度、电磁场等)对测量仪器的影响等所产生的误差.

(2) 理论误差(也称为方法误差)是由于测量所依据的理论公式本身的近似性,实验条件不能达到理论公式所规定的要求,或者是实验方法本身不完善所带来的误差,如热学实验中没有考虑散热所导致的热量损失、用伏安法测电阻时没有考虑电表内阻对实验结果的影响等.

(3) 个人误差是由于观测者个人感官和运动器官的反应或习惯不同而产生的误差,它因人而异,并与观测者当时的身体状态有关.

系统误差有些是定值,如仪器的零点不准造成的系统误差;有些是积累性的(变值),如用受热膨胀的钢质米尺测量时,读数就小于其真实长度;还有些是未知的.

这里需要强调的是系统误差总是使测量结果偏向一边,或者偏大,或者偏小,因此,用多次重复测量求平均值的方法并不能消除系统误差.

2. 系统误差的消除方法

(1) 在测量结果中进行修正. 当已知系统误差值是定值时,可以用已知的定值对测量结果直接进行修正;当系统误差值是变值时,可先设法找出误差的变化规律,再用满足误差变化规律的公式或曲线等对测量结果进行修正;当系统误差值未知时,则按随机误差进行处理.

(2) 从系统误差的根源上消除. 在测量之前,仔细检查仪表,正确调整和安装;在测量中,防止外界干扰;在读取数据前,选好观测位置消除视差;在读取数据时,选择在环境条件比较稳定时读取.

(3) 在测量系统中采用补偿措施等. 当已知(或找出)系统误差的规律时,可在测量过程中自动消除系统误差. 如用分光计测量角度时,因存在偏心差这样的系统误差,故在测量中采用补偿法,双向读取测量角度即可消除偏心差.

(4) 实时测量时,采用实时反馈的方式. 在使用自动化测量技术及计算机时,可用实时反馈修正的办法来消除复杂的、变化的系统误差. 在测量过程中,用传感器将这些误差因素的变化,转换成某种物理量的形式(一般为电学量),及时按照其函数关系,通过计算机算出影响测量结果的误差值,并对测量结果进行实时的自动修正.

2.2.2 随机误差的规律及消除方法

随机误差(也称为偶然误差、不定误差),是由于在测定过程中一系列有关因素的微小随机波动而形成的具有相互抵偿性的误差. 随机误差产生的原因有许多,如在测量过程中温度、湿度变化以及灰尘等都可能引起数据的波动,再比如在读取数据时,最后一位需估读的数值几次读数不一致等. 随机误差的特点是:单次测量时误差的大小和方向都不固定,无法测量或校正,也无规律可以遵循;但随着测量次数的增加,正负误差可以相互抵偿,误差的平均值将逐渐趋于零,但不会消除;进行等精度的多次重复测量时,随机误差分布遵循一定的统计规律.

1. 随机误差的正态分布规律

大多数情况,随机误差满足正态分布(也称为高斯分布)规律,正态分布曲线如图 2.2.1 所示. 横坐标表示随机误差 μ,纵坐标表示随机误差出现的概率密度(随机误差的正态分布函数)$f(\mu)$. 根据统计理论可得到随机误差 μ 的概率密度为

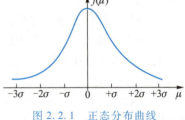

$$f(\mu) = \frac{1}{\sigma\sqrt{2\pi}}\exp\left[-\frac{1}{2}\left(\frac{\mu}{\sigma}\right)^2\right] \quad (2.2.1)$$

$$\mu = \Delta x = x - \xi \quad (2.2.2)$$

图 2.2.1 正态分布曲线

式(2.2.2)中 x 表示测量值,μ 表示随机误差. 式(2.2.1)中 σ 是正态分布函数的一个特征量,是与 ξ 有关的常量,称为标准偏差. ξ 在概率统计中被称为数学期望值. 而标准偏差 σ 和数学期望值 ξ 作为正态分布的两个参量,决定着正态分布的位置和形态. 其中数学期望值 ξ 决定了曲线峰值的位置. 由图 2.2.1 可得到正态分布具有以下特征.

(1) 单峰性:随机误差绝对值小的测量值出现次数多,曲线的形状是中间高,两边低;标准偏差 σ 越小,分布曲线越陡、峰越尖,说明误差大的测量值少,测量值的分布范围相对集中.

(2) 对称性:随机误差绝对值大小相等的测量值出现的次数相等,曲线相对纵轴成对称分布.

(3) 有界性:随机误差的绝对值通常会出现在一定的范围内,误差大的测量数据几乎为零.

(4) 补偿性:在多次等精度的重复测量中,随机误差的算术平均值将随着测量次数的增加而趋于零. 正是因为随机误差的这个特征,所以我们常采用增加测量次数的方法减小或消除随机误差的影响.

由概率的定义可知,概率密度 $f(\mu)$ 表示随机误差 μ 落在 μ 附近单位区间的概

率,可记为

$$f(\mu)=\frac{\mathrm{d}P}{\mathrm{d}\mu} \tag{2.2.3}$$

式(2.2.3)中 P 表示概率. 由式(2.2.3)可求出随机误差 μ 出现在区间 $[\mu,\mu+\mathrm{d}\mu]$ 的概率为

$$\mathrm{d}P=f(\mu)\,\mathrm{d}\mu$$

同理可得到随机误差 μ 出现在有限区间 $[\mu_1,\mu_2]$ 的概率 P 为

$$P=\int\mathrm{d}P=\int_{\mu_1}^{\mu_2}f(\mu)\,\mathrm{d}\mu \tag{2.2.4}$$

根据概率的归一化条件,可知图 2.2.1 曲线下的总面积为 1,即 $\int_{-\infty}^{+\infty}f(\mu)\,\mathrm{d}\mu=1$. 曲线上有两个拐点,其横坐标值为 $\pm\sigma$(标准偏差). 由式(2.2.4)可得,随机误差出现在 $[-\sigma,+\sigma]$ 区间的概率为

$$P=\int_{\mu_1}^{\mu_2}f(\mu)\,\mathrm{d}\mu=\int_{-\sigma}^{+\sigma}\frac{1}{\sigma\sqrt{2\pi}}\exp\left[-\frac{1}{2}\left(\frac{\mu}{\sigma}\right)^2\right]=0.683$$

这个结果说明,随机误差落在 $[-\sigma,+\sigma]$ 区间的概率为 0.683.

区间 $[-\sigma,+\sigma]$ 称为**置信区间**,置信区间所对应的概率称为**置信概率**. 由式(2.2.4)可得,置信区间 $[-2\sigma,+2\sigma]$ 的置信概率为 0.954,置信区间 $[-3\sigma,+3\sigma]$ 的置信概率为 0.997. 由此可知,置信区间越大,该区间的置信概率越接近 1,这个置信区间的误差常被称为极限误差.

由以上计算可知,标准偏差 σ 是正态分布函数中唯一的参量,它能唯一地确定正态分布函数曲线的形态. 进行不同物理量的测量时,按照正态分布规律可得到不同的标准偏差 σ. 标准偏差 σ 的数学计算公式为

$$\sigma=\sqrt{\frac{\sum\limits_{i=1}^{N}(x_i-\bar{x})^2}{N}} \tag{2.2.5}$$

式(2.2.5)中, N 是测量次数. 标准偏差 σ 量值越小,曲线峰值越高,图形越尖锐,这说明测量所得的数据越集中,测量的准确度越高.

2. 随机误差的消除方法

随机误差的产生因素不确定,减小或消除的措施如下:

(1)增加测量次数,根据随机误差的分布特点,运用概率统计的知识可知,减少随机误差的最有效方法就是多次测量,取平均值.

(2)选用精度更高、稳定性更好的仪器(如用分度为 1 m 的尺和分度为 1 mm 的尺测量同一物体的长度,测量结果的精度是不同的).

(3)可以让更熟练的人进行仪器操作(在读数较快,仪器的变动较小,精度较高的情况下,不熟练的人操作仪器可能会带来仪器的震动和扭曲等).

(4)选择合适的观测时间,让仪器受光照和温度引起的热胀冷缩影响更小,在稳定的地点设置仪器,避免不规则沉降带来的误差.

注意:系统误差和随机误差不是绝对的,在一定条件下它们可以相互转化. 如

某些系统误差待定时,可将其转化为随机误差进行处理;反之,当测量技术和测量水平提高到一定程度时,一些随机误差也可作为系统误差来处理.

2.2.3　过失误差

过失误差(也称为粗大误差或粗差)是指在一定条件下,测量结果明显偏离真值时所对应的误差. 产生过失误差的原因有读错数、测量方法错误、测量仪器有缺陷等,其中测量者自身的因素引起的误差是主要的,这可通过提高测量者的责任心和加强对测量者的培训等方法来解决.

2.3　不确定度知识及估算

因为测量时存在误差,所以在测量结果中要将测量误差表示出来. 一些历史因素导致了不同国家、不同行业对测量结果的误差有不同的表示方法. 为此 1981 年国际计量委员会公布了一个建议书,建议用**不确定度**来代替误差,使得测量结果有了统一的表示方法. 我国于 1992 年正式开始用不确定度来代替测量结果中测量误差的表示.

不确定度是与测量结果相联系的参量,它用来表示测量值的分散程度(也可表述为不确定性),即表示对测量值的不能肯定的程度. 它是衡量结果质量好坏的指标. 不确定度越小,所得结果与被测量的真值越接近,质量越高,水平越高,其使用价值越高;不确定度越大,测量结果的质量越低,水平越低,其使用价值也越低.

不确定度通常是由若干个分量组成的,这些分量的值通常用标准偏差 σ 或标准偏差 σ 的倍数 $k\sigma$ 来表示,有时也用具有确定置信概率 P 的置信区间的半宽度来表示. 因此,不确定度也称为标准不确定度(用标准偏差表示的不确定度),用 u 表示.

2.3.1　标准不确定度的分类

1. A 类标准不确定度:对一系列测量值进行统计分析而得到的相应标准不确定度,用符号 u_A 表示. 它可用实验标准偏差来表征.

2. B 类标准不确定度:用非统计分析的方法来评定而得到的相应标准不确定度,用符号 u_B 表示. 它是用实验或其他信息来估计,含有主观鉴别的成分. 这类评定方法的应用相当广泛.

3. 合成标准不确定度:指由 A 类标准不确定度和 B 类标准不确定度的平方和的二次方根而得的,用符号 u_C 表示. 它是测量结果标准偏差的估计值.

4. 扩展不确定度:是确定测量结果分散区间的量值,被测量的测量值的大部分分布于此区间. 它有时也被称为范围不确定度. 扩展不确定度是测量结果的取值区间的半宽度,可期望该区间包含了被测量值的大部分,通常用符号 U 表示. 通常把为获得扩展不确定度,对合成标准不确定度所乘的数值称为包含因子(也称为覆盖因子);而测量结果在被测量概率分布取值区间中所包含的百分数,称为该区间的置信概率(也称为置信水准或置信水平),用 P 表示.

2.3.2 标准不确定度的估算

在实际实验中,测量次数 N 是有限的,不可能很大. 这 N 个测量值构成一个总体样本,称为一个测量列. 如已知一个测量列为

$$x_1, x_2, \cdots, x_i, \cdots, x_N$$

被测量的约定真值为算术平均值 $\bar{x}$,标准偏差为 σ,则表征一个测量值对真值的分散度的参量可称为实验标准偏差,记为 s,用贝塞尔公式计算:

$$s(x) = \sqrt{\dfrac{\sum\limits_{i=1}^{N}(x_i - \bar{x})^2}{N-1}} \tag{2.3.1}$$

而按照统计理论,用样本平均值的标准偏差表征平均值 $\bar{x}$ 对期望值 ξ 的分散性,记为 $s(\bar{x})$:

$$s(\bar{x}) = \dfrac{s(x)}{\sqrt{N}} = \sqrt{\dfrac{\sum\limits_{i=1}^{N}(x_i - \bar{x})^2}{N(N-1)}} \tag{2.3.2}$$

1. A 类标准不确定度 u_A 的估算

对多次重复测量值可用式(2.3.2)估算,即

$$u_A(\bar{x}) = s(\bar{x}) = \sqrt{\dfrac{\sum\limits_{i=1}^{N}(x_i - \bar{x})^2}{N(N-1)}} \tag{2.3.3a}$$

若仅进行一次测量可用下式估算:

$$u_A(x) = s(x) \tag{2.3.3b}$$

式中 $s(x)$ 是在本次测量前就已知的. 注意,用贝塞尔公式来计算只是一种估算标准不确定度的方法,并不唯一,也可用残差法、极差法等来估算.

例 1 在等精度下测量直径,得到 10 次测量值如下表,求 A 类标准不确定度.

次数	1	2	3	4	5	6	7	8	9	10
D/mm	15.00	15.02	15.00	15.02	14.98	15.00	14.98	15.02	15.02	15.00

解:先求直径 D 的算术平均值,得

$$\bar{D} = \dfrac{1}{10}(14.98 \times 2 + 15.00 \times 4 + 15.02 \times 4) \ \mathrm{mm} = 15.004 \ \mathrm{mm}$$

由式(2.3.3a)可得

$$u_A(\bar{D}) = \sqrt{\dfrac{\sum\limits_{i=1}^{N}(D_i - \bar{D})^2}{N(N-1)}} = \sqrt{\dfrac{(0.024)^2 \times 2 + (-0.004)^2 \times 4 + (0.016)^2 \times 4}{10 \times (10-1)}} \ \mathrm{mm}$$

$$= 0.00499 \ \mathrm{mm}$$

2. B 类标准不确定度 u_B 的估算

（1）仪器的最大允许误差

仪器在设计和制造时都按技术规范预先设定一个允许误差的极限值. 仪器终检时，未超出允许误差极限值范围的视为合格，允许出厂. 技术规范规定的仪器的允许误差的极限称为最大允许误差（也称为允许误差极限）. 最大允许误差是为仪器规定的一个技术指标，不是指某台仪器的误差或误差范围，也不是用该仪器测量时得到的测量结果的不确定度. 这个仪器的最大允许误差在物理实验中常记为 $\Delta_{仪}$. 最大允许误差是一个范围，给出置信概率为 1 的置信区间，它不是一个误差的概念，而是一个不确定度的概念.

（2）仪器的最大允许误差的表示方法

在常用的测量工具（仪器）中，仪器的最大允许误差的表示方法是不同的，常用的有绝对误差、相对误差、引用误差和分贝误差等表示方式.

（a）用绝对误差的方式表示：

$$\Delta_{仪} = 0.2 \text{ mm}$$

（b）用引用误差的方式表示：

$$\Delta_{仪} = 满量程值 \times 级别$$

这里的引用误差是指仪器的最大允许误差用绝对误差与特定值之商的百分数来表示的形式. 特定值是指仪器的满量程值或最低位数字. 这种表示方法常用在电工仪器仪表中. 如某数字电压表的准确度等级为 a，其最大允许误差为

$$\Delta_{仪} = a\% \times 读数 + 3 \times 最低位数值 \tag{2.3.4}$$

例 2 0.5 级微安表，500 μA 量程挡的最大允许误差为

$$\Delta_{仪} = 满量程值 \times 级别 = 500 \text{ μA} \times 0.5\% = 2.5 \text{ μA}$$

当用该表测量的测量值为 400 μA 时，用相对误差表示最大允许误差可得

$$E = \frac{2.5}{400} = 0.625\%$$

这个计算值不等于该表的准确度等级.

注意：在使用该类型仪表时，量程的选择十分重要. 量程的选择通常是使被测量值在量程的 2/3 以上比较合适.

一般情况，对于长度测量工具，仪器最大允许误差可以用仪器最小分度的一半或三分之一来计算.

（3）B 类标准不确定度 u_B 的估算

B 类标准不确定度的估算主要依据所使用仪器的最大允许误差来估算. 设仪器的最大允许误差为 $\Delta_{仪}$，且 B 类标准不确定度主要由测量仪器的误差特性决定，则有

$$u_B = \frac{\Delta_{仪}}{C} \tag{2.3.5}$$

式（2.3.5）中 C 为置信系数，与测量误差在区间 $[-\Delta_{仪}, \Delta_{仪}]$ 内的分布概率有关. C

的取值与误差分布有关,在常见的置信概率为 $P=1$ 的情况下,误差分布若为正态分布,则 $C=3$;若为均匀分布,则 $C=\sqrt{3}$;若为三角分布,则 $C=\sqrt{6}$;若为两点分布,则 $C=1$;若为反正弦分布,则 $C=\sqrt{2}$.

在实际实验中,通常可把误差分布作为均匀分布处理,$C=\sqrt{3}$. 故 B 类标准不确定度可记为

$$u_B = \frac{\Delta_仪}{\sqrt{3}} \qquad (2.3.6a)$$

有游标的仪器测量误差通常按两点分布来处理,$C=1$. 故 B 类标准不确定度可记为

$$u_B = \frac{\Delta_仪}{1} = \Delta_仪 \qquad (2.3.6b)$$

例 3　用准确度等级为 0.5、量程为 15 V 的电压表测量电压,得到测量值为 12.56 V,计算 B 类标准不确定度.

解: 先计算电压表的最大允许误差

$$\Delta_仪 = 满量程值 \times 等级 = 15\ V \times 0.5\% = 0.075\ V$$

根据式(2.3.6a)可得 B 类标准不确定度为

$$u_B = \frac{\Delta_仪}{\sqrt{3}} = \frac{0.075\ V}{\sqrt{3}} = 0.043\ V$$

3. 合成标准不确定度 u_C 的估算

不确定度是由若干分量组成的,当这些分量相对独立时可以按分量的平方和的二次方根来合成. 这种合成方法称为广义方和根法.

（1）直接测量量的合成标准不确定度 u_C

直接测量量 x,其标准不确定度的分量有 A 类标准不确定度和 B 类标准不确定度,且这两个分量是彼此独立的,则合成标准不确定度 u_C 可表示为

$$u_C = \sqrt{u_A^2 + u_B^2} \qquad (2.3.7)$$

例 4　一个数字电压表的最大允许误差是 $\Delta_仪 = 0.02\% U + 3 \times$ 最低位数值. 用它进行 6 次电源电压的测量,得到的测量结果分别是 1.499 0 V、1.496 5 V、1.498 5 V、1.499 1 V、1.498 7 V 和 1.497 6 V,计算合成标准不确定度.

解: 先求测量结果的算术平均值

$$\bar{U} = \frac{1}{6}(1.499\ 0+1.496\ 5+1.498\ 5+1.499\ 1+1.498\ 7+1.497\ 6)\ V = 1.498\ 23\ V$$

其次,根据式(2.3.3a)计算 A 类标准不确定度

$$u_A = \sqrt{\frac{\sum_{i=1}^{N}(U_i - \bar{U})^2}{N(N-1)}} = 10^{-3}\sqrt{\frac{0.77^2+1.73^2+0.27^2+0.87^2+0.47^2+0.63^2}{6(6-1)}}\ V$$

$$= 4.10 \times 10^{-4}\ V$$

计算电压表的最大允许误差

$\Delta_{仪} = 0.02\% \ U + 3 \times$ 最低位数值 $= (0.02\% \times 1.498\ 23 + 3 \times 0.000\ 1)$ V

$= 6.00 \times 10^{-4}$ V

第三,根据式(2.3.6a)计算 B 类标准不确定度

$$u_B = \frac{\Delta_{仪}}{\sqrt{3}} = \frac{6.00 \times 10^{-4} \text{ V}}{1.732} = 3.46 \times 10^{-4} \text{ V}$$

最后,根据式(2.3.7)计算合成标准不确定度

$$u_C = \sqrt{u_A^2 + u_B^2} = 10^{-4}\sqrt{4.10^2 + 3.46^2} \text{ V} = 5.36 \times 10^{-4} \text{ V}$$

(2) 间接测量量的合成标准不确定度 u_C

(a) 一元函数的间接测量量的合成标准不确定度 u_C

设 x 是直接测量量,y 是间接测量量,它们之间的函数关系为 $y = f(x)$. 可用微分法计算该间接测量量的合成标准不确定度 u_C. 具体做法:先求函数的微分 dy,得 $dy = f'(x)dx$,则合成标准不确定度 u_C 为

$$u_C(y) = f'(x)u_C(x) = \frac{dy}{dx}u_C(x)$$

(b) 多元函数的间接测量量的合成标准不确定度 u_C

设 $x_1, x_2, \cdots, x_i, \cdots, x_N$ 是 N 个不同的直接测量量,每个直接测量量的合成标准不确定度分别为 $u_C(x_1), u_C(x_2), \cdots, u_C(x_i), \cdots, u_C(x_N)$,$y$ 是间接测量量,它们之间的函数关系为 $y = f(x_1, x_2, \cdots, x_i, \cdots, x_N)$. 也可用微分法求出该间接测量量的合成标准不确定度 u_C,具体做法如上所述,即先求函数的全微分

$$dy = \frac{\partial y}{\partial x_1}dx_1 + \frac{\partial y}{\partial x_2}dx_2 + \cdots + \frac{\partial y}{\partial x_i}dx_i + \cdots + \frac{\partial y}{\partial x_N}dx_N$$

上式中 $\dfrac{\partial y}{\partial x_i}$ 称为不确定度传递系数(也称为灵敏度系数),它表示间接测量量随第 i 个直接测量量变化的灵敏程度.

间接测量量的合成标准不确定度 u_C 为

$$u_C(y) = \sqrt{\left[\frac{\partial y}{\partial x_1}u_C(x_1)\right]^2 + \left[\frac{\partial y}{\partial x_2}u_C(x_2)\right]^2 + \cdots + \left[\frac{\partial y}{\partial x_i}u_C(x_i)\right]^2 + \cdots + \left[\frac{\partial y}{\partial x_N}u_C(x_N)\right]^2}$$

注意:当直接测量量与间接测量量之间的函数关系为乘除或幂指数时,不确定度的计算可以采用相对不确定度计算来代替,这样可简化运算. 相对不确定度的运算步骤如下:

① 对函数取对数(可以取自然对数、常用对数等).

② 对步骤①得到的函数进行全微分的计算.

③ 将步骤②得到的函数中微分换成相应的不确定度,函数项进行平方运算之后求和,再开二次方即可得到相对不确定度.

4. 扩展不确定度的估算

扩展不确定度是在标准不确定度上乘以一个与置信概率、置信区间相关联的

包含因子 k(一般取 2 或 3),得到用增大置信概率所表示的不确定度,即

$$U = k u_{c}(y)$$

2.4　测量结果的表示

2.4.1　测量结果的表示方法

1. 多次测量结果的表示方法

对一个被测量进行多次重复测量时,无论被测量是直接测量量还是间接测量量,其结果都表示为

$$x = \bar{x} \pm u_{c}(x) \tag{2.4.1}$$

$$E = \frac{u_{c}(x)}{\bar{x}} \times 100\% \tag{2.4.2}$$

2. 单次测量结果的表示方法

在实际测量时,常常遇到由于实验环境、条件等因素的影响,被测量不能进行重复测量的情况. 有的被测量随时间变化,不能重复测量;有的被测量不稳定,随机误差对测量结果的影响较小,不用作重复测量. 此时,进行单次测量即可.

单次测量的不确定度只考虑 B 类标准不确定度就够了,其测量结果可表示为

$$x \pm u_{c}(x) = x \pm u_{B}(x) \tag{2.4.3}$$

$$u_{B}(x) = \frac{\Delta_{仪}}{\sqrt{3}} \tag{2.4.4}$$

$$E = \frac{u_{B}(x)}{x} \times 100\% = \frac{\Delta_{仪}}{x} \times 100\% \tag{2.4.5}$$

2.4.2　测量结果和不确定度的取位与修约

1. 不确定度的取位与修约

根据国家相关技术规范的规定,测量结果的不确定度通常取 1~2 位有效数字,最多不超过 3 位有效数字. 在实际应用中对要求不高的实验,常常取 1 位有效数字;当不确定度的首位数字不小于 3 时,可取 1 位或 2 位有效数字;当不确定度的首位数字不小于 5 时,可取 1 位有效数字;对要求较高的实验,不确定度取 2 位有效数字;在计算过程中,不确定度可以保留 3 位或更多位. 相对不确定度一般取 2 位有效数字.

不确定度的修约原则是:当不确定度保留 2 位有效数字时,按"不为零即进位"原则进行修约;当不确定度保留 1 位有效数字时,按"三分之一"原则进行修约."三分之一"原则即:拟舍数小于保留数的一个分度的 1/3 时舍弃,大于保留数的一个分度的 1/3 时则进位. 如 0.534 保留 1 位有效数字,拟舍数 0.034 大于 0.5 的一个分度 0.1 的 1/3,则应进位,即为 0.6. 再如 0.524 3 保留 1 位有效数字,拟舍数

0.024 3 不大于 0.5 的一个分度 0.1 的 1/3,则应舍去,即 0.5.

2. 测量结果的取位与修约

测量结果的取位原则是:测量结果的末位数字必须与不确定度的末位数字对齐.即被测量、测量值和不确定度三个量在单位相同、幂指数相同的情况下,测量值的最后一位与不确定度的最后一位对齐.

测量结果的修约原则与有效数字的修约原则相同,即"四舍六入五成双".

注意:修约过程应该一次完成,不能连续多次进行.

例5　实验测得两个电阻的阻值分别为 $R_1 = (25.1 \pm 0.3)\,\Omega$、$R_2 = (74.9 \pm 0.3)\,\Omega$,求它们串联后的电阻 R.

解:串联电阻值为

$$R = R_1 + R_2 = (25.1 + 74.9)\,\Omega = 100.0\,\Omega$$

不确定度为

$$u_{\mathrm{C}}(R) = \sqrt{[u_{\mathrm{C}}(R_1)]^2 + [u_{\mathrm{C}}(R_2)]^2} = \sqrt{0.3^2 + 0.3^2}\,\Omega = 0.4\,\Omega$$

实验结果为

$$R = (100.0 \pm 0.4)\,\Omega$$

$$E = \frac{u_{\mathrm{C}}(R)}{R} \times 100\% = \frac{0.4}{100.0} \times 100\% = 0.4\%$$

练习题

1. 已知直接测量量 x 的 6 次测量值为:13.02 mm、12.98 mm、13.00 mm、13.02 mm、12.96 mm、13.06 mm,求其 A 类标准不确定度.

2. 用螺旋测微器测得钢球的直径分别为 11.922 mm、11.923 mm、11.922 mm、11.922 mm、11.922 mm.螺旋测微器的最小分度值为 0.01 mm,写出测量结果的标准形式.

3. 用天平称物体质量 m,测量值分别为 3.127 g、3.122 g、3.119 g、3.120 g、3.125 g.写出测量结果的标准形式.

4. 改正下列表示结果中的错误,写出正确结果.

(1) $d = (12.674 \pm 0.04)\,\mathrm{cm}$

(2) $h = (17.4 \times 10^4 \pm 2\,000)\,\mathrm{km}$

(3) $\theta = 37° \pm 2'$

第 3 章
数据处理方法

物理实验进入定量阶段后,每一次实验都会得到大量的数据,对于这些数据通常要采用一些专门的方法来处理,才能得到最终的实验结果. 数据处理就是指从实验中得到数据到获得实验结果的全过程,其中包括数据记录、数据整理、计算分析等. 数据处理过程要运用正确的数学方法和计算工具,在保证数据原有精度的条件下,得到合理、有用的实验结果. 数据处理不可引入额外的误差,不可改变原始数据的精度. 根据实验要求和实验内容的不同,我们需要采用不同的方法来处理数据,找到实验中各物理量之间的正确关系. 数据处理方法有很多,本章只介绍几种常用的数据处理方法.

3.1 列表法

列表法是最常用、最简单的数据处理方法. 在实验中,获得了数据,记录这些数据时常常是将这些数据分门别类地记录在表格中,同时也可将实验结果并入表格中,这种用表格来表示实验数据和实验结果的方法称为列表法.

1. 列表法的优点

(1) 能够简单、清晰地反映出实验所涉及的物理量之间的关系,清楚、准确地显示物理量的变化趋势.

(2) 实验数据有条理,我们比较容易发现数据中的异常信息,便于确认或剔除异常数据.

(3) 有利于用其他方法对数据进行进一步处理.

2. 列表法的基本要求

用列表法处理数据时,表格是没有统一格式的,可根据自己的理解和喜好设计实验所用表格. 但是设计的表格要满足下列要求:

(1) 表格上方应有表头,应写明表格的编号、名称,实验日期和时间.

(2) 在表格上方表头下应有主要仪器名称、规格和相关参量等.

(3) 表格栏目应根据实验要求和内容合理设置. 被测量和测量数据应一一对应,行列整齐、简单明了,便于记录原始数据,便于看出相关物理量之间的关系,便于对实验数据进行处理.

(4) 标题栏要注明物理量的名称、符号和单位.

(5) 测量次数按实验要求设计. 数据的记录要遵守前面介绍的有效数字的记录规则,数据要符合实际且完整、准确.

列表法表格设计范例如表 3.1.1 所示.

表 3.1.1 橡胶盘和铜盘直径与厚度

游标卡尺:50 分度

	1	2	3	4	5	平均值
橡胶盘直径 D_1/mm						
橡胶盘厚度 h_1/mm						
铜盘直径 D_2/mm						
铜盘厚度 h_2/mm						

3.2 作图法

作图法就是将实验中测得的数据、各物理量之间的对应关系用函数图线表示出来的方法. 作图法是一种基本的数据处理方法,它不仅能清楚、直观、简单明了地反映出实验过程中物理量之间的变化过程和连续变化的趋势,即变化规律,而且对物理学的思维、实验方法和实验技能的训练有着特殊的作用.

3.2.1 作图法的优点

1. 能够简明直观、形象地显示出物理量之间的相互关系,很容易从图线的形状上显示出被测量的极值、拐点、转折点、周期等特征. 还可以找出物理量之间的函数关系,得到经验公式,求出物理量的量值. 在各物理量之间的关系比较复杂或很难找到物理量之间的函数关系时,用作图法处理数据的优越性会表现得更充分.

2. 可以推算未测点的数据值.

3. 具有多次测量取平均的效果. 图线是根据测得的数据所作的光滑曲线. 因测量数据本身都含有不确定度,故图线并不一定通过所有的测量点. 但测量点是靠近图线并均匀分布在图线两侧的,因而,图线具有多次取平均的效果.

4. 易于发现错误数据. 由于数据点应分布在图线上或图线附近,那些偏离图线很远的数据点对应的数据即可作为错误数据,便于实验者分析错误的产生原因,补测或将错误数据予以删除. 实验者也可根据图线分析误差,还可以简化复杂函数.

3.2.2 作图法的基本步骤

1. 整理实验数据,确定坐标分度值. 将准备用于作图的实验测得数据及进行运算后所得的数据进行整理,列于表格中.

注意:应规范使用数据的有效数字、单位、符号等. 坐标分度值的确定原则是坐标纸上的一小格与实验数据的最小准确值对应.

2. 选择合适的坐标纸. 图线一定要在坐标纸上画. 物理实验中最常用的是直角坐标纸,此外还有单对数坐标纸、双对数坐标纸等不同的坐标纸. 坐标纸的大小由所选的坐标分度值和能容下所有数据这两个条件来确定.

3. 建立正确的坐标系. 在选好的坐标纸上,建立两个相互垂直的坐标轴. 横轴代表自变量,纵轴代表因变量. 两相互垂直的坐标轴的交点坐标可以根据实验数据的范围来确定,通常选比实验数据中最小的数据小一点的数值作为坐标的起点,不一定选为零. 如若实验测量值的数值范围是 32°~42°,则可选 30° 作为坐标起点,而非 0°. 两个坐标轴要分别标明坐标分度值和坐标轴所代表的物理量的名称(通常用符号标注)和单位. 标注坐标分度值时要间隔一定的距离(不一定等间距),通常标注在整分度格上,即坐标纸的大格分度上.

要选好坐标轴的分度的比例. 坐标轴分度比例的选择依据是:便于作图时描点和数据换算. 如不要用 1 格代表 3 个单位,也不要用 4 格代表 1 个单位.

注意:坐标系的建立直接关系到图线的质量,尤其是坐标分度的比例和起始点的数据标注. 坐标系中作成的图线一定要占据坐标系的主要位置,整个图线要饱满.

4. 描点、连线、作图. 在建好的坐标系中找到相应的数据点,用笔标出数据点,一般用符号"+""Δ""×"等标记数据点. 在同一个坐标系中作多条曲线时,不同曲线的数据点应用不同的符号.

根据数据点的分布情况,用透明的直尺或曲线尺将数据点连成直线段或曲线段. 连线时数据点应均匀地分布在线的两侧,曲线应是光滑的,直线应是笔直的.

注意:

(1) 不要为使所有的数据点都在线上,而把图线作成折线.

(2) 作散点图时,根据确定的坐标分度值将数据作为点的坐标在坐标纸中标出,考虑到数据的分类及测量的数据组先后顺序等,应采用不同符号标出点的坐标,如用"+""Δ""×"等标记.

5. 在坐标纸的适当位置标明图名、作图人的班级和姓名、作图日期及有关的图注.

至此,符合要求的图就完成了,如图 3.2.1 所示.

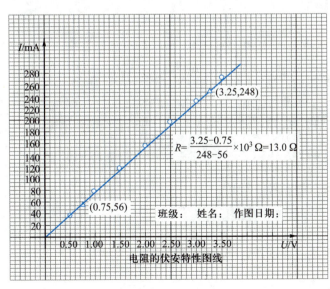

图 3.2.1　作图法的样例图

3.2.3 常用的作图法处理数据

物理实验中的作图实际上是在坐标纸上作数据关系图线.物理实验中常作的图线有一些是光滑的曲线,如关于物理量的曲线、关于元件参量等的曲线;也有一些是直线,如传感器的定标曲线等;还有一些是折线,如仪器仪表的校准线,这类图线的特点是物理量之间没有简明的函数关系.

1. 斜率和截距法

若作出的实验曲线是一条直线,则其方程具有如下形式:

$$y = kx + b \tag{3.2.1}$$

这条直线的斜率 k 或截距 b 将会与某被测量有联系.因此,求出了斜率 k 或截距 b 就求出了所要的结果.

（1）斜率 k 的求解方法.在此直线上靠近两端处任取两点 $P_1(x_1, y_1)$ 和 $P_2(x_2, y_2)$,由式（3.2.1）可得斜率 k:

$$k = \frac{y_2 - y_1}{x_2 - x_1} \tag{3.2.2}$$

注意:所取的点 P_1 和 P_2 必须是直线上的非测量点,且 P_1 和 P_2 的距离要大但要在测量值的范围内.读数时,注意有效数字的位数.

（2）截距 b 的求解方法.截距 b 是自变量 $x = 0$ 时的函数值.在上述直线上再取一点 $P_3(x_3, y_3)$,由式（3.2.1）和式（3.2.2）可得截距 b:

$$b = y_3 - \frac{y_2 - y_1}{x_2 - x_1} x_3 \tag{3.2.3}$$

例1 用作图法求电阻值.在伏安特性的相关实验中测得的一组数据如表3.2.1所示.

表 3.2.1 伏安特性测电阻数据表

U/V	0.50	1.00	1.50	2.00	2.50	3.00	3.50
I/mA	39	77	116	155	194	231	271

由表3.2.1中的数据作 I-U 图线,如图3.2.1所示.在图线上取两非测量点,其坐标分别为（0.75,56）、（3.25,248）,得到直线的斜率为

$$k = \frac{y_2 - y_1}{x_2 - x_1} = \frac{248 - 56}{3.25 - 0.75} \times 10^{-3} \text{ S} = 7.68 \times 10^{-2} \text{ S}$$

由斜率 k 可得被测电阻的阻值

$$R = \frac{1}{k} = \frac{1}{7.68 \times 10^{-2}} \text{ S}^{-1} = 13.0 \ \Omega$$

注意:在图线上取点计算时,不可选取测量点的数据.

2. 曲线改直的方法

在物理实验中,当两个物理量之间是非线性关系时,为了绘制图线简便,使图

线更直观,求解测量值更简单,我们通常用某种变量代换使其变为线性关系. 根据绘出的直线求出被测量,这种方法称为曲线改直法. 如曲线 $y=ax^2$,进行变量代换后可得直线 $\ln y=\ln a+2\ln x$. 直线的斜率为 2,截距为 $\ln a$,自变量为 $\ln x$,函数为 $\ln y$,则该直线就表示曲线 $y=ax^2$.

3. 内插、外推方法

由于实验方法和条件的限制,某些要求的数据不能直接通过实验获得,这时可根据作出的图线求出需要的结果. 当所求的结果包括在所测数据范围内时,从图线上获取需要的结果的方法称为内插法;当所求的结果在所测数据范围之外时,从图线的延长线上获取需要的结果的方法称为外推法.

注意:作图法得到的数据一般情况下不进行不确定度的估算.

3.2.4 作图法中常见的错误

1. 建立坐标系时,原点标注不正确或坐标分度比例不协调,导致图线太小或太偏,或是部分实验数据点超出图纸而丢失.

2. 在坐标轴上标出实验数据或在数据点旁标出坐标值,导致图线看上去很乱.

3. 在描数据点时用符号"·",或用没削尖的铅笔,导致无法准确地表示数据点.

4. 徒手画坐标轴及图线,导致直线不直,曲线不光滑.

3.3 逐差法

在物理实验中,我们常常会遇到有时序的等间距变化的测量值. 求解这样的测量值的平均值时,我们常用逐差法. 逐差法(也称环差法)就是把测量数据中的具有时序的等间距变量进行逐项相减或按顺序分为两组进行对应项相减,然后将所得差值作为变量的多次测量值进行数据处理的方法. 当物理量的函数关系为多项式形式时,也可用逐差法求多项式的系数,从而得到回归方程.

3.3.1 逐差法的优点

1. 测量数据利用充分,具有对数据多次取平均的效果.

2. 可及时发现差错或数据的分布规律,及时纠正或及时总结数据规律.

3. 可以求最大公约数. 两个正整数,以其中较大数减去较小数,并以差值取代原较大数,重复步骤直至所剩两数值相等,即为所求两数的最大公约数.

4. 可以绕过某些定值未知量,也可验证表达式或求多项式的系数.

3.3.2 逐差法的数据处理

1. 逐差法适用的条件

(1)自变量 x 的变化必须是等间距的,且应具有比函数值 y 更高的测量准确度,即自变量 x 的测量不确定度达到可以忽略不计的程度.

(2) 物理量之间的关系可用多项式表示,如 $y=b+kx$、$y=b+cx+dx^2$ 等.

2. 用逐差法处理数据

(1) 分组逐差——求平均值

分组逐差是求等间距测量值的平均值时常用的一种方法. 这种方法是将测量值分成两组,将两组数据对应一一相减,然后求测量值的平均值. 如劈尖干涉实验中测相邻条纹的间距 d,采用的方法是测 10 个连续等间距条纹位置. 测得数据记为 $x_1,x_2,\cdots,x_{10}$. 现将测得数据分为两组:x_1,x_2,x_3,x_4,x_5;x_6,x_7,x_8,x_9,x_{10},然后每组中的对应项之间求差,得

$$\Delta x_1 = x_6 - x_1, \quad \Delta x_2 = x_7 - x_2, \quad \Delta x_3 = x_8 - x_3, \quad \Delta x_4 = x_9 - x_4, \quad \Delta x_5 = x_{10} - x_5$$

$$\overline{\Delta x} = \frac{1}{5}(\Delta x_1 + \Delta x_2 + \Delta x_3 + \Delta x_4 + \Delta x_5)$$

$$d = \frac{1}{5}\overline{\Delta x}$$

注意:求平均值时,不可逐项逐差,因为逐项逐差会使得中间的测量值相互抵消,只剩第一项和最后一项,这样就没有意义了.

(2) 逐项逐差——检查多项式的幂次

逐项逐差是把函数值 y 的测量值逐项相减,用来检查函数值 y 与自变量值 x 之间的关系.

(a) 一次逐差. 设 $y=b+kx$,因函数值 y 与自变量 x 成线性关系,且自变量 x 等间距,故逐项逐差的结果应为一常量. 现测得一系列函数值 y 与自变量 x 对应的数据 $x_1,x_2,\cdots,x_i,\cdots,x_N$;$y_1,y_2,\cdots,y_i,\cdots,y_N$,逐项逐差可得

$$\Delta y_1 = y_2 - y_1, \quad \Delta y_2 = y_3 - y_2, \quad \cdots, \quad \Delta y_k = y_{k+1} - y_k$$

若逐项逐差得到的 $\Delta y_k = $ 常量,则可证明函数值 y 与自变量 x 成线性关系.

(b) 二次逐差. 设 $y=b+cx+dx^2$,进行一次逐差后所得的结果 $\Delta y_k \neq$ 常量,则将 Δy_k 再作一次逐项逐差,可得

$$\Delta' y_1 = \Delta y_2 - \Delta y_1, \quad \Delta' y_2 = \Delta y_3 - \Delta y_2, \quad \cdots, \quad \Delta' y_k = \Delta y_{k+1} - \Delta y_k$$

若逐项逐差得到的 $\Delta' y_k = $ 常量,则可证明函数值 y 与自变量 x 成二次幂关系. 以此类推,可得函数值 y 与自变量 x 之间的幂指数关系.

3.4 线性回归法

回归是一种用来研究自变量与函数关系的分析方法. 根据回归模型的特点,回归可分为线性回归与非线性回归,本节只介绍线性回归. 在物理实验中,回归常用来解决从测量数据中寻找经验公式或提取参量一类的问题,是数据处理的重要内容. 如用作图法求解问题时,根据数据点作出图线,这就属于回归. 但是同一组数据点,不同的人作出的图线不尽相同,实验结果的不确定度也就不同. 可见,对于一

组测量数据点作出不确定度最低的图线是非常重要的.

3.4.1　最小二乘法原理

最小二乘法源于线性回归法,因线性回归法依据的数学方法是误差平方和最小,故线性回归法又称为最小二乘法. 最小二乘法的原理是:对于等精度的一组数据 $x_i(i=1,2,\cdots,N)$ 中的每个数据的最佳估计值应是能够使每个测量值残差的平方和为最小的数值;对于等精度的一组数据 $x_i(i=1,2,\cdots,N)$ 得到的最佳图线应是由所有测量点的残差的平方和最小的图线.

设等精度的一组测量值为 $x_i(i=1,2,\cdots,N)$,最佳估计值为 x_0,则根据最小二乘法有

$$f(x)=\sum_{i=1}^{N}(x_i-x_0)^2=最小值$$

解上式可得到最佳估计值 x_0,具体做法如下:

令 $f'(x_0)=0$,则有 $-2\sum_{i=1}^{N}(x_i-x_0)=0$,可得 $x_0=\dfrac{1}{N}\sum_{i=1}^{N}x_i=\bar{x}$.

3.4.2　一元线性回归

两个测量值 x 和 y 之间存在线性关系,通过两个测量值求解回归方程的参量,从而得到回归方程的方法称为一元线性回归(也称为线性拟合). 设两个测量值 x 和 y 之间满足方程

$$y=b+kx \tag{3.4.1}$$

式(3.4.1)称为一元线性回归方程,式(3.4.1)中的 k 和 b 为常量,称为回归系数.

1. 最小二乘法原理

现有等精度实验测量数据为 $(x_i,y_i)(i=1,2,\cdots,N)$. 为简单起见,假设系统误差已修正,偶然误差符合正态分布,且测量值 x 的误差较小,可以不计入不确定度中. 由测量数据 $(x_i,y_i)(i=1,2,\cdots,N)$ 得到的最佳图线所对应的方程可记为 $Y_i=b+kx_i$,则测量值 y_i 在 y 轴方向上与最佳估计值 Y_i 的残差记为

$$\mu_i=y_i-Y_i=y_i-(b+kx_i) \quad (i=1,2,\cdots,N) \tag{3.4.2}$$

由贝塞尔公式可知,若残差之和 $\sum_{i=1}^{N}\mu_i^2$ 小,标准偏差 σ 就小,因而能够使标准偏差 σ 最小的直线就是拟合直线(最小二乘法原理).

2. 求解回归系数

$$\sum_{i=1}^{N}\mu_i^2=\sum_{i=1}^{N}(y_i-b-kx_i)^2 \tag{3.4.3}$$

数学上,使得 $\sum_{i=1}^{N}\mu_i^2$ 为极小值的条件是:一阶导数为零,二阶导数大于零.

以 b 和 k 为变量,对式(3.4.3)分别求一阶偏导数得

$$\frac{\partial}{\partial b}\left(\sum_{i=1}^{N}\mu_i^2\right)=-2\sum_{i=1}^{N}(y_i-b-kx_i)=0$$

$$\frac{\partial}{\partial k}\left(\sum_{i=1}^{N}\mu_i^2\right) = -2\sum_{i=1}^{N}(y_i - b - kx_i)x_i = 0$$

整理上列两式可得

$$\bar{x}k + b = \bar{y} \tag{3.4.4}$$

$$\overline{x^2}k + \bar{x}b = \overline{xy} \tag{3.4.5}$$

式(3.4.4)和式(3.4.5)中,$\bar{x} = \frac{1}{N}\sum_{i=1}^{N}x_i$, $\bar{y} = \frac{1}{N}\sum_{i=1}^{N}y_i$, $\overline{x^2} = \frac{1}{N}\sum_{i=1}^{N}\overline{x_i^2}$, $\overline{xy} = \frac{1}{N}\sum_{i=1}^{N}\overline{x_iy_i}$. 将式(3.4.4)和式(3.4.5)联立求解可得

$$k = \frac{\bar{x}\cdot\bar{y} - \overline{xy}}{\bar{x}^2 - \overline{x^2}} \tag{3.4.6}$$

$$b = \bar{y} - k\bar{x} \tag{3.4.7}$$

以 b 和 k 为变量,分别对式(3.4.4)和式(3.4.5)求一阶偏导数,得到 $\sum_{i=1}^{N}\mu_i^2$ 的二阶偏导数. 如二阶偏导数的值大于零,则式(3.4.6)和式(3.4.7)即为式(3.4.1)中的回归系数,式(3.4.1)为一元线性回归方程.

3. 一元线性回归的相关误差估算

通常测量点对回归直线偏离较大,则由式(3.4.6)和式(3.4.7)计算出的回归系数 k 和 b 的误差也会较大,由此确定的回归方程其可靠性相对就差. 反之亦然. 即由 k 和 b 确定的回归方程的可靠性与 k 和 b 的误差有很大关系.

可以证明,在只考虑测量值 y 存在随机误差的情况下,b 和 k 的标准差可由下列公式估算:

斜率 k 的实验标准差

$$\mu(k) = \frac{\sqrt{\overline{x^2}}}{\sqrt{N(\overline{x^2} - \bar{x}^2)}}\mu(y)$$

截距 b 的实验标准差

$$\mu(b) = \frac{1}{\sqrt{N(\overline{x^2} - \bar{x}^2)}}\mu(y)$$

上列两式中 $\mu(y)$ 是测量值 y 的实验标准差

$$\mu(y) = \sqrt{\frac{1}{N-2}\sum_{i=1}^{N}\mu_i^2} = \sqrt{\frac{1}{N-2}\sum_{i=1}^{N}(y_i - b - kx_i)^2}$$

4. 相关系数

前面所述均是以测量值 x 和 y 线性相关为前提. 但测量值 x 和 y 的线性关联程度还有待检验. 用来检验测量值 x 和 y 的线性关联程度的量称为相关系数,用符号 r 来表示. 相关系数 r 的定义为

$$r = \frac{\overline{xy} - \bar{x}\cdot\bar{y}}{\sqrt{(\overline{x^2} - \bar{x}^2)(\overline{y^2} - \bar{y}^2)}} \tag{3.4.8}$$

式（3.4.8）中 $\overline{y^2} = \dfrac{1}{N} \sum\limits_{i=1}^{N} \overline{y_i^2}$.

由相关系数 r 可知测量值 x 和 y 的线性关联程度. 理论证明,相关系数 r 的值介于 ± 1 之间,即 $|r| \leqslant 1$. $r = \pm 1$,表示测量值 x 和 y 是完全线性相关的,所有数据点均在回归直线上; $|r|$ 接近 1,表示测量值 x 和 y 是线性相关的,所有数据点在回归直线附近均匀分布,可用最小二乘法处理数据; $r > 0$,回归直线斜率为正,称为正相关; $r < 0$,回归直线斜率为负,称为负相关; $r = 0$,表示测量值 x 和 y 是完全不相关的,所有数据点均不在回归直线上.

注意: 对于测量值 x 和 y 之间的关系是非线性关系的情况,可以采用变量代换的方法,将其变成线性关系,然后再使用最小二乘法作回归直线.

3.5　计算器、计算机处理法

随着计算器和计算机的普及,尤其是在进入图形可视化阶段的今天,数据处理软件相当多,如 Excel、MATLAB、Mathematica、Maple、Origin 等. 本节只简单介绍用计算器处理数据和用 Excel 软件处理数据的方法.

3.5.1　计算器的数据处理功能

1. 计算器的统计功能

用计算器作数据处理时,用得最多的是计算器的统计功能. SLDTEC fx-82MS 型函数计算器的统计功能的使用方法如下.

（1）打开计算器后,按【MODE】键,屏幕上出现选项,如图 3.5.1 所示. 按数字键【2】就进入到统计模式,即屏幕上的"SD"表示统计模式.

（2）数据输入. 用数字键将数据输入计算器中,每输完一个数据就要按一次【M+】键,此时屏幕显示如图 3.5.2 所示. 屏幕左上角的"n"表示已输入的数据的个数,而屏幕右下角的"3"则是 n 的量值,即已输入 3 个数据.

图 3.5.1　　　　　　　　　　图 3.5.2

（3）数据输出. 当所有数据都输入完毕后,按【SHIFT】键,然后按数字键【2】,即相当于按【S-VAR】键,此时屏幕上出现的选项如图 3.5.3 所示. 屏幕上的"$\bar{x}$"表示算术平均值,如果求平均值,则按数字键【1】,屏幕上出现的数值就是算术平均值;屏幕上的"$x\sigma n$"表示标准偏差,如果求标准偏差,则按数字键【2】,屏幕上出现的数值就是标准偏差,如图 3.5.4 所示;求标准偏差的平方,则在图 3.5.4 的基础上按乘号键【×】和数字键【2】,然后按等号键【=】,屏幕此时显示的数值就是输入数据的方差.

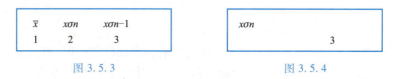

图 3.5.3   图 3.5.4

2. 计算器的回归功能

（1）打开计算器后，按【MODE】键，屏幕上出现选项，如图 3.5.1 所示. 按数字键【3】就进入回归模式，即屏幕上的"REG"表示回归模式.

（2）进入回归模式后，屏幕显示如图 3.5.5 所示，"Lin"表示线性回归；"Log"表示对数回归；"Exp"表示指数回归. "→"表示翻页，按方向键【▶】，屏幕显示如图 3.5.6 所示，"Pwr"表示乘方回归；"Lnv"表示逆向回归；"Quad"表示二次回归.

图 3.5.5   图 3.5.6

（3）数据输入. 按【ALPHA】，再按【x】输入数据，接着按【,】【y】输入数据，直到数据输完.

（4）调出数据. 调出截距 b 用【SHIFT】【S-VAR】【▶】【▶】【1】即可；调出斜率 k 用【SHIFT】【S-VAR】【▶】【▶】【2】即可.

（5）将截距 b 和斜率 k 代入式（3.4.1）即可得到回归方程.

3.5.2 计算机的数据处理功能

利用计算机处理实验数据方便简洁，是目前经常用的一种方式. 用计算机的各种计算软件可以作不确定度计算、作图线、作回归计算等. 不同的软件，功效也不尽相同. 本节只简单介绍 Excel 2003 在数据处理方面的一些功能. 有兴趣的同学可以根据相关资料学习其他的计算软件.

Excel 2003 具有强大的数学运算功能和数据处理功能. 如利用"插入"菜单中"函数"项中的【AVERAGE】和【STDEV】可计算出测量数据的算术平均值和标准偏差；利用线性回归，可得到实验数据的经验公式；利用图表功能可绘制实验数据的坐标图线等. 下面介绍几种基本运算的操作方法.

1. 简单三角函数的运算及作图

（1）建立数据表的表头. 在打开的 Excel 2003 中的 A1 单元格（简称 A1，以此类推）处输入表名"三角函数"，然后将 A1、B1、C1 三个单元格合并；接着在 A2 内输入自变量的符号及单位"x(rad)"，在 B2 内输入正弦函数符号"sin(x)"，在 C2 内输入余弦函数符号"cos(x)".

（2）输入数据. 在 A3 中输入数字"0"，在 A4 中输入"＝A3+pi/8"，按回车键，然后将鼠标放到右下角，当出现符号"+"后，按住鼠标左键向下拉至 A20，则自变量"x"值输入完毕；在 B3 中输入"＝sin(A3)"，按回车键，然后将鼠标放到右下角当出现符号"+"后，按住鼠标左键向下拉至 B20，则正弦函数"sin(x)"值输入完毕；在 C3

中输入"=cos(A3)",按回车键,然后将鼠标放到右下角,当出现符号"+"后,按住鼠标左键向下拉至 C20,则余弦函数"cos(x)"值输入完毕. 至此数据表格中数据输入完毕.

(3) 作图. 在"插入"菜单中选择"图表"项(或"工具栏"中的"图表"项),然后在图表选项中选"XY 散点图"和子图表中的"平滑线散点图"即可;然后选择数据区,制作正弦函数曲线选择"A2:B20";同时制作正弦函数和余弦函数曲线,则选择"A2:C20"即可. 其数据表和曲线图见图 3.5.7.

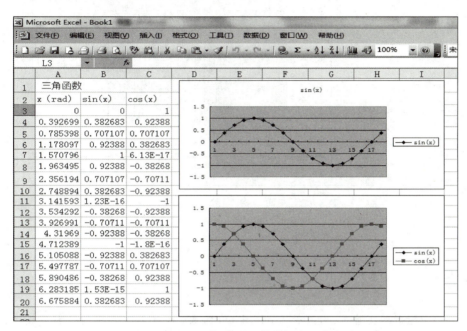

图 3.5.7　正弦函数、余弦函数数据表和曲线图

2. 一元二次方程图表

(1) 建立数据表的表头. 在打开的 Excel 2003 中的 A1 处输入表名"一元二次方程". 接着在 A2 内输入公式"y=A*x^2+B*x+C". 然后在 A3 中输入"A=",在 B3 中输入数字"1";在 C3 中输入"B=",在 D3 中输入数字"1";在 E3 中输入"C=",在 F3 中输入数字"0". 之后在 A4 中输入自变量"x",B4 格内输入函数值"y".

(2) 输入数据. 在 A5 中输入数字"-10",然后将鼠标放到右下角,当出现符号"+"后,按住鼠标左键向下拉至 A25,则自变量"x"值输入完毕;在 B5 中输入公式"=$B$3*A5^2+$D$3*A5+$F$3",按回车键,然后将鼠标放到右下角,当出现符号"+"后,按住鼠标左键向下拉至 B25,则函数值"y"输入完毕. 至此数据表格中数据输入完毕.

(3) 作图. 在"插入"菜单中选择"图表"项(或"工具栏"中的"图表"项),然后在图表选项中选"XY 散点图"和子图表中的"平滑线散点图"即可;然后选择数据区制作正弦函数曲线,选择"A5:B25"即可. 其数据表和曲线图见图 3.5.8.

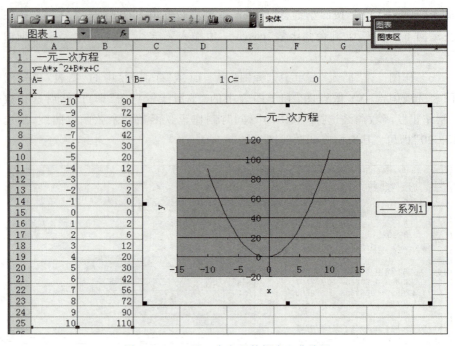

图 3.5.8　一元二次方程数据表和曲线图

练习题

1. 光栅衍射实验中,用波长为 546.1 nm 的绿光测量蒸馏水中的衍射条纹的位置,得到数据如下:

级次	-4	-3	-2	-1	0	1	2	3	4
位置/mm	1.726	2.326	2.910	3.497	4.083	4.649	5.243	5.823	6.401

用逐差法求出衍射条纹间距,将实验结果表示成正确的形式.

2. 霍尔位置传感器定标图线的测量数据如下:

m/g	0.00	20.00	40.00	60.00	80.00	100.00
Z/mm	0.00	0.240	0.490	0.730	0.990	1.240
U/mV	1	73	145	216	290	365

分别用作图法和线性回归法求传感器的灵敏度.

3. 分别用计算器和计算机软件完成上述两题.

第 二 篇

基础实验

第4章
力学和热学实验

实验1　长度测量

长度是基本物理量,其测量也是物理实验中最基本的测量.长度测量分为直接测量和间接测量.直接测量所用的工具有米尺、游标卡尺和螺旋测微器等;间接测量所用的工具有读数显微镜、测微目镜等.

【重点难点】

学习测量仪器的结构原理和使用方法;掌握直接测量量和间接测量量的数据处理方法和实验结果的表示.

【目的要求】

1. 学习测量工具的构造和测量原理,掌握长度的测量方法.
2. 掌握读数规则、数据记录方法和基本运算方法.
3. 学习并掌握不确定度的估算方法和实验结果的表示方法.

【仪器装置】

米尺,游标卡尺,螺旋测微器,读数显微镜,测微目镜,圆柱体,圆筒,钢珠等.

【实验原理】

1. 长度的直接测量

长度的直接测量常用的实验方法是比较法,即将被测量与测量工具进行直接比较从而得到被测量的大小.该方法的特点是:进行比较的量具有相同的量纲、直接可比性且比较时满足同时性.比较法的精度受测量工具自身精度的限制.因此,要提高测量精度,就要选精度高的测量工具.下面介绍几种测量工具.

(1)米尺

实验室使用的米尺有两种,一种是钢板尺,量程为 500 mm,仪器允许误差为 0.10 mm;另一种是钢卷尺,量程为 2 m,仪器允许误差为 0.1 mm.

(2)游标卡尺

游标分机械游标和电子游标两种,其中机械游标又分为 10 分度、20 分度和 50 分度三种.游标卡尺的结构基本相同,根据游标的不同分成机械游标卡尺和电子游标卡尺.机械游标卡尺如图 4.1.1 所示,它由主尺及能在主尺上滑动的游标组成,主尺和游标都有量爪,利用内测量爪可以测量槽的宽度和管的内径,利用外测量爪可以测量零件的厚度和管的外径. 深度尺与游标连在一起,可以测槽和筒的深度. 将机械游标换成电子游标时,就是电子游标卡尺,如图 4.1.2 所示.

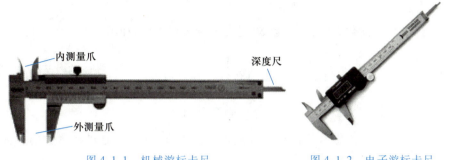

图 4.1.1 机械游标卡尺　　　　图 4.1.2 电子游标卡尺

　　游标卡尺的使用:用软布将量爪擦干净,使其并拢,查看游标和主尺尺身的零刻度线是否对齐. 如果对齐就可以进行测量;如没有对齐则要读取零点误差. 游标的零刻度线在尺身零刻度线右侧的称为正零点误差,在尺身零刻度线左侧的称为负零点误差(该规定方法与数轴的规定一致,原点以右为正,原点以左为负). 测量时,右手拿住尺身,大拇指移动游标,左手拿待测外径(或内径)的物体,使待测物体位于外测量爪(或内测量爪)之间,当与量爪紧紧相贴时,即可读数. 具体操作如图 4.1.3 所示.

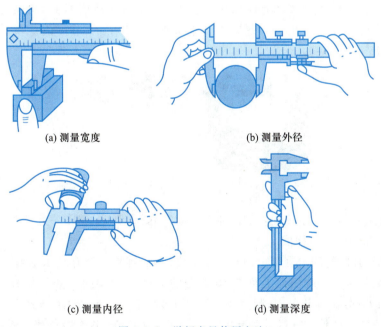

(a) 测量宽度　　　　　　　　(b) 测量外径

(c) 测量内径　　　　　　　　(d) 测量深度

图 4.1.3 游标卡尺使用方法

　　游标卡尺的特点:游标上 k 个格的总长度等于主尺上 $(k-1)$ 个格的总长度. 设 x 和 y 分别表示游标和主尺一个格的长度,则有

$$kx = (k-1)y$$

游标卡尺的最小分度值 δ_k 为

$$\delta_k = y - x = y - \frac{(k-1)y}{k} = \frac{y}{k}$$

游标卡尺的读数方法如下（以50分度游标卡尺为例，如图4.1.4所示）：

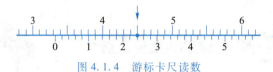

图4.1.4　游标卡尺读数

（a）在主尺上读出游标尺零刻度线以左的刻度，该值就是最终读数的整数部分. 图中所示为33 mm.

（b）游标尺上一定有一条刻度线与主尺的刻度线对齐，在游标尺上读出该刻度线距游标尺零刻度线的格数，将其与游标卡尺的最小分度值0.02 mm相乘，就得到最终读数的小数部分. 图中所示为0.24 mm.

（c）将所得到的整数和小数部分相加，就得到总尺寸为33.24 mm.

最后得被测量的总长为

$$l = 33.24 \text{ mm} - 零点误差$$

（3）螺旋测微器

螺旋测微器是比游标卡尺更精密的长度测量工具，其种类有内径螺旋测微器、外径螺旋测微器和深度螺旋测微器等，也可分为机械式螺旋测微器和电子数显式螺旋测微器. 较为常见的一种螺旋测微器如图4.1.5所示，分度值是0.01 mm，量程为0～25 mm.

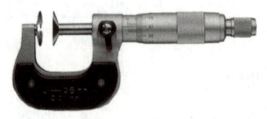

图4.1.5　螺旋测微器

螺旋测微器主要由连在一起的曲柄和固定套筒、测砧、连在一起的测微螺杆和微分筒（带保护棘轮）构成.

螺旋测微器的固定套筒上刻有一条横线，其下侧是一个有毫米刻度的直尺，即主尺；在微分筒的一端侧面上刻有50等分的刻度，称为副尺. 测微螺杆的螺距为0.5 mm，即微分筒旋转一周，测微螺杆就前进或后退0.5 mm，因此微分筒每转过一个刻度，测微螺杆就前进或者后退0.5/50 mm = 0.01 mm，这个数值就是螺旋测微器的精密度. 这也就是放大原理在机械方面的具体体现.

螺旋测微器的读数方法：测微螺杆的一端与测砧相接触，微分筒的边缘和固定套筒上的零刻度线相重合，同时微分筒边缘上的零刻度线和固定套筒主尺上的横线相重合,这就是零位. 若达不到上述要求,则存在零点误差,零点误差可正可负,也可为零. 当微分筒向后旋转一周时,固定套筒上便露出 0.5 mm 的刻度线. 如图 4.1.6(a)所示,可得到主尺上的数值 7.5 mm,然后读副尺上的准确数为 0.35 mm,最后估读一位为 0.000 mm,则得到本次测量的量值为 7.850 mm. 被测量的最终测量结果为 7.850 mm 减去零点误差. 以此类推,图 4.1.6(b)的读数为 5.270 mm. 该被测量的最终测量结果为 5.270 mm 减去零点误差.

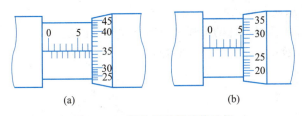

图 4.1.6　螺旋测微器读数示例

2. 长度的间接测量

当被测量的尺度较小时,我们一般采用间接测量的方法来实现长度的测量. 这种测量长度的方法是:分别读取被测量 d 两端点的位置坐标 d_1 和 d_2,然后由坐标差给出待测物体的长度,即 $d = |d_1 - d_2|$. 长度的间接测量常用的仪器有多种,本实验仅介绍读数显微镜.

读数显微镜是一种用于读数的光学精密机械仪器. 该仪器结构简单、操作方便、较为常用,如图 4.1.7 所示. 该仪器量程为 50 mm,最小分度值为 0.01 mm. 其结构包含固定支座、测微机构和读数机构. 读数显微镜的测微机构由固定在镜筒中的目镜和物镜组成,与普通显微镜相同. 唯一不同的是,为了测量方便,在读数显微镜目镜上装有"十"字叉丝. 镜筒在鼓轮(螺旋测微器)的作用下可以左右移动. 镜筒左右移动的距离可以从读数机构(即固定在支座上的标尺和螺旋测微器)上读出. 固定支座由带有反光镜和载物台的底座以及可以使镜筒上下移动和前后移动的横杆及立柱组成.

图 4.1.7　读数显微镜

读数显微镜的调整:转动反光镜,使光反射到载物台上,此时可从目镜中看到明显的视场;然后,转动目镜能看到清晰的"十"字叉丝;之后,上下左右调整镜筒到适当的位置即可.

读数显微镜的读数方法:先将待测物体固定在载物台上,然后向一个方向转动鼓轮至待测物体的一侧之外;之后反向旋转鼓轮至分划板上"十"字叉丝与待测物体相切,在固定在支座上的主尺读取 mm 的整数位,再从鼓轮上读取两位准确数字和估读一位欠准确数字,将二者加到一起即得当前切点的坐标;按刚才方向接着转动鼓轮至分划板上"十"字叉丝与待测物体的另一侧相切,用同样的方法读取该切点的坐标;两个切点坐标之差即为待测物体的长度.

注意:读数显微镜在测量长度时不需要进行零点误差的估测;测量时鼓轮只能沿一个方向旋转.

【实验内容及步骤】

1. 用游标卡尺测量圆筒的内径 d、外径 D、高度 H 和厚度 h,重复测量 6 次.

2. 用螺旋测微器在不同的位置对圆柱体的直径 D 进行 6 次重复测量,且每次测量都要进行零点误差的读取.

3. 用读数显微镜对钢珠的直径 d 进行 6 次重复测量.

4. 自行设计数据表格并记录实验数据.

【数据处理】

1. 求平均值 $\bar{x} = \dfrac{\sum\limits_{i=1}^{N} x_i}{N}$.

2. 求标准不确定度 $u_A(x) = \sqrt{\dfrac{\sum\limits_{i=1}^{N}(x_i - \bar{x})^2}{N(N-1)}}$ 和 $u_B(x) = \dfrac{\Delta_{仪}}{\sqrt{3}}$.

3. 求合成标准不确定度 $u_C(x) = \sqrt{u_A^2(x) + u_B^2(x)}$.

4. 实验结果表示 $\begin{cases} x = \bar{x} \pm u_C = \underline{\qquad\qquad} \\ E = \dfrac{u_C}{\bar{x}} \times 100\% = \underline{\qquad} \end{cases}$.

【分析讨论】

1. 游标卡尺的精度怎样确定?读数时是否需要估读一位欠准确数字?

2. 螺旋测微器零点误差的正负如何判定?

3. 读数显微镜测量时为什么鼓轮只能往一个方向转?测量钢珠直径时,可不可以用从钢珠中心分别向两个不同方向转动鼓轮的方法测出切点坐标?为什么?

【总结与思考】

待测物体的长度分别为 15.0 cm、1.00 cm 及 0.800 cm 时,应该采用什么样的测量工具?为什么?

实验 2　密度测量

密度是物质的基本属性之一. 在实验室中可利用物质的这一属性进行物质纯度的测量和物质成分的分析. 密度测量分为直接测量和间接测量. 直接测量时用密度

计进行;间接测量时所用的工具有测量质量的天平、测量体积的仪器等.

【重点难点】

1. 学习测量仪器的结构、原理和使用方法.
2. 练习直接测量量和间接测量量的数据处理方法以及实验结果的表示方法.

【目的要求】

1. 学习测量工具的构造和测量原理,掌握密度的测量方法.
2. 掌握读数规则、数据记录方法和基本运算方法.
3. 学习并掌握不确定度的估算方法和实验结果的表示方法.

【仪器装置】

天平,密度计,烧杯,温度计,圆柱体等.

【实验原理】

1. 密度的直接测量

物质密度的直接测量所使用的方法是比较法,使用的仪器是密度计. 密度计的种类繁多,有用于测量各种呈块状、颗粒状及粉末状固态物质的密度计,也有用于测量液态物质的密度计. 根据具体情况选择适合的密度计进行测量,即可得到该物质的密度,这里不再赘述.

2. 密度的间接测量

设物质的质量为 m,体积为 V,则密度 ρ 的定义为单位体积内物质的质量,即

$$\rho = \frac{m}{V} \tag{4.2.1}$$

由式(4.2.1)可知,间接测量密度时,需要测出物质的质量 m 和体积 V 才能得到密度 ρ.

(1) 质量 m 的测量

质量 m 是一个基本物理量,它是物质本身的属性,它不随物质的位置、形状及状态的改变而改变.

质量的测量工具是天平. 天平的种类很多,有托盘天平、物理天平、电子天平等. 无论哪种天平都是根据杠杆原理制成的测量物质质量的工具. 天平的规格由称量(即量程,指允许称量的最大质量)、感量(或灵敏度)、分度值表示. 天平的感量一般与砝码的最小值(或砝码的最小分度值)相对应,天平的灵敏度是感量的倒数,感量越小,灵敏度越高. 物理天平如图 4.2.1 所示. 物理天平的横梁上装有三个刀口,中间刀口安置在支柱顶端的玛瑙刀垫上,作为横梁的支点,两

图 4.2.1　物理天平

侧刀口上各悬挂一秤盘. 横梁下面装有一读数指针, 当横梁摆动时, 指针尖端就在支柱下方的标尺前摆动. 支柱下端的制动旋钮可以使横梁上升或下降, 横梁下降时, 制动架可托住横梁, 以保护刀口. 横梁两端的两个平衡螺母用于空载时调节平衡. 每台物理天平都配有一套砝码, 横梁上附有可以移动的游码. 在支柱左边的托盘可以托住不被称衡的物体.

物理天平的调整步骤如下: 先调水平, 调整天平底脚的调平螺丝, 使底盘上水平仪的圆形气泡处于中心位置(有的天平是使铅锤和底盘上的准钉正对), 以保证天平的支柱竖直, 刀垫水平; 然后调节零点, 先观察各部位是否正确, 例如, 托盘是否挂在刀口上; 确认正确后, 先将游码置于横梁左端零线处, 启动天平(即支起横梁), 观察指针是否停在中央处(或左右小幅度摆动不超过一分格时是否等偏), 若不平衡, 先制动天平, 再调节平衡螺母, 反复数次, 调整横梁至水平, 制动后待用.

物理天平的使用方法如下: 先将被测物体放在左盘, 用镊子取砝码放在右盘, 增减砝码、游码, 使天平平衡; 然后将制动旋钮向左旋动, 放下横梁制动天平, 记下砝码和游码读数; 把被测物体从盘中取出, 砝码放回盒中, 游码放回零位, 最后把秤盘架上的刀垫摘离刀口, 将天平完全复原. 这是"单称法". 也可将被测物体和砝码互换位置用"交换法"称量, 这样可以消除不等臂误差.

注意: 使用物理天平, 负载不能超过其最大称量. 在调节天平、取放物体、取放砝码(包括游码)以及不用天平时, 都必须将天平制动, 以免损坏刀口.

物理天平测得物质的质量=砝码总和+游标读数.

(2) 密度 ρ 的测量

(a) 形状规则的固体的密度 ρ

对于具有规则形状的物体, 可根据规则形状的体积公式对其进行长度的测量, 然后求出体积, 如圆柱体体积公式为 $V = \pi R^2 h = \frac{1}{4}\pi d^2 h$, 测出底面直径 d 和高 h, 即可得到体积. 由式(4.2.1)可得圆柱体的密度 ρ 为

$$\rho = \frac{m}{V} = \frac{4m}{\pi d^2 h} \tag{4.2.2}$$

(b) 形状不规则的固体的密度 ρ

当固体形状不规则时, 可利用阿基米德原理, 即物体在液体中所受的浮力等于物体排开同体积液体的重力来计算密度. 设物体在空气中的重力为 mg, 在全部浸入液体后的重力为 $m_1 g$, 液体的质量密度为 ρ_0, 则有

$$F = mg - m_1 g = \rho_0 V g \tag{4.2.3}$$

由式(4.2.3)求出 V, 代入式(4.2.1)可得

$$\rho = \frac{m}{V} = \frac{m}{m - m_1}\rho_0 \tag{4.2.4}$$

由式(4.2.4)可知, 只要测出物体在空气中和液体中的重力即可得到密度 ρ.

当固体形状不规则且仅能悬浮于液体中时, 可将被测物体与配重物体相连接,

使被测物体能够全部浸入液体中. 此时,被测物体的质量为 m,被测物体与配重物体在空气中称重为 $m_2 g$,被测物体与配重物体全部浸入液体中称重为 $m_3 g$,则有

$$\rho = \frac{m}{V} = \frac{m}{m_2 - m_3} \rho_0 \qquad (4.2.5)$$

液体密度的测量也可以用上述方法,这里就不详细介绍了.

【实验内容及步骤】

1. 用游标卡尺测量圆柱体的直径 D、高度 H,重复测量 6 次.
2. 用物理天平称量空气中被测物体的质量,用"交换法"测量 4 次.
3. 用物理天平称量液体(水)中被测物体的质量,用"交换法"测量 4 次.
4. 自行设计数据表格并记录实验数据.

【注意事项】

浸入液体中的物体表面不可以有气泡存在.

【数据处理】

1. 求平均值 $\bar{x} = \dfrac{\sum\limits_{i=1}^{N} x_i}{N}$.

2. 求标准不确定度 $u_A(x) = \sqrt{\dfrac{\sum\limits_{i=1}^{N}(x_i - \bar{x})^2}{N(N-1)}}$ 和 $u_B(x) = \dfrac{\Delta_{仪}}{\sqrt{3}}$.

3. 求合成标准不确定度 $u_C(x) = \sqrt{u_A^2(x) + u_B^2(x)}$.

4. 推算出式(4.2.2)的合成标准不确定度公式并计算量值.

5. 实验结果表示 $\begin{cases} \rho = \bar{\rho} \pm u_C(\rho) = \underline{\hspace{3cm}} \\ E = \dfrac{u_C(\rho)}{\bar{\rho}} \times 100\% = \underline{\hspace{2cm}} . \end{cases}$

【分析讨论】

1. 什么是物理天平的不等臂误差? 怎样消除该误差?
2. 当被测物体的密度小于液体密度时,应怎样测量其密度?
3. 浸入液体中的被测物体表面附着气泡对测量是否有影响? 如果有影响,会有怎样的影响?

【总结与思考】

怎样根据密度的测量进行物质成分分析?

用扭摆法、气垫
法测刚体的转
动惯量

实验 3 用扭摆法测刚体的转动惯量

转动惯量是刚体转动惯性大小的量度,是一个表征刚体特性的物理量. 刚体的转动惯量除了与刚体质量有关外,还与转轴的位置和质量分布(即形状、大小和密度分布)有关. 如果刚体形状简单且质量分布均匀,可以直接计算出它绕特定转轴的转动惯量. 对于形状复杂、质量分布不均匀的刚体,例如机械部件、电动机转子和枪炮的弹丸等,计算将极为复杂,通常采用实验方法来测定.

转动惯量的测量,一般都是使刚体以一定形式运动,通过表征这种运动特征的物理量与转动惯量的关系,进行转换测量. 本实验使物体作扭转摆动,通过测定摆动周期及其他参量,计算出物体的转动惯量.

【重点难点】

学习并掌握测定扭摆的扭转常量和用扭摆法测定刚体转动惯量的方法.

【目的要求】

1. 用扭摆法测定弹簧的扭转常量.
2. 用扭摆法测定几种不同形状物体的转动惯量,并与理论值进行比较.

【仪器装置】

转动惯量测试仪(图 4.3.1),扭摆,待测物体(塑料圆柱体、金属圆筒、细金属杆),天平,游标卡尺.

图 4.3.1 转动惯量测试仪

【实验原理】

如图 4.3.2 所示,在垂直轴上装有一根薄片状的螺旋弹簧,可用于产生回复力矩. 在垂直轴的上方可以装上各种待测物体. 垂直轴与基座间装有轴承,以降低摩擦力矩.

将物体在水平面内转过一个角度 θ 后,在弹簧的回复力矩作用下物体就开始绕垂直轴作往返扭转运动. 根据胡克定律, 弹簧受扭转而产生的回复力矩 M 与所转过的角度 θ 成正比, 即

$$M = -K\theta \qquad (4.3.1)$$

式中 K 为弹簧的扭转常量, 根据转动定律 $M = J\alpha$, 式中 J 为物体绕转轴的转动惯量, α 为角加速度, 得

$$\alpha = \frac{M}{J} \qquad (4.3.2)$$

令 $\omega^2 = \dfrac{K}{J}$, 忽略轴承的摩擦阻力矩, 由式(4.3.1)和式(4.3.2)得

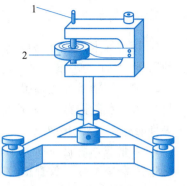

1—垂直轴; 2—螺旋弹簧.
图 4.3.2　扭摆构造图

$$\alpha = \frac{\mathrm{d}^2\theta}{\mathrm{d}t^2} = -\frac{K}{J}\theta = -\omega^2\theta \qquad (4.3.3)$$

方程式(4.3.3)表明, 扭摆的运动是简谐振动, 此方程的解为

$$\theta = A\cos(\omega t + \varphi) \qquad (4.3.4)$$

式中, A 为简谐振动的角振幅, φ 为初相位, ω 为角速度, 此简谐振动的周期为

$$T = \frac{2\pi}{\omega} = 2\pi\sqrt{\frac{J}{K}} \qquad (4.3.5)$$

由式(4.3.5)可知, 若在实验中测得物体的摆动周期为 T, 在 J 和 K 任何一个量已知时即可计算出另一个量. 下面求解 K.

设圆柱体的质量为 m_1, 用游标卡尺测量其直径 D_1, 则圆柱体的转动惯量为

$$J_1' = \frac{1}{8}m_1 D_1^2 \qquad (4.3.6)$$

载物圆盘(夹具)的摆动周期为 T_0, 对轴的转动惯量为 J_0, 载物圆盘和圆柱体共同的摆动周期为 T_1, 对此轴的转动惯量为 $(J_0 + J_1')$, 则由式(4.3.5)有

$$T_0 = 2\pi\sqrt{\frac{J_0}{K}}, \quad T_1 = 2\pi\sqrt{\frac{J_1' + J_0}{K}} \qquad (4.3.7)$$

由式(4.3.7)可得载物圆盘的转动惯量 J_0 和扭摆的扭转常量 K:

$$J_0 = \frac{T_0^2}{T_1^2 - T_0^2}J_1' \qquad (4.3.8)$$

$$K = 4\pi^2 \frac{J_1'}{T_1^2 - T_0^2} \qquad (4.3.9)$$

本实验采用若干个几何形状规则的物体, 可以根据它们的质量和几何尺寸用理论公式直接计算出它们的转动惯量, 再测出本仪器弹簧的扭转常量 K 值. 若要测定其他形状物体的转动惯量, 只需将待测物体安放在本仪器顶部的各种夹具上, 测定其摆动周期, 由式(4.3.5)即可算出该物体绕转轴的转动惯量.

【实验内容及步骤】

1. 用游标卡尺、米尺和天平,测量塑料圆柱体、金属圆筒和细金属杆的几何尺寸和质量. 每个物理量重复测量 3 次.

2. 调整扭摆基座底脚螺丝,使水平仪的气泡位于中心.

3. 安装载物圆盘,并调整光电探头的位置,使载物圆盘上的挡光杆处于其缺口中央且能遮住发射、接收红外线的小孔.

4. 测量载物圆盘摆动 10 个周期所需的时间 $10T_0$,重复测量 3 次.

5. 在载物圆盘上放置塑料圆柱体,该系统的总转动惯量为 (J_1+J_0),测量其摆动 10 个周期所需的时间 $10T_1$,重复测量 3 次.

6. 在载物圆盘上放置金属圆筒,该系统的总转动惯量为 (J_2+J_0),测量其摆动 10 个周期所需的时间 $10T_2$,重复测量 3 次.

7. 测出细金属杆摆动 10 个周期所用的时间 $10T_3$,重复测量 3 次.

8. 将测量数据记入书后的数据记录表中.

【注意事项】

1. 弹簧的扭转常量 K 不是固定常量,与摆动角度有关,但在 40°～90°间基本相同,因此为了降低实验时由于摆角的变化过大带来的系统误差,在测量时摆角应取在 40°～90°之间,且各次测量时的摆角大小应基本相同.

2. 光电探头应放置在挡光杆的平衡位置处,且不能相互接触,以免附加摩擦力矩.

3. 在实验过程中,基座应始终保持水平状态.

4. 载物圆盘必须插入转轴,并将螺丝旋紧,使它与弹簧组成固定的体系. 如果发现摆动数次之后摆角明显减小或摆动停止,应将止动螺丝旋紧.

【数据处理】

1. 根据测量值应用式(4.3.6)、$J_2'=\dfrac{1}{8}m(D_外^2+D_内^2)$、$J_3'=\dfrac{1}{12}mL^2$,分别计算塑料圆柱体、金属圆筒和细金属杆的转动惯量理论值.

2. 根据式(4.3.9)计算弹簧的扭转常量 K.

3. 根据式(4.3.8)、$J_1=\dfrac{K}{4\pi^2}\overline{T}_1^2-J_0$、$J_2=\dfrac{K}{4\pi^2}\overline{T}_2^2-J_0$ 和 $J_3=\dfrac{K}{4\pi^2}\overline{T}_3^2-J_0'$,计算载物圆盘、塑料圆柱体、金属圆筒和细金属杆的转动惯量.

4. 求相对误差 $E=\dfrac{|J_i-J_i'|}{J_i'}\times100\%$.

已知细金属杆的安装夹具转动惯量的实验值 $J_0'=0.232\times10^{-4}$ kg·m²,两滑块绕质心轴的转动惯量理论值为

$$J_s'=2\left[\frac{1}{16}m(D_外^2+D_内^2)+\frac{1}{12}mL^2\right]=0.809\times10^{-4}\ \text{kg·m}^2$$

【分析讨论】

1. 在实验中,为什么测量细金属杆的质量时必须将安装夹具取下?

2. 光电门及计时器均正常工作的情况下,实验中发现计时器忽然停下来或不计数,试分析一下可能是什么原因.

3. 在测定摆动周期时,光电探头应放置在挡光杆平衡位置处,为什么?

【总结与思考】

如何估算转动惯量的不确定度?

实验 4　用气垫法测刚体的转动惯量

在研究刚体的转动问题时,遇到的最大困难就是摩擦力矩的存在对测量结果的影响. 本实验所用的仪器采用了气垫悬浮与气垫滑轮相结合以及气流定轴等独特设计,故该装置所有转动元件间的摩擦均可以忽略. 本实验利用气垫法,通过测定刚体在力矩作用下转动的角加速度,算出转动惯量,验证刚体转动定律.

用扭摆法、气垫法测刚体的转动惯量

【重点难点】

1. 验证刚体转动定律,测定刚体绕固定轴的转动惯量.
2. 用气垫法测定刚体转动惯量的特点及原理.

【目的要求】

1. 验证刚体转动定律,测定刚体绕固定轴的转动惯量.
2. 学习用对称测量法消除零转引起的系统误差.

【仪器装置】

气垫转动惯量测定仪(图 4.4.1),专用 CHJ 型数字毫秒计,DC 型微音气泵,砝码组(2×1 g,4×2 g,2×5 g),镊子及细尼龙线等.

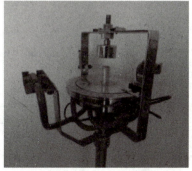

图 4.4.1　气垫转动惯量测定仪

【实验原理】

刚体的转动定律指出,绕固定轴转动的刚体,其所受力矩 M 与该力矩作用下产生的角加速度 α 成正比,即

$$M = J\alpha \qquad (4.4.1)$$

式(4.4.1)中比例系数 J 为刚体绕定轴转动的转动惯量,单位为 $\mathrm{kg \cdot m^2}$. 图 4.4.2 中刚体的转动惯量为一常量. 因砝码桶及砝码具有质量 m 故受重力作用,此重力使绕在动盘圆柱上的细尼龙线产生张力 F_T,在张力作用下,动盘(刚体)将受到一个转动力矩 M 的作用. 假定动盘圆柱直径为 D_1,则当空气阻力可忽略时,力矩为

$$M = F_\mathrm{T} D_1 \qquad (4.4.2)$$

在力矩 M 的作用下,动盘将作匀角加速运动,砝码桶及砝码随之下落,由牛顿第二定律可知,张力 F_T 与砝码下落的加速度 $a = \alpha D_1/2$ 之间满足如下关系:

$$F_\mathrm{T} = m(g-a) = m\left(g - \frac{\alpha D_1}{2}\right) \qquad (4.4.3)$$

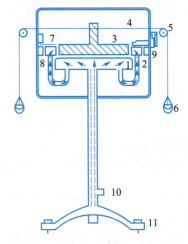

1—气室;2—定盘;3—动盘;4—细尼龙线;
5—气垫滑轮;6—砝码桶;7—挡光板;
8—光电门;9—定位螺杆;10—进气口;
11—底脚螺丝.

图 4.4.2 气垫转动惯量测定仪

将式(4.4.2)及式(4.4.3)代入式(4.4.1),有

$$M = mD_1\left(g - \frac{\alpha D_1}{2}\right) = J\alpha \qquad (4.4.4)$$

若式(4.4.4)得证,则刚体转动定律得以验证. 当 m 及 D_1 与动盘质量及半径相比均很小时,有 $a \ll g$,于是式(4.4.4)变为

$$M = J\alpha \approx mgD_1 \qquad (4.4.5)$$

设动盘转动的初角速度为 ω_0,其继续转过 $\theta_1 = 2\pi$ 及 $\theta_2 = 4\pi$ 角所用的时间分别为 t_1 及 t_2,则由刚体运动学公式可得

$$\theta_1 = 2\pi = \omega_0 t_1 + \alpha t_1^2/2 \qquad (4.4.6)$$

$$\theta_2 = 4\pi = \omega_0 t_2 + \alpha t_2^2/2 \qquad (4.4.7)$$

由式(4.4.6)和式(4.4.7)消去 ω_0,即可求出动盘在力矩 M 的作用下,绕固定轴转动的角加速度为

$$\alpha = \frac{4\pi(2/\overline{t}_2 - 1/\overline{t}_1)}{\overline{t}_2 - \overline{t}_1} \qquad (4.4.8)$$

改变砝码质量 m_i,测出动盘在不同外力矩 $M_i = m_i g D_1$ 下绕定轴转动的角加速度 α_i,作 M-α 图线,若该图线为直线,则证明刚体转动定律成立,且直线的斜率即为刚体绕固定轴的转动惯量 J.

【实验内容及步骤】

1. 接通气源,取下动盘,放上水平校准盘,再调节底脚螺丝使定盘及气室上表面处于水平状态.

2. 将仪器各部分均调到正常状态. 主要包括:气垫滑轮运转自如且无附加力矩;细尼龙线自然缠绕于动盘圆柱时,应与动盘平面平行,且细尼龙线应分别与气垫滑轮轴向垂直;两端砝码桶基本等高;聚光灯泡对准光敏二极管且光控计时正常等.

3. 依次向两个砝码桶(其质量相等,均为 5 g)内放入等量砝码,分别在相同力矩作用下以数字毫秒计测定动盘旋转一周(即 $\theta_1 = 2\pi$)及两周($\theta_2 = 4\pi$)所需的时间 t_1 及 t_2 各 3 次. 给动盘施加转动力矩的方向是逆时针,在动盘圆柱上绕线三周以上.

4. 为用对称测量法消除动盘可能产生的零转引起的系统误差,使动盘按相反方向旋转,并重复上一步中所述的测量. 但测量前,应重新将气垫滑轮轴线与细线调至垂直.

5. 将测量数据记入书后的数据记录表中.

【注意事项】

1. 未开气源时,不得在气室表面转动或摩擦动盘,气室、气垫滑轮及各连接管道均不得漏气.

2. 每次使用前,应在接通气源的情况下,用蘸有酒精的软细布轻拭气室及动盘的上下表面,以防气孔堵塞或被尘粒划伤表面.

3. 实验前,应调节气室上表面,使其处于正常的水平状态,且调好后不得随意挪动.

4. 整个实验过程中要求气压稳定不变.

5. 安装、调节及使用该装置时,操作应细心谨慎,严禁磕碰动盘、定盘、气垫滑轮、水平校准盘、金属球、圆柱式定位器、转动惯量接插座、铜圆柱、铝块及凹盘等,更不得使装置坠地.

【数据处理】

1. 根据式(4.4.8),计算不同力矩作用下动盘转动的角加速度.

2. 在直角坐标纸上作 M-α 图线,验证刚体转动定律,并求动盘的转动惯量 J.

3. 用最小二乘法验证刚体转动定律.

【分析讨论】

1. 本实验操作中,如果不要求采取正、反两个方向旋转的方式,即不要求采用对称测量法进行实验,对实验有无影响? 请具体说明之.

2. 在动盘圆柱上绕线,每次重复实验时绕线周数为什么定为三周以上? 少些可以吗?

【总结与思考】

试分析本实验产生误差的主要原因.

实验 5 验证刚体转动惯量的平行轴定理

刚体的转动惯量的大小不仅与刚体的质量及质量分布有关,还与转轴的位置有关. 同一刚体,相应于不同的转轴,其转动惯量的大小是不相同的,这给转动惯量的计算和测量都带来一定的困难. 但当转轴彼此平行时,转动惯量的变化将遵循一定的规律,这个规律称为平行轴定理. 本实验将验证平行轴定理.

【重点难点】

1. 理解并掌握刚体转动惯量的平行轴定理.
2. 学习验证平行轴定理的方法.

【目的要求】

学习用扭摆法和气垫法验证平行轴定理.

【仪器装置】

转动惯量测试仪(见实验 3),气垫转动惯量测定仪(见实验 4),细杆,滑块(2个),铜圆柱(2个),长方体(铝块,2个).

【实验原理】

刚体转动惯量的平行轴定理是指:刚体对任一转动轴的转动惯量 J 等于刚体对通过其质心且平行于该轴的转动惯量 J_0 加上刚体的质量 m_0 乘以两平行轴间距 D 的平方,即

$$J = J_0 + m_0 D^2 \tag{4.5.1}$$

式(4.5.1)表明刚体的转动惯量 J 与其质心到转轴距离的平方 D^2 成线性关系. 当 D 不变时 J 亦不变.

1. 用扭摆法验证平行轴定理

如图 4.5.1 所示,设细杆加滑块的转动周期为 T,扭摆的扭转常量为 K,则有

$$J = \frac{K}{4\pi^2} T^2 \tag{4.5.2}$$

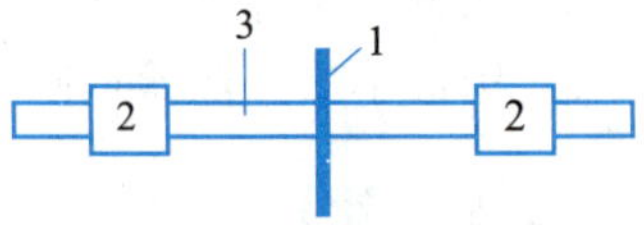

1—轴;2—滑块;3—细杆.

图 4.5.1 扭摆法原理

将式(4.5.2)代入式(4.5.1)可得

$$T^2 = b + kD^2 \tag{4.5.3}$$

式(4.5.3)表明若滑块质心到转轴的距离 D 的平方与刚体转动周期的平方成正比,

则式(4.5.1)成立.式(4.5.3)中的斜率和截距分别为

$$k = \frac{4\pi^2 m_0}{K}, \quad b = \frac{4\pi^2 J_0}{K}$$

2. 用气垫法验证平行轴定理

(1) 改变 D,考察 J 与 D^2 的关系.将质量均为 m_0 的两个铜圆柱对称地置于动盘圆柱两侧的插孔上,如图 4.5.2 所示.设圆柱绕自身对称轴的转动惯量为 J_C,动盘绕自身对称轴的转动惯量为 J_0,两轴间距为 D,整个系统的转动惯量为 J,则由平行轴定理有

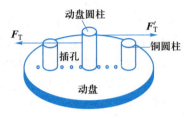

图 4.5.2　气垫法原理(改变 D)

$$J = J_0 + 2(J_C + m_0 D^2) \quad (4.5.4)$$

又由式(4.4.4)可知,整个系统的转动惯量为

$$J = \frac{mgD_1}{\alpha} - \frac{mD_1^2}{2} \quad (4.5.5)$$

式(4.5.5)中 D_1 表示动盘圆柱直径,α 表示砝码桶及砝码的总质量为 m 时系统转动的角加速度,且由式(4.4.8)可知

$$\frac{1}{\alpha} = \frac{t_2 - t_1}{4\pi(2/t_2 - 1/t_1)} = \frac{t_1 t_2 (t_2 - t_1)}{4\pi(2t_1 - t_2)} \quad (4.5.6)$$

式(4.5.6)中,t_1、t_2 分别表示系统旋转一周、两周所用的时间.将式(4.5.5)代入式(4.5.4),整理后得

$$\frac{1}{\alpha} = A + BD^2 \quad (4.5.7)$$

若在直角坐标系内 $1/\alpha - D^2$ 关系图线为一条直线,则式(4.5.7)亦即式(4.5.4)成立,刚体转动惯量的平行轴定理得以验证.其中,式(4.5.7)中直线的截距 A 和斜率 B 分别为

$$A = \frac{J_0 + 2J_C}{mgD_1} + \frac{D_1}{2g}, \quad B = \frac{2m_0}{mgD_1}$$

(2) D 不变,只改变刚体的方位,将质量均为 m' 的两个长方体(铝块)对称地置于动盘圆柱两侧的插孔上,在保持长方体质心与动盘中心轴的距离 D' 恒定的情况下,改变长方体方位,如图 4.5.3 所示,分别使两长方体长轴① 平行;② 重合;③ 垂直.若在上述情况下,测得系统转动一周及两周所需要的时间对应相等,亦即角加速度相等,则说明当转轴确定后,刚体的转动惯量为

$$J' = \frac{J_1 - J_0}{2} = J_C' + m'D'^2 \quad (4.5.8)$$

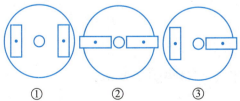

① ② ③

图 4.5.3　气垫法原理(D 不变)

只与其通过质心且平行于固定轴的转动惯量 J'_C 及平行轴间距 D' 有关,而与刚体相对于自身转轴转过的角度无关. 它又从另一个侧面证实了平行轴定理. 式 (4.5.8) 中,若测定了动盘及整个体系的转动惯量 J_0 及 J_1,则可求出长方体的转动惯量 J'.

【实验内容及步骤】

1. 用扭摆法验证平行轴定理

(1) 按实验 3 的方法将扭摆调到正常工作状态.

(2) 将滑块对称地放在细杆两边的凹槽内,此时滑块质心离转轴的距离分别为 5.00 cm、10.00 cm、15.00 cm、20.00 cm、25.00 cm,测定摆动周期 T.

(3) 自行设计数据表格并记录实验数据.

2. 用气垫法验证平行轴定理

(1) 调节气垫转动惯量测定仪至正常工作状态.

(2) 向砝码桶内各加入一个 5 g 砝码,依次将两铜圆柱对称地插于距动盘中心 2.5 cm、3.5 cm、4.5 cm、5.5 cm、6.0 cm 及 6.5 cm 的插孔上,并分别测出系统转动一周及两周所需要的时间 t_1、t_2 各三次.

(3) 在不改变所加砝码质量的情况下,取下铜圆柱,将两个铝块对称地插于距动盘中心 5.5 cm 的插孔上,分别测出图 4.5.3 中①—③所示位置时系统转动一周及两周所需要的时间 t'_1 及 t'_2 各三次;取下铝块,再测时间 t''_1 及 t''_2 各三次.

【数据处理】

1. 在直角坐标纸上,以 D^2 为横坐标,T^2 为纵坐标作图,并说明结论.

2. 在直角坐标纸上,以 D^2 为横坐标,$1/\alpha$ 为纵坐标作图,并说明结论.

3. 用最小二乘法求直线的回归方程:$1/\alpha = A + BD^2$. 根据求出的相关系数说明结论,并由 A、B 的值求 J_C 及 m_0.

4. 计算角加速度 α',然后根据计算结果说明结论. 由 α' 和式 (4.5.5) 求系统的转动惯量 J_1.

【分析讨论】

1. 数据处理 1 中为什么要用 D^2 和 T^2 为坐标变量作图? 直接用 D 和 T 作图是否可以? 说明理由.

2. 为什么说无论怎样放置长方体,只要测得系统的角加速度相同,平行轴定理就可得到验证?

【总结与思考】

分析用两种方法验证平行轴定理的差异.

实验 6　验证角动量守恒定律

角动量是物理学中最基本、最重要的物理量之一,不仅在经典力学中适用,在近代物理学中同样不可或缺. 角动量守恒定律作为物理学中的一个重要规律,在研究向心转动等方面的问题时有着独到之处. 因此,角动量的概念及角动量守恒定律在原子物理、量子物理及粒子物理的研究中都有很重要的作用. 本实验就是利用气垫转动惯量测定仪验证角动量守恒定律的.

【重点难点】

理解并掌握刚体转动的角动量守恒定律.

【目的要求】

学习用气垫法验证角动量守恒定律.

【仪器装置】

气垫转动惯量测定仪,数字毫秒计,气泵,附件组.

【实验原理】

质点绕定轴转动的角动量 L 定义为其对轴的径矢 r 与其动量 p 的矢积,即 $L = r \times p$. 由此可知,刚体绕固定轴转动的角动量的大小,等于刚体相对于该轴的转动惯量 J 乘以刚体转动的角速度 ω,且其方向与角速度的方向相同,以公式表示为

$$L = J\omega \tag{4.6.1}$$

当刚体在外力矩 M 的作用下,以角加速度 $\alpha = \mathrm{d}\omega/\mathrm{d}t$ 转动时,有

$$M = \frac{\mathrm{d}L}{\mathrm{d}t} = J \cdot \frac{\mathrm{d}\omega}{\mathrm{d}t} \tag{4.6.2}$$

而当合外力矩为零时,角动量不随时间变化,即

$$L = J\omega = 常量 \tag{4.6.3}$$

式(4.6.3)即角动量守恒定律的数学表达式.

将气垫转动惯量测定仪按图 4.6.1 所示装配. 提起细尼龙线,使金属球与凹盘脱离并被圆柱式定位器嵌住,保持角速度为零. 在某时刻使金属球轻缓地正对中心落于正以角速度 ω_1 旋转的凹盘上,二者合为一体,并以另一角速度 ω_2 旋转. 设凹盘与金属球绕其自身对称轴的转动惯量分别为 J_1 及 J_2,则金属球与凹盘因所受合外力矩为零而满足角动量守恒定律,即

$$J_1\omega_1 = (J_1 + J_2)\omega_2 \tag{4.6.4}$$

若以 t_1、t_2 分别表示金属球与凹盘合为一体前后凹盘转过 2π 角所用的时间,则式(4.6.4)变为

$$\frac{J_1+J_2}{J_1}=\frac{\omega_1}{\omega_2}=\frac{2\pi/t_1}{2\pi/t_2}=\frac{t_2}{t_1} \qquad (4.6.5)$$

式(4.6.5)中的 t_1、t_2 即凹盘上的挡光板在上述两种情况下转过 2π 角所用的时间.

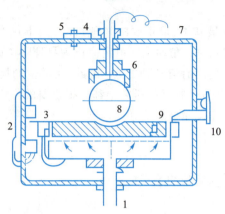

1—进气口;2—光电门;3—挡光板;4—定位板;
5—固定板;6—圆柱式定位器;7—细尼龙线;
8—金属球;9—凹盘;10—定位螺杆.

图 4.6.1 用气垫法验证角动量守恒定律的装置

J_1 及 J_2 可由实验 4 中的方法测得:将气垫转动惯量测定仪恢复成实验 4 中图 4.4.2 所示的状态,然后将转动惯量接插座扣在动盘圆柱上(插脚向上),测出动盘与接插座系统的转动惯量 J_0'. 将凹盘插在转动惯量接插座的插脚上,以同样方法测出动盘、接插座和凹盘系统的转动惯量 J. 由此求得凹盘的转动惯量为

$$J_1 = J - J_0' \qquad (4.6.6)$$

将凹盘取下,翻转转动惯量接插座(将其插脚插入动盘圆柱的中心孔内),将金属球置于转动惯量接插座的凹面上,即可以相同方法测出动盘、接插座和金属球整个系统的转动惯量 J'. 于是,金属球的转动惯量为

$$J_2 = J' - J_0' \qquad (4.6.7)$$

将式(4.6.6)和式(4.6.7)代入式(4.6.5),得

$$\frac{J+J'-2J_0'}{J-J_0'}=\frac{t_2}{t_1} \qquad (4.6.8)$$

若式(4.6.8)成立,则式(4.6.4)成立,即角动量守恒定律得证.

【实验内容及步骤】

1. 调节气垫转动惯量测定仪使其达到正常工作状态.

2. 向砝码桶内各加入 5 g 砝码,分别沿顺时针和逆时针两个方向测出其旋转一周、两周所用的时间 t_{01}、t_{02} 和 t_{01}'、t_{02}' 各三次,求转动惯量 J_0'.

3. 放上凹盘,以同样方法测出 t_{11}、t_{12} 和 t_{11}'、t_{12}' 各三次,求转动惯量 J.

4. 取下凹盘,将转动惯量接插座翻转,放上金属球. 以同样的方法测出 t_{21}、t_{22} 和 t_{21}'、t_{22}' 各三次,求转动惯量 J'.

5. 取下动盘及砝码桶,换上凹盘. 参照图 4.6.1 安装圆柱式定位器,调整其位置,使金属球能相对凹盘对心下落. 安装与调整方法如下:将悬挂金属球的细尼龙线自下而上穿过已旋去上部螺母的圆柱式定位器通孔,将定位螺杆穿入矩形框架横梁的中心通孔,手提金属球并将其平稳地放在凹盘凹面内,圆柱式定位器倒扣在金属球正上方,套上定位板,旋入上部螺母,至金属球与定位器凹面间距 1～2 mm. 此时按住定位板,当提落金属球时,球不应在凹盘凹面内摆动. 检验方法是:在接通气源的情况下,旋转凹盘,待转稳后,反复提落金属球,凹盘及球均不应有明显摆动. 最后旋紧固定螺母,圆柱式定位器即安装完毕.

6. 人为给定一平稳的角速度,连续测出金属球未落入凹盘与已落入凹盘时挡光板的挡光时间 t_1 与 t_2 各三次,分别求出角速度 ω_1 与 ω_2.

7. 自行设计数据表格并记录实验数据.

【数据处理】

1. 计算 $M = $ _____ , $J'_0 = M/\alpha_0 = $ _____ .

2. 计算 $J = M/\alpha = $ _____ , $J' = M/\alpha' = $ _____ .

3. 按 $C = \dfrac{J+J'-2J'_0}{J-J'_0}$ 计算 C.

4. 由计算结果说明验证结论.

【分析讨论】

1. 本实验操作中,给定的平稳角速度的大小对实验有无影响? 请具体说明之.
2. 本实验中,转动惯量的测量有没有其他方法? 若有其他方法,请简述之.

【总结与思考】

试分析本实验所使用的验证方法.

实验 7　用拉伸法测定金属丝的杨氏模量

材料的杨氏模量是材料最基本的力学参量之一,它反映了固体材料抗伸长或抗压缩的能力,是材料物质分子之间相互作用的宏观表现.

杨氏模量是选定机械构件材料的依据之一. 材料的杨氏模量以及今后要学到材料的其他性质对飞机及辅助设施的制造、维修、保养都十分重要. 航空史上发生过飞机空中解体的悲剧,这和当时没能掌握机体材料性质有关. 因此从事民航事业,学好材料性质尤为重要.

本实验采用拉伸法测定金属丝的杨氏模量,其关键在于准确测定试件加载后长度的微小变化. 实验中利用光杠杆将这一微小长度放大,使之得以测量,从而达到测量杨氏模量的目的.

1. 理解并掌握光杠杆放大法.
2. 学习实验仪器的调节方法.

【目的要求】

1. 掌握用光杠杆放大法测量微小伸长量的原理和方法.
2. 练习实验装置的调整——平面上的光路调整.
3. 用拉伸法测量金属材料的杨氏模量.
4. 学会正确选择量具,从而体会误差理论对实验的指导意义.

【仪器装置】

杨氏模量实验仪,读数望远镜,一套砝码(每个砝码质量为 1 kg 或 0.5 kg),光杠杆装置,螺旋测微器,钢卷尺,游标卡尺.

【实验原理】

任何物体在外力作用下都要发生形变. 形变分为弹性形变和塑性形变两大类. 如果外力在一定限度以内,当外力撤除后物体能恢复到原来的形状和大小,这种形变就称为弹性形变;如果外力撤除后物体不能完全恢复原状,而留下剩余的形变,这种形变就称为塑性形变. 本实验只研究弹性形变,因而要控制外力的大小,以保证物体发生弹性形变.

固体的弹性形变又可以分为四种:伸长或压缩形变,切变,扭变,弯曲形变. 本实验只对第一种形变进行研究,即研究金属丝沿长度方向受外力作用后的伸长形变.

本实验的试件为一根粗细均匀、长为 L、横截面积为 S 的金属丝. 设当在金属丝两端沿长度方向施以大小相等方向相反的拉力(大小为 F)时,其伸长量为 δ.

金属丝在拉力作用下,单位长度的伸长量称为应变,即应变 $= \dfrac{\delta}{L}$.

当金属丝两端受到拉力时,在金属丝内任一截面上就会产生与拉力相平衡的内力,单位面积上的内力定义为应力,即应力 $= \dfrac{F}{S}$.

由胡克定律可知,在弹性限度以内,应力与应变成正比,对于伸长形变,胡克定律的数学表达式为

$$\frac{F}{S} = E\,\frac{\delta}{L} \tag{4.7.1}$$

式中比例系数 E 称为杨氏模量. 它与试件的几何尺寸无关,与外力的大小无关,只取决于材料的性质,是表征固体材料性质的重要物理量.

由式(4.7.1)可知,只要测出拉力大小 F、金属丝原长 L、横截面积 S 和在拉力

作用下金属丝的伸长量 δ,就可以得到金属材料的杨氏模量.杨氏模量单位为 $N \cdot m^{-2}$ 或 Pa.

物理实验方法——放大法:将被测物理量按照一定规律加以放大后进行测量的方法,称为放大法.这种方法对微小物理量或对物理量的微小变化量的测量是十分有效的.例如,用秒表测单摆的周期实验中,手按秒表起止测得的"反应时"给测量带来的不确定度 $\Delta t = 0.2$ s,周期 $T = 2$ s,则 $\frac{\Delta t}{T} = 10\%$,测量的相对不确定度很大.如果用秒表连续测量 100 个周期,时间 t 为 200 s,而反应时的不确定度仍为 $\Delta t = 0.2$ s,此时 $\frac{\Delta t}{t} = 0.1\%$,提高了测量的准确度.这种在不改变被测物理量性质的条件下,将其延展若干倍,以增加被测物理量的有效数字的位数,从而减小其测量相对不确定度的方法,是放大法的一种特例,这种方法也称为**测量宽度延展法**.

放大法可分为两类:一类借助于光学实验中的放大镜(例如测微目镜)、显微镜、望远镜等将被测物理量本身加以放大而实现测量的,属于直接放大方法;另一类是将所要观测的对象通过某种原理或关系变换成另一个扩大了的现象进行观测的,属于间接放大方法.本实验的光杠杆放大法就是一种间接放大方法.放大法提高了实验的可观察性和测量的准确度,是一种十分有用的实验方法,对微小量的观测具有重要意义.

光杠杆:光杠杆由平面镜和 T 形支架组成,如图 4.7.1 所示.T 形支架的两个前足 a、b 与平面镜在同一平面内,支撑在杨氏模量实验仪中托板的沟槽里,后足 c 置于夹在金属丝中部的卡头平面上,随着金属丝的伸长 c 向下移动,此时,光杠杆以 a、b 的连线为轴转动.c 到 a、b 连线的距离 l 称为光杠杆常量.

由图 4.7.2 可见,$\frac{\delta}{l} = \sin \theta \approx \theta$,$\frac{C_1}{H} = \tan 2\theta \approx 2\theta$.所以

$$\delta = \frac{l}{2H} \cdot C_1 \qquad (4.7.2)$$

由式(4.7.2)可知,长度的微小变化量 δ,可以通过测量 l、H、C_1 这些易测的量间接地测量出来.光杠杆的作用是将微小伸长量 δ 放大为标尺上相应的位移 C_1,放大倍数为

$$\beta = \frac{C_1}{\delta} = \frac{2H}{l} \qquad (4.7.3)$$

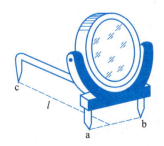

图 4.7.1　光杠杆

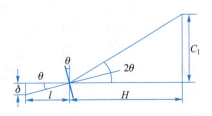

图 4.7.2　光杠杆放大法

本实验中光杠杆常量 l 约为 7 cm,H 约为 2 m,放大倍数约为 60 倍. 由式(4.7.3)可知,要进一步提高放大倍数可增加标尺到平面镜的距离 H 或减小光杠杆常量 l 值,实际上对于微小量 δ,若减小 l 值,将使 θ 增大,而导致测量 δ 的误差增大.

光杠杆放大法并不是将 δ 直接放大,而是将微小的长度变化转化成光线的角度变化而加以放大,所以属于间接放大方法. 这种方法已普遍应用于其他测量技术之中,如光电检流计、冲击电流计、灵敏电流计等就是运用该方法来测量小角度变化的.

若金属丝原长度为 L,直径为 d,在拉力的作用下,伸长量为 δ,则杨氏模量可写为 $E = \dfrac{4FL}{\pi d^2 \delta}$. 当金属丝受外力 $F = mg$ 时,根据光杠杆系统测量微小伸长量的放大原理 $\delta = \dfrac{l}{2H} \cdot C_1$,将杨氏模量的定义式改写为下式:

$$E = \frac{8mgHL}{\pi d^2 l C_1} \tag{4.7.4}$$

【实验内容及步骤】

1. 安装实验装置

(1) 在金属丝下端的挂钩自重不计入作用力 F 中,它的作用是使金属丝弯曲部分拉直.(若仍有弯曲部分,可再预加 1 个砝码,先把金属丝拉直,这些重量也不计入作用力 F 之中.)

(2) 安置好光杠杆所用的平面镜组件,使 T 形支架的两前足置于中托板的沟槽内,后足置于卡头组件的上端.

(3) 调节底脚的螺丝,使夹住金属丝的卡头与中托板中间的圆孔无摩擦.

2. 望远镜、光杠杆和标尺的调整

待测金属丝处于竖直位置,其伸长量也在竖直方向上,因此测量时标尺应竖直,望远镜光轴应水平. 当望远镜、光杠杆、标尺都调整好后,标尺应成像在望远镜的分划板上,观察者从望远镜里既能看清标尺,又能看清十字叉丝. 望远镜的视场角较小,大约为 $1°26'$,直接从望远镜中寻找观察目标很困难,因此调整分四步进行:

(1) 调节望远镜滑套,使望远镜光轴与光杠杆的平面镜在同一水平高度.

(2) 调节反射镜的俯仰,操作者的眼睛在与望远镜光轴等高时,恰能看见平面镜中自己眼睛的像,此时操作者的视线即平面镜的法线.

(3) 移动读数望远镜,使标尺和望远镜分别位于上述视线两侧对称的位置上.

(4) 轻微移动或转动望远镜底座,使沿望远镜外望去,其上的缺口、准星及平面镜中心成一条直线,并看到标尺成像于平面镜中心.

至此,金属丝已竖直,平面镜镜面竖直,望远镜光轴水平且对向平面镜中心,望远镜和标尺分居平面镜法线两侧,标尺可成像于望远镜视场中央.

以上目测调节不够准确,还需细调.

3．通过望远镜细调

（1）调整目镜视度，看清叉丝．

（2）转动调焦手轮对平面镜调焦，看清平面镜中心的标记后，调节望远镜俯仰螺钉并微微调整望远镜方位，使平面镜中心与望远镜分划板中心完全重合．

（3）转动调焦手轮对标尺调焦，看清标尺后，微微平移望远镜底座，使标尺刻度部分成像于平面镜中心．

（4）仔细对标尺调焦，消除视差．

（5）望远镜中标尺的读数应与标尺同一高度的实际读数相同．如果不同，可轻微调整平面镜俯仰．

4．记下叉丝对准的标尺刻度 r_1，之后逐渐增加砝码，每增加 0.5 kg 记录一次标尺的相应读数 r_{i+}，直到 6 kg；再逐次取下砝码，并记录相应的读数 r_{i-}．取 r_{i+} 和 r_{i-} 的平均值 r_i 并填入自行设计的数据表格中．

5．用螺旋测微器测量金属丝直径 d，重复测量 5 次；用钢卷尺测量金属丝长度 L 和镜尺距离 H，用游标卡尺测量光杠杆常量 l 各一次．

6．自行设计数据表格并记录实验数据．

【注意事项】

1．加减砝码时要轻拿轻放，同时用手托住砝码盘，勿使金属丝受到冲量的作用．

2．平面镜不要掉到地上，光杠杆后足勿落于卡头缝隙中．

3．测 L 时注意起点、终点，L 应只是拉伸部分的金属丝长度．

4．望远镜应全视场清晰，无任何模糊之处．

【数据处理】

1．计算标尺读数的平均值 r_i．

2．用逐差法计算改变砝码时标尺读数变化量的平均值 C_i．

3．计算金属丝直径 d 的平均值，计算杨氏模量 E，并用不确定度正确表示杨氏模量．

【分析讨论】

1．什么是杨氏模量？两根材料相同、粗细不同的金属丝，它们的杨氏模量是否相同？

2．本实验为什么要求在正式读数前先加砝码把金属丝拉直？这样做会不会影响测量结果？

3．本实验要测量几个长度量？为什么选用不同的量具？

【总结与思考】

1．如何根据几何光学的原理来调节望远镜、光杠杆和标尺之间的位置关系？

如何调节望远镜?

2. 在砝码盘上加载时为什么采用正反测量取平均的办法?

实验 8　用拉脱法测定液体表面张力系数

液体表面张力
系数的测量

液体表面张力系数是一个反映液体性质的重要物理量,在物理、化学、工农业、医学等领域中有着重要的应用,如在工业上的浮选和液体输运等技术中都要对表面张力进行研究. 测量液体表面张力系数有多种方法,如拉脱法、毛细管法和液滴测重法等,本实验采用拉脱法测量液体表面张力系数,并通过实验进一步了解液体的表面张力系数与其浓度、温度等的关系.

【重点难点】

观察用拉脱法测定液体表面张力系数的物理过程、物理现象,训练对拉脱瞬间的把握程度,并用物理学基本概念和定律进行分析和研究.

【目的要求】

1. 学习力敏传感器的定标方法.
2. 测量纯水和酒精等液体的表面张力系数.
3. 观察用拉脱法测定液体表面张力的物理过程和物理现象.

【仪器装置】

液体表面张力系数测定仪,待测液体,附件.

【实验原理】

液体具有尽量缩小其表面的趋势,好像液体表面是一张拉紧了的橡皮膜一样. 我们把这种沿着表面的切向收缩液面的力称为表面张力. 表面张力的大小正比于表面分界线的长度 l,即

$$F = \sigma l \tag{4.8.1}$$

式 (4.8.1) 中 σ 是液体的表面张力系数,它在数值上等于沿液体表面作用在单位长度上的切向力,单位是 N/m.

通过测量一个周长已知的金属圆环从待测液体表面脱离时所需要的拉力,从而求得该液体的表面张力系数的方法称为拉脱法. 实验中需测量一个铝合金吊环从待测液体表面拉脱时需要的力. 拉脱瞬间,液面分界线可以近似地视为圆形. 实验装置如图 4.8.1 所示. 吊环在脱离液体表面时附带的液体形成液膜的瞬间受力为

$$F_1 = \sigma \pi (D_1 + D_2) + mg \tag{4.8.2}$$

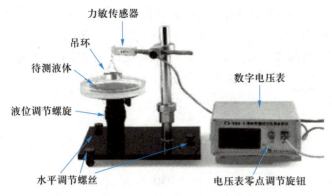

力敏传感器
吊环
待测液体
液位调节螺旋
数字电压表
水平调节螺丝
电压表零点调节旋钮

图 4.8.1　液体表面张力系数测定仪

式(4.8.2)中 F_1 是力敏传感器挂钩受到的拉力的大小, D_1、D_2 分别为吊环底面的外径和内径, mg 为吊环所受重力的大小.

拉脱后力敏传感器挂钩受到的拉力为

$$F_2 = mg \qquad (4.8.3)$$

力敏传感器在压力作用下, 此时将有电压信号输出, 输出电压大小与所加外力成正比, 即

$$U = KF \qquad (4.8.4)$$

式(4.8.4)中, F 为外力的大小; K 为力敏传感器灵敏度, 单位是 V/N; U 为输出电压的大小.

拉脱前后输出电压的改变量 ΔU 可表示为

$$\Delta U = U_1 - U_2 = KF_1 - KF_2 = K\sigma\pi(D_1 + D_2) \qquad (4.8.5)$$

U_1、U_2 分别为即将拉断液膜时数字电压表的读数以及拉断后数字电压表的读数.

因此, 液体的表面张力系数可表示为

$$\sigma = \frac{U_1 - U_2}{K\pi(D_1 + D_2)} \qquad (4.8.6)$$

【实验内容及步骤】

1. 对力敏传感器定标

(1) 打开仪器的电源开关, 将仪器预热 15 min, 把砝码盘挂在力敏传感器的小钩上, 将数字电压表示值调为零.

(2) 将 7 个质量均为 0.5 g 的砝码依次放入砝码盘中, 并分别记录相应质量下数字电压表的读数.

2. 用游标卡尺测量吊环的外径 D_1 和内径 D_2, 重复测量 5 次, 并清洁吊环表面.

3. 测液体的表面张力系数

(1) 挂上吊环, 并使吊环的下沿与液面平行. 如果不平行, 通过调整连接吊环的细丝, 使吊环下沿与待测液面平行.

（2）升高升降台使吊环下沿部分均浸入液体中,然后反方向调节升降台,使液面逐渐下降,这时,吊环和液面之间形成一环形液膜,继续使液面下降,测出数字电压表在环形液膜拉断瞬间之前的读数 U_1 和拉断瞬间之后的读数 U_2. 重复测量 6 次.

4. 将测量数据记入书后数据记录表中.

【注意事项】

1. 力敏传感器使用时用力不宜大于 0.098 N. 过大的拉力容易损坏力敏传感器.

2. 仪器开机预热 15 min; 依次用 NaOH 溶液、清水、纯净水清洗玻璃器皿和吊环. 洁净处理后,不能再用手接触吊环,亦不能用手触及液体.

3. 对力敏传感器定标时应先调零,待数字电压表输出稳定后再读数.

4. 吊环水平须调节好,注意偏差 1° 相应测量结果引入误差为 0.5%. 实验结束须将吊环用清洁纸擦干,用清洁纸包好,放入干燥缸内. 在调节升降台时,尽量减小液体的波动.

【数据处理】

1. 用作图法或最小二乘法拟合,求出仪器的灵敏度 K.

2. 将实验数据代入公式,求出所测液体的表面张力系数 σ.

【分析讨论】

1. 分析影响表面张力系数的因素.

2. 说明在（从液体中）慢慢向上拉吊环的过程中,拉力的变化情况.

3. 液体表面张力系数测定前为什么要清洁吊环?

【总结与思考】

分析吊环即将拉断液膜前的一瞬间数字电压表读数值由大变小的原因.

实验 9　用落球法测量液体的黏度

用落球法测量
液体的黏度

研究与测定液体的黏度在工业生产和科学研究中（如流体的传输、液压传动、化学原料等方面）有着非常重要的意义. 实验室测定液体黏度的方法有许多,落球法是最基本的一种. 它是利用液体对固体的摩擦阻力来确定黏度的,可用于测量黏度较大的透明的液体.

【重点难点】

1. 熟悉斯托克斯定律.

2. 掌握用落球法测量液体的黏度的原理和方法.

【目的要求】

1. 观察液体的内摩擦现象,根据斯托克斯定律用落球法测量液体的黏度.
2. 掌握黏性力与液体温度的关系.

【仪器装置】

落球法黏度测定仪(图 4.9.1),小球,蓖麻油,读数显微镜,秒表,游标卡尺.

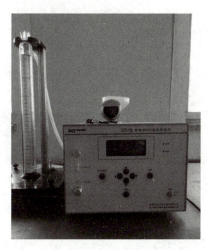

图 4.9.1　落球法黏度测定仪

【实验原理】

当一个小球在液体中运动时,小球将受到与其运动方向相反的摩擦阻力的作用,这种阻力即黏性力,这是由于黏附在小球表面的液层与邻近液层的摩擦而产生的. 在无限广延液体中,若液体的黏度较大,小球直径很小,则在运动中将不断产生漩涡. 根据斯托克斯定律,小球受到的黏性力为

$$F_f = 3\pi\eta dv \tag{4.9.1}$$

式(4.9.1)中,η 是黏度,单位为 $\text{N}\cdot\text{s}\cdot\text{m}^{-2}$,$d$ 是小球直径,v 是小球的运动速度.

如图 4.9.2 所示,小球自由下落进入液体后,它受到三个作用力:小球的重力 $m\boldsymbol{g}$、液体作用于小球的浮力 $\rho \boldsymbol{g} V$(V 为小球体积,ρ 为液体密度)和黏性力 $\boldsymbol{F}_f$(其方向与小球运动方向相反). 开始下落时小球速度较小,因而黏性力也较小,小球作加速运动,随着小球速度增加,黏性力 $\boldsymbol{F}_f$ 也将增加. 当小球速度达到一定大小后,作用在小球上的各力达到平衡,小球将作匀速运动. 平衡时,有

图 4.9.2　小球受力图

$$mg = F_f + \rho V g$$

$$mg = 3\pi\eta dv + \rho V g$$

$$\eta = (m - \rho V)g / (3\pi dv) \tag{4.9.2}$$

显然在同一液体中,小球速度 v 越大,说明 η 越小;反之,η 越大.

实验中,小球在内径为 D 的量筒中下落,不满足液体的广延条件,因此式(4.9.2)应加以修正. 设 ρ_0 为球体质量密度,h 为下落距离,t 为下落时间,修正后得液体的黏度为

$$\eta = \frac{mg-\rho Vg}{3\pi dv(1+2.4d/D)} = \frac{(\rho_0-\rho)Vg}{3\pi dv(1+2.4d/D)} = \frac{(\rho_0-\rho)d^2gt}{18h(1+2.4d/D)} \quad (4.9.3)$$

【实验内容及步骤】

1. 调整盛有蓖麻油的量筒的底座螺丝,观察底座上的水准泡,使底座水平,以保证量筒竖直.

2. 用读数显微镜测量小球直径 d,每个小球在不同方向测量左右读数各三次,共测量 5 个小球.

3. 用棉签将表面完全被油浸润的小球粘起,然后移至量筒口中央使之自由下落,用秒表测出小球下降通过路程 h 所需要的时间 t,则速度 $v=h/t$.

4. 按以上方法分别测量其余四个小球在不同油温下的下落速度.

5. 将测量数据记入书后的数据记录表中.

【数据处理】

1. 计算小球直径 d 的平均值.

2. 计算不同温度下蓖麻油的黏度,将测量结果与公认值进行比较.

3. 用作图法画出 η–T 的关系图,总结 η 随 T 变化的规律.

【分析讨论】

1. 为什么要对测量表达式(4.9.2)进行修正?

2. 本实验中如果小球表面粗糙对实验会有影响吗?

3. 如何判断小球在作匀速运动?

【总结与思考】

分析本实验中引起误差的因素,给出减小误差的方法.

实验 10　声速的测量

声速的测量

声波是一种在弹性介质中传播的机械波,振动频率在 20 ~ 20 000 Hz 的声波称为可闻声波,频率低于 20 Hz 的声波称为次声波,频率高于 20 000 Hz 的声波称为超声波. 声波的波长、频率、强度、传播速度等是声波的特性. 对这些量的测量是声学技术的重要内容,如声速的测量在声波定位、探伤、测距中有着广泛的应用. 测量声速最简单的方法之一是利用声速与振动频率 f 和波长 λ 之间的关系(即 $v=f\lambda$)来进行测量.

　　由于超声波具有波长短、能定向传播等特点,所以在超声波段进行声速测量是比较方便的. 本实验测量的就是超声波在空气中的传播速度. 超声波的发射和接收一般通过电磁振动与机械振动的相互转换来实现,最常见的是利用压电效应和磁致伸缩效应. 在实际应用中,如超声波测距、定位测量液体流速、测量材料杨氏模量、测量气体温度的瞬时变化等方面,测量超声波传播速度都有重要意义.

【重点难点】

　　1. 了解压电换能器的功能,培养综合使用仪器的能力.
　　2. 理解驻波和振动合成等理论知识.

【目的要求】

　　1. 学习测量超声波在空气中的传播速度的方法.
　　2. 加深对驻波和振动合成等理论知识的理解.
　　3. 了解压电换能器的功能,培养综合使用仪器的能力.

【仪器装置】

　　声速测量仪,示波器,信号发生器.

【实验原理】

　　1. 声速测量仪
　　声速测量仪是利用压电体的逆压电效应,即在信号发生器产生的交变电压下,使压电体产生机械振动,而在空气中激发出超声波的仪器. 本仪器采用的是锆钛酸铅制成的压电陶瓷管(或称压电换能器). 将它连接在合金制成的阶梯形变幅杆上,再将它们与信号发生器连接,组成超声波发生器(简称发生器,又称发射器),如图 4.10.1 所示. 当压电陶瓷管处于一个交变电场中时,会发生周期性的伸长与缩短. 当交变电场频率与压电陶瓷管的固有频率相同时,振幅最大. 这个振动又被传递给变幅杆,使它产生沿轴向的振动,于是变幅杆的端面在空气中激发出超声波. 本仪器的压电陶瓷管的固有频率在 40 kHz 以上,相应的超声波波长为几毫米. 由于它的波长短,定向发射性能好,所以它是比较理想的波源. 声速测量仪必须配上示波器和信号发生器才能完成测量声速的任务. 声速测量仪示意图如图 4.10.2 所示.
　　2. 声速测量
　　声速 v、声源振动频率 f 和波长 λ 之间的关系为

$$v = f\lambda \tag{4.10.1}$$

　　可见,只要测得声波的频率 f 和波长 λ,就可求得声速 v. 其中声波频率 f 可通过频率计测得. 本实验的主要任务是测量声波波长 λ,常用的方法有驻波法和相位法.
　　(1) 驻波法
　　按照波动理论,发生器发出的平面声波经介质到接收器,若接收面与发射面平行,声波在接收面处就会被垂直反射,于是平面声波在两端面间来回反射并叠加.

当接收端面与发射源间的距离恰好等于半波长的整数倍时,叠加后的波就会形成驻波. 此时相邻两波节(或波腹)间的距离等于半个波长(即 $\lambda/2$). 当发生器的激励频率等于驻波系统的固有频率(本实验中为压电陶瓷的固有频率)时,会产生驻波共振,波腹处的振幅达到最大值.

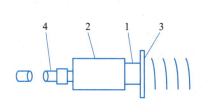

1—压电陶瓷管;2—变幅杆;3—增强片;4—缆线.

图 4.10.1 超声波发生器原理图

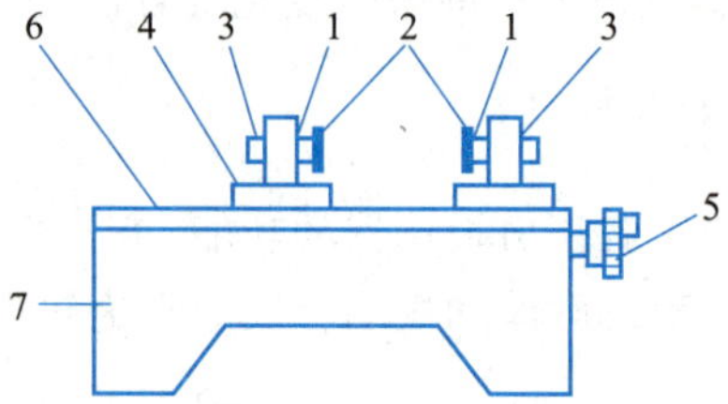

1—压电陶瓷管;2—增强片;3—变幅杆;
4—可移动底座;5—刻度鼓轮;
6—标尺;7—底座.

图 4.10.2 声速测量仪示意图

声波是一种纵波. 由纵波的性质可以证明,驻波波节处的声压最大. 当发生共振时,接收端面处为一波节,接收到的声压最大,转换成的电信号也最强. 移动接收器到某个共振位置时,如果示波器上出现了最强的信号,则继续移动接收器,当再次出现最强的信号时,两次共振位置之间的距离即为 $\lambda/2$.

为减小实验误差,在处理数据时要采用放大法,即依据测量数据计算三倍波长 ΔL,再计算速度.

由式(4.10.1)可得到速度计算公式为

$$v = f\lambda = \frac{1}{3}f\Delta L \qquad (4.10.2)$$

(2)相位法

波是振动状态的传播,也可以说是相位的传播. 在波的传播方向上的任何两点,如果其振动状态相同或者其相位差为 2π 的整数倍,这两点间的距离应等于波长的整数倍,即

$$l = n\lambda \qquad (n \text{ 为正整数}) \qquad (4.10.3)$$

利用这个公式可精确测量波长.

若超声波发生器发出的声波是平面波,当接收器端面垂直于波的传播方向时,其端面上各点都具有相同的相位. 沿传播方向移动接收器时,总可以找到一个位置使得接收到的信号与发生器的激励电信号同相. 继续移动接收器,直到找到的信号再一次与发生器的激励电信号同相时,移过的这段距离就等于声波的波长.

需要说明的是,在实际操作中,用示波器测定电信号时,由于压电换能器振动的传递或放大电路的相移,接收器端面处的声波与声源并不同相,总是有一定的相位差. 为了判断相位差并测量波长,可以利用双踪示波器直接比较发生器的信号和接收器的信号,进而沿声波传播方向移动接收器寻找同相点来测量波长;也可以利用李萨如图形寻找同相或反相时椭圆退化成直线的点.

【实验内容及步骤】

1. 用驻波法测量声速

（1）按图 4.10.3 连接电路,使 S_1 和 S_2 靠近并留有适当的空隙,使两端面平行且与游标卡尺正交.

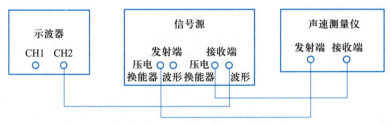

图 4.10.3　驻波法测声速实验装置图

（2）根据实验室给出的压电换能器的振动频率 f,将信号发生器的输出频率调至 f 附近,缓慢移动 S_2,当在示波器上看到正弦波首次出现振幅较大的情况时,固定 S_2,再微调信号发生器的输出频率,使荧光屏上图形振幅达到最大,读出共振频率 f.

（3）在共振条件下,将 S_2 移近 S_1,再缓慢移开 S_2,当示波器上出现振幅最大时,记下此时 S_2 的位置 L_0.

（4）由近及远移动 S_2,逐次记下各振幅最大时 S_2 的位置 $L_1,L_2,\cdots,L_{12}$,至少测量 12 个.

2. 用相位法测量声速

（1）按图 4.10.4 连接电路,将示波器"s/DIV"旋钮旋至 X-Y 挡,信号发生器接示波器 CH1 通道,用李萨如图形观察发射波与接收波的相位差.

（2）在共振条件下,使 S_2 靠近 S_1,然后慢慢移开 S_2,当示波器上出现 45° 倾斜线时,微调游标卡尺的微调螺丝,使图形稳定,记下此时 S_2 的位置 L_0'.

（3）继续缓慢移开 S_2,依次记下示波器上出现直线时游标卡尺的读数 L_1',$L_2',\cdots,L_{12}'$,至少测量 12 个.

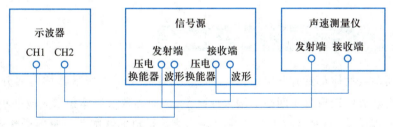

图 4.10.4　相位法测声速实验装置图

3. 将测量数据记入书后的数据记录表中

【注意事项】

1. 实验前应了解压电换能器的共振频率.

2. 实验过程中要保持激振电压不变.

【数据处理】

1. 用逐差法算出两种测量方法得到的 ΔL 及平均值 $\overline{\Delta L}$,然后根据式(4.10.3)计算声波波长的平均值 $\overline{v}$.

2. 求不确定度

$$u_A(\Delta L) = \sqrt{\dfrac{\sum\limits_{i=1}^{N}(\Delta L_i - \overline{\Delta L})^2}{N(N-1)}}$$

$$u_B(\Delta L) = \dfrac{\Delta_仪}{\sqrt{3}}$$

$$u_C(\Delta L) = \sqrt{u_A^2(\Delta L) + u_B^2(\Delta L)}$$

$$u_C(v) = \dfrac{1}{3}f u_C(\Delta L)$$

3. 将实验结果表示成 $v = \overline{v} + u_C(v)$, $E = \dfrac{u_C(v)}{\overline{v}} \times 100\%$.

【分析讨论】

1. 用逐差法处理数据的优点是什么?
2. 如何判断测量系统是否处于共振状态? 如何将系统调至共振状态?
3. 为什么要在共振状态下测定声速?

【总结与思考】

分析压电换能器的工作原理.

实验 11　金属线膨胀系数的测量

绝大多数物体都具有"热胀冷缩"的性质,这是由于常压下物体内部分子热运动加剧或减弱所造成分子间距的增大或减小,从而导致宏观体积增大或缩小. 这个特性在工程结构、材料选择及加工中必须考虑. 材料的线膨胀是材料受热膨胀时,在一维方向上的伸长,常以线膨胀系数表示. 线膨胀系数是材料的热学参量之一,这个参量在选用合适的材料,特别是研究新材料时尤为重要.

【重点难点】

学习微小长度的测量方法.

【目的要求】

1. 掌握光杠杆放大原理及应用.
2. 测定铜管的线膨胀系数.

【仪器装置】

线膨胀仪(包括铜管),光杠杆,望远镜及标尺,温度传感器,数字温度显示仪,钢直尺,钢卷尺,游标卡尺等.

【仪器简介及实验原理】

线膨胀仪是装有管形加热器及散热罩的装置,如图 4.11.1(a)所示. 管形加热器的电路图如图 4.11.1(b)所示. 被测铜管放在管形加热器中,下端与线膨胀仪的金属底面相接触,与数字温度显示仪相连的温度传感器下端长 150 ~ 200 mm 插在被测铜管中,被测铜管的上端放置光杠杆的后足. 当铜管温度变化时,铜管发生伸缩,因铜管不能往下伸缩,故铜管的伸缩完全由上端反映出来.

1. 热膨胀

常压下,固体受热温度升高时,物体内部微粒间距(物体微粒热运动平衡位置间的距离)增大,宏观上表现为物体体积增大,这就是常见的热膨胀现象.

当固体热膨胀,在某一方向上伸长时,在一维方向上的伸长称为线膨胀. 大量实验证明,线膨胀随温度的变化近似成线性关系,在常温常压附近可作线性处理,表示为

$$L = L_0 \left[1 + \alpha (t - t_0) \right] \tag{4.11.1}$$

式(4.11.1)中 L_0 为 t_0 时的长度(原长),L 为升温到 t 时的长度,α 称为线膨胀系数.

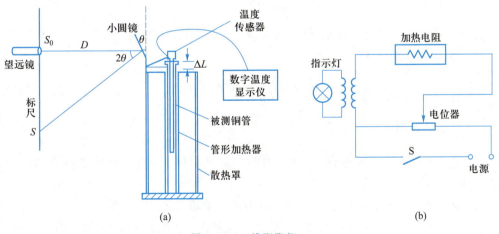

图 4.11.1 线膨胀仪

2. 线膨胀系数

线膨胀系数 α 是描述材料热性能的物理量,它在数值上等于当温度每升高 1 ℃

时物体每单位原长的伸长量,数学上可表示为

$$\alpha = \frac{L-L_0}{L_0(t-t_0)} = \frac{\Delta L}{L_0(t-t_0)} \tag{4.11.2}$$

其中 $\Delta L = L - L_0$ 为物体温度从 t_0 升到 t 时长度的增长量.

严格地说,线膨胀系数也是温度的函数,但在常压下,常温附近因温度不同,线膨胀系数变化不大,可视为常量,称为平均线膨胀系数(简称线膨胀系数).

3. 光杠杆放大原理——微小长度变化的测定

光杠杆的结构简介见实验7,结构如图4.7.1所示. 被测物所发生的形变,可通过望远镜及标尺读数测量,装置如图4.11.2所示. 光杠杆、望远镜和标尺组成的测量系统的调节方法见实验7. 该测量系统的工作原理如下:

(1) 将系统调好,使测量系统进入正常工作状态.

(2) 由望远镜中读出标尺的初始读数 S_0.

(3) 由于温度的改变,铜杆伸缩,而使后足 c 点移动了 ΔL,到 c' 处,此时平面镜转动了一个小角度 θ,望远镜标尺读数变为 S,因为角度一般很小,所以有

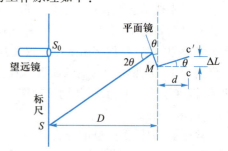

图 4.11.2　光杠杆、望远镜及标尺系统

$$\theta \approx \tan \theta = \frac{\Delta L}{d} \tag{4.11.3}$$

式(4.11.3)中的 d 为光杠杆后足 c 到前足 a、b 的垂直距离,如图4.11.2所示. 当镜面法线转过了 θ 角时,望远镜中标尺的读数的位置改变了 $(S-S_0)$,由光线的入射角与反射角相等可知,这时反射角转过了 2θ,因为 $(S-S_0)/D = \tan 2\theta \approx 2\theta$,所以

$$\Delta L = \frac{d(S-S_0)}{2D} \tag{4.11.4}$$

这就是我们要测量的形变量 ΔL. 把式(4.11.3)和式(4.11.4)代入式(4.11.2)即可求出线膨胀系数 α:

$$\alpha = \frac{d(S-S_0)}{2DL_0(t-t_0)} = \frac{d}{2DL_0}k \tag{4.11.5}$$

【实验内容及步骤】

1. 将铜管放在实验台上,用钢直尺测量其长度 L_0,然后将铜管放入线膨胀仪中.

2. 调好光杠杆及望远镜,记下初始温度 t_0 和标尺的初始读数 S_0.

3. 将加热器的调压电位器(在线膨胀仪底座上)置于零端,接通电源;调节电位器旋钮,使指示灯发出微弱的光亮;观察温度上升时望远镜中的读数变化,直至温度读数稳定不变. 然后断开电源,每当温度下降10 ℃左右时,记下 t 与 S 的值,直至 S 值稳定不变时为止.

4. 用钢卷尺量出光杠杆镜面到标尺的距离 D，然后把光杠杆取下，用游标卡尺测量 d 值（方法：将光杠杆在纸上轻压，印出 a、b、c 点的痕迹，连接 ab，过 c 点作 ab 连线的垂线，垂线段的长度即为 d 值）．记下测量的 L_0、t、S、D、d 各测量值所使用的量具的基本误差．

5. 以 t 为横坐标，S 为纵坐标，以实验数据作 S–t 图线，用两点法求斜率 k，计算 α 值．

6. 自行设计数据表格并记录数据．

【注意事项】

1. 读数动作要快，可两人配合，分别读 t 和 S 的值．

2. 整个实验过程中，各仪器及桌子都要避免震动，否则在望远镜中的 S 及 S_0 读数会发生改变而引起误差．

【数据处理】

1. 按作图规则作 S–t 图线，在图线上取两点求斜率 k．

2. 计算线膨胀系数 $\alpha = \dfrac{d}{2DL_0} k$，并用不确定度表示实验结果．

【分析讨论】

1. 如何用光杠杆放大的方法测微小长度？

2. 计算铜管在实验温度范围内的线膨胀 ΔL，并分析是否能用钢直尺、钢卷尺、游标卡尺来直接测量它？为什么？

【总结与思考】

为什么在温度下降过程中测量 t 和 S，而不在升温过程中测量？

实验 12　用稳态法测量不良导体的导热系数

导热系数是反映材料导热性能的物理量，在传热管道、冰箱制造、建筑保温隔热设计等领域都涉及该物理量．材料结构的变化与所含杂质的不同对材料导热系数的数值都有明显的影响，因此材料的导热系数常常需要由实验具体测定．

用稳态法测量
导热系数

测量导热系数的实验方法一般分为稳态法和动态法两类．在稳态法中，先利用热源对样品加热，样品内部的温差使热量从高温向低温处传导，样品内部各点的温度将随加热快慢和传热快慢而变动．适当控制实验条件和实验参量使加热和传热的过程达到平衡状态，待测样品内部可能形成稳定的温度分布，根据这一温度分布就可以计算出导热系数．而在动态法中，最终在样品内部所形成的温度分布是随时间变化的，例如呈周期性变化，变化的周期和幅度亦受实验条件和加热快慢影响，与导热系数的大小有关.

【重点难点】

1. 稳态法的实现.
2. 用物体散热速率求热传导速率的理论和方法.

【目的要求】

1. 了解物质热传导的物理过程.
2. 学习用稳态法测量不良导体(橡皮样品)的导热系数.
3. 学习用物体散热速率求热传导速率的实验方法.

【仪器装置】

导热系数测定仪,天平,游标卡尺.

【仪器简介及实验原理】

导热系数测定仪结构如图 4.12.1 所示,它由电加热器、加热盘 C、橡皮样品圆盘 B(简称样品圆盘 B)、铜散热盘 P、支架及调节螺丝、温度传感器以及控温与测温器组成.

图 4.12.1　导热系数测定仪

1898 年物理学家李首先使用平板法测量不良导体的导热系数,这是一种稳态法. 实验中,样品被制成平板状,其上端面与一个稳定的均匀发热体充分接触,下端面与一均匀散热体接触. 由于平板样品的侧面积比平板平面小很多,所以可以认为热量只沿着上下方向垂直传递,横向由侧面散去的热量可以忽略不计,即可以认为,样品内只有在垂直样品平面的方向上有温度梯度,在同一平面内,各处的温度相同.

设稳态时,样品的上下平面温度分别为 T_1、T_2,根据傅里叶热传导方程,在 Δt 时间内通过样品的热量 ΔQ 满足下式:

$$\frac{\Delta Q}{\Delta t} = \lambda \frac{T_1 - T_2}{h_B} S \qquad (4.12.1)$$

式中 λ 为样品的导热系数，h_B 为样品的厚度，S 为样品的平面面积. 实验中橡皮样品为圆盘状，设橡皮样品圆盘 B 的直径为 D_B，则由式 (4.12.1) 得

$$\frac{\Delta Q}{\Delta t} = \lambda \frac{T_1 - T_2}{4h_B} \pi D_B^2 \qquad (4.12.2)$$

实验装置如图 4.12.1 所示，固定于底座的三个支架上支撑着一个铜散热盘 P，铜散热盘 P 可以借助底座内的风扇，达到稳定有效的散热. 铜散热盘 P 上安放面积相同的橡皮样品圆盘 B，样品圆盘 B 上放置一个圆盘状加热盘 C，其面积也与样品圆盘 B 的面积相同，加热盘 C 是由单片机控制的自适应电加热，可以设定加热温度.

当传热达到稳定状态时，样品圆盘 B 上下表面的温度 T_1 和 T_2 不变，这时可以认为加热盘 C 通过样品传递的热量与铜散热盘 P 向周围环境的散热量相等. 因此可以通过铜散热盘 P 在稳定温度 T_2 时的散热速率来求出 $\dfrac{\Delta Q}{\Delta t}$.

实验时，在测得稳态时的样品上下表面温度 T_1 和 T_2 后，将样品圆盘 B 抽去，让加热盘 C 与铜散热盘 P 接触，当铜散热盘 P 的温度上升到高于稳态时的 T_2 值 20 ℃后，移开加热盘 C，让铜散热盘 P 在电扇作用下冷却，记录铜散热盘 P 的温度 T 随时间 t 的下降情况，求出铜散热盘 P 在 T_2 时的冷却速率 $\left.\dfrac{\Delta T}{\Delta t}\right|_{T=T_2}$，则铜散热盘 P 在 T_2 时的散热速率为

$$\frac{\Delta Q}{\Delta t} = m_P c \left.\frac{\Delta T}{\Delta t}\right|_{T=T_2} \qquad (4.12.3)$$

其中 m_P 为铜散热盘 P 的质量，c 为其比热容.

在达到稳态的过程中，铜散热盘 P 的上表面并未暴露在空气中，而物体的冷却速率与它的散热表面积成正比，为此，稳态时铜散热盘 P 的散热速率的表达式应作面积修正：

$$\frac{\Delta Q}{\Delta t} = m_P c \left.\frac{\Delta T}{\Delta t}\right|_{T=T_2} \frac{\pi R_P^2 + 2\pi R_P h_P}{2\pi R_P^2 + 2\pi R_P h_P} \qquad (4.12.4)$$

其中 R_P 为铜散热盘 P 的半径，h_P 为其厚度.

将式 (4.12.2) 式 (4.12.4) 联立，可得

$$\lambda = m_P c \left.\frac{\Delta T}{\Delta t}\right|_{T=T_2} \frac{D_P + 4h_P}{D_P + 2h_P} \cdot \frac{2h_B}{T_1 - T_2} \cdot \frac{1}{\pi D_B^2} \qquad (4.12.5)$$

式 (4.12.5) 中，D_P 为铜散热盘 P 的直径.

【实验内容及步骤】

1. 将橡皮样品圆盘 B 放在加热盘 C 与铜散热盘 P 中间，橡皮样品圆盘 B 要与加热盘 C、铜散热盘 P 完全对准. 调节底部的三个微调螺丝，使样品圆盘 B 与加热盘 C、铜散热盘 P 接触良好，但注意不宜过紧或过松.

2. 插好加热盘 C 的电源插头. 再将两根连接线的一端与机壳相连，另一有传感器端插在加热盘 C 和铜散热盘 P 的小孔中，要求传感器完全插入小孔中，并在传感器上抹一些硅油或者导热硅脂，以确保传感器与加热盘 C 和铜散热盘 P 接触良

好. 在安放加热盘 C 和铜散热盘 P 时,还应注意使放置传感器的小孔上下对齐. (注意:加热盘 C 和铜散热盘 P 两个传感器要一一对应,不可互换.)

3. 接上导热系数测定仪的电源,开启电源后,左边表头首先显示当时温度,当转换至"b==·=",用户可以设定控制温度. 设置完成按"确定"键,加热盘 C 即开始加热. 右边显示铜散热盘 P 当时的温度.

4. 加热盘 C 的温度上升到设定温度值时,开始记录加热盘 C 和铜散热盘 P 的温度 T_1 和 T_2,可每隔 1 min 记录一次,待在 10 min 或更长的时间内加热盘 C 和铜散热盘 P 的温度值基本不变,就可以认为已经达到稳定状态了.

5. 按复位键停止加热,取走样品,使加热盘 C 和铜散热盘 P 接触良好,再设定温度到 60 ℃,加快铜散热盘 P 的温度上升速率,使铜散热盘 P 温度上升到高于稳态时的 T_2 值 5 ℃以上.

6. 移去加热盘 C,让铜散热盘 P 冷却,每隔 30 s 记录一次铜散热盘 P 的温度值,选取将 T_2 包含在中间的测量数据.

7. 用天平测量铜散热盘 P 的质量 m_P.

8. 用游标卡尺测量铜散热盘 P、样品圆盘 B 的直径和厚度.

9. 将测量数据记入书后的数据记录表格中.

【注意事项】

1. 为了准确测定加热盘 C 和铜散热盘 P 的温度,实验中应该在两个传感器上涂些硅油或者导热硅脂,以使传感器和加热盘 C、铜散热盘 P 充分接触. 另外,加热橡皮样品圆盘 B 的时候,为达到稳定的传热,使样品圆盘 B 与加热盘 C、铜散热盘 P 紧密接触,注意中间不要有空气间隙,也不要影响样品圆盘 B 的厚度.

2. 导热系数测定仪铜散热盘下方的风扇用于强迫对流换热,减小样品侧面与底面的放热比,增加样品圆盘 B 内部的温度梯度,从而减小实验误差. 所以实验过程中,风扇一定要打开.

【数据处理】

1. 计算样品圆盘 B 和铜散热盘 P 的直径和厚度的平均值.

2. 在直角坐标纸上作出铜散热盘 P 的冷却速率曲线,求出 T_2 处切线的斜率.

3. 计算出导热系数.

【分析讨论】

1. 应用稳态法是否可以测量良导体的导热系数? 如可以,对实验样品有什么要求? 实验方法与测量不良导体时有什么区别?

2. 实验过程中,环境温度的变化对实验有无影响? 为什么?

【总结与思考】

分析本实验中影响实验结果的因素及对应的改进措施.

实验 13　用冷却法测量金属的比热容

根据牛顿冷却定律用冷却法测定金属或液体的比热容是量热学中常用的方法之一．此方法利用已知的标准样品的比热容，通过作冷却曲线可测得各种金属的比热容．本实验以铜样品为标准样品，测定铁、铝样品在 100 ℃ 时的比热容．本实验使用的热电偶数字显示测温法是当前生产实际中常用的测试方法，它比一般的温度计测温方法有着测量范围广，取值精度高，可以自动补偿热电偶的非线性因素等优点；其次，它直接给出数字化结果，可以在工业生产中对温度起直接监控的作用．

【重点难点】

理解用冷却法测量比热容的原理．

【目的要求】

1．了解用冷却法测定金属或液体的比热容的方法．
2．通过实验了解金属的冷却速率、该速率与环境之间温差的关系以及进行测量的实验条件．

【仪器装置】

冷却法金属比热容测量仪，稳压电源，检流计，电阻箱，饱和式标准电池，待测电池，滑线变阻器，单刀双掷开关等．

【实验原理】

图 4.13.1 是冷却法金属比热容测量仪．本实验装置由加热仪和测试仪组成．加热仪的加热装置可通过调节手轮自由升降．被测样品安放在有较大容量的防风圆筒（即样品室）内的底座上，测温热电偶放置于被测样品内的小孔中．当加热装置向下移动到底后，对被测样品进行加热；样品需要降温时则将加热装置上移．仪器内设有自动控制的限温装置，防止因长期不切断加热电源而引起温度不断升高．

测量样品温度时采用常用的铜–康铜做成的热电偶（其热电势约为 0.042 mV · ℃$^{-1}$），将热电偶的冷端置于冰水混合物中，带有测量扁叉的一端接到测试仪的输入端．测量热电势差的二次仪表由高灵敏度、高精度、低漂移的放大器和满量程为 20 mV 的三位半数字电压表组成．这样当冷端为冰点时，由数字电压表的示数查表即可知对应待测温度值．当热电偶的冷端不是冰点时，则有

热电偶的热端温度 = 待测温度 + 数字电压表示数（单位：mV）/0.042

单位质量的物质，其温度升高 1 K（或 1 ℃）所需的热量称为该物质的比热容，其值随温度的变化而变化．将质量为 m_1 的金属样品加热后，放到较低温度的介质

（例如室温的空气）中，样品将会逐渐冷却．其单位时间内的热量损失（$\Delta Q/\Delta t$）与温度下降的速率成正比，于是得到下述关系式：

$$\frac{\Delta Q}{\Delta t} = c_1 m_1 \frac{\Delta T_1}{\Delta t} \qquad (4.13.1)$$

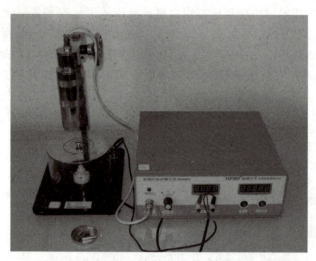

图 4.13.1　冷却法金属比热容测量仪

式（4.13.1）中 c_1 为该金属样品在温度为 T_1 时的比热容，$\dfrac{\Delta T_1}{\Delta t}$ 为金属样品在温度为 T_1 时温度下降的速率（冷却速率），根据牛顿冷却定律有

$$\frac{\Delta Q}{\Delta t} = \alpha_1 S_1 (T_1 - T_0)^k \qquad (4.13.2)$$

式（4.13.2）中 α_1 为热交换系数，S_1 为该样品外表面的面积，k 为常量，T_1 为金属样品的温度，T_0 为周围介质的温度．

由式（4.13.1）和式（4.13.2），可得

$$c_1 m_1 \frac{\Delta T_1}{\Delta t} = \alpha_1 S_1 (T_1 - T_0)^k \qquad (4.13.3)$$

同理，对质量为 m_2，比热容为 c_2 的另一种金属样品，可有同样的表达式：

$$c_2 m_2 \frac{\Delta T_1}{\Delta t} = \alpha_2 S_2 (T_1 - T_0)^k \qquad (4.13.4)$$

由式（4.13.3）和式（4.13.4），可得 $\dfrac{c_2 m_2 \dfrac{\Delta T_2}{\Delta t}}{c_1 m_1 \dfrac{\Delta T_1}{\Delta t}} = \dfrac{\alpha_2 S_2 (T_2 - T_0)^k}{\alpha_1 S_1 (T_1 - T_0)^k}$．所以

$$c_2 = c_1 \frac{m_1 \dfrac{\Delta T_1}{\Delta t} \alpha_2 S_2 (T_2 - T_0)^k}{m_2 \dfrac{\Delta T_2}{\Delta t} \alpha_1 S_1 (T_1 - T_0)^k}$$

假设两样品的形状、尺寸都相同(例如均为细小的圆柱体),则有 $S_1 = S_2$;两样品的表面状况也相同(如涂层、色泽等),而周围介质(空气)的性质当然也不变,则有 $\alpha_1 = \alpha_2$. 于是当周围介质温度不变(即室温 T_0 恒定),两样品又处于相同温度 $T_1 = T_2 = T$ 时,上式可以简化为

$$c_2 = c_1 \frac{m_1 \left(\frac{\Delta T}{\Delta t}\right)_1}{m_2 \left(\frac{\Delta T}{\Delta t}\right)_2} \tag{4.13.5}$$

如果已知标准金属样品的比热容 c_1、质量 m_1,待测样品的质量 m_2 及两样品在温度 T 时冷却速率之比,就可以求出待测的金属材料的比热容 c_2. 几种金属材料的比热容见表 4.13.1.

表 4.13.1　常见金属在 100 ℃时的比热容

材料名称	Fe	Al	Cu
比热容 $c/(\mathrm{cal} \cdot \mathrm{g}^{-1} \cdot ℃^{-1})$	0.110	0.230	0.094

因为热电偶的热电势与温度的关系在同一小温差范围内可以视为线性关系,则有 $\frac{\left(\frac{\Delta T}{\Delta t}\right)_1}{\left(\frac{\Delta T}{\Delta t}\right)_2} = \frac{\left(\frac{\Delta E}{\Delta t}\right)_1}{\left(\frac{\Delta E}{\Delta t}\right)_2}$. 式(4.13.5)可以简化为

$$c_2 = c_1 \frac{m_1 (\Delta t)_2}{m_2 (\Delta t)_1} \tag{4.13.6}$$

由式(4.13.6)可计算待测固体的比热容.

【实验内容及步骤】

1. 开机前先连接好加热仪和测试仪,共有加热四芯线和热电偶线两组线. 选取长度、直径、表面光洁度尽可能相同的三种金属样品(铜、铁、铝),用物理天平或电子天平测出它们的质量(本实验室已给出). 再根据 $\rho_{Cu} > \rho_{Fe} > \rho_{Al}$ 这一特点,把它们区别开来. 使热电偶端的铜导线与数字电压表的正端相连;冷端铜导线与数字电压表的负端相连.

2. 将热电偶的冷端置于装有水的保温瓶中,并用温度计测出水的温度.

3. 将样品放置在底座上,缓慢转动调节手轮使防护罩向下运动,直至样品完全被套住.

4. 将加热选择旋钮旋到位置 1(速度慢)或位置 2(速度快). 使样品加热到 120 ℃(即数字电压表显示的热电势约为 5.23 mV——热电偶的冷端温度示数 ×0.042 mV)时,切断电源. 移去加热源:缓慢转动调节手轮使防护罩向上运动,使防护罩完全离开防风圆筒.

5. 样品继续安放在与外界基本隔绝的防风圆筒内,使其自然冷却(筒口须盖上隔热盖),记录样品的冷却速率 $\left(\frac{\Delta T}{\Delta t}\right)_{T=100\ ℃}$. 具体做法是:记录数字电压表上显示值

从 $E_1=(4.38-冷端温度×0.042)\,\mathrm{mV}$ 降到 $E_2=(4.18-冷端温度×0.042)\,\mathrm{mV}$ 所需的时间 Δt（因为数字电压表上显示的数字是跳跃性的，所以 E_1、E_2 只能取附近的值），从而计算出 $\left(\dfrac{\Delta E}{\Delta t}\right)_{(E_1+E_2)/2}$，即 $\left(\dfrac{\Delta E}{\Delta t}\right)_{4.28\,\mathrm{mV}}$ 的值.

6. 按铜、铁、铝的次序，分别测量样品的冷却速率，重复步骤 2—5. 每一样品应重复测量 6 次.

7. 将测量数据记入书后的数据记录表格中.

【注意事项】

1. 仪器的加热指示灯亮，表示正在加热；如果连接线未连好或加热温度过高导致自动保护启动时，指示灯熄灭. 升到指定温度后，应切断加热电源.

2. 测量降温时间时，按计时或暂停按钮应迅速、准确，以减小人为计时误差.

3. 向下移动加热源时，动作要慢，应注意要使被测样品垂直放置，以使加热源能完全套入被测样品.

【数据处理】

1. 已知铜的比热容 $c_1=c_{\mathrm{Cu}}=0.094\,0\ \mathrm{cal\cdot g^{-1}\cdot ℃^{-1}}$，计算铁和铝在 100 ℃时的比热容.

（1）铁：$c_2=c_{\mathrm{Fe}}=c_1\dfrac{m_1(\overline{\Delta t})_2}{m_2(\overline{\Delta t})_1}=$＿＿＿ $\mathrm{cal\cdot g^{-1}\cdot ℃^{-1}}$

（2）铝：$c_3=c_{\mathrm{Al}}=c_1\dfrac{m_1(\overline{\Delta t})_3}{m_3(\overline{\Delta t})_1}=$＿＿＿ $\mathrm{cal\cdot g^{-1}\cdot ℃^{-1}}$

2. 计算测量的相对误差.

（1）铁　$E_{\mathrm{Fe}}=\left[\left(\dfrac{1}{m_1}+\dfrac{1}{m_2}\right)\Delta m+\dfrac{\Delta(\Delta t)_2}{(\overline{\Delta t})_2}+\dfrac{\Delta(\Delta t)_1}{(\overline{\Delta t})_1}\right]$

（2）铝　$E_{\mathrm{Al}}=\left[\left(\dfrac{1}{m_1}+\dfrac{1}{m_3}\right)\Delta m+\dfrac{\Delta(\Delta t)_3}{(\overline{\Delta t})_3}+\dfrac{\Delta(\Delta t)_1}{(\overline{\Delta t})_1}\right]$

其中 $\Delta(\Delta t)_1=\dfrac{1}{6}\sum_{i=1}^{6}|\Delta t_i-\overline{\Delta t_1}|$，$\Delta(\Delta t)_2=\dfrac{1}{6}\sum_{i=1}^{6}|\Delta t_i-\overline{\Delta t_2}|$，$\Delta(\Delta t)_3=\dfrac{1}{6}\sum_{i=1}^{6}|\Delta t_i-\overline{\Delta t_3}|$，$\Delta m=0.001\ \mathrm{g}$.

3. 计算测量的绝对误差.

（1）铁　$\Delta c_2=\overline{c_2}\cdot E_{\mathrm{Fe}}$

（2）铝　$\Delta c_3=\overline{c_3}\cdot E_{\mathrm{Al}}$

4. 表达结果.

（1）铁　$c_2=c_2\pm\Delta c_2$

（2）铝　$c_3=c_3\pm\Delta c_3$

【分析讨论】

1. 为什么实验应该在防风圆筒(即样品室)中进行?

2. 测量三种金属的冷却速率并在图纸上绘出冷却曲线后,请问如何求出它们在同一温度点的冷却速率?

【总结与思考】

实验中为什么要求样品的形状、尺寸、表面状况及周围介质(空气)的性质相同?

实验 14　空气热机原理

热机是将热能转化为机械能的机器. 历史上对热机循环过程及热机效率的研究曾为热力学第二定律的确立起了奠基性的作用. 斯特林 1816 年发明的空气热机以空气作为工作介质,是最古老的热机之一. 虽然现在已经发展了内燃机、燃气轮机等新型热机,但由于空气热机结构简单,便于帮助学生理解热机原理与卡诺循环等热力学中的重要内容,所以其是很好的热学实验教学仪器.

【重点难点】

1. 通过对热机热功转化值的计算验证卡诺定理.

2. 观测热机输出功率随负载及转速的变化关系.

【目的要求】

1. 理解热机原理及循环过程.

2. 测量不同冷端、热端温度时的热功转化值,验证卡诺定理.

3. 测量热机输出功率随负载及转速的变化关系,计算热机实际效率.

【仪器装置】

空气热机实验仪,空气热机测试仪,空气热机电加热器电源,双踪示波器(或计算机).

【仪器简介及实验原理】

空气热机测试仪面板如图 4.14.1 所示.

空气热机电加热器电源面板如图 4.14.2 所示.

1. 空气热机工作原理

空气热机有两个活塞,图 4.14.3 中水平移动的活塞是位移活塞,竖直移动的活塞(被"压力信号"遮挡)为工作活塞. 空气热机工作时,工作活塞使气缸内气体封闭,并在气体的推动下对外做功;位移活塞是非封闭的占位活塞,其作用是在循环过程中使气体在高温区与低温区之间不断地交换,气体可通过位移活塞和气缸之间的间隙流动.工作活塞与位移活塞的运动是不同步的,当其中一个活塞处于位置极值时,它的速度最小,而另一个活塞则具有最大的速度.

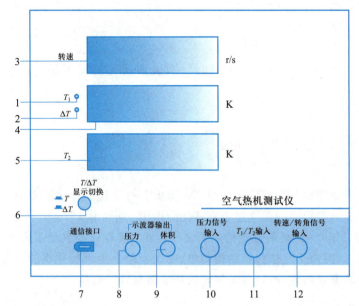

1—T_1指示灯;2—ΔT指示灯;3—转速值;4—$T_1/\Delta T$值;5—T_2值;6—$T/\Delta T$值显示切换开关;7—通信接口;

8—示波器输出(压力);9—示波器输出(体积);10—压力信号输入接口;11—T_1/T_2输入接口;

12—转速/转角信号输入接口.

图 4.14.1 空气热机测试仪面板

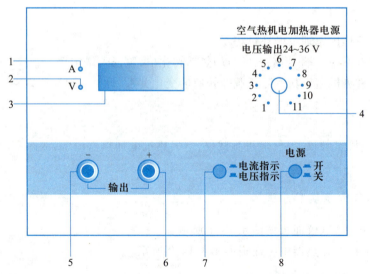

1—A 指示灯;2—V 指示灯;3—数据显示窗口;4—电压挡位选择;5—输出端(负极);

6—输出端(正极);7—指示切换开关;8—电源开关.

图 4.14.2 空气热机电加热器电源面板

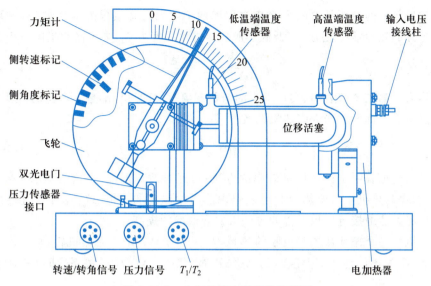

图 4.14.3　空气热机实验仪构造简图

当工作活塞处于最底端时,位移活塞迅速左移,使气缸中的气体向高温区流动,如图 4.14.4(a)所示;进入高温区的气体温度升高,使气缸内压强增大并推动工作活塞向上运动,如图 4.14.4(b)所示,在此过程中热能转化为飞轮转动的机械能;工作活塞到达最顶端时,位移活塞迅速右移,使气缸中的气体向低温区流动,如图 4.14.4(c)所示;进入低温区的气体温度降低,使气缸内压强减小,同时工作活塞在飞轮的惯性力的作用下向下运动,完成一次循环,如图 4.14.4(d)所示. 在一次循环中气体对外所做的净功等于 p-V 图中过程曲线所包围的面积.

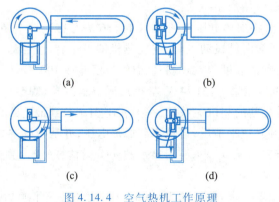

图 4.14.4　空气热机工作原理

2. 验证卡诺定理

如果热机在一次循环中所做的净功为 A,从高温热源吸收的热量为 Q_1,向低温热源释放的热量为 Q_2,根据热机效率的定义可得

$$\eta = \frac{A}{Q_1} = \frac{Q_1 - Q_2}{Q_1} \tag{4.14.1}$$

如果热机的循环是由两个绝热过程和两个等温过程组成的卡诺循环,循环中高温热源的热力学温度为 T_1,低温热源的热力学温度为 T_2,则卡诺热机的效率为

$$\eta_C = \frac{A}{Q_1} = \frac{T_1 - T_2}{T_1} = \frac{\Delta T}{T_1} \qquad (4.14.2)$$

热力学第二定律表明,实际发生的与热现象有关的过程都是不可逆的. 因此实际的热机效率都不大于卡诺热机的效率,即

$$\eta \leqslant \frac{\Delta T}{T_1} \qquad (4.14.3)$$

卡诺定理表明了提高热机效率的方法:可通过改变温度的方法来实现效率的提高,即提高热机中高温热源和低温热源热力学温度的差值 ΔT;也可通过使热力学过程尽可能地接近理想过程的方法来实现效率的提高.

热机每一个循环从热源吸收的热量 Q_1 正比于 $\Delta T/n$,n 为热机转速,η 正比于 $nA/\Delta T$. 测量不同冷热端温度时的 $nA/\Delta T$,观察它与 $\Delta T/T_1$ 的关系,即可验证卡诺定理.

当热机带负载时,热机向负载输出的功率可由力矩计测量计算而得,且热机实际输出功率的大小随负载的变化而变化. 在这种情况下,可测量计算出不同负载大小时的热机实际效率.

【实验内容及步骤】

1. 用手顺时针拨动飞轮,结合图 4.14.3 和图 4.14.4 仔细观察空气热机循环过程中工作活塞与位移活塞的运动情况,理解空气热机的工作原理.

2. 根据空气热机测试仪面板(图 4.14.1)上的标识和仪器介绍中的说明,将各部分仪器连接起来,开始实验.

3. 取下力矩计,将加热电压加到第 11 挡(36 V 左右). 等待 6 ~ 10 min,待加热电阻丝发红后,用手顺时针拨动飞轮,空气热机即可运转. (若运转不起来,可看看空气热机测试仪显示的温度,高温端和低温端温度差在 100 ℃ 以上时易于启动.)

4. 减小加热电压至第 1 挡(24 V 左右),调节示波器,观察压力和体积信号以及压力和体积信号之间的相位关系等,并把 p-V 图调到最适合观察的位置. 等待约 10 min,待温度和转速平衡后,记录当前加热电压,并从空气热机测试仪(或计算机)上读取温度和转速,从双踪示波器显示的 p-V 图估算(或计算机上读取)过程曲线所包围面积并记录.

5. 逐步加大加热功率,等待约 10 min,待温度和转速平衡后,重复以上测量 4 次以上并记录数据.

6. 在最大加热功率下,用手轻触飞轮让热机停止运转,然后将力矩计装在飞轮轴上,拨动飞轮,让空气热机继续运转. 调节力矩计的摩擦力(不要停机),待输出力矩、转速、温度稳定后,读取并记录各项变量.

7. 保持输入功率不变,逐步增大输出力矩,重复以上测量 5 次以上并记录数据.

8. 自行设计数据表格并记入实验数据.

【注意事项】

1. 热机气缸由玻璃等易损材料制成,操作时应小心避免损坏.

2. 飞轮转动时,应谨慎操作,小心受伤.

3. 热机静态时,避免长时间加热;热机停转时,立即关闭电源.

【数据处理】

1. 以 $\Delta T/T_1$ 为横坐标,$nA/\Delta T$ 为纵坐标,在坐标纸上作 $nA/\Delta T$ 与 $\Delta T/T_1$ 的关系图,验证卡诺定理.

2. 以 n 为横坐标,p_0 为纵坐标,在坐标纸上作 p_0 与 n 的关系图,表示同一输入功率下,输出耦合不同时输出功率或效率随耦合的变化关系.

【分析讨论】

1. 分析空气热机与内燃机在工作原理上的异同.

2. 说明为什么 p–V 图中过程曲线所围面积等于空气热机在一次循环中将热能转化为机械能的量值.

3. 实验中所用的传感器有哪些? 说明它们的工作原理及在实验中的作用.

【总结与思考】

简述热机的工作原理,分析验证卡诺定理过程中物理量之间的关系.

第 5 章
光学实验

在基础物理实验中,光学实验是很重要的基础实验,实验和理论的联系十分密切. 学生将通过研究一些最基本的光学现象,接触一些新的概念和实验技术,学习和掌握光学实验的基本思想、基本知识和基本方法,学会使用常用的光学仪器,掌握它们的构造原理及使用方法,培养基本的光学实验技能.

5.1 光学实验的注意事项

在光学实验中使用的仪器比较精密,光学仪器的调节也比较复杂,只有在了解了仪器结构、性能、原理的基础上建立清晰的物理图像,才能选择有效而准确的调节方法,判断仪器是否处于正常的工作状态. 光学仪器的主体是光学元件. 光学元件的表面经过精细抛光,有的还镀了膜,使用时一定要十分小心谨慎,不能粗心大意.

光学仪器在使用时必须遵守下列原则:

(1) 在使用仪器前必须认真阅读仪器说明书,详细了解仪器的结构、工作原理,调节光学仪器时要耐心细致,切忌盲目动手. 必须详细了解仪器的使用方法和操作要求后才能使用.

(2) 使用和搬动光学仪器时,应轻拿轻放,避免受震磕碰和失手跌落. 光学元件使用完毕,应当放回光学元件盒内.

(3) 不准用手触摸仪器的光学表面,如必须要用手拿某些光学元件(如透镜、棱镜、平面镜等)时,只能接触非光学表面部分,即磨砂面,如透镜的边缘、棱镜的上、下底面.

(4) 光学表面如有轻微的污痕或指印,可用特制的擦镜纸或清洁的麂皮轻轻揩去,不能加压力硬擦,更不准用手帕或其他纸来擦.

(5) 在暗室中应先熟悉各仪器和元件安放的位置,在黑暗环境中摸索光学仪器时,手要贴着桌面,动作要轻而缓慢,以免碰倒或带落仪器、元件等.

(6) 光学仪器的机械结构较精细,操作时动作要轻,缓慢进行,用力要均匀平稳,不得强行扭动,也不能超出其量程范围. 若使用不当,仪器准确度会大大降低.

(7) 光学仪器的装配很精密,拆卸后很难复原,因此严禁私自拆卸仪器.

5.2 常用光源

光学实验离不开光源,光源的正确选择对实验的成功和结果的准确性至关重要.

1. 低压钠光灯

低压钠光灯是钠蒸气放电灯. 灯内在高真空条件下放入金属钠,并充入适量的惰性气体,灯泡壳由耐钠腐蚀的特种玻璃制成. 灯丝通电后,惰性气体电离放电,灯管温度逐渐升高,金属钠逐渐气化,然后产生钠蒸气弧光放电,发出较强的钠黄光. 钠黄光光谱含有 589.0 nm 和 589.6 nm 两条特征谱线,钠黄光波长通常取平均值 589.3 nm. 弧光放电有负阻现象,为防止钠光灯发光后电流急剧增加而烧坏灯管,在钠光灯供电电路中需串联相应的限流器. GP20Na 型低压钠光灯的额定功率为 20 W,额定工作电压为 15 V,工作电流为 1.2 A. 由于钠是一种难熔金属,一般通电后要过十余分钟钠蒸气才能达到正常的工作气压而稳定发光.

2. 低压汞光灯

低压汞光灯灯管内充有汞及惰性气体氖或氩,工作原理和低压钠光灯相似. 它发出绿白色光,在可见光范围内的主要特征谱线是:579.1 nm,577.0 nm,546.1 nm,435.8 nm 和 404.7 nm. 其中 546.1 nm 和 435.8 nm 两条谱线较强.

低压钠光灯和低压汞光灯关闭后要过大约 10 min 才允许重新启动.

3. 氦氖激光器

氦氖激光器是一种单色性好、方向性强、亮度高、相干性好的常用光源. 发出的光波长为 632.8 nm. 激光管内充有一定配比的氦气和氖气,在管端两极上加以直流高压才能激发出光. 腔长 250 mm 的激光管工作电压约 1 600 V,启动时的激发电压就更高,使用中应注意人身安全. 最佳工作电流约 5 mA,此时输出功率最大,使用寿命也长. 使用时要注意激光管的正、负电极,不能把高压电源的正极接激光管的负极,否则会造成阴极溅射,污染激光管两端的反射镜,影响激光器正常工作. 激光器关闭后,也不能马上触及两电极,否则电源内的电容器高压会电击伤人. 激光束光强大,不能让光束直接射入眼内,以免损害视力.

实验 15　透镜焦距的测量

焦距是透镜(或透镜组)的光心到焦点的距离,是透镜(或透镜组)的重要参量之一. 焦距值测量的准确度很大程度上取决于光心及焦点(或像点)定位的准确度. 由于透镜的种类繁多,不同情况下对焦距测量的准确度要求也不一样,故焦距的测量方法也很多. 通过本实验学生不仅应掌握几种测量方法,还应了解各种方法的优缺点.

【重点难点】

1. 光学系统的共轴调节.
2. 掌握透镜焦距的几种测量方法.

【目的要求】

1. 学会简单光学系统的共轴调节.
2. 学习几种测量透镜焦距的方法.
3. 学习转换法的设计思想并会用左右逼近法判定成像的准确位置.

【仪器装置】

凸透镜,凹透镜,光源,米尺,光具座导轨等.

【实验原理】

1. 自准法

(1) 用自准法测量凸透镜的焦距

如图 5.15.1 所示,若物体 AB 恰好处于透镜 L 的焦平面上,则物上任一点发出的光线经透镜 L 后成为一束平行光,被平面镜 M 反射后仍为平行光,再次通过透镜 L 后又在焦平面上成像,像 $A_1 B_1$ 与物 AB 等大倒立,物距即等于透镜的焦距 f. 这种方法是利用实验装置(待测透镜)自身产生的平行光束来调焦的,所以称为**自准法**,也称为**自准直法**.

(2) 用自准法测量凹透镜的焦距

凹透镜是发散透镜,要用凹透镜产生平行光束,则入射光就必须是会聚光束,见图 5.15.2,凸透镜 L_0 就为待测凹透镜 L 提供了会聚光束. $A_1 B_1$ 是物 AB 经 L_0 所成的像,现在屏幕 S 和 L_0 之间插入了待测凹透镜 L 和平面镜 M,经共轴调整后,若 $A_1 B_1$ 恰好位于 L 的焦平面上,则物 AB 发出的光线经 L_0 后成为会聚光,经 L 后成为平行光束,被平面镜 M 反射后仍为平行光. 反射的平行光经过 L 成为发散光束,然后再经过 L_0 会聚于物平面上一点(A_2 点),因此物 AB 的像 $A_2 B_2$ 在物平面上,且为与物等大、倒立的实像. 此时屏幕 S 至 L 之间的距离即等于凹透镜 L 的焦距 f.

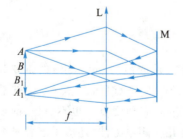

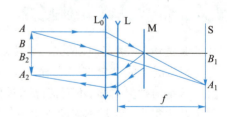

图 5.15.1 用自准法测量凸透镜焦距的光路   图 5.15.2 用自准法测量凹透镜焦距的光路

2. 用平行光管测量凸透镜的焦距

平行光管是产生平行光的仪器,是装校和调整光学仪器的重要工具,也是重要的光学度量仪器. 配用不同的分划板,连同测微目镜或者读数显微镜,平行光管可测量透镜或透镜组的焦距、分辨率及判定成像质量.

实验室中常用的国产 CPG-550 型平行光管附有高斯目镜和可调式平面反射镜,其光路结构见图 5.15.3. 借助高斯目镜和可调式平面反射镜,可以用自准法将分划板 3 精确地调整到物镜 2 的焦平面上. 若这一调整已经完成,则从分划板上每一点发出的光束经过物镜后,都各自成为一束平行光.

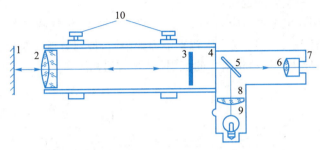

1—可调式平面反射镜;2—物镜;3—分划板;4—光阑;5—分光板;
6—目镜;7—出射光瞳;8—聚光镜;9—光源;10—十字螺钉.

图 5.15.3　平行光管

测量焦距用的分划板是波罗板(图 5.15.5),用平行光管测量凸透镜焦距的光路见图 5.15.4. 如果平行光管已经调好,波罗板位于物镜的焦平面上,那么从波罗板上每一点发出的光束从平行光管出射时各为一平行光束,通过待测透镜 L_x 后,在 L_x 的焦平面 F 上各自会聚成一点,这些点就组成了波罗板的像.

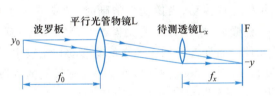

图 5.15.4　用平行光管测量凸透镜焦距的光路　　图 5.15.5　波罗板

从图中的几何关系可以看出,待测物镜的焦距 f_x 为

$$f_x = f_0 \frac{y}{y_0} \tag{5.15.1}$$

式中 f_0 是平行光管物镜的焦距,y_0 是物高,即波罗板上某对线条的间距,y 是像高即波罗板的像上相应线条之间的距离. CPG-550 型平行光管物镜焦距的名义值是 550 mm. 波罗板结构见图 5.15.5,它是在玻璃基片上用真空镀膜的方法镀五对线条所形成的,每对线条的间距的名义值分别是 1.000 mm、2.000 mm、4.000 mm、10.000 mm、20.000 mm. 使用时,f_0 的值、波罗板上线条对的间距 y_0 的值都要用平行光管出厂时的实测值,像高 y 用测微目镜或者读数显微镜测出.

3. 用共轭法测量凸透镜的焦距

共轭法又称贝塞尔法. 如图 5.15.6 所示,使物与屏间的距离 $L > 4f$ 并保持不变. 当凸透镜在 O_1 处时,屏上成放大实像,再将凸透镜移到 O_2 处,屏上成缩小实像. 令 O_1 和 O_2 间的距离为 e,物到像的距离就是 L. 根据共轭关系有 $u = v'$ 和 $u' = v$,u、u'

和 v、v' 的意义见图 5.15.6. 进而可推得

$$f = \frac{L^2 - e^2}{4L}\tag{5.15.2}$$

实验中测出 L 和 e，就可求出焦距 f.

操作技术——左右逼近法：

能否准确判定成像最清晰时某个光学元件（像屏、透镜或物屏等）的位置，对测量结果的误差有很大影响. 受人眼辨别能力的限制，特别是当成像光束会聚角较小时，光学元件在导轨上移动相当大的范围（甚至大到几厘米），人眼看到的像都是清晰的.

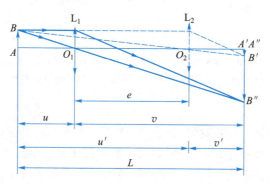

图 5.15.6　用共轭法测量凸透镜焦距

左右逼近法：将光学元件由左向右移动，当像变得清晰时，感觉一下手移动到的位置和像的清晰程度，继续向右移动，感觉像将要变模糊时停下，成像最清晰的位置就在这个区间. 再将光学元件由右向左移动……在反复移动和比较中，找到成像最清晰的位置. 注意，在反复移动和比较的过程中，不要去读标尺上的读数，以免先入为主的印象影响下一次测量.

【实验内容及步骤】

1. 共轴调节

（1）粗调

把凸透镜、凹透镜、物（以箭孔屏 AB 为物）、像屏等光学元件都放到光具座导轨（下文简称光轨）上，先把它们靠拢，调节高低左右，使它们中心等高，并使它们的平面互相平行，并且垂直于光轨.

（2）细调，运用共轭法进行调节

物与像屏相距足够远（$L>4f$）时，若物中心在光轴上，且光轴平行于光轨，则移动透镜所得的放大像的中心和缩小像的中心就重合于光轴与屏幕的交点.

具体调节方法：保持物不动，成小像时用橡皮泥在屏幕上作标记；成大像时，沿垂直于光轴的方向调节透镜，使大像与橡皮泥标记重合. 如此成小像时移动橡皮泥，成大像时调节透镜，反复几次便可调好. 该调节要领可总结为"大像追小像".

当第一个透镜的光轴调好时，各个光学元件所共有的轴就确定了，这个轴就是

物中心和橡皮泥的连线,这条直线已平行于光轨. 如果光学系统有多个透镜,调节过程中应始终保持这条直线不动,把每一个透镜轮流放置到光轨上,只调节透镜使其光轴重合到这条直线上来.

2. 测量凸透镜的焦距

(1) 自准法

① 测量光轨上依次排列的钠光灯、箭孔屏 AB、待测凸透镜 L、平面镜 M 的位置. 调节 AB 到 L 的距离,使箭孔屏上得到箭孔的像 $A'B'$ 清晰.

② 分别改变 AB 到 L 的距离、L 到 M 的距离,观察像 $A'B'$ 的大小、清晰度和亮度有无变化. 从光轨的标尺上读出箭孔屏到凸透镜的距离,即为凸透镜的焦距 f,重复测量 6 次.

(2) 平行光管法

① 凭眼睛观察粗调平行光管、待测透镜和测微目镜,使三者共轴,并使平行光管平行于光轨.

② 测微目镜的调节和读数方法请参见有关的仪器说明书.

③ 为减少误差,从目镜中看到的被测像应位于视场中央,并且该被测像与叉丝之间应无视差.

(3) 共轭法

使物与屏间的距离 $L>4f$,利用共轭法检查"同轴等高",取五个不同的 L 值,并记录数据.

3. 用自准法测量凹透镜的焦距

物 AB 与凸透镜 L_0 的间距略小于 $2f$. 若要求物 AB 与凸透镜 L_0、待测凹透镜 L 共轴,应先调节 L_0 或调节物,使 AB 与 L_0 共轴,然后加入 L 并调节 L,使它与 L_0 共轴,注意使它们的光轴与光轨平行. 透镜光心与滑块刻线可能不在垂直于光轨的同一平面内,为使测量更准确,可将凹透镜 L 转 180° 后重复测量,取平均值作为测量结果.

4. 自行设计数据表格并记入实验数据

【数据处理】

用列表法表示实验结果. 表中要求有各项测量数据,数据的运算结果及最后结果. 只计算焦距,不要求计算不确定度.

【分析讨论】

1. 请叙述光学系统共轴调节的步骤.

2. 共轴调节中的 $L>4f$,L 略大于还是远大于 $4f$ 更利于调节? 为什么?

【总结与思考】

设计透镜焦距的其他测量方法.

实验 16　分光计的调节

分光计的调节
与光栅衍射

分光计是一种精密测量角度和分光的仪器,利用分光计可以间接测量折射率、光波波长、色散率,还可以用来进行光谱定性分析,验证里德伯常量等.

分光计是光学实验的基本仪器,它的调整(如望远镜、平行光管的调整等)方法在光学仪器调整中颇具代表性. 了解它的结构、掌握它的调节和使用方法,是本课程的基本要求之一.

【重点难点】

1. 分光计的调整方法.
2. 亮"十"字的寻找、同轴等高、先外后内、先粗后细、各半调节等.

【目的要求】

1. 了解分光计的结构.
2. 掌握分光计的调整方法和理解调整的原理.

【仪器装置】

分光计等.

【实验原理】

分光计的外观如图 5.16.1 所示,它主要由平行光管、望远镜、载物台和读数装置组成. 分光计的精细结构如图 5.16.2 所示.

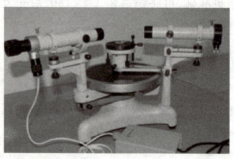

图 5.16.1　分光计外观

1. 平行光管

平行光管是由狭缝和透镜组成的. 拧开螺钉 2,可前后移动狭缝装置 1,使狭缝位于透镜焦平面上,则平行光管射出平行光. 狭缝的刀口是经过精密研磨制成的,为避免损伤狭缝,只有在望远镜中看到狭缝像的情况下才能调节狭缝的宽度. 调节手轮 28,可以改变狭缝的宽度.

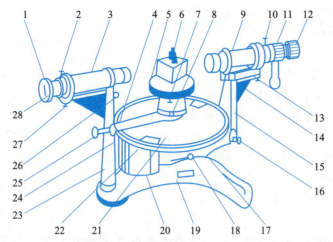

1—狭缝装置;2—狭缝套筒锁紧螺钉;3—平行光管;4—载物台固定螺钉;5—载物台;6—载物台调平
螺钉;7—载物台锁紧螺钉;8—载物台止动螺钉;9—望远镜;10—目镜套筒锁紧螺钉;11—目镜套筒;
12—目镜视度调节手轮;13—望远镜光轴俯仰调节螺钉;14—望远镜光轴水平方向调节螺钉;15—望远
镜筒支座;16—望远镜转动微调螺钉;17—望远镜止动螺钉(在背面);18—度盘止动螺钉;19—底座;
20—转座;21—游标盘;22—度盘;23—平行光管支座;24—游标盘微调螺钉;25—游标盘止动螺钉;
26—平行光管光轴水平方向调节螺钉;27—平行光管光轴俯仰调节螺钉;28—狭缝宽度调节手轮.

图 5.16.2 分光计的精细结构

2. 望远镜

望远镜由目镜、分划板、物镜等组成,如图 5.16.3 所示. 望远镜和分划板分别
装在三个套筒中,彼此可以相对移动.

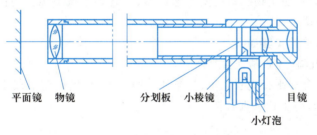

平面镜   物镜   分划板   小棱镜   目镜

小灯泡

图 5.16.3 分光计的望远镜筒

分划板上刻有十字叉丝,分划板下方小棱镜的直角面上有一个十字透光孔,小
灯泡发出的光经小棱镜改变光路方向 90° 后从十字透光孔出射,当分划板处在物镜
的焦平面上时,十字透光孔出射光经物镜后成为平行光,若用一垂直于望远镜光轴
的平面镜将此平行光反射回来,则成像在分划板上方十字叉丝上.

望远镜可以单独绕中心轴转,也可以与度盘固定在一起绕主轴转动.

3. 载物台

载物台用来放置待测件或分光元件,台面下方三个螺钉 B_1、B_2、B_3,用来调节台
面倾斜度. 松开螺钉 6(见图 5.16.2,下同)可以升降载物台. 拧紧螺钉 6 可将载物

台与游标盘 21 固定在一起,此时松开螺钉 25,载物台将随游标盘转动,并可以通过游标读数装置读出载物台转过的角度.

4. 读数装置

这是一种测量角度的游标读数装置,称为角游标或圆游标,由度盘与游标盘组成. 度盘主尺分为 360°,JJY 型分光计主尺的最小刻度为 0.5°,游标盘有 30 个分度,分度值为 1′. 读数时,从游标盘零线所对的度盘刻度读出 0.5° 以上的"度"数,再从与度盘某刻度对齐的游标刻线读出"分"数,两数相加为角度读数. 图 5.16.4 中的读数为 116°12′.

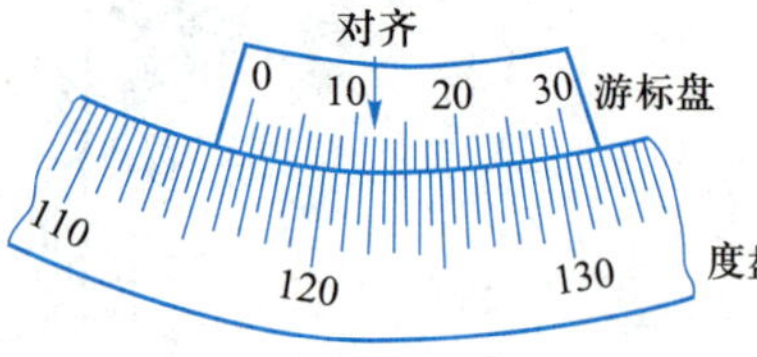

图 5.16.4　角游标

为了消除度盘中心与转轴中心之间的偏心差,在游标盘同一直径的两端各装一游标. 测量时,两个游标都应读数,然后算出每个游标始、末两次的读数的差,再取平均值. 这个平均值才是转动的角度.

【实验内容及步骤】

分光计的调整要求是:

1. 望远镜调焦于无限远处,即望远镜能将平行光会聚成像于焦平面上.
2. 望远镜光轴垂直于分光计主轴.
3. 平行光管发出平行光.
4. 平行光管光轴垂直于分光计主轴,并与望远镜光轴在同一平面内.

调节前,应对照实物和结构图熟悉仪器,了解各个调节螺钉的作用. 调节时要先粗调后再细调.

分光计调整的步骤如下.

1. 目测粗调(凭眼睛观察判断)

调节望远镜和平行光管光轴,尽量使它们与度盘平行;调节载物台尽量使它们与度盘平行(即与主轴垂直).

2. 细调

(1) 调节望远镜使其适合于观察平行光

① 目镜视度调节:使望远镜适合操作者眼睛的视度. 转动目镜视度调节手轮 12,从目镜中看到分划板的黑色叉丝清晰. 调好后,整个实验中不再转动 12.

② 接通望远镜上的小灯泡并按图 5.16.5、图 5.16.6 把平面镜放到载物台上,缓慢转动载物台,从望远镜中仔细寻找平面镜的两个面是否都有绿色光斑反射回来. 若找不到绿色光斑,多半原因是粗调还未达到要求,应重新进行粗调.

③ 找到绿色光斑后,松开目镜套筒锁紧螺钉 10,前后抽动目镜套筒,使绿色光斑变成清晰的绿十字像. 仔细抽动目镜套筒直到绿十字像与黑色叉丝间无视差. 锁定螺钉 10,整个实验中不再抽动目镜套筒. 则望远镜已适合于观察平行光.

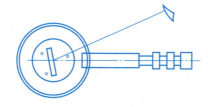

图 5.16.5　平面镜的放置　　　图 5.16.6　寻找反射的绿色光斑(或绿十字像)

（2）调节望远镜光轴垂直于分光计主轴

① 转动载物台,使平面镜转动 180°,从目镜中找到反射回来的绿十字像 [图 5.16.7(a)].

② 调节望远镜光轴俯仰调节螺钉 13,使绿十字像向分划板上方黑十字叉丝 (简称上叉丝)移近一半距离[图 5.16.7(b)].

③ 调节载物台螺钉 B_1,使绿十字像与分划板上方黑十字叉丝重合[图 5.16.7 (c)]. 这种各调一半的方法称为**半调法**.

④ 重复以上三步. 反复调整,直到平面镜两面反射回来的绿十字像都能与分划板上方黑十字叉丝重合.

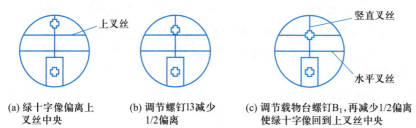

(a) 绿十字像偏离上　　(b) 调节螺钉13减少　　(c) 调节载物台螺钉B_1,再减少1/2偏离
　叉丝中央　　　　　　　1/2偏离　　　　　　　使绿十字像回到上叉丝中央

图 5.16.7　调节望远镜光轴

⑤ 望远镜调整完毕,以下平行光管和载物台上光学元件的调节都将以此为基准,望远镜光轴的俯仰、望远镜的调焦状态在整个实验中都不要再改变.

（3）调整平行光管

① 调节光轴:取下平面镜,打开钠光灯,松开狭缝套筒锁紧螺钉 2,将狭缝装置 1 转成水平,从望远镜中可看到狭缝的像,若不清晰,可前后抽动狭缝使像清晰;调节平行光管光轴俯仰调节螺钉 27,使狭缝的像重合于分划板中央的水平叉丝(简称水平叉丝),平行光管光轴即与分光计主轴相垂直.

② 调出平行光:转动狭缝使其平行于竖直叉丝,仔细地前后调节狭缝,消除狭缝的像与叉丝间的视差. 至此平行光管发出平行光.

③ 转动狭缝宽度调节手轮 28 调节狭缝宽度,使狭缝的像既细锐又足够明亮.

至此分光计调节完毕.

【注意事项】

望远镜调节中的两个问题及解决办法:

1. 找不到从平面镜反射回来的绿色光斑(或绿十字像).

这是由于反射像太偏上或太偏下,不能落在望远镜的视场内.这时可旋转载物台,使平面镜法线偏离望远镜一个小角度,从望远镜外侧向平面镜内寻找绿色光斑(或绿十字像),如图 5.16.6 所示,当目镜与望远镜等高时看到绿色光斑位于平面镜的中下部分或平面镜的顶部,这时,用半调法调节螺钉 13 和 B_1,把绿色光斑调节到平面镜中上部分,此时再转动载物台,使平面镜的法线对向望远镜,从目镜中就能看到绿色光斑(或绿十字像).

图 5.16.8　分划板倾斜导致绿十字像移动方向与水平叉丝成一小角度

2. 左右转动望远镜(或微微转动载物台)时,绿十字像移动方向与水平叉丝成一小角度,如图 5.16.8 所示.这是由于分划板没有放正,竖直叉丝不平行于分光计主轴.应松开目镜套筒锁紧螺钉 10,转动目镜套筒(分划板随之转动),直到绿十字像始终沿水平叉丝移动.分划板转正后,应重新消除视差,再锁定螺钉 10.

【分析讨论】

1. 在分光计实验中,怎样判定望远镜适合于观察平行光? 如何调整?
2. 在分光计实验中,怎样判定望远镜光轴与分光计主轴垂直? 如何调整?
3. 在分光计实验中,怎样判定平行光管出射平行光? 如何调整?
4. 在分光计实验中,怎样判定平行光管光轴与望远镜光轴共线并与分光计主轴垂直? 如何调整?

【总结与思考】

调节分光计时所使用的平面镜(双平面反射镜)起了什么作用? 能否用三棱镜代替平面镜来调整望远镜?

实验 17　分光计的使用——测量三棱镜顶角

三棱镜顶角的测量

三棱镜是一种光学元件,它在光学发展史上起到了重要的作用.牛顿就是使用三棱镜完成了光的色散实验,从而验证白光是由多种色光复合后形成的.本实验主要练习分光计的使用.

【重点难点】

学习分光计的使用方法.

【目的要求】

1. 学会使用分光计测量角度.
2. 学会用分光计测量三棱镜顶角的方法.

【仪器装置】

分光计,三棱镜等.

【实验原理】

用自准法测量三棱镜顶角 A 的装置如图 5.17.1 所示. 由图可知两光学面与望远镜的主轴的夹角 $\varphi = [(\theta_1' - \theta_1) + (\theta_2' - \theta_2)]/2$, θ_1、θ_1'、θ_2、θ_2' 均为游标读数. 具体意义见实验内容及步骤,则可得三棱镜顶角 A 为

$$A = 180° - \varphi = 180° - [(\theta_1' - \theta_1) + (\theta_2' - \theta_2)]/2 \qquad (5.17.1)$$

用反射法测量三棱镜顶角 A 的光路如图 5.17.2 所示. 由图可知两光学面望远镜的主轴的夹角 $\varphi = [(\theta_1' - \theta_1) + (\theta_2' - \theta_2)]/2$,则可得三棱镜顶角 A 为

$$A = \frac{\varphi}{2} = \frac{(\theta_1' - \theta_1) + (\theta_2' - \theta_2)}{4} \qquad (5.17.2)$$

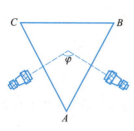
图 5.17.1　自准法

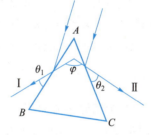
图 5.17.2　反射法

【实验内容及步骤】

1. 用自准法测量三棱镜顶角

按图 5.17.3 所示把三棱镜放到载物台上,并用弹簧片压住. 螺钉 B_2、B_3 连线垂直于三棱镜的光学平面 Ⅱ (AB),调节螺钉 B_1 时,载物台以 $B_2 B_3$ 连线为轴转动,平面 Ⅰ (AC) 的倾斜度改变,而 Ⅱ 则在它自己的平面内运动,其法线方向不变. 这样放置三棱镜,使得在调节平面 Ⅰ 时,不改变平面 Ⅱ 的状态;同理,在调节 Ⅱ 时也不会影响平面 Ⅰ.

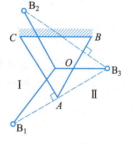
图 5.17.3　三棱镜的放置

(1) 松开望远镜止动螺钉 17,将望远镜对向平面 Ⅰ,只调节螺钉 B_1,使平面 Ⅰ 反射的绿十字像与分划板上方十字叉丝重合,记录两游标读数 θ_1、θ_2.

(2) 转动望远镜对向平面 Ⅱ,只调节螺钉 B_2,使平面镜反射的绿十字像与分划板上方十字叉丝重合,记录两游标读数 θ_1'、θ_2'.

2. 用反射法测量三棱镜顶角

按图 5.17.3 把三棱镜放到载物台上,松开载物台止动螺钉 8,转动载物台,使三棱镜的顶角 A 对向平行光管,然后锁定螺钉 8,如图 5.17.2 所示.

（1）转动望远镜到位置Ⅰ,从望远镜中看到狭缝的像在分划板中央,锁定望远镜筒支座15,然后用望远镜转动微调螺钉16调节,使狭缝像与分划板竖直叉丝重合,记录两游标读数 θ_1、θ_2.

（2）转动望远镜到位置Ⅱ,重复①,记录两游标读数 θ_1'、θ_2'.

3. 自行设计数据表格并记入实验数据

【注意事项】

1. 推动望远镜绕主轴转动时,应推望远镜的支臂,切勿只推镜筒,以免破坏望远镜光轴与分光计主轴的垂直关系,造成角度测量错误.

2. 螺钉8通常是拧紧的,将载物台与游标盘锁定. 转动载物台时,应松开游标盘止动螺钉25,转动游标盘来带动载物台转动. 只有在升降载物台或需要改变光学元件（连同载物台）相对于游标的位置时,才松开螺钉8进行操作.

3. 需要仔细转动载物台或望远镜使待测目标与竖直叉丝对准时,应该用微调螺钉24或16操作,这样可减小对准时的误差.

4. 光学元件置于载物台上,要用弹簧片压住;取下时应立即放回元件盒里,元件要轻拿轻放,元件盒要靠近实验台中间放置,以免跌落摔坏.

【数据处理】

计算 A,测量时为消除偏心差用两个游标读数,实验中采用了自准法和反射法,计算最终结果时应取两种方法的平均值.

$$A_1 = \frac{1}{4}\left[\left(\theta_1'-\theta_1\right)+\left(\theta_2'-\theta_2\right)\right], \quad A_2 = 180°-\frac{1}{2}\left[\left(\theta_1'-\theta_1\right)+\left(\theta_2'-\theta_2\right)\right]$$

$$\overline{A} = \frac{1}{2}\left(A_1+A_2\right)$$

* 当转动游标读数时,越过度盘的零刻线的小角度上应加 360°.

* 若 $\theta_1 < \theta_1'$,$\theta_2 < \theta_2'$,则计算时取绝对值相加.

【分析讨论】

1. 简述怎样用分光计测三棱镜的顶角.

2. 分光计的工作状态对测量结果有怎样的影响？

【总结与思考】

分析用分光计测量三棱镜顶角的两种方法的异同.

三棱镜折射率
的测量

实验 18　分光计的使用——测量折射率

折射率是物质的重要光学性质之一. 它通常被定义为:光从真空射入介质发生

折射时,入射角 γ 的正弦值与折射角 β 正弦值的比值 $\sin\gamma/\sin\beta$. 它表示光在介质中传播时,介质对光的一种特征. 本实验利用分光计测量折射率.

【重点难点】

学习用分光计测量角度的方法.

【目的要求】

学会用分光计测三棱镜最小偏向角和折射率的方法和原理.

【仪器装置】

分光计,三棱镜等.

【实验原理】

如图 5.18.1 所示,三角形 ABC 表示三棱镜的横截面,BC 为底面(毛玻璃面),AB、AC 为光学面,两个光学面的夹角 $\angle BAC$ 称为三棱镜的顶角,顶角值记为 A. 入射光 LD 经三棱镜两次折射后,沿 ER 方向出射. 入射线 LD 与出射线 ER 所成的角 δ,称为偏向角,可以证明,如果入射光线和出射光线处在三棱镜对称位置上,偏向角将达到极小值,这时的偏向角称为最小偏向角 $\delta_{\min}$. 由图 5.18.2 可知

$$\delta_{\min} = \left[(\theta_1'-\theta_1)+(\theta_2'-\theta_2)\right]/2 \qquad (5.18.1)$$

三棱镜材料的折射率 n 与三棱镜顶角 A、最小偏向角 $\delta_{\min}$ 之间有如下关系:

$$n = \frac{\sin\dfrac{A+\delta_{\min}}{2}}{\sin\dfrac{A}{2}} \qquad (5.18.2)$$

用分光计测出三棱镜的顶角 A 和最小偏向角 $\delta_{\min}$,就可以算出三棱镜材料的折射率.

【实验内容及步骤】

1. 调整分光计至实验状态,找到谱线:转动载物台,使三棱镜的 AC 平面与平行光管光轴夹角大致为 30°,先直接用眼睛迎着出射光方向看到 AB 面里的黄色谱线,然后将望远镜转到眼睛所看到的方位,就能从望远镜里看到谱线,如图 5.18.2 所示.

2. 找到最小偏向角:转动载物台,使谱线向入射光方向靠近,即偏向角减小. 当载物台转到某一位置,再继续按原方向转动载物台,谱线将反向移动,偏向角变大. 谱线反转处即最小偏向角的位置.

3. 对准最小偏向角:在谱线反转的位置用螺钉 4 锁定载物台,转动望远镜将竖直叉丝对准谱线,锁定望远镜止动螺钉 17. 用微调螺钉 16 和 24 配合反复调节,确认分划板竖直叉丝对准最小偏向角时的谱线,记下两游标读数 θ_1、θ_2.

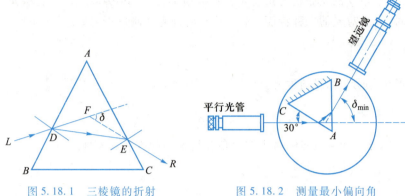

图 5.18.1　三棱镜的折射　　　　图 5.18.2　测量最小偏向角

4. 记录入射光方向:取下三棱镜,转动望远镜并利用微调螺钉 16 使分划板与狭缝的像对准,记下两游标读数 θ_1'、θ_2'. 注意,此时不可转动载物台(不可转动螺钉 24,不可松开螺钉 25),因载物台已与游标盘锁定.

5. 自行设计数据表格并记入实验数据.

【注意事项】

在测量三棱镜顶角 A 和最小偏向角 $\delta_{\min}$ 时,应避免三棱镜相对于载物台发生移动和转动,更不可转动螺钉 B_1、B_2、B_3.

【数据处理】

1. 计算 $\delta_{\min}$,测量时为消除偏心差用两个游标读数,应取平均.

$$\delta_{\min} = \frac{1}{2}\left[(\theta_1' - \theta_1) + (\theta_2' - \theta_2) \right]$$

＊当转动游标读数时,越过度盘的零刻线的小角度上应加 360°.

＊若出现 $\theta_1 < \theta_1'$,$\theta_2 < \theta_2'$ 的情况,则计算时取绝对值相加.

2. 计算折射率 n. 以 A 值和 $\delta_{\min}$ 作为直接测量量,其不确定度来自分光计的最大允许误差 $\Delta_{\text{仪}} = 1'$. 计算 n 的合成标准不确定度 u_C 并表示实验结果.

$$u_C(A) = u_C(\delta_{\min}) = 1'$$

$$n = \frac{\sin\dfrac{A+\delta_{\min}}{2}}{\sin\dfrac{A}{2}},\quad u_C(n) = \left[\left(\frac{\cos\dfrac{\delta_{\min}+A}{2}}{2\sin\dfrac{A}{2}} \right)^2 u_C^2(\delta_{\min}) + \left(\frac{\sin\dfrac{\delta_{\min}}{2}}{2\sin^2\dfrac{A}{2}} \right)^2 u_C^2(A) \right]^{\frac{1}{2}}$$

实验结果:$n = n \pm u_C(n)$　　$E_n = \dfrac{u_C(n)}{n} \times 100\%$

【分析讨论】

1. 简述测量最小偏向角与用反射法测量三棱镜顶角的异同.

2. 分光计的工作状态对测量结果有怎样的影响?

【总结与思考】

简述折射率的测量过程.

实验 19　光的等厚干涉——牛顿环

等厚干涉

如果两列光波其频率相同,振动方向相同,相位相同或相位差恒定,且在振幅差别不太悬殊的情况下,它们在空间相遇时叠加的结果,将使空间各点的光振幅有大有小,随地而异,形成光的能量在空间的重新分布. 这种在空间一定处光强度的稳定加强或减弱的现象称为光的干涉. 光的干涉是重要的光学现象之一,在对光的本质的研究中,光的干涉现象首先使人们认识到光的波动性质. 在科研、生产和生活实践中光的干涉有着广泛的应用,人们常常利用光的干涉法进行各种精密的测量,如薄膜厚度、微小角度、曲面的曲率半径等几何量,也普遍应用于光学元件表面的光洁度和平整度的检验、光波波长的测量等. 牛顿环是其中十分典型的例子. 获得相干光源,依其原理不同可分为分振幅法和分波阵面法. 牛顿环是由分振幅法产生的等厚干涉. 本实验用牛顿环装置测量平凸透镜的曲率半径,由此可以深刻地理解等厚干涉现象及其应用.

【重点难点】

1. 牛顿环产生的原理.
2. 曲率半径测量公式.
3. 实验装置的调整和读数方法.

【目的要求】

1. 观察光的等厚干涉现象,熟悉光的等厚干涉的特点.
2. 用牛顿环装置测量平凸透镜的曲率半径.
3. 掌握读数显微镜的调整和使用.

【仪器装置】

读数显微镜,牛顿环装置,低压钠光灯.

【实验原理】

牛顿环实验是光的干涉现象的典型实验之一. 牛顿为了研究薄膜颜色,曾经用将凸透镜放在平面玻璃上的方法做实验. 1675 年,他在给英国皇家学会的论文里记述了这个被后人称为牛顿环的实验. 他最有价值的发现是测出同心环的半径就可算出相应的空气层的厚度,亮环半径的平方与 1,3,5,… 成比例,暗环半径的平方与 0,2,4,… 成比例. 19 世纪初,托马斯·杨用光的干涉原理解释了牛顿环,并参考牛顿的测量结果计算了与不同颜色的光对应的波长和频率.

牛顿环和劈形膜干涉都是由分振幅法产生的干涉,并且是在膜的厚度相同的地方产生同一级干涉条纹,因此称为等厚干涉.

形成等厚干涉的条件是:① 薄膜厚度(或折射率)不均匀;② 光从垂直方向入射到薄膜上并在垂直于薄膜的方向上观察.

如图 5.19.1 所示,当波长为 λ 的单色光垂直入射到达空气薄膜的上表面时,一部分反射(图中光束 1),另一部分透射继续前进,到达下表面并在下表面再次发生反射和折射(图中光束 2). 1、2 两束光是从同一束光分出来的,因而它们具有相干性. 光束 2 在薄膜内多走了一个来回,所以当 1、2 两束光相遇时,它们之间就有了一个光程差 δ. 若 δ 恰等于半波长 $\lambda/2$ 的奇数倍,则相遇时振动方向相反,振动合成时振幅相抵消,即两波叠加发生相消干涉,在两波相遇处

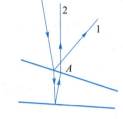

图 5.19.1 等厚干涉原理

形成暗纹. 若 δ 恰等于 $\lambda/2$ 的偶数倍,则发生相长干涉,形成亮纹. 如果两波的光程差既不等于 $\lambda/2$ 的奇数倍,又不等于 $\lambda/2$ 偶数倍,则叠加后的光强介于最亮和最暗之间,光强随 δ 而不同. 可见明暗条纹之间没有分界线,光强是逐渐变化的. 干涉场中某点的光强取决于光程差,而光程差与薄膜厚度有关,所以干涉条纹恰好描绘出薄膜的等厚线,同一条(级)干涉条纹对应于薄膜厚度相同处的轨迹,故称为等厚干涉条纹.

将平凸透镜的凸面向下置于一平面玻璃上(图 5.19.2),其中心接触良好,于是在透镜下表面与平面玻璃上表面之间形成一个由中心向边缘逐渐增厚的空气薄层(即空气薄膜),该空气薄膜的等厚线是一些同心圆. 当光垂直入射到空气薄膜上时,迎着反射光向薄膜看去,就可以看到薄膜上不等间距的同心圆环条纹. 若入射光是单色光,圆环是明暗相间的(图 5.19.3);若入射光是白光,则条纹是彩色的,中心部分犹如彩虹.

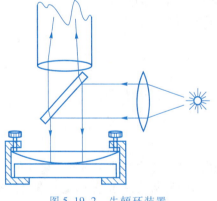

图 5.19.2 牛顿环装置

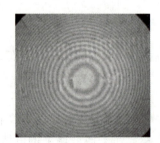

图 5.19.3 牛顿环干涉条纹

如图 5.19.4 所示,若第 k 级干涉圆环的半径为 r_k,对应空气薄膜的厚度为 h_k,由几何关系可知

$$r_k^2 = R^2 - (R - h_k)^2 = 2Rh_k - h_k^2$$

式中 R 是透镜凸面 AOB 的曲率半径,且 $R \gg h_k$,
故忽略上式中的 h_k^2,得到

$$h_k = \frac{r_k^2}{2R} \qquad (5.19.1)$$

由于干涉暗纹是出现在薄膜厚度等于半波长的
整数倍的那些地方,所以有

$$h_k = k \frac{\lambda}{2} \qquad (5.19.2)$$

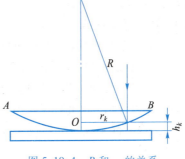

图 5.19.4　R 和 r_k 的关系

将式(5.19.2)代入式(5.19.1),得到

$$r_k^2 = k\lambda R \qquad (5.19.3)$$

由式(5.19.3)可知,如果已知入射光的波长,测得某一暗环的半径 r_k 并数出它的级次 k(薄膜厚度为零的中心为 $k=0$),就可以算出透镜的曲率半径 R 了. 然而仔细观察发现,零级暗纹不是一个点,而是一个不甚清晰的暗斑,甚至有可能是一个亮斑. 其原因是从中心接触点沿半径向外,h_k 连续增大,光程差 δ 相应连续增大,从暗到明光强逐渐增加,中心接触点不可能是一个清晰的暗点;又因镜面上可能有尘埃存在,造成中心点可能不是光学接触,所以中心不一定是零级暗纹中心,甚至根本不是零级条纹. 这就给实际测量带来了困难:第一,干涉环的圆心位置不能确定,测 r_k 无起点;第二,不知道中心是第几级条纹,无法确定所测圆心的级次 k. 在此,我们又一次运用转换测量法,以避开对级次 k 和半径 r_k 的绝对测量.

设第 m 环直径为 D_m,第 n 环直径为 D_n,分别代入式(5.19.3),并将两式相减,于是得到

$$R = \frac{D_m^2 - D_n^2}{4\lambda(m-n)} \qquad (5.19.4)$$

式(5.19.4)中分子是任意两暗环直径的平方差,分母中的 $(m-n)$ 是它们相隔的级次数. 对比前述式(5.19.3),我们此刻所关心的不再是第 m 环和第 n 环的实际级次,而是它们相隔的级次数 $(m-n)$,且相隔的级次数 $(m-n)$ 很容易数出来,因此利用上式可以方便地测量透镜的曲率半径.

【实验内容及步骤】

1. 调节仪器

(1) 目视调节. 在白光下观察牛顿环装置可以看到很小的彩色干涉环,微微调节圆形框架上面的 3 个调节螺丝,使环中心大致固定在牛顿环装置中心. 注意不要拧得过紧以免干涉条纹变形或光学玻璃破裂.

(2) 打开钠光灯,使显微镜筒居主尺中间,镜筒下 45°半反射镜对准光源. 将牛顿环装置放在显微镜筒下方的载物台上,并将显微镜镜筒从上而下移到离牛顿环装置最近处. 待钠光灯发光正常后,翻转读数显微镜下的反光板,使之不能反射来自钠光灯的光. 转动读数显微镜方位,使光被物镜下方的 45°半反射镜反射后,向下

沿着显微镜轴线方向垂直投射到牛顿环装置上,经空气薄膜反射后,向上到达显微镜中形成最亮的视场.

(3) 调节显微镜的目镜,使目镜中看到的叉丝最为清晰,然后调整纵向叉丝使其与读数显微镜横向走动方向垂直.

(4) 调节显微镜镜筒,即缓慢地转动调焦手轮,使镜筒自下而上地移动,然后看清干涉条纹(从上而下容易损坏平凸透镜),当观察到清晰的干涉图样后再仔细调焦,消除干涉条纹与分划板叉丝之间的视差,即消除视差(使叉丝与图像处在同一平面内).

(5) 移动牛顿环的位置,使显微镜叉丝的交点对准干涉圆环的中心,然后左右移动显微镜镜筒,观察整个干涉场中条纹的清晰度,以便选择干涉条纹的测量范围.

2. 观察干涉条纹的分布特点

观察各级条纹粗细是否一致,条纹间距如何变化,中心是暗斑还是亮斑等. 要注意牛顿环的位置与显微镜量程的配合(镜筒应放在中间),移动牛顿环使十字叉丝交点尽量对准牛顿环圆心,作好测量准备.

3. 测量

如图 5.19.5 所示,测量时先从中心向一侧移动镜筒,同时开始默数叉丝扫过的环数,到第 55 环后反向移动,记下第 50 ~ 第 46 各环以及第 25 ~ 第 21 各环的位置读数 x_m 和 x_n,再继续移至环心另一侧,记下第 21 ~ 第 25 环和第 46 ~ 第 50 环的位置读数 x'_n 和 x'_m. 即用与显微镜移动方向垂直的叉丝依次与左边第 50 ~ 第 46 环以及第 25 ~ 第 21 环,右边第 21 ~ 第 25 环以及第 46 ~ 第 50 环相切,分别记录下它们的位置的读数 x_m、x_n、x'_n、x'_m.

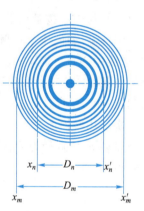

图 5.19.5　测量 D_m 和 D_n

4. 将测量数据记入书后的数据记录表中

【注意事项】

测量过程中,为消除空程差,必须单方向转动鼓轮.

【数据处理】

1. 计算各次测量得到的曲率半径,求 R 的平均值 $\overline{R} = \dfrac{1}{N} \sum\limits_{i=1}^{N} R_i$.

2. 曲率半径 R 的不确定度计算:

$$u_A(R) = \sqrt{\frac{\sum\limits_{i=1}^{N} (R_i - \overline{R})^2}{N(N-1)}} \ , u_B = \frac{\Delta_{仪}}{\sqrt{3}}, \quad u_C = \sqrt{u_A^2 + u_B^2}.$$

实验结果表示为:$R = \overline{R} \pm u_C, \quad E = \dfrac{u_C}{R} \times 100\%$.

【分析讨论】

1. 牛顿环的干涉条纹是由哪两束光线干涉而产生的？为什么这种干涉称为等厚干涉？

2. 透射光牛顿环是如何形成的？如何观察？画出光路示意图.

3. 在牛顿环实验中，假如平面玻璃上有微小凸起，则凸起处空气薄膜厚度减小，导致等厚干涉条纹发生畸变. 试问这时的牛顿环（暗）将局部内凹还是局部外凸？为什么？

【总结与思考】

用读数显微镜进行测量时，为什么会产生螺距误差？如何避免将螺距误差引入测量结果？

实验 20　光的等厚干涉——劈尖

劈尖是光的干涉中十分典型的例子之一，常被应用于光学元件表面的光洁度和平整度的检验、光波波长的测量等. 劈尖干涉是由分振幅法产生的干涉. 本实验用劈尖装置测量微小厚度，由此学生可以深刻地理解等厚干涉现象及其应用.

等厚干涉

【重点难点】

1. 劈尖干涉产生的原理.
2. 多个直接测量量不确定度的计算.

【目的要求】

1. 观察光的等厚干涉现象，熟悉光的等厚干涉的特点.
2. 用劈尖测量细丝直径或微小厚度.

【仪器装置】

读数显微镜，劈尖，待测物体，低压钠光灯.

【实验原理】

劈尖装置如图 5.20.1 所示. 将两块玻璃板的光学平面相对叠放，其一端夹入待测物体薄片或细丝，于是在两玻璃板之间形成一楔形空气薄膜——劈尖. 用单色光垂直入射在劈尖上就形成等厚干涉条纹，干涉图样为一组与玻璃板交线相平行的、等间距的平行直条纹. 将式（5.19.2）运用于劈尖，可得相邻两级明纹或暗纹对应的介质厚度差 $\Delta h = \dfrac{\lambda}{2}$. 数出从玻璃板交线到细丝所在处的暗纹条数 N，就可以算

出细丝直径 $d = N\dfrac{\lambda}{2}$. 如果 N 很大,为了简便,可先测出

单位长度内的暗纹条数 N_0 和从交线到细丝的距离 L,那么 $N = N_0 L$,则有

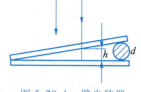

$$d = N_0 L \frac{\lambda}{2} \qquad (5.20.1)$$

图 5.20.1　劈尖装置

劈尖干涉不仅可以用来测量细丝直径和微小厚度,还可以用来检验光学表面,将待检验表面与标准的光学表面相对叠合,用单色光垂直入射并在反射方向上观察干涉条纹,同时用手轻压使空气薄膜厚度发生变化,通过干涉条纹的图样及其相应的变化(形状、疏密分布、移动方向等)判定被检验表面的质量. 这种方法普遍用于光学元件(凸透镜、凹透镜、平晶)的冷加工中.

【实验内容及步骤】

1. 读数显微镜的调节

按实验 19 的调节方法将读数显微镜调至正常工作状态.

2. 观察干涉条纹的分布特点

观察各级条纹粗细是否一致,条纹间距是否变化,棱边处条纹的明暗等.

3. 用劈尖干涉法测量细丝直径

(1) 将待测细丝夹在两块玻璃板的一端,形成劈尖,然后置于读数显微镜载物台上.

(2) 调节劈尖装置放置方位,使干涉条纹与纵向叉丝平行,此时镜筒移动方向与干涉条纹相垂直,以便准确测出条纹间距.

(3) 用读数显微镜测出第 1 ~ 第 5 和第 11 ~ 第 15 条暗纹的位置坐标.

4. 用直尺测出棱边到待测细丝的距离 L

5. 将测量数据记入书后的数据记录表中

【数据处理】

1. 用逐差求出 10 级条纹的间距.

2. 计算 N_0 及其测量不确定度、总长度 L 及其测量不确定度.

3. 计算细丝直径及其测量不确定度,将实验结果表示成正确形式.

【分析讨论】

1. 测量过程中,为消除空程差,应如何操作?

2. 透射光劈尖干涉条纹是如何形成的? 如何观察? 画出光路示意图.

【总结与思考】

为什么劈尖干涉只能测量细微直径或微小厚度?

实验 21　菲涅耳双棱镜干涉实验

菲涅耳双棱镜
干涉实验

利用菲涅耳双棱镜（简称双棱镜）可以获得两束相干光以实现光的干涉. 菲涅耳双棱镜干涉实验（简称双棱镜实验）、双平面反射镜实验及劳埃德镜实验,在确立光的波动学说的历史过程中起了重要作用. 同时菲涅耳双棱镜也是一种用简单仪器测量光波波长的元件.

双棱镜是利用分波阵面法获得相干光的光学元件,本实验用双棱镜实验装置测量单色光的波长.

【重点难点】

1. 光的波动性.
2. 双棱镜干涉现象和波长的测量.
3. 光路的调整.

【目的要求】

1. 学习用双棱镜干涉测量单色光波长的原理和方法.
2. 进一步掌握光学系统的共轴调整方法.
3. 学会测微目镜的使用方法.
4. 练习逐差法处理数据和计算不确定度.

【仪器装置】

双棱镜,测微目镜,凸透镜,光屏,钠光灯,狭缝等.

【实验原理】

测微目镜是利用螺旋测微原理测量成像于其分划板上的像大小的仪器,转动鼓轮,通过传动丝杆可推动活动分划板左右移动. 活动分划板上刻有双线和叉丝,其移动方向垂直于目镜的光轴,固定分划板上刻有毫米刻度线. 测微目镜鼓轮刻有 100 分格,每转一圈,活动分划板移动 1 mm. 其读数方法与螺旋测微器相似,双线或者叉丝交点位置的毫米读数由固定分划板上读出,毫米以下的读数由测微目镜鼓轮上读出,最小分度值为 0.01 mm.

使用要点：

（1）目镜可在架上前后调节,改变目镜和叉丝的距离可适应不同使用者眼睛的差异,调节时要使叉丝和固定分划板的毫米刻度线均在目镜视野中最清楚.

（2）被测量的像应在叉丝平面上. 移动眼睛看叉丝和物像有无相对移动,即消除视差.

（3）测量时转动鼓轮推动分划板,使叉丝的交点或双线依次与被测像两端重合,得到首尾两个读数,其差值即为被测像的尺寸.

(4)测量时应注意使鼓轮沿一个方向转动,中途不能反转,以避免空程差.移动活动分划板的同时,一定要注意观察叉丝位置,不能使它移出毫米刻度线的范围之外.

获得相干光源,根据其原理不同可分为分振幅法和分波阵面法,双棱镜实验是利用分波阵面法而获得相干光源的.

菲涅耳双棱镜可以视为由两块底面相接、棱角很小(约为1°)的直角棱镜合成的. 若置波长为 λ 的单色狭条光源 S_0 位于双棱镜的正前方,则从 S_0 射来的光束通过双棱镜的折射后,变为两束相互重叠的光,这两束光仿佛是从光源 S_0 的两个虚像 S_1 和 S_2 射出的一样. 由于 S_1 和 S_2 是两个相干光源,所以若在两束光相互重叠的区域内再放一屏,即可观察到明暗相间的干涉条纹(图5.21.1). 因为干涉场范围比较窄,干涉条纹的间距也很小,所以一般要用读数显微镜或测微目镜来观察.

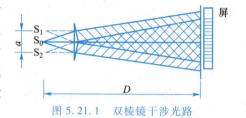

图 5.21.1　双棱镜干涉光路

现在讨论屏上干涉条纹的分布情况. 分别从相干光源 S_1 和 S_2 发出的光相遇时,若它们之间的光程差 δ 恰等于半波长($\lambda/2$)的奇数倍,则两光波叠加后为光强极小值;若 δ 恰等于波长 λ 的整数倍,两光波叠加后得光强极大值. 即

$$\text{暗纹条件} \quad \delta=(2k-1)\lambda/2 \qquad (k=\pm1,\pm2,\pm3,\cdots) \qquad (5.21.1)$$

$$\text{明纹条件} \quad \delta=k\lambda \qquad (k=0,\pm1,\pm2,\cdots) \qquad (5.21.2)$$

如图5.21.2所示,设 S_1 和 S_2 是双棱镜所产生的两相干虚光源,其间距为 a,屏幕到 S_1 和 S_2 平面的距离为 D,若屏上的 P_0 点到 S_1 和 S_2 的距离相等,则 S_1 和 S_2 发出的光波到 P_0 的光程也相等,因而在 P_0 点相互加强而形成中央明纹.

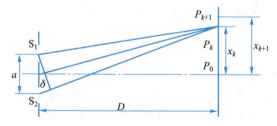

图 5.21.2　条纹间距与光程差及其他几何量的关系

设 S_1 和 S_2 到屏上任一点 P_k 的光程差为 δ,P_k 与 P_0 的距离为 x_k,当 $A\ll D$ 和 $x_k\ll D$ 时,可得到

$$\delta=\frac{x_k a}{D} \qquad (5.21.3)$$

当光程差为半波长($\lambda/2$)的偶数倍时,得到明纹. 由式(5.21.3)及式(5.21.2)可得

$$x_k=\pm\frac{k\lambda}{a}D \qquad (5.21.4)$$

由式(5.21.4)可看出,相邻两明纹的间距是

$$\Delta x = x_{k+1} - x_k = \frac{D}{a}\lambda (k+1-k) = \frac{D}{a}\lambda \qquad (5.21.5)$$

于是

$$\lambda = \frac{a}{D}\Delta x \qquad (5.21.6)$$

对暗纹也可得到同样结果. 利用式(5.21.6)可以测量光波波长.

【实验内容及步骤】

1. 实验装置的调整

双棱镜实验的光路布置如图 5.21.3 所示,N 为钠光灯,S 为狭缝,B 为双棱镜,L₁、L₂ 为凸透镜,E 为测微目镜. 测量时,所有这些光学元件都放置在光具座导轨上. 从光具座导轨上附有的米尺上读出各元件的位置.

(1) 确定光轴

双棱镜实验装置中,用测微目镜作为像屏观察干涉条纹. 我们的实验装置中,钠光灯固定在导轨上,高度不可调. 狭缝横向不可调,根据钠光灯窗口位置调整好高度后不再调节. 所以调整实验装置时应明确,各个

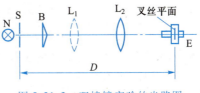

图 5.21.3　双棱镜实验的光路图

光学元件所共有的轴是通过狭缝中心并平行于光具座导轨的一条直线. 调整的方法是固定狭缝的中心点不动,把测微目镜光轴、透镜光轴重合到这条直线上来. 步骤如下:

① 目测粗调. 依次将钠光灯、狭缝、双棱镜、凸透镜和测微目镜置于光具座导轨上,狭缝应靠近钠光灯,狭缝中心和钠光灯窗口中心等高,目测调节狭缝中心、双棱镜中心、凸透镜中心与测微目镜中心等高,并使它们的平面互相平行,并且垂直于导轨.

② 确定光轴. 打开钠光灯,取下双棱镜,移动测微目镜,使狭缝与测微目镜分划板之间的距离大于四倍凸透镜焦距.

a. 粗调. 适当开大狭缝. 取一白纸片置于测微目镜前,沿导轨移动凸透镜,纸片上可得到狭缝的像. 用"大像追小像"的方法调节共轴. 成小像时横向调节测微目镜,使小像位于测微目镜中心;成大像时横向调节透镜,使大像位于测微目镜中心. 如此反复调节,使得大像和小像都落在测微目镜中心.

转动狭缝成水平方向,重复上述操作,调节测微目镜和透镜的高低,使得水平方向的大像、小像都落在测微目镜中心.

b. 细调. 适当关窄狭缝,从测微目镜中观察狭缝的像,重复上述"大像追小像"的操作,使狭缝在取竖直方向时的大像、小像都落在测微目镜分划板中央的 4 mm 刻度线上;使狭缝在取水平方向时的大像、小像都落在测微目镜分划板的中央,通过叉丝的交点.

至此,狭缝中心到测微目镜中心的连线已平行于光具座的导轨,并且凸透镜的

光轴已重合于这条直线,它就是我们要作为光轴的直线.

（2）放置和调整双棱镜

从狭缝过来的光通过双棱镜折射后成为两束,干涉现象就发生在两束光相交叠的区域,这个区域落在测微目镜中,通过测微目镜就可以观察到干涉条纹.

将双棱镜置于光具座导轨上靠近狭缝处,转动狭缝成竖直使之与双棱镜的棱脊平行. 适当开大狭缝,取一白纸片置于测微目镜前,沿光轴移动凸透镜使在白纸上看到放大的双狭缝像,横向调节双棱镜位置,使双狭缝像等亮度. 适当关窄狭缝,从测微目镜中观察,大小双狭缝像都应对称地落在分划板中央 4 mm 刻度线两侧.

（3）调出清晰的干涉条纹

取下凸透镜,通过测微目镜观察,两束光相交叠的区域是一条较明亮的光带,该光带还落在测微目镜分划板的中央,干涉条纹就呈现在光带中. 但实际往往仍然看不到干涉条纹,这主要是因为光源的空间相干度太低以致干涉不能发生. 此时只要小心地关窄狭缝,并微微转动狭缝方向,使狭缝严格平行于双棱镜的棱脊,测微目镜的视场中就会出现清晰的干涉条纹.

（4）测量前的准备

① 本实验的直接测量量有干涉条纹的间距 Δx、两相干虚光源的像间距,测量前必须要观察到这些现象,还必须合理安排各个光学元件在光具座导轨上的位置.

本实验的干涉条纹为非定域条纹,在两相干光束相交叠的区域内,处处都有干涉条纹. 将测微目镜置于干涉场内任何地方,都有干涉条纹落在分划板上,因此干涉条纹和分划板之间不存在视差,测量时不需作"消视差"调节.

② 调节目镜,看清叉丝.

③ 松开接口固定螺钉,沿光轴整体转动测微目镜,使分划板双线夹住的暗条纹也通过叉丝的交点,这时活动分划板的移动方向便与条纹方向垂直了.

2. 测量单色光的波长

根据前面的分析,要得到单色光的波长 λ 的值,必须完成对干涉条纹间距 Δx、两相干光源的间距 a 和相干光源到观察屏之间的距离 D 的测量. 确定好狭缝、双棱镜和测微目镜的滑块的位置,将它们锁定在光具座导轨上.

（1）测量 Δx

旋转测微目镜的鼓轮,使十字叉丝移到分划板的一端,再往反方向旋转使叉丝中心正对某一级暗条纹,从测微目镜上读取此条纹的位置 x_1;继续同方向移动叉丝,使叉丝中心逐次对准下一条暗纹中心,依次记录各暗纹的位置 $x_2, x_3, \cdots, x_{10}$,共测出 10 条暗纹的位置. 注意测量时应缓慢转动鼓轮,且始终只沿同一方向,中途不得反转.

（2）a 和 D 的测量

a 是两相干光源的间距,a 与狭缝到双棱镜的距离有关,因此在测量过程中不得改变狭缝至双棱镜的距离. D 是狭缝到测微目镜分划板之间的距离.

不改变仪器位置,将凸透镜置于测微目镜与双棱镜之间,调节透镜高度,前后移动透镜,直至测微目镜视场中出现两相干虚光源 S_1 和 S_2 的像 S_1' 和 S_2',用左右逼近法确定成像的清晰位置. 转动测微目镜鼓轮,使分划板竖直准线或叉丝交点依次对准两像的中心,测出两相干虚光源像 S_1' 和 S_2' 的间距 a'(如图 5.21.4 所示),同时读取透镜滑块在光轨上的位置. 然后根据透镜成像公式

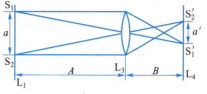

图 5.21.4 虚光源成像光路

$$a = \frac{A}{B}a' \qquad (5.21.7)$$

即可求得两虚光源的间距 a. 其中 A 为物距(狭缝到透镜的距离),B 为像距(透镜到测微目镜分划板 L_4 的距离).

3. 将测量数据记入书后的数据记录表中

【数据处理】

1. 用逐差法求干涉条纹间距 Δx 的平均值,并计算不确定度 $u_c(\Delta x)$.

2. 根据 $a = \frac{A}{B}a'$,计算出 a,并估算不确定度 $u_c(a)$ 和 $u_c(D)$. 测微目镜的 $\Delta_{仪}$ = 0.005 mm,光具座导轨上米尺的最大允许误差 $\Delta_{仪}$ = 0.5 mm.

3. 根据 $\lambda = (a/D)\overline{\Delta x}$,计算单色光源的波长,并计算 λ 的合成标准不确定度 $u_c(\lambda)$,写出实验结果.

4. 计算实验结果与钠黄光标准波长(589.3 nm)的相对误差.

【分析讨论】

1. 用双棱镜干涉装置测单色光的波长,需要测哪些物理量? 如何测得这些物理量?

2. 本实验干涉条纹和测微目镜分划板之间是否存在视差? 为什么?

3. 如果干涉条纹不清晰,采取哪些措施可以使它变清晰?

【总结与思考】

详细说明本实验中获得相干光源的方法,并指明这属于哪一类型的干涉.

实验 22 光栅衍射——测量光栅常量

光栅是一种重要的分光元件. 入射光在光栅上发生衍射时,不同波长的光被分开. 两片透明光栅叠置并使它们的栅线成小夹角,产生的莫尔条纹可用来测量长度和角度的微小变化,这一技术已在机械、光学、电子、集成电路加工中用于精确定位、对接、导向等.

分光计的调节
与光栅衍射

【重点难点】

1. 被测光学元件的调整方法.
2. 光栅常量的测量方法.

【目的要求】

1. 掌握光栅常量、色散率和分辨本领等光栅特性参量的基本概念和测量方法.
2. 用已知波长的单色光(已知谱线)测定光栅常量.

【仪器装置】

汞光灯,平面镜,光栅,分光计等.

【实验原理】

光栅种类较多,按结构可分为:平面光栅、阶梯光栅、凹面光栅;按光的传播特点可分为:反射光栅和透射光栅;按制作方法可分为:全息光栅和机械光栅等. 本实验使用的光栅是全息透射式平面光栅.

光栅上的刻痕起着不透光的作用. 一理想的光栅可视为许多平行的、等距离且等宽的狭缝. 相邻刻痕间的距离称为光栅常量.

1. 光栅方程

如图 5.22.1 所示,单色平行光垂直入射到光栅上时,在每一个狭缝发生衍射向各个方向传播,这些光是相干的,用透镜 L 会聚后叠加,在焦平面 M 上形成一系列间距不等的明亮条纹. 用分光计观察光栅衍射条纹时,望远镜的物镜起着透镜 L 的作用. 相邻两缝发出的光会聚到屏幕上 P 点时的光程差为

$$\delta = d\sin\varphi \qquad (5.22.1)$$

在 P 点发生相长干涉产生明纹的条件是

$$\delta = k\lambda \quad (k=0,\pm1,\pm2,\cdots) \quad (5.22.2)$$

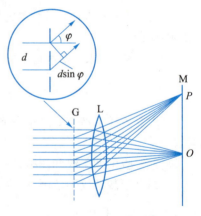

图 5.22.1 光栅衍射

比较式(5.22.1)和式(5.22.2),得到各级明纹对应的衍射角有如下关系:

$$d\sin\varphi_k = k\lambda \quad (k=0,\pm1,\pm2,\cdots) \qquad (5.22.3)$$

其中 $d=a+b$,称为光栅常量. λ 为入射光的波长,k 为明纹(谱线)的级次,φ_k 是第 k 级明纹的衍射角.

(1) 对应于 $k=0$ 的明纹,称为零级谱线,是透镜焦平面 M 上通过透镜光轴与 M 交点 O 点的一条亮线,与光栅狭缝方向平行. 在零级谱线两侧,满足式(5.22.3)的那些 φ_k 的方向上,依次为一级、二级……谱线.

(2) 如果入射光是复色光,由式(5.22.3)可以看出对于同一级谱线(例如 $k=1$),由于波长 λ 不同,衍射角 φ_k 也各不相同,于是不同波长的谱线就被分开了,按照波

长从小到大依次排列,成为一组彩色的条纹,这就是光谱,这种现象称为色散. 显然零级谱线不发生色散,各色光仍旧重叠在一起(图 5.22.2).

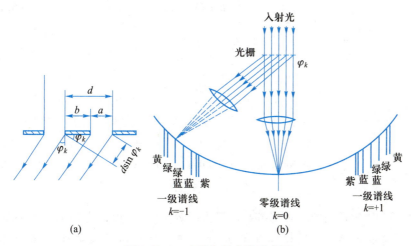

图 5.22.2　光栅衍射光谱示意图

根据上述讨论,我们用分光计测得 k 级谱线的衍射角 φ_k 后,若给定入射光的波长 λ,便可用式(5.22.3)求出光栅常量 d;反之,若已知光栅常量 d,又可求出入射光的波长 λ.

2. 光栅色散率

用光栅作色散元件时,我们关心的问题是:对具有一定波长差 $\Delta\lambda$ 的两条谱线,其角间隔 $\Delta\varphi$ 或在屏幕上的间距 Δl 有多大? 通常用角色散率或线色散率表示光栅对不同波长的谱线的分散程度. 波长相差 1 nm 的两条谱线之间的角距离称角色散率 D_φ. 由定义得角色散率 $D_\varphi = \dfrac{\Delta\varphi}{\Delta\lambda}$.

将光栅方程式(5.22.3)两边微分,得到 $d\cos\varphi_k\Delta\varphi = k\Delta\lambda$,则

$$D_\varphi = \frac{\Delta\varphi_k}{\Delta\lambda} = \frac{k}{d\cos\varphi_k} \qquad (5.22.4)$$

同样可得线色散率

$$D_l = \frac{\Delta l}{\Delta\lambda} = \frac{f \cdot \Delta\varphi_k}{\Delta\lambda} = fD_\varphi \qquad (5.22.5)$$

式(5.22.5)中 f 为透镜焦距.

色散率是光栅的一个重要指标,它与光栅常量 d 成反比,与级数 k 成正比,角色散率越大,就越容易将两条很靠近的谱线分开. 实际上,光栅常量 d 很小,因此光栅具有较大的色散本领,是良好的色散元件.

3. 光栅的分辨本领

分辨本领 R 的定义为两条刚可被分开的谱线的波长差 $\Delta\lambda$ 除该波长 λ,即

$$R = \frac{\lambda}{\Delta\lambda} \qquad (5.22.6)$$

按照瑞利判据,所谓两条刚可被分开的谱线可规定为:其中一条谱线的极强应落在另一条谱线的极弱上,如图 5.22.3 所示,由此条件可推知,光栅的分辨本领为

$$R = kN \tag{5.22.7}$$

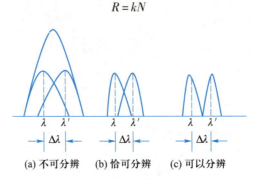

(a) 不可分辨　(b) 恰可分辨　(c) 可以分辨

图 5.22.3　瑞利判据

式(5.22.7)中 N 是光栅的总刻痕数. 因为级数不会高,所以光栅的分辨本领主要取决于刻痕数目 N. 可见提高光栅分辨本领的有效途径是增加光栅的总刻痕数 N,也就是增加光栅的总宽度 Nd(同时必须相应增大平行光管和望远镜物镜的口径).

【实验内容及步骤】

1. 调整分光计

按实验 16"分光计的调节"所述要求及步骤调整好分光计.

2. 放置并调整光栅

注意到光栅方程式(5.22.3)是在平行光束垂直入射到光栅的条件下推导出来的,因此在实验时,光栅表面必须垂直于平行光管光轴;测量是在度盘上读数,衍射应发生在与度盘平行的平面内,即调整光栅使光谱在平行于水平叉丝的方向上展开.

按图 5.22.4 把光栅放到载物台上,并用弹簧片压住.

(1) 调节光栅平面使其垂直于望远镜光轴. 转动载物台以光栅表面为反射镜找到反射的绿十字像,调节螺钉 B_1(或 B_3)使绿十字像与分划板上方十字叉丝重合.

注意:光栅表面的反射率远低于镜面,反射的绿十字像光强很弱,寻找起来也较困难.

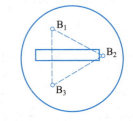

图 5.22.4　光栅的放置

(2) 调节光栅使色散方向平行于度盘. 固定载物台及游标度盘,左右转动望远镜认识零级、一级、二级谱线,比较左右两侧谱线的高低,调节螺钉 B_2,使各谱线等高.

注意:二级谱线光谱较弱,要仔细观察.

(3) 使零级谱线、光栅表面反射的绿十字像的纵线、竖直叉丝三线重合.

调节望远镜转动微调螺钉 16(见实验 16)使零级谱线与分划板竖直叉丝重合. 调节微调螺钉 24 微微转动载物台,使绿十字像也与分划板竖直叉丝重合.

至此,光栅调节的两个要求都已达到,调整完毕.

3. 观察

将三棱镜置于载物台上,观察汞光灯光谱.比较光栅光谱和棱镜光谱有哪些不同之处.

4. 测量汞光灯光谱的绿色谱线和两条黄色谱线的衍射角 $\varphi_绿$、$\varphi_{黄1}$、$\varphi_{黄2}$

5. 自行设计数据表格并记录实验数据

【注意事项】

1. 光栅是精密光学元件,严禁用手触摸光学表面,不得擦拭其表面,以免弄脏或损坏.轻拿轻放,严防跌落摔坏.

2. 汞光灯紫外线较强,不要直视,以免灼伤眼睛.

3. 汞光灯在关闭后不能立即打开,要等灯管温度下降,汞蒸气降到一定程度后才能重新打开,一般约需等 10 min,否则易损坏汞光灯.

4. 每组测量均需确认"三线重合",并记录零级谱线位置,以验证±1 级谱线是否对称(要求±1 级谱线衍射角之差 ≤4′).

【数据处理】

1. 已知汞光谱中绿光波长 $\lambda_绿 = 546.074\,0$ nm,根据测出的 $\varphi_绿$,计算光栅常量 d,并计算光栅常量 d 的不确定度.

2. 计算 $\lambda_{黄1}$ 和 $\lambda_{黄2}$,并令 $\delta_\varphi = \varphi_{黄2} - \varphi_{黄1}$,$\delta_\lambda = \lambda_{黄2} - \lambda_{黄1}$,由此计算光栅的角色散率.

3. 本实验中平行光管物镜口径 $D = 22$ mm,可认为光栅实际被利用的宽度是 20 mm.由此算出一级光谱的光栅分辨本领.

【分析讨论】

1. 如果光线不是垂直入射光栅面的,将看到什么现象?如何调整?

2. 调节螺钉 B_2 时,按图 5.22.4 放置光栅有什么好处?

【总结与思考】

1. 能否用半调法,即望远镜俯仰螺钉 13 和 B_1(或 B_3)各调一半?为什么?

2. 为什么各谱线一样高就表明色散方向平行于度盘?此时光栅刻线方向怎样?

实验 23　光栅衍射——测量光的波长

分光计的调节
与光栅衍射

光栅是一种重要的分光元件.利用光栅分光原理制成的单色仪和光谱仪可用于研究谱线结构、谱线的波长和强度进而研究物质的结构、作定量分析等,在科研和生产中已被广泛应用. 晶体的晶格结构是一种三维光栅, X 射线在晶体上的衍射是研究晶体结构和测量 X 射线波长的有力工具. 本实验利用光栅测量光的波长.

【重点难点】

1. 被测光学元件的调整方法.
2. 波长的测量方法.

【目的要求】

用光栅常量已知的光栅测量未知谱线的波长.

【仪器装置】

汞光灯,平面镜,光栅,分光计等.

【实验原理】

如图 5.22.1 所示,单色平行光垂直入射到光栅上时,在每一个狭缝处发生衍射,向各个方向传播,这些光是相干的,用透镜 L 会聚后叠加,在透镜的焦平面 M 上光产生相干性的叠加,于是在透镜的焦平面 M 上形成一系列间距不等的亮线. 根据夫琅禾费衍射理论,当光栅衍射的衍射角 φ_k 满足光栅衍射方程

$$d\sin\varphi_k = k\lambda \quad (k = 0, \pm 1, \pm 2, \cdots) \tag{5.23.1}$$

时,光线的会聚加强,形成光栅衍射明纹. 其中 λ 是入射光的波长,k 是光栅衍射明纹的级次. 在 $\varphi_k = 0$ 的方向上,可观察到零级谱线,即中央明纹. 在零级谱线的两侧对称地分布着其他级次的谱线. 如果使用白光作光源,零级谱线是白色亮线,其他级次的谱线以零级谱线为中心,分别为按波长由小到大的顺序依次排列的各色亮线. 同一级次的不同色线就构成了这一级次的谱线. 这些谱线称为光谱,即通常所称的光栅光谱.

由式(5.23.1)可知,当已知光栅常量 d 时,测出某级谱线 k 所对应的衍射角 φ_k,即可算得入射光的波长 λ.

【实验内容及步骤】

1. 调整分光计
按实验 16"分光计的调节"所述要求及步骤调整好分光计.
2. 放置并调整光栅
按实验 22 所述要求及步骤调整好光栅.
3. 测量低压汞光灯谱线中的紫色、蓝色、绿色和黄色四条谱线的波长
测量方法与实验 22 中测量光栅常量的方法相同. 测量零级、一级光谱中谱线的位置.
4. 将测量数据记录于书后的数据记录表中

【数据处理】

1. 算出每条谱线所对应的衍射角.
2. 根据光栅方程算出每种颜色光的波长,与理论波长比较,并计算相对误差.

【分析讨论】

1. 当钠黄光(波长 $\lambda = 589.0$ nm)垂直入射到每毫米有 500 条刻痕的平面透射光栅上时,试问最多能看到第几级光谱? 请说明理由.
2. 试述光栅光谱和棱镜光谱有哪些不同之处.

【总结与思考】

分析利用光栅衍射测波长的实验中引起实验误差的因素并简述改进方法.

实验 24　线偏振现象及规律

1808 年,法国工程师马吕斯(E. L. Malus)偶然发现了光在反射时的偏振现象. 此后不久,英国物理学家布儒斯特(D. Brewster)也对光的偏振现象进行了实验研究. 为了解释光的偏振现象,托马斯·杨(T. Young)和菲涅耳(A. J. Fresnel)先后假定光是横波. 菲涅耳作了较为系统的研究之后,用他建立的光的横波理论圆满地解释了光的偏振现象. 1865 年,麦克斯韦(J. C. Maxwell)根据他的电磁理论预言了光波就是电磁波,赫兹(H. R. Hertz)1887 年对此作了实验证明,这样,光的横波性就被完满地解释了,而光的偏振就成为了光波是横波的最好例证. 光的偏振使人们对光的波动理论和光的传播规律有了新的认识,今天,基于光的横波性质的各种偏振现象已被广泛地应用于光学计量、晶体的性质分析、应力分析、医学研究、光弹技术、薄膜技术等多个领域,为科学研究、工程技术等提供了极有价值的方法.

光偏振实验

【重点难点】

1. 光的偏振现象和规律.
2. 产生和检验偏振光的条件和方法.
3. 布儒斯特角的测量.

【目的要求】

1. 观察光的偏振现象,了解各种起偏、检偏方法.
2. 学习用光电转换的方法测定相对光强,验证马吕斯定律.
3. 了解所使用的半导体激光器的偏振特性.
4. 观察从棱镜表面反射回来的光的偏振特性,了解反射光的偏振特性,测量出布儒斯特角.

【仪器装置】

二维可调半导体激光器(简称激光器),偏振片,激光功率计,光学实验导轨(简称导轨)及滑块,光学转动平台,三棱镜,白屏.

【实验原理】

1. 偏振光及其分类

光波是横波,光波电矢量的振动方向垂直于光的传播方向. 通常太阳光和各种热辐射光源发出的光波,其电矢量的振动在垂直于光的传播方向上呈无规则的取向,从统计规律上看,在空间所有可能的方向上,光波电矢量的分布机会是均等的,表现为电矢量的总体振动相对于光的传播方向形成轴对称分布,这种光称为自然光. 当自然光通过介质的折射、反射、吸收和散射后,光波电矢量的振动变得在某个方向具有相对的优势,从而使其分布相对于传播方向不再对称,具有这种光矢量振动分布特点的光,统称为偏振光. 偏振光按其电矢量振动分布不同又可分为平面偏振光(线偏振光)、圆偏振光、椭圆偏振光和部分偏振光. 如果光波电矢量的振动方向只局限在某一确定的平面(称为振动面,是由电矢量与光传播方向组成的平面)内,则这种光称为平面偏振光,因其电矢量末端的轨迹为一直线,故又称为线偏振光. 如果光波电矢量随时间而有规则地改变,即电矢量末端在垂直于传播方向的平面的轨迹呈圆形或椭圆形,则这种光称为圆偏振光或椭圆偏振光. 如果光波电矢量的振动在传播过程中各个方向都有,但只是在某一确定的方向上占有相对优势,则这种偏振光称为部分偏振光,部分偏振光可以视为线偏振光与自然光的合成. 部分偏振光的偏振化程度由偏振度来表示,若某一个方向上电矢量的振动占优势,其强度由 I_{max} 表示,则与其垂直的方向上的电矢量振动占劣势,其强度记为 I_{min},其中完全线偏振光的强度就是 $I_p = I_{max} - I_{min}$,它在部分偏振光总强度($I_{max} + I_{min}$)中所占比率 P 称为偏振度,即

$$P = \frac{I_p}{I_{max} + I_{min}} = \frac{I_{max} - I_{min}}{I_{max} + I_{min}} \tag{5.24.1}$$

显然,自然光的 $P = 0$,线偏振光的 $P = 1$,其他情况下 $0 < P < 1$,偏振度越大,光束偏振化程度就越高. 光学中常采用图 5.24.1 中的示意图来表示自然光、部分偏振光和线偏振光.

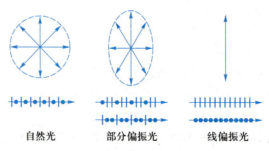

自然光　　　　部分偏振光　　　　线偏振光

图 5.24.1　几种光的表示

2. 线偏振光的产生

普通光源发出的光均属于自然光类,不能直接显示出偏振性质. 从自然光中获得线偏振光的过程称为起偏,起偏的器件称为起偏器. 起偏的方法很多,常见的方法有以下几种.

（1）反射、透射起偏

一束自然光从折射率为 n_1 的介质射向折射率为 n_2 的介质时,反射光和折射光一般都是部分偏振光（入射角为 $0°$ 和 $90°$ 时反射光仍为自然光）,反射光中电矢量振动方向垂直于入射面的光所占比例较大,透射光中电矢量振动方向平行于入射面的光所占比例较大. 但当入射角 i 满足

$$\tan i = \tan i_0 = n_2/n_1 \tag{5.24.2}$$

时,则出现全偏振现象,反射光完全变为线偏振光,其电矢量振动方向垂直于入射面,如图 5.24.2 所示. 将上式代入折射定律 $n_1 \sin i = n_2 \sin \gamma$（$i = i_0$）,得到入射角和折射角之和为 $90°$,即 $i_0 + \gamma = 90°$. 式（5.24.2）称为布儒斯特定律,i_0 称为布儒斯特角. 当光以布儒斯特角入射时,透射光也为最佳状态的部分偏振光,即此时的偏振化程度最高,若要使得透射光也为完全的线偏振光,应让自然光以布儒斯特角入射到折射率相同的多层玻璃片堆上（如图 5.24.3 所示）,多次反射后,电矢量振动方向与入射面垂直的光被滤掉,则透射光可以近似为线偏振光,其电矢量振动方向在入射面内,即反射光的偏振方向与透射光的偏振方向垂直.

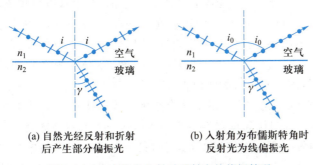

(a) 自然光经反射和折射　　　(b) 入射角为布儒斯特角时
后产生部分偏振光　　　　　反射光为线偏振光

图 5.24.2　自然光入射时反射光的偏振情况

当然,这里讲的主要是由自然光获得线偏振光的方法,抛开此问题,实际上当入射光不是自然光,而是任何一种形式的偏振光时,布儒斯特定律依然成立.

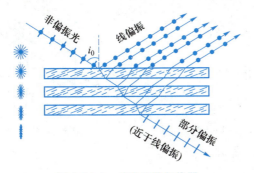

图 5.24.3　玻璃片堆起偏器

（2）由二向色性晶体的选择吸收产生线偏振

有些晶体对不同方向振动的电矢量具有不同的吸收本领,这种选择吸收性称为二向色性. 当自然光通过二向色性晶体时,只有某一个方向的光振动通过(该方向称为晶体的偏振化方向),而与之垂直方向的振动则被吸收. 偏振片是实验室常用的一种起偏器,它就是利用晶体的二向色性产生偏振的. 一种典型的偏振片结构是在透明薄膜上涂一层具有二向色性的微晶(如硫酸奎宁),然后拉伸薄膜,这种二向色性晶体的光轴会沿拉伸方向排列,当自然光透过时,沿光轴方向排列的光振动能够通过,垂直于光轴排列方向的光振动几乎全被吸收,出射光即为线偏振光(如图 5.24.4 所示). 偏振片制作容易,成本低廉,且面积可以做得较大,其缺点是透光率低,出射的线偏振光不纯净,而且透光随波长不同而不同. 由于偏振片容易制作,所以它是较为常用的一种起偏器.

（3）晶体双折射产生线偏振

通常当光入射到各向同性的透明介质(如玻璃、水等)表面时,会产生折射,折射光线只有一条,且满足折射定律. 但当一束光入射到一些各向异性晶体(如方解石、石英等)上时,情况则不同,通常在晶体内会产生两束折射光,如图 5.24.5 所示,它们均为 100% 的线偏振光,且偏振方向互相垂直. 其中一束满足折射定律,称为寻常光,简称 o 光,o 光在晶体内传播时沿不同方向有相同的折射率和速率;另一束不满足折射定律,称为非寻常光,简称 e 光,e 光在晶体内传播时沿不同方向却会有不同的速率和折射率,这就是晶体的双折射现象. 产生双折射现象的原因是某些晶体物质对入射光电磁场的相互作用存在各向异性,表现在电矢量振动方向不同的光在晶体中有不同的传播速度和折射率. 但对各向异性晶体而言,有一个特殊方向,当光线沿此方向入射时,不会产生双折射现象,不分 o 光和 e 光,该方向称为晶体的光轴方向,与该方向平行的任何直线都是晶体的光轴. 只有一个光轴方向的晶体是单轴晶体,有两个光轴方向的晶体是双轴晶体. 双折射现象的重要应用就是制作起偏器件和波片. 制作起偏器件主要是使自然光入射到晶体时,让其中的一束线偏振光在棱镜内发生全反射偏离原方向,而只出射另一束线偏振光,要么是想办法改变两束光的传播方向,从而使出射光成为两束分得很开的线偏振光.

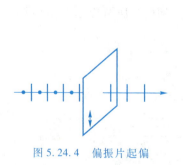

图 5.24.4　偏振片起偏

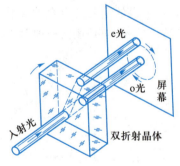

图 5.24.5　双折射现象

3. 线偏振光的变换和测定

各种光在经过介质的折射、反射、吸收和散射后都会有振幅、相位的改变,相应的偏振状态也会发生变化.

我们可以通过测定各种光经过一些偏振器件后光强的分布来区分各类偏振光. 偏振片既可作为起偏器也可作为检验光的偏振状态的检偏器,这里介绍不同偏振态的光通过偏振片后光强分布的特点. 测定各种偏振光透过偏振片后的偏振态及光强变化,既为检验光的偏振态提供了方法,又是偏振光应用中必不可少的一个环节.

一束自然光经过起偏器后得到光强为 I_0 的线偏振光,此线偏振光再垂直入射到检偏器上,两偏振片偏振化方向夹角(即 E 和 E_0 夹角)为 α,如图 5.24.6 所示,若入射线偏振光的振幅为 A_0,如果不考虑偏振片的吸收情况,则出射光的振幅为 $A = A_0 \cos \alpha$,那么透过此检偏器的光强 $I(I = A^2)$ 为

$$I = I_0 \cos^2 \alpha \tag{5.24.3}$$

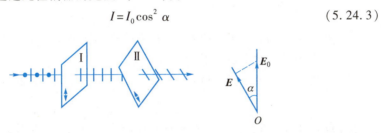

图 5.24.6　马吕斯定律

式(5.24.3)为马吕斯定律的数学表达式. 可见线偏振光通过偏振片后的光强随偏振片偏振化方向的旋转而发生变化,$\alpha = 0$ 和 π 时光强最大,$\alpha = \pi/2$ 和 $3\pi/2$ 时光强为 0,称为消光现象. 因此检偏器旋转一周,会出现两次光强极大和两次消光,以此可以检验线偏振光.

自然光由于各方向振动均衡,故而不论检偏器偏振化方向如何,在检偏器后的光强分布均为定值,即为原入射光强的一半. 部分偏振光由于可以视为自然光和线偏振光的合成,所以通过检偏器后其光强的分布会存在两个极大和两个极小(不消光)的位置.

【实验内容及步骤】

1. 测定线偏振光通过检偏器后的光强分布,验证马吕斯定律

(1) 将激光器、起偏器、检偏器和激光功率计光探头依次排列在导轨上.

(2) 将激光器、激光功率计光探头分别与激光功率计相连.

(3) 打开激光功率计电源,输出激光. 调整激光指向和各支架的高度,使激光从两个偏振片的中心通过,进入激光功率计光探头.

(4) 旋转检偏器,首先使系统输出光最强,然后使两个偏振器的透振方向的夹角 θ 在从 0° 转动一周的过程中,用激光功率计光探头测量透射光强的相对值 I,每 10° 读取一次数据. 作出 $I\text{-}\theta$ 关系曲线,验证马吕斯定律.

2. 观察半导体激光器的偏振特性,求出偏振度

(1) 在实验内容及步骤 1 的基础上取下起偏器.

（2）旋转检偏器,记录下功率最大值和最小值所对应的光强,由此求出半导体激光的偏振度.

3. 用最小偏向角法测量三棱镜材料的折射率及布儒斯特角

（1）调整棱镜在平台上的摆放位置和激光束的方向,使激光束的一半打在棱镜的顶端进入棱镜,另一半从空气中穿过. 转动平台,观察未进入棱镜的半个光斑的变化,调整棱镜的位置,使直射部分光斑大小的变化尽量小.

（2）在转动平台的过程中,从棱镜中折射出的光斑的偏转角会发生变化,找到偏转角最小的位置,读出此时折射光斑和直射光斑之间的夹角即为最小偏向角.

4. 将测量数据记入书后的数据记录表中

【数据处理】

1. 在直角坐标系作 $I-\theta$ 和 $I-\cos^2\theta$ 关系图,验证马吕斯定律并求入射光强度.

2. 求出半导体激光器出射光的偏振度.

3. 利用测出的最小偏向角和60°顶角 A 计算三棱镜材料的折射率,与用布儒斯特角法测出的结果进行比较. 计算公式为 $n = \dfrac{\sin\left(\dfrac{A+\delta_{\min}}{2}\right)}{\sin(A/2)}$（参考实验18）.

【分析讨论】

1. 有三束光,分别是线偏振光、部分偏振光和自然光,怎样鉴别它们?

2. 是否可以用马吕斯定律计算部分偏振光或自然光透过偏振片后的光强? 为什么?

【总结与思考】

起偏方法有哪些? 需要什么条件(包括材料等)才能实现?

实验 25 　圆偏振及椭圆偏振

菲涅耳用他建立的光的横波理论圆满地解释了光的偏振现象,故光的偏振现象说明光是横波. 本实验主要研究圆偏振及椭圆偏振现象.

【重点难点】

1. 双折射原理和应用.
2. 圆偏振及椭圆偏振现象的产生.

【目的要求】

1. 观察光的偏振现象,了解圆偏振及椭圆偏振现象的起偏、检偏方法.

2. 了解波片的作用及各种偏振光的产生和检验方法.

3. 了解某些晶体的旋光特性,并测定该种晶体的旋光系数.

【仪器装置】

二维可调半导体激光器,偏振片,1/4 波片,激光功率计,旋光晶体,光学实验导轨及滑块,光学转动平台,三棱镜,白屏.

【实验原理】

1. 振动的合成理论对光的形成的解释

振动的合成理论可以解释自然光和偏振光. 在与光的传播方向相垂直的平面内建立一个以 s 轴和 p 轴为坐标的直角坐标系(如图 5.25.1 所示),则按照振动的合成理论,每一束单色自然光和偏振光都可以视为由这两列频率相同、传播方向相同、振动方向互相垂直的线偏振光(即 s 波和 p 波)叠加而成. 当 $A_s = A_p$(A 为电矢量振幅),但二者之间无固定相位关系时,形成自然光;当 s 波相对于 p 波的相位差 δ 为 π 的整数倍时,合成光波是线偏振光;当 δ 等于 $\pi/2$ 的奇数倍,同时有 $A_s = A_p$ 时,则合成光波是圆偏振光;当 δ 等于 $\pi/2$ 的奇数倍,同时有 $A_s \neq A_p$ 时,则合成光波是正椭圆偏振光;当 δ 取其他值时,不论振幅关系怎样,合成波为任意取向的椭圆偏振光,其长轴方位 ψ(如图 5.25.2 所示)由式(5.25.1)决定.

$$\tan 2\psi = \frac{2A_s A_p}{A_s^2 - A_p^2} \cos \delta \qquad (5.25.1)$$

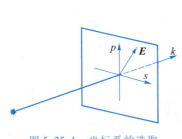

图 5.25.1　坐标系的选取

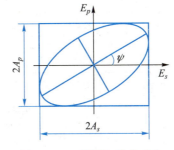

图 5.25.2　椭圆方位的确定

2. 圆偏振光和椭圆偏振光的获得

由振动合成理论可知,椭圆偏振光和圆偏振光可以用频率相同、传播方向相同、振动方向互相垂直的两束线偏振光的叠加得到,因此在得到线偏振光的基础上,采取适当措施可获得椭圆偏振光和圆偏振光. 常用的方法就是在线偏振光的基础上利用波片获得圆偏振光和椭圆偏振光.

双折射晶体可以制作起偏器,也可以制作波片. 波片也称相位延迟器,它能使晶体内两束相互垂直的线偏振光之间产生一个相对的相位延迟,从而改变光的偏振态.

波片是用单轴晶体或其他各向异性材料做成的表面平行光轴的有准确厚度的

薄片. 通常用一束单色线偏振光垂直入射到波片上,此时也产生双折射现象,若入射线偏振光电矢量 E 振动方向与晶体光轴方向夹角为 θ,则在波片表面上可把这束线偏振光分解成振动方向相互垂直的 o 光和 e 光. 由于波片制作的特殊性以及光垂直入射,结果 o 光的电矢量振动方向垂直于光轴方向,e 光的电矢量振动则平行于光轴方向,进入波片后,两光束会一同沿原方向继续传播,但各自有不同的速度,因而有不同的折射率,射出波片后,o 光和 e 光之间就会附加一定的相位差

$$\delta = \frac{2\pi}{\lambda}(n_o - n_e)d \qquad (5.25.2)$$

式中 d 为波片的厚度,n_o、n_e 分别为 o 光、e 光的折射率. 穿出波片后,二者传播速度又变得相同,于是将保持这一恒定的相位差 δ. 根据前面提到的振动的合成理论可知,由于这一相位差的存在,出射光多数情况下为椭圆偏振光. 在特殊情况下,此椭圆偏振光会成为圆偏振光或线偏振光. 当相位差 $\delta = \pi$(对应的光程差为 $\lambda/2$)时,出射光为线偏振光,对应的波片称为 1/2 波片;当 $\delta = \pi/2$(对应的光程差为 $\lambda/4$)时,出射光为正椭圆偏振光,对应的波片称为 1/4 波片,此时若再满足 $\theta = 45°$,则为圆偏振光.

在各类偏振光变换器件中,实验室常用到的是 1/4 波片,这里我们不再作详细分析,直接给出几种光经过 1/4 波片后偏振状态的变化情况,如表 5.25.1 所示.

由于自然光和部分偏振光是由一系列偏振方向不同的线偏振光组成的,这些不同状态的线偏振光经过 1/4 波片后,有的仍是线偏振光,有的是圆偏振光,而大部分是长短轴比例及方位各不相同的椭圆偏振光,因此出射光在宏观上仍是自然光或部分偏振光. 故通过一个检偏器不能区分自然光、圆偏振光、椭圆偏振光和部分偏振光. 如果要将自然光、圆偏振光、椭圆偏振光和部分偏振光这四束光区分开,则需要 1/4 波片和偏振片的配合使用才能实现.

表 5.25.1　几种光经过 1/4 波片后偏振状态的变化

入射光	1/4 波片位置	出射光
线偏振光	1/4 波片光轴与偏振方向一致或垂直	线偏振光
	1/4 波片光轴与偏振方向成 45°角	圆偏振光
	其他位置	椭圆偏振光
圆偏振光	任何位置	线偏振光
椭圆偏振光	1/4 波片光轴与椭圆长轴或短轴方向一致	线偏振光
	其他位置	椭圆偏振光
自然光	任何位置	自然光或部分偏振光
部分偏振光	任何位置	自然光或部分偏振光

3. 椭圆偏振光和圆偏振光通过偏振片后的光强分布

设有一束椭圆偏振光垂直入射到一偏振片上,椭圆长轴方向振幅为 A_1,短轴方向振幅为 A_2. 在偏振片上建立直角坐标系,其 x 轴平行于偏振化方向,y 轴垂直于偏振化方向. 如果偏振片转到如图 5.25.3(a)所示的位置,其 x 轴与椭圆长轴平

行,则 $A_x = A_1$,出射光强 $I = A_1^2$;如果偏振片转到如图 5.25.3(b)所示的位置,其 x 轴与椭圆的短轴平行,则 $A_x = A_2$,出射光强 $I = A_2^2$;当偏振片转动使得椭圆主轴相对于偏振片的 x 轴方向为任意倾斜位置时,如图 5.25.3(c)所示,作一个两边分别与 x、y 轴平行的矩形框同椭圆外切(见图中虚线),这矩形两边的长度的一半就是椭圆在此坐标系上投影的振幅 A_x 和 A_y,由图上不难看出,这时 $A_2 < A_x < A_1$,从而 $A_2^2 < I < A_1^2$.

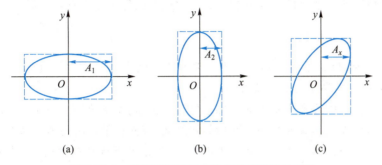

(a)　　　　　　　　(b)　　　　　　　　(c)

图 5.25.3　椭圆偏振光通过偏振片后强度的变化

　　综上所述,如果入射光是椭圆偏振光,转动检偏器时,出射光强在极大值 $I = A_1^2$ 和极小值 $I = A_2^2$ 之间变化,转动一周会出现两次极大和两次极小(以此可以测定椭圆偏振光的长、短轴方位),但不会出现消光现象.

　　同理推得,如果入射光是圆偏振光,转动偏振片时,出射光强将不变.

　　4. 旋光物质与旋光现象

　　虽然光沿着晶体光轴方向传播时,不会发生双折射,但是却发现某些特殊晶体(光轴垂直于表面切取),当入射平行线偏振光在晶体内沿着光轴方向传播时,线偏振光的光矢量随传播距离增加会以光线前进方向为轴逐渐旋转,但出射光仍为线偏振光,这种现象称为旋光现象. 具有这种性质的物质称为旋光物质,它们以双折射晶体(如石英、酒石酸)、各向同性晶体(如蔗糖晶体、氯化钠晶体等)和液体(如蔗糖溶液、松节油等)等各种形态存在着. 光通过这类物质时,无须外界作用即出现旋光,这属于自然旋光现象. 此外还存在磁光效应和电光效应等非自然旋光现象.

　　实验表明,单色线偏振光通过自然旋光物质时,光矢量转过的角度 θ,与在该物质中通过的距离 l 成正比,即

$$\theta = \alpha l \qquad (5.25.3)$$

式(5.25.3)中 α 为该物质中单位长度上光矢量旋转的角度,称为旋光系数. 实验发现,旋光系数与波长的平方成反比,即不同波长的光波在同一旋光物质中其光矢量旋转的角度不同,这种现象称为旋光色散. 1 mm 厚的石英晶片,使 589.0 nm 的线偏振光转过 21.75°,而 404.7 nm 的线偏振光则转过 48.95°,257.1 nm 的线偏振光则转过 143°.

　　对于旋光的液体,转角还与溶液的浓度 c 成正比,即

$$\theta = \alpha c l \qquad (5.25.4)$$

据此,通过测定转角 θ 可以测定溶液的浓度. 比如线偏振光通过蔗糖溶液时,其方

位发生旋转,用这种方法可测定蔗糖溶液的浓度.

实验还发现,旋光物质有左旋和右旋两种状态,对着光的传播方向观察,使电矢量顺时针方向旋转的物质为右旋物质,逆时针旋转的为左旋物质. 大多数旋光物质都具有这两种状态,是旋光异构体,例如石英、蔗糖溶液等. 比如有些人工合成的药品,合成品为左、右旋各半的混合旋合物,而其中只有左旋成分有疗效. 因此用旋光现象分析和研究液体的旋光异构体,在化学、制药等工业中有着广泛应用.

【实验内容及步骤】

1. 按实验 24 的实验内容及步骤 1 调好所用仪器,使系统进入正常工作状态.
2. 测量旋光晶体的旋光特性.
(1)在实验内容及步骤 1 的基础上旋转检偏器,使系统进入消光状态.
(2)将旋光晶体放入起偏器和检偏器之间,观察检偏器后的透光情况.
(3)旋转检偏器使系统再次进入消光状态,记录下旋转的角度,由此求出晶体旋光率.

3. 椭圆偏振光和圆偏振光的获得和检验.
(1)在实验内容及步骤 1 的基础上,旋转检偏器使系统重新进入消光状态,在起偏器和检偏器之间插入 1/4 波片,此时系统通常会有光通过.
(2)转动 1/4 波片,使系统重新进入消光状态,此时 1/4 波片的光轴方向与起偏器的偏振化方向平行,需要记下此时波片的方位角度(此时经 1/4 波片后出射的光为线偏振光).
(3)从消光位置以每次 15°的间隔转动 1/4 波片,然后每次都缓慢旋转检偏器360°并用功率计检测光强的变化,从而判断光透过 1/4 波片后光的偏振态,体会 1/4波片的作用机理.

4. 利用反射光的偏振特性测量布儒斯特角,由此计算此三棱镜材料的折射率.
(1)在实验内容及步骤 3 的基础上,将 1/4 波片旋回到刚才记录的消光时 1/4波片所在方位.
(2)在此基础上再将 1/4 波片旋转 45°,使出射光为圆偏振光.
(3)在 1/4 波片后放上光学转动平台,在平台上放好棱镜,使玻璃表面穿过转动平台中心,并在转接杆上放置检偏器和白屏.
(4)转动平台,使棱镜表面垂直入射光,并观察反射光的位置,记下此时转动平台所在方位角度.
(5)再次转动平台,用转接杆追踪反射光斑,并观察反射光的偏振态,了解不同入射角与反射光偏振态的关系,找到反射光为线偏振光的位置,此时的入射角(即平台转过的角度)即为布儒斯特角.

5. 将测量数据记入书后的数据记录表中.

【数据处理】

1. 通过测出的旋转角,求出所用旋光晶体的旋光率.

2. 通过观测记录,确认圆偏振光和椭圆偏振光.

3. 用测出的布儒斯特角求出三棱镜材料的折射率.

【分析讨论】

1. 三块外形相同的偏振片、1/2 波片、1/4 波片被弄混了,能否把它们区分开来? 需要借助什么工具?

2. 用怎样的措施可获得圆偏振光?

【总结与思考】

用1/4 波片怎样判断什么时候是椭圆偏振光,什么时候是圆偏振光?

第 6 章
电磁学实验

实验 26　测绘线性电阻和非线性电阻的伏安特性曲线

电学基本量的
测量

通过元件的电流随外加电压而变化的关系为该元件的伏安特性. 很多物理现象和规律的发展和研究都要在一定的条件下对一些元件进行伏安特性测量,如光电效应的规律、半导体的导电性质等. 因此,元件的伏安特性测量是物理实验的基本测量之一.

【重点难点】

掌握在测量材料伏安特性时选择电流表内接电路和外接电路的方法.

【目的要求】

1. 学会识别常用电路元件的方法.
2. 掌握线性电阻、非线性电阻元件伏安特性的测绘.
3. 掌握实验台上设备的使用方法.

【仪器装置】

可调直流稳压电源,万用表 2 个,二极管,白炽灯,线性电阻器(510 Ω、200 Ω),电路板等.

【实验原理】

1. 电学元件的伏安特性

电学元件的伏安特性,即元件上的端电压 U 与通过该元件的电流 I 的关系. 用 $I-U$ 平面上的一条曲线来表征,这条曲线称为该元件的伏安特性曲线.

(1) 线性电阻的伏安特性曲线是一条通过坐标原点的直线,如图 6.26.1 所示,该直线的斜率等于该电阻器的电阻值. 一般的金属导体的电阻就是线性电阻. 在一定温度下,这类电阻阻值只取决于电阻的几何形状,而与外加电压的方向和大小无关.

(2) 一般的白炽灯在工作时灯丝处于高温状态,其灯丝电阻随着温度的升高而增大,通过白炽灯的电流越大,其温度越高,阻值也越大,一般灯泡的"冷电阻"与"热电阻"的阻值可相差几倍至十几倍,它的伏安特性如图 6.26.2 所示.

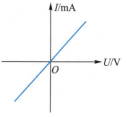

图 6.26.1　线性电阻

（3）一般的二极管是一个非线性电阻元件,其伏安特性如图 6.26.3 所示. 正向压降很小,正向电流随正向压降的升高而急剧上升,而反向电压从零一直增加到十几伏至几十伏时,其反向电流增加很小,可粗略视为零. 可见,二极管具有单向导电性,若反向电压加得过高,超过管子的极限值,则会导致管子击穿损坏.

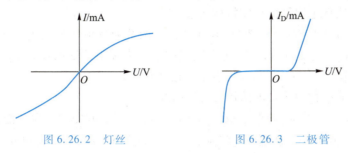

图 6.26.2   灯丝   图 6.26.3   二极管

2. 实验线路的比较和选择

在测量电阻 R 的伏安特性线路中,常用的基本电路有以下两种.

（1）电压表外接（外接法）

如图 6.26.4 所示,这种接法电流表测出的确实是元件所通过的电流,但电压读数不再是元件两端的电压,而是元件和电流表上的电压之和,因此产生了电压测量的误差.

（2）电压表内接（内接法）

如图 6.26.5 所示,用这种接法时,电压表测出的是元件两端的电压,而电流表测出的电流是元件和电压表所通过的电流之和,因此产生了电流测量误差.

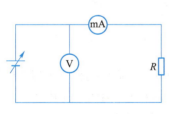

图 6.26.4   电压表外接电路

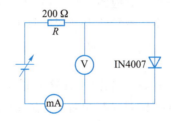

图 6.26.5   电压表内接电路

电压表和电流表都有一定内阻（分别记为 R_U 和 R_I）,简化处理时,直接用电压表读数 U 除以电流表读数 I 得到被测电阻 R,即 $R = U/I$,但这样做会引起一定的系统误差.

当电压表外接时,电压表读数比电阻两端电压值大,应有

$$R = \frac{U}{I} - R_I \qquad (6.26.1)$$

当电压表内接时,电流表读数比电阻中流过的电流值大,应有

$$\frac{1}{R} = \frac{I}{U} - \frac{1}{R_U} \qquad (6.26.2)$$

显然,如果简单地用 U/I 值作为被测电阻值,电压表外接时结果偏大,而电压表内接时结果偏小,都有一定误差. 在测量精度要求不太高时,为减小上述系统误差,可以选择下述测量电阻的方案,即比较 $\lg(R/R_I)$ 和 $\lg(R_U/R)$ 的大小,比较时 R

取粗略测量值或已知的约定值. 若 $\lg(R/R_I)$ 大,则采用外接法;若 $\lg(R_U/R)$ 值大,则采用内接法.

【实验内容及步骤】

1. 测定线性电阻器的伏安特性曲线

按图 6.26.4 接好线路,选用 510 Ω 电阻,调节稳压电源的输出电压 U,从 0 V 开始间隔 2 V 一直增加到 20 V,记下相应的电压表和电流表的读数 U_R、I.（注意:电流表量程选择 0 ~ 200 mA,电压表量程选择 0 ~ 20 V.）

2. 测定非线性白炽灯泡的伏安特性曲线

将图 6.26.5 中的二极管换成一只 12 V,0.1 A 的灯泡. U_L 为灯泡的端电压. 从 0 V 开始以 0.5 V 为间隔一直增加到 4.5 V,记下相应的电压表和电流表的读数 U_L、I.（注意:电流表量程选择 0 ~ 200 mA,电压表量程选择 0 ~ 20 V.）

3. 测定二极管的伏安特性曲线

按图 6.26.5 接好线路. 缓慢地增加电压,电压从 0 V 开始,之后取 0.1 V、0.3 V、0.5 V,此后按 0.2 V 的间隔测到电流达到 120 mA.（注意:曲线弯曲的地方,电压间隔还应小些,以便多测一些点,电流表量程选择 0 ~ 200 mA,电压表量程选择 0 ~ 2 V.）

4. 将测量数据记入书后的数据记录表中

【数据处理】

1. 作图法求待测线性电阻阻值.
2. 作出小灯泡的 U_L–I 和 R–I 变化曲线,并求出 R.
3. 作出二极管的 U–I 特性曲线.

【分析讨论】

1. 图 6.26.4 和图 6.26.5 中电压表接法有何不同？为何要采用这样的接法？
2. 如何作 U–I 特性曲线？金属电阻的 U_R–I 特性曲线有何特点？
3. 如何根据所测数据正确作图？

【总结与思考】

分析为什么测灯丝和二极管伏安特性时选用电压表内接电路？选用电压表外接电路是否可行？

实验 27　用补偿法研究伏安特性

在现代电工和电子技术中,人们大量使用各种电学特性的线性元件和非线性元件. 无论是电路元件的选用还是新型电子器件的开发都离不开对元件电学特性的研究和测试. 在电学元件两端加上直流电压,使元件内部有电流通过,电流随电压变化的关系称为伏安特性. 测绘出电学元件的伏安特性曲线,可以通过图解求得元件的内阻或其伏安特性函数方程式. 本实验用补偿法研究半导体二极管、金属膜线性电阻和钨丝小灯泡的伏安特性. 半导体二极管广泛应用于现代电子技术中的各种整流、检波、无极性变换以及保护电路中,是电子电路中常用的元件.

【重点难点】

1. 学习电路的补偿原理,掌握补偿法的使用条件.
2. 练习用作图法处理数据.

【目的要求】

1. 学习电路平衡补偿原理,掌握补偿法的使用条件.
2. 用补偿法伏安特性测试仪测绘半导体二极管、金属膜线性电阻和钨丝小灯泡的伏安特性曲线.
3. 学会检流计保护的正确使用.
4. 用作图法求金属膜线性电阻的阻值和钨丝的冷态极限电阻.

【仪器装置】

补偿法伏安特性测试仪,电流表,电压表,检流计等.

【实验原理】

补偿法伏安特性测试仪采用双路可调直流稳压电源供电,可调节变阻器的分压电路输出,通过补偿调节,使电路达到平衡,实现用补偿法测半导体二极管、金属膜线性电阻、钨丝小灯泡等不同类型元件的伏安特性曲线,测试仪电路如图 6.27.1 所示.

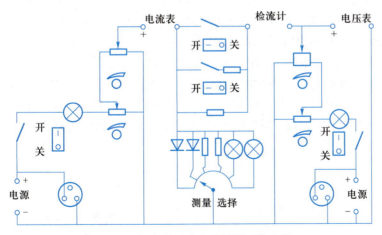

图 6.27.1　补偿法伏安特性测试仪电路

仪器特点及使用注意事项:

1. 两路分压输出采用新型线绕式多圈电位器调节,并分别设置了两级调节,改善调节精度,可准确设置测量点.

2. 平衡补偿回路灵敏度设置粗、中、细三挡,可根据电源及测量要求选择使用.

3. 双路电源同极相连,电源插头限位连接,深颜色导线为正极,白色导线为负极.

4. 测小灯泡伏安特性请注意其额定功率(6.3 V,0.3 A),以免烧毁.

5. 半导体二极管(FR307)工作电压不要超过 1 V.

用伏安法研究电路元件的伏安特性,常用的有电流表内接和电流表外接两种电路,如图 6.27.2 和图 6.27.3 所示.

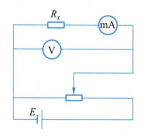

图 6.27.2 电流表内接电路

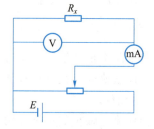

图 6.27.3 电流表外接电路

由测量电路可知,当采用电流表内接电路时,电流表内阻的压降使电压的测量存在系统误差;当采用电流表外接电路时,由于电压表的分流使电流的测量出现误差.

因此无论采用内接法还是外接法,测量结果都会有电表的接入误差. 为了克服这种方法误差,我们采用补偿原理使电压的测量无须从测量回路分取电流,从而避免和消除电表的接入误差.

补偿原理电路如图 6.27.4 所示,两直流电源 E_1 和 E_2 同极相连,调节滑动端 C,使检流计指零,此时 A、C 两点等电势,U_{AB} 与 U_{CD} 在数值上大小相等,称电路达到平衡补偿,电压表示数即为 E_1 电动势. 电压表的工作电流由 E_2 提供.

用补偿法测电压的电路如图 6.27.5 所示,在用补偿法测电压的电路中,闭合开关 S_0,调节 C_2,使检流计指针指零,此时 U_{BD} 与 U_{AC} 互相补偿,则电压表读出的电压值就是 R_x 两端的电压,电流表的读数即通过待测元件的电流. 电压表无须从待测元件上分取电流,这样就避免了由于电压表的分流而产生的系统误差,可以准确地描绘出待测电阻元件的伏安特性曲线.

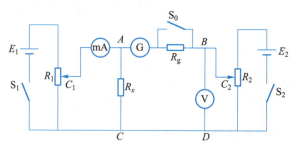

图 6.27.5 用补偿法测电压的电路

当 A、B 两点的电势差较大时,检流计可能发生很大偏转甚至损坏. 为此,设置了检流计的保护电阻 R_g,当 R_g 选择合适的阻值时,在 S_0 断开的情况下,可以保证检流计偏转不超过满刻度.

【实验内容及步骤】

1. 测量半导体二极管的正向伏安特性曲线

（1）把电流表（500 μA）、电压表（3 V）、检流计（±50 μA）接入补偿法伏安特性测试仪电路. 电源 E_1、E_2 提供 1 V 电压接入电路,两路分压调节至最小输出位置. 检查电压表、电流表、检流计是否机械指零.

（2）接通半导体二极管回路,调节 C_2,使电压表示值为 0.1 V. 调节 C_1 使检流计指零. 闭合 S_1,调节 C_1 使检流计指零. 此时电流计没有读数,说明半导体二极管截止.

（3）调节 C_2 使电压表示数分别为 0.2 V,0.3 V,⋯,调节 C_1 使检流计指零,至电流表有读数时,记下电压表、电流表读数.

（4）调节 C_2,使电压表示数每改变 0.05 V 调节一次平衡,记下相应的电压表和电流表读数值.

（5）当 500 μA 电流表量程不够时,换上量程为 150 mA 的电流表,继续测量至电流大约为 130 mA 时停止测量.

2. 测量金属线性膜电阻的伏安特性曲线

（1）E_1、E_2 均设为 6 V.

（2）接通金属膜线性电阻的测量电路,调节 C_2 使电压输出为 0.1 V,调节 C_1 使检流计指零,闭合 S_1,仔细调节 C_1 使检流计指零,记录电流表和电压表读数.

（3）调节 C_2 使电压输出分别为 0.2 V,0.4 V,0.6 V,⋯,1 V,调节检流计平衡指零,记录相应的电流表和电压表读数.

3. 测量钨丝小灯泡（6.3 V,0.3 A）的伏安特性曲线

（1）E_1、E_2 均设为 6 V.

（2）接通钨丝小灯泡测量电路,调节 C_2 使电压输出为 0.1 V,调节 C_1 使检流计指零,闭合 S_1,仔细调节 C_1 使检流计指零,记录电流表和电压表读数.

（3）调节 C_2 使电压输出分别为 0.2 V,0.4 V,0.6 V,⋯,1 V,调节检流计平衡指零,记录相应的电流表和电压表读数.

（4）钨丝小灯泡电阻在 1 V 以下的伏安特性有明显的非线性变化,因此测量取点要间隔小一些,1 V 以上的伏安特性曲线较平直,取点间隔可以大一些. 1 V 以上我们分别取 2 V、3 V、4 V、5 V、6 V 为测量点,调节 C_1 使检流计指零,记录相应的电流表和电压表读数.

4. 测定灯泡中钨丝的冷态电阻

冷态电阻是指钨丝不通电时的电阻,不能直接进行测量,可以考虑用 R-I 图线外推得到 $I=0$ 时的电阻值. 为此,我们可以在不同小电流下测量出若干组 (U_i, I_i) 数据,算出对应于每一组 (U_i, I_i) 数据的电阻值 R_i.

作 $R\text{-}I$ 图线,根据 $R\text{-}I$ 图线的变化趋势,将图线延长至 $I=0$,得到图线在纵轴上的截距 R_0,R_0 就是钨丝的冷态电阻.

5. 自行设计数据表格并记录实验数据

【数据处理】

1. 根据实验数据作图描绘半导体二极管、金属膜线性电阻、钨丝小灯泡的伏安特性曲线.

2. 在所作金属膜线性电阻的伏安特性曲线上取两点,求出直线的斜率和所测电阻的阻值.

3. 作钨丝的 $R\text{-}I$ 图线,用非线性外推法求钨丝的冷态电阻.

【分析讨论】

1. 何谓补偿原理? 为什么用补偿法测电压就没有电表的接入误差?

2. 使用检流计时,如何保护检流计,使其不会受到过大电流的冲击?

3. 根据线性电阻的伏安特性曲线计算斜率求电阻值时,在图线上取点的原则是什么?

【总结与思考】

在用补偿法测电压的电路中,如果不用保护电阻,请思考如何保证检流计不会被损坏?

实验 28　电阻的分压特性和限流特性

滑线变阻器的分压特性曲线或限流特性曲线是指负载上的电压或电流与滑线变阻器滑动端位置的关系曲线.

【重点难点】

兼顾负载和电源的要求选择分压电阻和限流电阻的规格.

【目的要求】

1. 学习直流电源、电阻箱、电压表、电流表的使用知识.

2. 了解分压电阻和限流电阻的调节特性. 掌握兼顾负载和电源的要求选择分压电阻和限流电阻的规格的方法.

3. 测绘滑线变阻器的分压特性曲线和限流特性曲线.

【仪器装置】

电源,电阻,滑线变阻器,检流计等.

【实验原理】

1. 电阻的分压特性

如图 6.28.1 所示,滑线变阻器作为分压器使用时,滑动端 C 将电阻 R_0 分成 R_{01} 和 R_{02} 两部分. 图中虚线框内的电阻设为负载电阻 R_L.

在此电路中,负载电阻 R_L 与变阻器上 AC 之间的电阻 R_{01} 并联,外接电路的总电阻为

$$R = \frac{R_{01} R_L}{R_{01} + R_L} + R_{02} \qquad (6.28.1)$$

电源端电压为 U_0,分压器的输出电压为 U,则

$$\frac{U}{U_0} = \frac{\dfrac{R_{01} R_L}{R_{01} + R_L}}{\dfrac{R_{01} R_L}{R_{01} + R_L} + R_{02}} = \frac{R_{01}}{R_0 + \dfrac{R_{01} R_{02}}{R_L}} \qquad (6.28.2)$$

显然 $U/U_0 \neq R_{01}/R_{02}$. 这就是分压器的输出电压与分压电阻的非线性关系.

图 6.28.2 是当 R_L/R_0 取不同数值时的分压特性曲线. 由图可见:

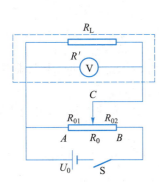

图 6.28.1　研究电阻分压特性的电路　　图 6.28.2　电阻的分压特性曲线

（1）$R_{01} = 0$ 时,输出电压 $U = 0$;$R_{01} = R_0$ 时,输出电压 $U = U_0$. 电压调节范围为 $0 \sim U_0$.

（2）R_0 相对 R_L 越小,调节线性越好. 只有当 $R_L/R_0 > 10$ 时,分压器的分压特性可视为线性,此时输出电压可稳定均匀地调节. 这就是说,由于负载和分压部分并联,只有当 $R_L \gg R_0$ 时,并联电阻 $R_{01} R_L/(R_{01}+R_L)$ 主要由分压部分的电阻 R_{01} 决定,才能使输出电压容易均匀调节,故分压器电阻必须小于负载电阻. 但分压器两端始终与电源成闭合回路,选择分压器电阻时还要兼顾电源对电流的要求. 通常选用 $R_0 \leqslant \dfrac{1}{2} R_L$.

2. 电阻的限流特性

如图 6.28.3 所示,将滑线变阻器串联于电路中,就构成了限流电路. 电路中 R_L 为负载电阻,滑动端 C 将电阻 R_0 分成 R_{01} 和 R_{02} 两部分.

根据欧姆定律,此电路中的电流

$$I = \frac{U_0}{R_L + R_{01}}$$

当 $R_{01} = 0$ 时,有

$$\frac{I}{I_{\max}} = \frac{\dfrac{U_0}{R_L + R_{01}}}{\dfrac{U_0}{R_L}} = \frac{R_L}{R_L + R_{01}} = \frac{\dfrac{R_L}{R_0}}{\dfrac{R_L}{R_0} + \dfrac{R_{01}}{R_0}} \tag{6.28.3}$$

图 6.28.4 是以 R_{01}/R_0 为横坐标,$I/I_{\max}$ 为纵坐标,当 R_L/R_0 取不同数值时的限流特性曲线. 由图可以看出:

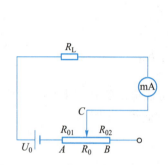

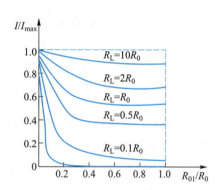

图 6.28.3　研究电阻限流特性的电路　　　　图 6.28.4　电阻的限流特性曲线

（1）当 $R_{01} = 0$ 时,电路中有最大电流 $I_{\max} = U_0/R_L$;当 $R_{01} = R_0$ 时,电路中有最小电流 $I_{\min} = U_0/(R_L + R_0)$,电流的调节范围为 $I_{\min} \sim I_{\max}$.

（2）R_0 相对于 R_L 越小,电流的调节量 ΔI 越小,但调节性能越好,电流 I 随 R_{01} 的调节越接近线性变化.

在负载电阻 R_L 确定后,选择限流器 R_0 的值,一般取 $R_L/2 < R_0 < R_L$,则可兼顾电流调节范围较大和调节性能较好两方面.

【实验内容及步骤】

1. 按图 6.28.1 所示接好线路,其中用两只电阻箱 R_{01} 和 R_{02} 串联组成分压器 R_0,并联成分压电路. 电阻箱 R' 和电压表(内阻 15 kΩ)并联作为负载电阻 R_L,并根据电压表内阻选取电阻箱 R' 的阻值,使 $R_L = 10$ kΩ.

2. 调节电源电压为 10 V,$R_{01} = 1$ kΩ,$R_{02} = 0$,闭合开关,观察电压表示数. 仔细调节电源电压调节旋钮,使电压表读数为 10.00 V,即 $U_0 = 10.00$ V.

3. 断开电源,调节 R_{01} 和 R_{02} 的阻值,使 $R_{01} = 10$ kΩ,$R_{02} = 90$ kΩ,此时 $R_L/R_0 = 0.1$,$R_0 = 100$ kΩ,$R_{01}/R_0 = 0.1$,闭合开关,读取分压器输出电压值,记入数据表格中.

4. 保持 $R_{01} + R_{02} = 100$ kΩ 不变,调节 R_{01} 和 R_{02},使 $R_{01}/R_0 = 0.2, 0.3, 0.4, \cdots, 1.0$,读取相应的电压输出读数.

5. 固定 $R_{01} + R_{02} = 10$ kΩ,1 kΩ,重复以上测量步骤. 分别测出 $R_L/R_0 = 0.1, 1, 10$ 的分压特性数据.

6. 自行设计数据记录表格并记录实验数据.

【注意事项】

调节两电阻箱的过程中,切不可使两电阻箱的阻值同时为零. (如果两电阻箱的阻值同时为零有什么危险?)故每次调节时,应先增大 R_{01} 再减小 R_{02}. 调节电阻箱阻值时应断开开关.

【数据处理】

在坐标纸上,按作图要求绘制电阻的分压特性曲线和限流特性曲线.

【分析讨论】

1. 在分压电路中分压器 R_0 为什么必须小于负载电阻 R_L? 二者满足什么关系?

2. 在限流电路中限流器 R_0 与负载电阻 R_L 为什么必须满足 $R_L/2 < R_0 < R_L$ 的关系?

【总结与思考】

简述电阻用于分压和限流时应分别注意哪些方面.

实验 29　直流单臂电桥

电桥仪器是一种比较式的测量仪器,它在电测技术中应用极为广泛,可以用来测量电阻、电容、电感、频率、温度、压力等许多物理量. 电桥仪器主要分为直流电桥和交流电桥两大类. 直流电桥按其结构又可分为单臂电桥和双臂电桥. 直流单臂电桥也叫惠斯通电桥. 本实验用直流单臂电桥研究纯铜导体和半导体热敏电阻的温度特性. 不同物质的导电机制不同,因而不同物质电阻随温度的变化关系也不同.

直流单臂、双臂
电桥

【重点难点】

1. 电桥平衡的调整.
2. 应用交换法消除装置不对称引起的系统误差.
3. 电阻随温度的变化关系.

【目的要求】

1. 学习单臂电桥的电路组成.
2. 理解并掌握用单臂电桥测电阻的原理和方法.
3. 用 QJ23 型直流单臂电桥测铜电阻、热敏电阻在不同温度下的电阻值,计算铜电阻的温度系数.

【仪器装置】

QJ23 型直流单臂电桥,加热炉,温度传感器等.

【实验原理】

1. 电路原理

单臂电桥的原理电路如图 6.29.1 所示. 四个电阻 R_0、R_1、R_2 和 R_x 构成一个四边形,每条边称为电桥的一个"臂". 对角 A 和 C 上加上电源 E,对角 B 和 D 之间连接检流计 G. 所谓"桥"就是指 BD 这条对角线. 检流计的作用是将"桥"两端的电势 U_B 和 U_D 进行比较. R_x 是待测电阻,R_1、R_2 是已知电阻,R_0 是可调节、可读数的标准电阻.

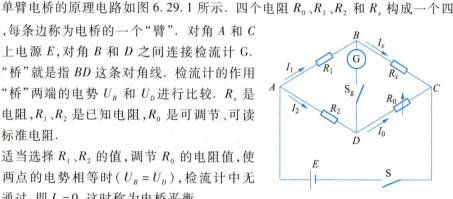

图 6.29.1 单臂电桥原理电路

适当选择 R_1、R_2 的值,调节 R_0 的电阻值,使 B、D 两点的电势相等时($U_B = U_D$),检流计中无电流通过,即 $I_g = 0$,这时称为电桥平衡.

电桥平衡时,$I_g = 0$,$I_1 = I_x$,$I_2 = I_0$,且 B、D 两点的电势相同,所以 $U_{AB} = U_{AD}$,$U_{BC} = U_{DC}$. 根据欧姆定律有 $I_1 R_1 = I_2 R_2$,$I_x R_x = I_0 R_0$. 所以

$$\frac{R_1}{R_2} = \frac{R_x}{R_0} \tag{6.29.1}$$

式(6.29.1)是单臂电桥的平衡条件. 在电桥平衡时,已知三个电阻 R_1、R_2、R_0 的值,即可求出 R_x,

$$R_x = \frac{R_1}{R_2} R_0 \tag{6.29.2}$$

待测电阻 R_x 由 R_1 和 R_2 的比值 R_1/R_2 与 R_0 的乘积决定. 因此通常把 R_1 和 R_2 所在的桥臂称为比率臂,R_0 所在桥臂称为比较臂.

要调节电桥达到平衡有两种方法:一是取 R_1/R_2 为某一比值(或称倍率),调节比较臂 R_0;另一种是保持比较臂 R_0 不变,改变比率臂的比值. 目前广泛采用前一种调节方法. 因此,用电桥测量电阻时只需要确定比率臂的倍率,调节比较臂的电阻,使检流计指零,就可以根据已知电阻的阻值算出被测电阻的阻值.

2. 导体的电阻温度特性

导体的电阻均与温度有关. 在通常温度下,多数纯金属的电阻,其阻值的大小与温度成线性关系,可用下式来表示:

$$R_t = R_0(1 + \alpha t) \tag{6.29.3}$$

式(6.29.3)中 R_t 是导体在温度为 t 时的电阻值,R_0 为导体在 0 ℃ 时的电阻值,α 称为电阻的温度系数. 严格地说,各种导体的温度系数 α 均和温度有关,但在 0~100 ℃ 范围以内,α 值变化很小,可认为不变. 铜电阻的 α 值约为 0.004 3 ℃$^{-1}$,即当温度变化 1 ℃ 时,电阻值改变约千分之四. 导体材料的这种性质可以用来制成电阻式温

度计,把温度的测量转换成电阻的测量,既方便又准确,在工业自动控制和生产实际中有广泛的应用.

本实验用 QJ23 型直流单臂电桥(简称 QJ23 型电桥)测量铜电阻在 30 ~ 55 ℃ 范围内不同温度下的电阻值,从而求出铜电阻的温度系数 α.

半导体的电阻与温度的关系和金属导体不同. 在通常温度下,半导体的电阻随温度的升高而减小,它的变化规律为

$$R = R_0 \, \mathrm{e}^{\frac{E}{kT}} \tag{6.29.4}$$

式(6.29.4)中,E 和 R_0 是常量,k 为玻耳兹曼常量,T 为热力学温度. 利用半导体的这一性质制成的热敏电阻,在灵敏测温和自动温控装置中得到广泛应用.

QJ23 型电桥采用惠斯通电桥线路,主要由比率臂、比较臂、检流计和电池组组成. 全部部件安装在箱内,箱盖铭牌上给出了电桥原理线路和有关参量,供使用者参考. QJ 是国产直流电桥的型号,23 是单臂电桥的序号.

QJ23 型电桥测量范围是 10 ~ 9 999×10^3 Ω,准确度等级为 0.1 级,内接电源电压为 4.5 V,外接电源为 220 V.

QJ23 型电桥的面板如图 6.29.2 所示.

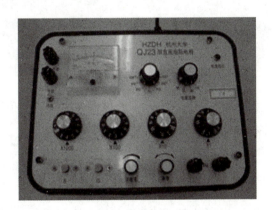

图 6.29.2　QJ23 型电桥面板

测量时将待测电阻 R_x 接在面板上右下角的接线柱上,将比较臂转盘各挡数值置于待测电阻的标称值,并据此选择合适的倍率. 选择倍率的原则是能充分利用电桥的四个调节转盘,保证测量读数有 4 位有效数字.

接通电源按钮 B 和检流计按钮 G,由高至低依次调节比较臂转盘,直到检流计指零,记下比较臂各转盘阻值的数值 R,则待测电阻 R_x=倍率值×R.

电桥在制作时本身就存在误差,其基本误差由下式给出:

$$\Delta_R = a\% \left(R_x + \frac{R_0}{10} \right) \tag{6.29.5}$$

式(6.29.5)中 a 为电桥的准确度等级,R_x 为电桥的测量值,R_0 为基准值. R_0 的值规定为有效量程中最大的 10 的整数幂. 例如某电桥的准确度等级 $a = 0.2$,比较臂

电阻 R_N 的最大值为 $0.11\ \Omega$,若选取量程因子(即倍率值)$M=10$,则有效量程为 $10\times$ $0.11\ \Omega=(1\times10^0+1\times10^{-1})\ \Omega$,其最大的 10 的整数幂为 $10^0=1$,即 $R_0=1\ \Omega$. 若测量值 $R_x=0.315\ 6\ \Omega$,则对此次测量 $\Delta_R=0.2\%\times\left(0.315\ 6+\dfrac{1}{10}\right)\ \Omega=8\times10^{-4}\ \Omega$. 以上基本误差的计算方法对成品单臂电桥和双臂电桥均适用. 当选用的配套仪器(主要指检流计)灵敏度足够高时,电桥的基本误差可以作为仪器最大误差,否则还应该考虑仪器的灵敏度误差.

图 6.29.3 所示是实验用的温度传感器的面板. 左上部是温度显示窗口,上面是实际温度,下面是设置的最高温度;它的下面是被测铜电阻和热敏电阻的接线柱;右上部是加热电流显示窗口;其下是加热电流调节和控制装置;右下部是传输温度、加热电流和风扇电流的接线柱.

图 6.29.3　温度传感器面板

图 6.29.4 所示是加热炉外观. 底座上有风扇开关和风扇用电接线柱;炉中为电流加热铜柱,铜柱将热传给里面的铜电阻和热敏电阻,铜柱内的温度传感器将温度传出.

【实验内容及步骤】

1. 连接被测铜电阻,打开电桥、温度传感器的电源开关. 温度传感器加热温度设为 70 ℃,关闭加热开关;关闭电桥电源开关 B,将检流计指针调到指零,设置好灵敏度等,使电桥进入正常工作状态.

2. 根据被测电阻初始值(常温下,$R_{铜}$ 大约为 60 Ω,$R_{半导体}$ 大约为 2 200 Ω)选择适合的比率臂的值,使得测得的每个电阻值均有 4 位有效数字.

3. 调整电桥达到平衡,记下温度值和电阻值.

图 6.29.4　加热炉

4. 打开加热电源,调整加热电流使炉内温度升高接近 5 ℃,调节电桥达到平衡,记录温度和电阻. 依此方法测 5 组数据.

5. 换另一待测热敏电阻(半导体),重复上面的测量.

6. 将测量数据记入书后的数据记录表中.

【数据处理】

1. 以 $R_铜$ 为纵坐标，$t_铜$ 为横坐标，在坐标纸上描绘铜电阻 $R_铜$-$t_铜$ 图线，求出直线在纵轴的截距 R_0 和斜率 k，于是铜电阻的温度系数 $\alpha = k/R_0$，求出所测电阻的温度系数 α，并与公认值 α' 进行比较.

铜电阻的公认值　$\alpha' = 0.004\ 3\ ℃^{-1}$，　$E_\alpha = \dfrac{\alpha - \alpha'}{\alpha'} \times 100\%$.

2. 作半导体的 $R_{半导体}$-$t_{半导体}$ 曲线，说明半导体的温度特性.

【分析讨论】

1. 为什么要先粗测待测电阻的阻值后再接入电桥测量？

2. 在铜电阻的 $R_铜$-$t_铜$ 曲线图中，其截距的物理意义是什么？

3. 本实验在某一温度点上调节电桥平衡后，为什么要求先读温度后读电桥示值？

4. 用单臂电桥测电阻时，为什么倍率要选择得当？ 选择倍率的原则是什么？

【总结与思考】

调节电桥平衡要迅速，电桥平衡时，首先读取温度计的读数，再记录 R_0 的示值，想一想为什么要这样做？

实验 30　直流双臂电桥

直流单臂电桥测量的电阻为中值电阻，其数量级一般在 $10 \sim 10^6\ \Omega$ 之间，可以忽略导线和接触电阻的影响. 对于低值电阻，例如变压器绕组的电阻、金属材料的电阻等，测量线路的附加电阻不能忽略. 单臂电桥测量中因附加电阻的存在而给测量结果带来的影响不可忽视，为消除（或减小）附加电阻的影响，我们在单臂电桥的基础上，改进电路设计成为双臂电桥，用来测 $10^{-5} \sim 10\ \Omega$ 之间的低值电阻.

直流单臂、双臂电桥

【重点难点】

学习用直流双臂电桥测低值电阻的原理和方法.

【目的要求】

1. 学习用直流双臂电桥测低值电阻的原理和方法.

2. 了解 QJ42 型直流双臂电桥的面板结构和使用方法.

3. 用 QJ42 型直流双臂电桥测金属材料的低值电阻，求金属材料的电阻率.

【仪器装置】

QJ42 型直流双臂电桥，四端电阻，游标卡尺等.

【实验原理】

一根长为 l,截面半径为 r 的圆柱形导体棒,若其电阻率为 ρ,根据导体材料的电阻的定义可知,导体材料的电阻为 $R_x = \rho l / \pi r^2 = 4\rho l / \pi d^2$,其电阻率为

$$\rho = \frac{\pi d^2 R_x}{4l} \tag{6.30.1}$$

式(6.30.1)中 d 为导体材料的横截面的直径,R_x 为测得导体材料的电阻值,l 为对应于电阻 R_x 的导体材料的长度. 此式即为电阻率测量原理.

如图 6.30.1 所示,用直流单臂电桥测量电阻时,由导线电阻和连接处的接触电阻带来的附加电阻 R' 和 R 大约为 10^{-3} Ω,如果被测电阻为 0.01 Ω,附加电阻的影响达到 10%;如果被测电阻为 0.001 Ω,则完全被附加电阻所掩盖而无法测量.

在低值电阻两端外侧再增加两个接触端钮,就成为四端电阻,如图 6.30.2 所示,其中 P_1、P_2 之间的电阻为所要使用(或测量)的电阻. 下面以电流表扩大量程时分流电阻的接法说明四端电阻的作用.

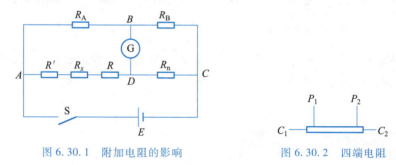

图 6.30.1 附加电阻的影响   图 6.30.2 四端电阻

检流计的内阻一般为 $10^2 \sim 10^3$ Ω,导线电阻为 $10^{-4} \sim 10^{-2}$ Ω,导线在接线处的接触电阻为 $10^{-5} \sim 10^{-3}$ Ω,当分流电阻 R_x 小到 10^{-2} Ω 数量级以下时,附加电阻不可忽略.

图 6.30.3(a)接法的分流电阻实际上包括 R_x 和 A、B、C、D 四点的接触电阻和 AC、BD 两段导线的电阻.

图 6.30.3(b)的分流电阻仅包括 R_x 和 C、D 两点的接触电阻. A、B 两点的接触电阻和 AC、BD 两段导线的电阻归入了检流计支路,而它们远小于检流计的内阻,对分流的影响可忽略.

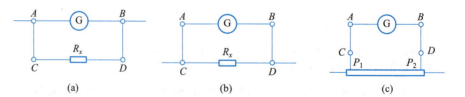

(a)   (b)   (c)

图 6.30.3 四端电阻对附加电阻的转移作用

图 6.30.3(c)中 A、B、C、D 四点的接触电阻以及两段导线 P_1A、P_2B 的电阻都因归入了检流计支路而被忽略,分流电阻的阻值就等于 P_1、P_2 之间的阻值,该阻值可

以做得很准确,从而保证了准确分流.

可见,四端电阻有"转移"附加电阻的作用,因此低值电阻都做成四个端钮的形式.通常,外侧两个端钮 C_1、C_2 做得较粗大,使用时串联接入工作电路并通过较大电流,故称为电流端钮;中间两个端钮 P_1、P_2 可把电阻上的电压引出用作比较或测量,故称为电压端钮.

双臂电桥也称为开尔文电桥,其结构是将单臂电桥的待测的低值电阻 R_x 和比较臂 R_n 都做成四端电阻.改进后,第一,解决了图 6.30.1 中 A、C 两点的接入电阻问题,如图 6.30.4(a)所示.因 A_1、C_1 的接触电阻转移到电源对角线,对测量结果没有影响,A_2、C_2 的接触电阻归入 R_A 和 R_B 中,且由于 R_A、R_B 很大而忽略不计;测量时,A_2 点代替了 A 点,C_2 点代替了 C 点.第二,解决了图 6.30.1 中 D 点(即电桥量程)的问题.在图 6.30.4(a)所示电路的基础上,接入可调电阻 R_a 和 R_b,如图 6.30.4(b)所示.

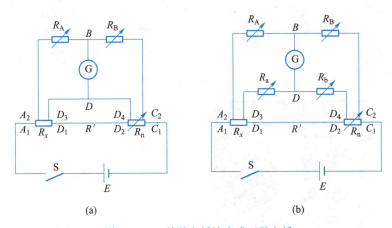

图 6.30.4　单臂电桥演变成双臂电桥

因 R_a 和 R_b 电阻很大,D_1 点的接触电阻 R_1 归入 R_a,D_2 点的接触电阻 R_2 归入 R_b 而忽略.当 $R_A/R_B = R_x/R_n$ 时,也随之使 $R_a/R_b = R_x/R_n$,这样得到的 $R_x = R_n R_A/R_B$ 中就不再含有附加电阻的影响.这是因为制作电桥时一般设计成电阻成对相等,即 $R_A = R_a$,$R_B = R_b$,并采用连轴同步调整结构,从而保持调节中 $R_a/R_b = R_A/R_B$.

图 6.30.4(b)中有 R_A、R_B 组成的外臂,还有 R_a、R_b 组成的内臂,故称为双臂电桥.其平衡条件为:当检流计 G 中无电流时,R_A 和 R_B 上通过的电流相等,R_a 和 R_b 上通过的电流相等,R_x 和 R_n 上通过的电流相等,于是有 $U_A/U_B = R_A/R_B$,$U_a/U_b = R_a/R_b$,又因 $R_A/R_B = R_a/R_b$,所以

$$\frac{U_A}{U_B} = \frac{U_a}{U_b} \tag{6.30.2}$$

又有

$$\frac{U_x}{U_n} = \frac{R_x}{R_n} \tag{6.30.3}$$

由 B 点和 D 点的电势相等,有 $U_A = U_x + U_a$,$U_B = U_n + U_b$,据此,对式(6.30.2)和式(6.30.3),运用分和比定理很容易得到 $U_x/U_n = U_A/U_B$,从而

$$\frac{R_x}{R_n} = \frac{R_A}{R_B} = \frac{R_a}{R_b} \tag{6.30.4}$$

式(6.30.4)就是直流双臂电桥的平衡条件. 当电桥平衡时有

$$R_x = R_n \frac{R_A}{R_B} \tag{6.30.5}$$

QJ42 型直流双臂电桥是测量 11 Ω 以下电阻的直流平衡电桥. 仪器的总有效量程为 0.000 1 ~ 11 Ω. 仪器使用的参考条件为:环境温度(20±1.5)℃,相对湿度 40% ~ 60%,检流计电流常量为 $2×10^{-6}$ A/格,阻尼时间小于 4 s. QJ42 型直流双臂电桥的面板示意图如图 6.30.5 所示. 面板上左边四个端钮 C_1、P_1、P_2、C_2 为待测电阻的四端钮接线柱. 测量时,将待测电阻 R_x 按图 6.30.6 所示的四端接线法接在相应的接线柱上,其中 A、B 两点之间为被测电阻 R_x,AP_1 和 BP_2 为电压端引线,AC_1 和 BC_2 为电流端引线,这样接入被测电阻可以减小附加电阻对测量结果的影响. 检流计上有调节机械零点的螺钉,测量之前,先检查指针是否准确指在零位. 检流计下边的按钮 B 为电源开关按钮,G 为检流计开关按钮,G 和 B 均可按下和旋入使用. 倍率调节分为 $×10^{-4}$、$×10^{-3}$、$×10^{-2}$、$×10^{-1}$、$×1$ 五挡,可根据待测电阻的阻值范围进行选择.

图 6.30.5 QJ42 型直流双臂电桥面板

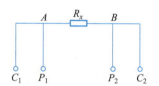

图 6.30.6 四端接线法

【注意事项】

1. 测量具有大电感的低值电阻时,由于电源断开而出现的感应电动势会冲击检流计,为防止损坏检流计,测量时应先接通 B,后接检流计开关按钮 G,断开时应先断开 G,后断开 B.

2. 四端电阻的电流端与电压端不允许混接,否则电桥不能调节平衡,在连接 R_x 与 R_n 时,须采用短粗导线,连接要牢固.

3. 测量 0.000 1 ~ 0.001 Ω 的电阻或仪器与被测电阻之间需要连接导线时,电压端引线 AP_1、BP_2 和电流端引线 AC_1、BC_2 的导线电阻应小于 0.01 Ω.

4. 测量 0.000 1 ~ 0.01 Ω 的电阻时,工作电流较大,电源按钮应间歇使用.

5. 仪器使用时应避免阳光暴晒,严防剧烈震动,初次使用和隔一段时间再使用之前,应将倍率开关和读数盘旋动几次,使接触部分接触良好,确保测量的准确度.

【实验内容及步骤】

1. 将倍率开关旋至短路位置,将铜导体材料上的四个接线端钮,分别接入 QJ42 型直流双臂电桥中对应的四端钮,注意用短粗导线连接牢固. 将检流计的指针调成指向零点.

2. 根据铜导体材料的电阻值,选择合适的倍率. 接通电源 B,再按下检流计开关按钮 G,调节读数盘,使检流计指零. 读取读数盘所示电阻的阻值,被测电阻的阻值 R_x =倍率×读数盘示数. 记录电阻的长度 l.

3. 按实验内容及步骤 2 准确重复测量 5 次不同长度的铜导体材料的低电阻值.

4. 用游标卡尺测量铜导体材料棒的截面直径 d,在棒的不同位置测 5 次.

5. 将测量数据记入书后的数据记录表中.

【数据处理】

1. 计算各铜导体材料的电阻率 ρ,求出 ρ 的算术平均值.

2. 用贝塞尔公式计算电阻率 ρ 的合成标准不确定度 $u_c(\rho)$.

3. 正确表示实验结果.

4. 根据 $\rho = \dfrac{SR_x}{l}$,有 $R_x = \dfrac{\rho}{S}l$,拟合 R_x–l 直线,求出直线的斜率 k,则电阻率 $\rho = Sk$.

【分析讨论】

1. 双臂电桥和单臂电桥有何不同?

2. 为什么单臂电桥只适合测量中值电阻?

3. 使用电桥时为什么要先接通 B,再接通 G,而断开时要先断开 G,再断开 B?

4. 用双臂电桥测电阻时,为什么倍率要选择得当? 选择倍率的原则是什么?

【总结与思考】

简述用双臂电桥测量低值电阻时为什么能避免或减小附加电阻影响.

实验 31　用模拟法研究静电场

在科学实验和工程技术中,我们常会遇到一些由于各种原因而难以直接进行测量和研究的问题. 例如,许多复杂电极间的静电场分布,飞机在空中高速飞行时的动力学特性,对大型工程的考核与测试(水利工程、电力工程、机场工程等). 为解决此类问题,人们以相似理论为依据,模仿实际情况,研制成一个与研究对象的物理现象或过程类似的模型,通过对模型的测试来实现对研究对象的研究和测量,这种研究方法称为"模拟法".

模拟法按其性质可分为以下几种类型:

1．几何模拟——将所研究对象的实物按几何尺寸放大或缩小的模型实验．

2．动力学相似模拟——在物理性质上取得相同效果的实物模型实验．

3．替代或类比模拟——利用物理量之间物理性质或规律的等同性或相似性进行的模拟实验．

4．计算机模拟——用计算机模拟演示研究对象的物理现象或过程．

5．电路上的模拟实验——将一些非电学量的变化用电路系统的电学量进行模拟，例如力-电模拟，声-电模拟等．

本实验以恒定电流场为模型来研究静电场的分布，就是依据物理量的替代进行模拟．

【重点难点】

用恒定电流场模拟静电场的实验原理，测绘恒定电流场的电势分布．

【目的要求】

1．了解"模拟法"的特点和使用条件．

2．学习用恒定电流场模拟静电场的实验原理，测绘恒定电流场的电势分布．

3．练习用作图法处理实验数据．

【仪器装置】

静电场描绘仪．

【实验原理】

静电场的分布是由场源电荷的分布决定的．大多数情况下，给出一定区域内电荷及电介质的分布和利用边界条件求静电场分布的解析解较困难，因此要靠数值解法求出或用实验方法测出电场分布．直接测量静电场的电势分布通常是很困难的，因为仪表（或探测头）放入静电场，总要使被测电场发生一定变化，将明显地改变它的原有状态．除静电式仪表之外的大多数仪表也不能用于静电场的直接测量，因为静电场中无电流流过，对这些仪表不起作用．用恒定电流场模拟静电场，即根据测量结果来描绘出与静电场对应的恒定电流场的电势分布，从而确定静电场的电势分布，这是一种很方便的实验方法．

恒定电流场和静电场本质上是两种性质完全不同的场，但在一定的条件下它们的分布具有高度的相似性．因此，只要保证所产生的恒定电流场的电极形状、空间位置、边界条件与待研究的静电场状态相似，就可以用恒定电流场来模拟静电场．本实验将研究无限长同轴圆柱面间静电场的电势分布．

在无限长同轴圆柱面间的静电场中，等势面是一些围绕中心轴的圆柱面．由于同轴圆柱面的对称性，在垂直于轴线的互相平行的任何截面上，电场的分布是相同的，等势线是一些同心圆．这种二维电场的电势分布与空间坐标无关，只是半径 r 的函数．这样我们可以在二维平面上进行模拟，只要测绘出一个平面上的径向电势分布就够了.

本实验的模拟电路如图 6.31.1 所示,用与同轴圆柱面的垂直截面形状相同、电导率很高的良导体作电极 A、B,同轴紧密压在电导率很小的薄层电介质(导电纸)上,就构成了模拟系统. 在电极 A、B 上接上直流电源,则在 A、B 间的导电纸上就建立了恒定的电流场,此电流场的电势分布是一些以内电极中心为圆心的同心圆,如图 6.31.2 所示. 模拟系统中导电纸上恒定电流场的电势分布与垂直于同轴圆柱面轴线的截面上静电场的电势分布的数学形式相同. 垂直于同轴圆柱面轴线的截面上静电场的电势分布函数为

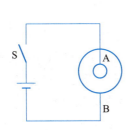

图 6.31.1　用恒定电流场模拟静电场电路　　图 6.31.2　导电纸上电流场的电势分布

$$U_r = \frac{\ln r_2 - \ln r}{\ln r_2 - \ln r_1} U_0 \qquad (6.31.1)$$

式(6.31.1)中 r_1 为内电极半径,r_2 为外电极半径. 式(6.31.1)也是恒定电流场的电势分布函数. 整理式(6.31.1)得到

$$\ln r = \frac{\ln r_1 - \ln r_2}{U_0} U_r + \ln r_2 \qquad (6.31.2)$$

模拟系统中恒定电流场的电势分布的数学形式见式(6.31.2),$\ln r$ 是电势 U_r 的线性函数. 因此,我们可以通过测绘导电纸上恒定电流场的电势分布来模拟静电场的电势分布.

本实验使用的静电场描绘仪如图 6.31.3 所示. 待研究的模拟电极将导电纸紧密压在该仪器的下层底板上,用螺钉固定好. 将记录用的毫米方格坐标纸放在仪器的上层平板上,用夹子压住,用一个双层同步探针在模拟的电流场中寻找等电势点进行测量. 为使模拟电流场的电势分布与静电场的电势分布相似,实验装置应注意满足如下条件:

1. 要选用电阻均匀且各向同性的导电材料作为电流场的导电介质. 研究工作中常用水作为导电介质,本实验选用均匀涂有一层石墨的导电纸作为导电介质.

2. 静电场中的导体是等势体,模拟电流场的电极也必须是等势体,这就要求用作电极的金属材料的电导率必须比导电介质的电导率大得多,以至可以忽略金属电极上的电势降落,视为等势体. 同时电流场中导电介质的电导率必须远大于空气的电导率.

3. 实验中必须将模拟电极紧压在导电纸上,保证它们有良好的接触以免电场

分布发生畸变.

实验测量电路如图 6.31.4 所示.

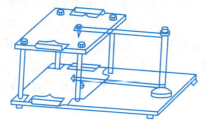
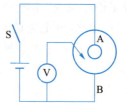

图 6.31.3　静电场描绘仪　　　　图 6.31.4　实验测量电路

【实验内容及步骤】

1. 将导电纸放在静电场描绘仪的下层底板上,用内外电极同心压紧,旋紧各个压紧螺钉,使导电纸与模拟电极有良好的接触. 检查导电纸是否有破损,如有破损应更换新的,否则电流场分布将发生畸变. 将记录等势点的毫米方格坐标纸平放在仪器上层平板上,用夹子压好.

2. 调节直流稳压电源输出电压为 14 V. 移动探针,在导电纸上比较均匀地找到 8 个 2 V 的等电势点,逐个用同步探针在上层坐标纸上记录下这些等电势点的位置,并记下此电势点群的电压值.

3. 重复实验内容及步骤 2,分别测出电势值为 4 V、6 V、8 V、10 V 的各组等电势点群的位置,并记录它们的相应电压值.

4. 检查每组等电势点群是否大致在一个圆周上,然后关闭电源. 取下记录测量点的坐标纸. 记录实验室给出的内电极半径 r_1 和外电极半径 r_2 的值.

【数据处理】

1. 拟合实验点:在记录测量点的坐标纸上,用圆规经多次比较试探,定出等势线簇公共的圆心位置,用圆规连接每组等势点,画出等势线簇. 各等势线圆半径的选择应使测量点均匀地分布于圆周附近.

2. 根据内外电极半径的值在坐标纸上画出 $U=U_0$ 和 $U=0$ V 时的等势线,并标出各等势线的电势值,完成等势线的分布图,并以适当的密度描绘出电场线.

3. 用直尺量出各圆的半径 r,填入自行设计的实验数据表格中,完成 $\ln r$ 的计算. 根据计算结果,在坐标纸上画出 $\ln r\text{-}U$ 图线.

【分析讨论】

1. 何谓模拟法? 模拟法的实验条件是什么?

2. 列举或设计用模拟法研究问题的实例 1~2 个,并说明是属于哪一类模拟法.

3. 为什么不作 $r\text{-}U$ 曲线而作 $\ln r\text{-}U$ 曲线? $\ln r\text{-}U$ 曲线是一条直线说明什么? 其斜率和截距的理论值各是多少?

【总结与思考】

导电纸上恒定电流场的等势线是什么形状？探针如何移动才能迅速找到其他等电势点？若两电极（或一个电极）与导电纸间的接触并不是很好（或松紧不同），请问会出现什么现象？

实验 32　用自组式电势差计测量电池电动势

用电势差计测量未知电动势（或电压），就是将未知电压与电势差计上的已知电压相比较，而此时被测未知回路没有电流通过. 因此，用电势差计测量未知电动势时，不会改变待测回路的状态，其测量结果仅仅取决于准确度极高的标准电池、标准电阻以及灵敏度极高的检流计. 电势差计的测量准确度可达 0.01% 或更高. 由于上述优点，电势差计是精密测量中应用得最广泛的仪器之一，不但可用来精确测量电动势、电压、电流和电阻等，此外还可用来校准精密电表和直流电桥等直读式仪表，在非电学量（如温度、压力、位移和速度等）的电测法中也占有重要的地位.

【重点难点】

电势差计的结构及使用.

【目的要求】

1. 掌握电势差计的结构、特点及补偿原理.
2. 学习用电势差计测量电池电动势以及电池的内阻.

【仪器装置】

稳压电源，检流计，电阻箱，饱和式标准电池，待测电池，滑线变阻器，单刀双掷开关等.

【实验原理】

1. 补偿法与测量原理

如图 6.32.1 所示，可调节的已知电动势 E_0 和待测电动势 E_x 通过检流计 G 连接. 调节 E_0 可使 G 指示值为零，此时有 $E_x=E_0$. 这种借助于检流计的判断，使得 E_x 和 E_0 数值相等、方向相反，从而使回路中电流为零的测量方法称为补偿法，相应的电路称为补偿电路. E_0 称为补偿电动势（或补偿电压）. 可以看出，若 E_0 准确，且 G 具有足够高的灵敏度，那么 E_x 会有较高的测量精度. 电势差计就是依据上述原理而设计的.

电势差计如图 6.32.2 所示，它由三个回路构成：

（1）工作电流回路：由电源 E、精密电阻 R_n 及具有滑动端 C 的精密电阻 R 串联而成.

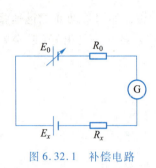

图 6.32.1 补偿电路

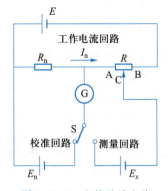

图 6.32.2 电势差计电路

（2）校准回路：由标准电池 E_n、电阻 R_n、检流计 G 及开关 S 组成.

（3）测量回路：由待测电源 E_x（或待测电压元件）、电阻 R 上 A、C 间的阻值 R_{AC}、检流计 G 及开关 S 组成.

各种电势差计中，无论其电路怎样组合，都可以视为由这样三个基本回路组成.

精密电阻 R_n 和 R 的大小是按要求设定的. 若通过这两个电阻的工作电流 I_n 为一准确值，那么电阻 R_{AC} 上的电压即为随 R_{AC} 而变化、可调节且准确标定的补偿电压（相当于图 6.32.1 中的 E_0），通过和待测电动势 E_x 相比较、补偿，从而测出 E_x.

准确的工作电流 I_n 的获得，即是电势差计的校准问题. 将图 6.32.2 中开关 S 合至校准回路，调节 R，当检流计 G 为零时，则有

$$I_n = \frac{E_n}{R_n} \qquad (6.32.1)$$

测量时，将开关 S 合至测量回路，调节 R 滑动端 C 使检流计 G 示数为零，可以测出待测电动势 $E_x (E_x \leqslant I_n R)$ 为

$$E_x = \frac{E_n}{R_n} R_{AC} \qquad (6.32.2)$$

由式（6.32.2）可以看出，用电势差计测量电动势（或电势差），实际上是通过电阻 R_{AC} 和 R_n 的比较把 E_x 和 E_n 的大小比较出来，也属于比较法测量.

为了保证电势差的测量精度，除要求检流计具有足够高的灵敏度之外，电路中所用电阻、电源，尤其是 R_n、R_{AC} 及标准电池 E_n 要十分精确而稳定. 但常用的工作电源 E 并不是特别稳定，为保证工作电流 I_n 的准确，使用电势差计时要勤校准（确保 I_n 不变）、快测量. 实验中所用的饱和式标准电池在 20 ℃ 的 E_{n20} 值由实验室给出，当室温变化，例如室温为 t 时，E_{nt} 由下式进行修正：

$$E_{nt} = \left[E_{n20} - 4 \times 10^{-5} (t-20) - 1 \times 10^{-6} (t-20)^2 \right] (\text{V})$$

2. 电势差计的电压灵敏度

当电势差计达到平衡时，检流计的指针不再偏转，但这并不能说明测量回路中的电流绝对为零，这种状态反映了电势差计对平衡的判别能力. 因此我们引入电势差计电压灵敏度的概念，其定义为

$$S = \frac{\Delta n}{\Delta U} (\text{格／V}) \qquad (6.32.3)$$

式中 ΔU 为电势差计平衡后,使分度电阻 R 上 A、C 间电压偏离平衡时的电压改变值;Δn 为此时检流计的偏转的格数. S 值可根据式(6.32.3)由实验测出.

【实验内容及步骤】

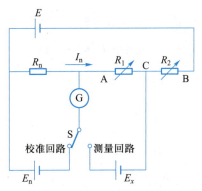

图 6.32.3 测量电路

1. 按图 6.32.3 所示连接好电路,R_n、R_1、R_2 为三个电阻箱,G 为检流计,E_n 为饱和式标准电池,E_x 为待测电池.

2. 校准电势差计

(1) 选定合适的电源电压(由实验室给出),将开关 S 置于校准位置.

(2) 将电阻箱 R_n、R_1 的阻值调到某合适的值,然后边调节 R_2 的阻值,边按下检流计 G 的电计按钮使检流计的显示值为零,记录 R_n、R_1、R_2 阻值,计算出三个电阻值之和.

3. 测量待测电池的电动势

(1) 将开关 S 置于测量位置.

(2) 保持电阻箱 R_n、R_1、R_2 的阻值之和不变的前提下,保持电阻箱 R_n 不变,按下检流计 G 的电计按钮,调节电阻箱 R_1、R_2 的阻值直到检流计 G 的显示值为零为止,记下 R_1 的阻值,测量三次最后取平均值.

4. 测量电势差计的电压灵敏度 S

当测量电池电动势 E_x 的电路达到平衡时,将 R_1 改变 ΔR_1,读出检流计 G 指针偏转的格数 Δn,记录 ΔR_1 和 Δn,由式(6.32.3)算出 S,式中 $\Delta U = \Delta R_1 I_n$.

5. 将测量数据记入书后的实验数据表中.

【注意事项】

1. 标准电池必须在温度波动较小的条件下保存. 应远离热源,避免太阳光直射.

2. 使用标准电池时要防止震动和跌落. 正负极不能接错,通入或取自标准电池的电流不应大于 10^{-5} A. 不允许将两电极短路连接或用电压表去测量它们的电动势.

3. 按图 6.32.3 连接电路. 接线时必须断开所有的开关,并注意工作电源 E 的正负极应与标准电池 E_n 和待测电池 E_x 的正负极相对. 否则,检流计 G 的指针没有指零的状态.

4. 在没调到 $I_G = 0$ 时,检流计要用"通断法",以防损坏电表.

【数据处理】

1. 求电池电动势:$\overline{E}_x = \dfrac{E_n}{R_n} \overline{R}_1$.

2. 计算 E_x 的相对误差及绝对误差(推导相对误差公式并计算 $\Delta R = R \cdot \alpha\%$).

相对误差 $E_r = \dfrac{\Delta R_1}{R_1} + \dfrac{\Delta R_n}{R_n}$

绝对误差 $\Delta E_x = \overline{E}_x \cdot E_r$

3. 实验结果 $E_x = (\overline{E}_x \pm \Delta E_x)$.

4. 计算电势差计的电压灵敏度：$\Delta U = \Delta R_1 I_n, S = \dfrac{\Delta n}{\Delta U}$（格/V）.

【分析讨论】

1. 对电势差计进行校准时,调节电阻 R_n,使检流计达到平衡(即使检流计指针指零)的目的何在?

2. 为什么电势差计可直接测量电池的电动势,而电压表不能直接测量电池的电动势?

3. 使用电势差计时,为什么必须先接通工作电流回路;断电时,必须先断开校准回路,再断开工作电流回路?

【总结与思考】

电势差计测电动势时为什么要补偿?

实验 33　示波器原理及应用

示波器实验

　　示波器是利用电子束在电场中的电偏转来观察电压波形的一种常用电子仪器,主要用于观察和测量电信号. 它的组成比较复杂,需要对内部的每一部分结构作必要的调控. 而调控各个组件过程均需遵循一定的规律. 本实验主要介绍示波器的原理和调整,以便于用示波器进行数据测量.

【重点难点】

示波器的工作原理和应用.

【目的要求】

1. 学习示波器的工作原理和调整方法.
2. 学习用示波器测量交流电的电压、周期和频率的方法.
3. 学习用示波器通过观察李萨如图形测量频率的方法.

【仪器装置】

示波器、信号源.

【实验原理】

一、示波器原理

示波器主要由示波管、电源、带衰减器的 Y 轴放大器、带衰减器的 X 轴放大器、扫描发生器(锯齿波发生器)、触发同步等部分组成,其结构框图如图 6.33.1 所示.

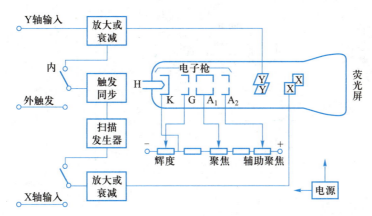

图 6.33.1　示波器基本结构框图

1. 示波管又称阴极射线管(英文缩略为 CRT),是示波器的核心. 主要包括电子枪、偏转系统和荧光屏三部分,密封在一个真空玻璃壳内.

(1)荧光屏:它是示波器的显示部分,内表面沉积一层荧光物质. 当加速聚焦后的电子打到荧光屏上时,屏上所涂的荧光物质就会发光,从而显示出电子束的位置. 当电子停止作用后,荧光物质的发光需经一定时间才会停止,称为余辉效应.

(2)电子枪:由灯丝 H、阴极 K、控制栅极 G、第一阳极 A_1、第二阳极 A_2 五部分组成. 灯丝通电后加热阴极. 阴极是一个表面涂有氧化物的金属筒,被加热后发射电子. 控制栅极是一个顶部有小孔的圆筒,套在阴极外面. 由于栅极电压比阴极低,对阴极发射的电子起控制作用,只有初速度较大的电子,在阳极电压 U 的作用下能穿过栅极小孔,奔向荧光屏. 示波器面板上的"辉度"调节就是通过调节栅极电压以控制射向荧光屏的电子流密度,从而改变屏上的光斑亮度. 阳极电压比阴极电压高很多,电子被它们之间的电场加速形成射线. 当把控制栅极、第一阳极、第二阳极之间的电压调节至合适范围时,电子枪内的电场对电子射线有聚焦作用,所以第一阳极也称为聚焦阳极. 第二阳极电压更高,又称为加速阳极. 面板上的"聚焦"调节,就是调节第一阳极电压,使荧光屏上的光斑成为明亮清晰的小圆点. 有的示波器还有"辅助聚焦",实际是调节第二阳极电压.

(3)偏转系统:用于控制电子射线方向,使荧光屏上的光点随外加信号的变化移动描绘出被测信号的波形. 如图 6.33.2 所示,两对偏转板(可把它们视为平行板电容器)分别加上电压,使两对偏转板间各自形成电场,分别控制电子束在垂直方向和水平方向的偏转,因而可将电压和时间的测量转化为屏上光点偏移距离的测量,这就是示波器的测量原理.

(4)示波管的电源:为使示波管正常工作,对电源供给有一定要求.阴极必须在负电压上工作.控制栅极 G 相对阴极为负电压(−100 ～ −30 V),而且可调,以实现辉度调节.第一阳极为正电压(+100 ～ +600 V),也可调,用作聚焦调节.第二阳极与前加速极相连,对阴极为正高压(+1 000 V),相对于地电压的可调范围为−50 ～ 50 V.由于示波管各电极电流很小,可以用公共高压经电阻分压器供电.

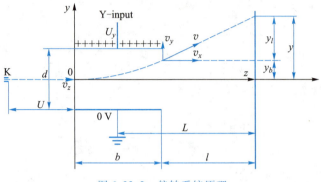

图 6.33.2　偏转系统原理

示波管本身相当于一个多量程电压表,这一作用是靠信号放大器和衰减器实现的.由于示波管本身的 X 轴及 Y 轴偏转板的灵敏度不高(0.1 ～ 1 mm/V),当加在偏转板的信号过小时,要预先将小的信号电压加以放大后再加到偏转板上,为此设置 X 轴及 Y 轴放大器.衰减器的作用是使过大的输入信号电压变小以适应放大器的要求,否则放大器不能正常工作,将使输入信号发生畸变,甚至使仪器受损.对一般示波器来说,X 轴和 Y 轴都设置有衰减器,以满足各种测量的需要.

扫描发生器也称时基发生器,用来产生一个随时间作线性变化的扫描电压,这种扫描电压随时间变化的关系曲线形如锯齿,故称锯齿波电压.这个电压经 X 轴放大器放大后加到示波管的水平偏转板上,使电子束产生水平扫描.这样,屏上的水平坐标变成时间坐标,Y 轴输入的被测信号波形就可以在时间轴上展开.扫描系统是示波器显示被测电压波形必需的重要组成部分.

2. 示波器显示波形的原理

如果只在竖直偏转板上加一交变的正弦电压,则电子束的亮点将随电压的变化在竖直方向来回运动,如果电压频率较高,则我们看到的是一条竖直亮线.要能显示波形,必须同时在水平偏转板上加一扫描电压,使电子束的亮点沿水平方向拉开.这种扫描电压的特点是电压随时间成线性关系增加到最大值,最后突然回到最小,此后再重复地变化,即前面所说的"锯齿波电压".当只有锯齿波电压加在水平偏转板上时,如果频率足够高,则荧光屏上只显示一条水平亮线.

如果在竖直偏转板上(简称 Y 轴)加正弦电压,同时在水平偏转板上(简称 X 轴)加锯齿波电压,电子受竖直、水平两个方向的力的作用,电子的运动就是两相互垂直的运动的合成.当锯齿波电压变化周期比正弦电压变化周期稍大时,在荧光屏上将能显示出所加正弦电压的完整周期的波形图,如图 6.33.3 所示.

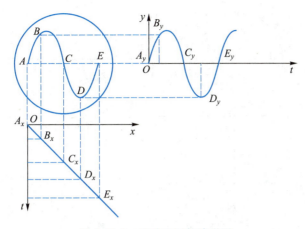

图 6.33.3　正弦电压的波形图

如果正弦波和锯齿波电压的周期稍微不同,屏上出现的将是一移动着的不稳定图形. 要想在屏幕上显示出完整的稳定波形,必须使 $T_x/T_y=n(n=1,2,3,\cdots)$,其中 n 是屏上显示完整波形的个数. 为了获得一定数量的波形,示波器上设有"扫描时间"(或"扫描范围")和"扫描微调"旋钮,用来调节锯齿波电压的周期 T_x(或频率 f_x),使之与被测信号的周期 T_y(或频率 f_y)成合适的关系,从而在示波器屏上得到所需数目的完整的被测波形. 输入 Y 轴的被测信号与示波器内部的锯齿波电压是互相独立的. 由于环境或其他因素的影响,它们的周期(或频率)可能发生微小改变. 这时,虽然可通过调节"扫描时间"和"扫描微调"旋钮将周期调到整数倍的关系,但过一会儿又变了,波形又移动起来. 在观察高频信号时这种问题尤为突出. 为此示波器内装有扫描同步装置,将 Y 轴的被测信号引入 X 轴系统的触发电路,在引入信号的正(或者负)极性的某一电平值产生触发脉冲,启动锯齿波扫描发生器(时基发生器),产生扫描电压. 扫描频率 f_x 随信号频率 f_y 作微小改变,以保持 f_x 与 f_y 成整数倍关系,这就是同步触发,简称同步(或整步). 有的示波器需要让扫描电压与外部某一信号同步,因此设有"触发选择"键,可选择外触发工作状态,相应设有"外触发"信号输入端. 以上是示波器的基本工作原理. 双踪显示则是利用电子开关将 Y 轴输入的两个不同的被测信号分别显示在荧光屏上,由于人眼的视觉暂留作用,当转换频率高到一定程度后,看到的是两个稳定清晰的信号波形.

示波器中往往有一个精确稳定的方波信号发生器,供校验示波器用.

当示波器的 X 轴和 Y 轴输入的两个正弦电压频率相同或成简单整数比时,屏上将呈现特殊形状的光点轨迹,这种轨迹称为李萨如图形. 图 6.33.4 所示为 $f_y:f_x=1:1$ 的李萨如图形. 频率比不同时将形成不同的李萨如图形,如图 6.33.5 所示. 若 f_x 和 f_y 代表 X 轴与 Y 轴输入信号的频率,n_x 和 n_y 分别为李萨如图形与外切矩形框的水平方向和垂直方向切点数目,则它们与 f_x 和 f_y 的关系是

$$\frac{f_y}{f_x}=\frac{n_x}{n_y} \quad 或 \quad f_y=f_x\frac{n_x}{n_y} \tag{6.33.1}$$

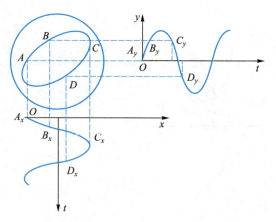

图 6.33.4 $f_y : f_x = 1 : 1$ 的李萨如图形

1:1 　　 1:2 　　 2:1 　　 3:1 　　 1:3 　　 3:2

图 6.33.5 几种不同频率比的李萨如图形

二、示波器面板

双踪示波器前面板如图 6.33.6 所示. 荧光屏位于前面板左方,面板控制器可分为 A、B、C 三部分.

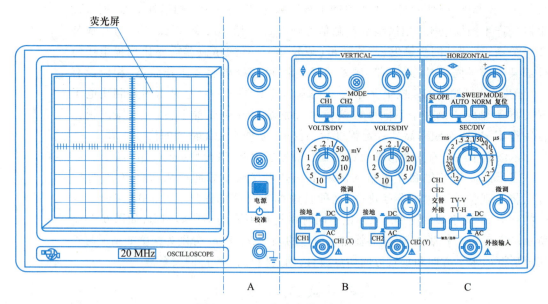

图 6.33.6 双踪示波器面板图

1. 光点控制部分(A 部分)

(1) 电源开关(POWER):按下此开关,仪器电源接通,指示灯亮.

(2) 辉度(INTENSITY):光迹亮度调节,顺时针旋转光迹增亮.

(3) 聚焦(FOCUS):用于调节示波管电子束的焦点,使显示的光点成为细而清晰的圆点.

(4) 探极校准信号(PROBE ADJUST):此端口输出幅度为 0.5 V、频率为 1 kHz 的方波信号,用于校准 Y 轴偏转系数和扫描时间系数.

(5) ⊥:机壳接地端.

2. Y 轴控制部分(VERTICAL)(B 部分)

(1) 垂直方式(MODE):只观察一个信号时,可用单踪工作方式. 选择 CH1 时,只显示 CH1 通道的信号. 选择 CH2 时,只显示 CH2 通道的信号.

交替键:示波器可同时用于观察两路信号,此时两路信号交替显示,该方式适于在扫描速率较快时使用.

断续键:两路信号断续工作,适于在扫描速率较慢时同时观察两路信号.

叠加键:用于显示两路信号相加的结果,当 CH2 极性开关被按下时,则两信号相减.

CH2 反相键:此按键未按下时,CH2 的信号为常态显示,按下此键时,CH2 的信号被反相.

(2) 通道灵敏度选择旋钮(VOLTS/DIV):该钮周围标出的数字表示沿垂直方向一大格代表的电压值,单位为 V 或 mV. 如果预先不知道信号的幅度,应先置于最大分度值挡(即 10 V/DIV). 然后根据被测信号的电压幅度选择合适的挡位. 微调(VARIABLE)用于连续调节 Y 轴的偏转系数,调节范围 ≥2.5 倍,该旋钮逆时针旋转时为校准位置,此时可根据"VOLTS/DIV"刻度盘位置和屏幕显示幅度读取该信号的电压值.

(3) 输入耦合(AC GND DC):垂直通道输入耦合方式选择.

AC/DC 键:未按下时,示波器处于 AC 工作状态,信号中的直流分量被隔开,用于观察信号的交流成分;按下后,处于 DC 工作状态,信号与仪器通道直接耦合,当需要观察信号的直流分量或被测信号的频率较低时应选用此方式.

GND 键:输入端处于接地状态,用于确定输入端为零电势时光迹所在位置.

(4) 垂直位移(POSITION):用于调节光迹在垂直方向的位置.

(5) 通道输入插座:双功能端口,在常规使用时,此端口作为垂直通道的输入口,当仪器工作在 X–Y 方式时,垂直通道 1 CH1(X)的输入端口作为水平轴信号输入口,垂直通道 2 CH2(Y)的输入端口作为 Y 轴输入口.

3. X 轴控制部分(HORIZONTAL)(C 部分)

(1) 扫描速率选择开关(SEC/DIV):根据被测信号的频率高低,选择合适的挡位. 当扫描"微调"(VARIABLE)(用于连续调节扫描速率,调节范围 ≥2.5 倍)置于校准位置(逆时针旋足)时,可根据刻度盘的位置和波形在水平轴的距离读出被测信号的时间参量.

（2）水平位移（POSITION）：用于调节光迹在水平方向的位置.

（3）电平（LEVEL）：用于调节被测信号在变化至某一电平时触发扫描. 使扫描频率 f_x 跟随信号频率 f_y 作微小改变，以保持 f_x 与 f_y 成整数倍关系，在屏幕上显示出完整的稳定波形.

（4）扫描方式（SWEEP MODE）：选择产生扫描的方式.

自动（AUTO）：当无触发信号输入时，屏幕上显示扫描光迹，一旦有触发信号输入，电路自动转换为触发扫描状态，调节电平可使波形稳定地显示在屏幕上，此方式适合观察频率在 50 Hz 以上的信号.

常态（NORM）：无信号输入时，屏幕上无光迹显示，有信号输入时，且触发电平旋钮在合适位置上，电路被触发扫描. 当被测信号频率低于 50 Hz 时，必须选择该方式.

锁定：仪器工作在锁定状态后，无须调节电平即可使波形稳定地显示在屏幕上.

单次：用于产生单次扫描，进入单次状态后，按动复位键，电路工作在单次扫描方式，扫描电路处于等待状态，当触发信号输入时，扫描只产生一次，下次扫描需再次按动复位键.

（5）触发源（TRIGGER SOURCE）：用于选择不同的触发源.

在双踪显示时，CH1（或 CH2）通道指示灯亮，表示触发信号来自 CH1（或 CH2）通道. 单踪显示时，触发信号则来自被显示的通道.

交替指示灯亮，表示在双踪交替显示时，触发信号交替来自两个 Y 通道，此方式用于同时观察两路不相关的信号.

常态：此灯亮时表示用于一般常规信号的测量.

外接：当选择外触发方式时，外接指示灯亮，这时触发信号由外触发输入插座（EXT INPUT）端口输入.

三、信号源

函数信号发生器是一种新型高精度信号源，频率范围为 0.2 Hz ~ 3 MHz，共分为 7 挡 10 进制，输出波形有正弦波、方波、三角波三种. 其前面板如图 6.33.7 所示.

输出电压的大小由 LED 数字显示，最大输出电压为 $20U_{\text{p-p}}$（负载电阻为 1 MΩ 时：直读；负载电阻为 50 Ω 时：读数除以 2），另有衰减开关使输出电压衰减. 经衰减后输出电压的大小为电压表读数除以衰减倍数. 输出衰减的示数以分贝值（dB）表示，分贝值与衰减倍数的关系为

$$分贝值 = 20 \log_{10} \frac{U}{U_{输出}}$$

其中 U 为未经衰减器的电压，由面板上数字电压表读出，示值为峰-峰值. $U_{输出}$ 为经过衰减器后的输出电压峰-峰值. 例如：电压表示数为 3.6 V，"输出衰减"指示为 40 dB，则有 $40 = 20 \log_{10} \frac{3.6 \text{ V}}{U_{输出}}$，$U_{输出} = \frac{3.6}{10^2}$ V = 0.036 V.

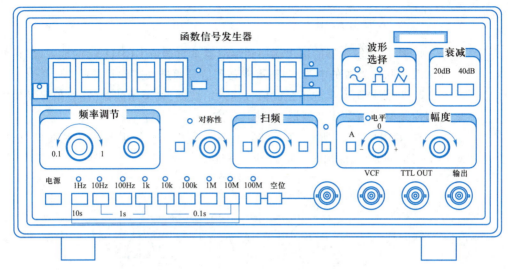

图 6.33.7　函数信号发生器面板图

【实验内容及步骤】

一、示波器调整

1. 将示波器面板上各控制器置于表 6.33.1 的作用位置,然后将探极接在垂直通道 1 CH1(X)的输入端口,探极另一端的正极接在探极校准信号(PROBE AD-JUST)端口,负极接在机壳接地端.

表 6.33.1　各控制器作用位置

控制器名称	作用位置	控制器名称	作用位置
辉度　INTENSITY	居中	输入耦合	DC
聚焦　FOCUS	居中	扫描方式　SWEEP MODE	自动
位移(三只)POSITION	居中	极性　SLOPE	⌐⧸
垂直方式　MODE	CH1	扫描速率选择　SEC/DIV	0.5 ms
通道灵敏度选择　VOLTS/DIV	0.1 V	触发源　TRIGGER SOURCE	CH1
微调(三只)VARIABLE	逆时针旋足	耦合方式　COUPLING	AC 常态

探极具有 ×1 和 ×10 两种输入功能. 在 ×1 状态下,从探极输入示波器的信号幅度不变. 在 ×10 状态下,输入信号幅度被衰减为原信号的十分之一.

2. 接通电源,指示灯点亮,稍待片刻,仪器进入正常工作状态.

3. 调节辉度旋钮和聚焦旋钮,此时屏上出现不同步的校准信号方波,辉度不宜太亮,以免损伤荧光物质.

4. 将电平(LEVEL)旋钮逆时针转动直至方波稳定(同步),然后将方波移至荧光屏中间. 如果屏上显示的方波 Y 轴坐标刻度为 5 DIV(大格),X 轴坐标刻度为 10 DIV(大格),说明示波器性能基本正常. 如果不符,应向教师反映,调节正常后,才能进行测量.

二、示波器应用

1. 将信号发生器的输出端接到示波器垂直通道 1 CH1(X)的输入端口,然后打开示波器和信号源的电源,调整示波器和信号源进入工作状态.

2. 将信号源发出的正弦波信号输入示波器,调节示波器(注意信号发生器频率与扫描频率),观察正弦波形,并使其稳定.

3. 如图 6.33.8 所示,在示波器上调节出大小适中、稳定的正弦波形,选择其中一个完整的波形,测出垂直格数、记录挡位.

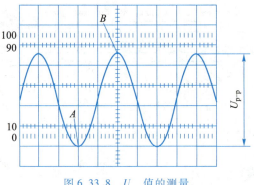

图 6.33.8　U_{p-p} 值的测量

4. 如图 6.33.9 所示,在示波器上调节出大小适中、稳定的正弦波形,选择其中一个完整的波形,测出水平格数、记录挡位.

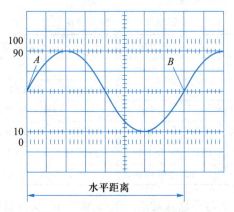

图 6.33.9　正弦波周期的测量

5. 把扫描速率选择开关(水平挡位)逆时针旋足至 X-Y 挡,将示波器后面板上信号输出端的信号送入垂直通道 1 CH1(X)的输入端口,将信号源的信号送入垂直通道 2 CH2(Y)的输入端口. 改变此信号的频率,可在示波器上看到李萨如图形.

6. 将测量数据记入书后的数据记录表中.

【数据处理】

1. 算出正弦波电压的峰-峰值 U_{p-p} = 垂直距离(DIV)×挡位(V/DIV)×探头衰

减率.

2. 算出正弦波的周期 T, T = 水平距离(DIV)×挡位(s/DIV),然后求出正弦波的频率 $f = \dfrac{1}{T}$.

3. 取 f_y : f_x 分别为 1、2、3、1/2、1/3 和 3/2,求出被测信号的频率.

【分析讨论】

1. 如果打开电源开关后,在屏幕上既看不到扫描线又看不到光点,可能有哪些原因?应分别作怎样的调节?

2. 示波器能否用来测量直流电压?如果能测,则应如何进行?

【总结与思考】

通过 1~2 个实例说明与本实验使用方法不同的示波器的应用.

实验 34　地磁场磁感应强度的测量

我们生活的地球本身是一个磁体,其南极和北极则是磁极,磁性较强,我们称为磁北极和磁南极,分别用符号 N 和 S 表示.地球这个磁体中,远离南极和北极的其他地区磁性相对较弱不易测量.坡莫合金在弱磁场下的电阻变化较大,因此适合于弱磁场条件下的应用,如它在地磁导航、数字智能罗盘、位置测量、伪钞鉴别等方面都显示出巨大的优越性.此外,它还能用来制作高精度的转速传感器、压力传感器、角位移传感器等.目前国外已大批量生产以坡莫合金集成的磁阻传感器,并在工业、航天、航海、医疗仪器等多种仪器仪表方面有着广泛应用.本实验采用坡莫合金磁阻传感器测量地磁场磁感应强度水平分量、磁倾角 β 及地磁场总的磁感应强度.

【重点难点】

了解磁阻效应及磁阻效应传感器,学习弱磁场的测量方法.

【目的要求】

1. 了解磁阻效应和磁阻传感器的结构和原理.

2. 用磁阻传感器测定地磁场磁感应强度水平分量、磁倾角及地磁场磁感应强度.

【仪器装置】

磁阻效应测试仪,亥姆霍兹线圈,磁阻传感器,转盘等.

【实验原理】

1. 对地磁场的描述

表示空间某一点地磁场的方向和大小常用三个参量.

（1）磁感应强度水平分量 $B_{/\!/}$ 的大小：地磁场磁感应强度 B 在水平面上的投影大小.

（2）磁倾角 β：地磁场磁感应强度 B 与水平面之间的夹角. 各地磁倾角不同，在地磁极处，$\beta=90°$.

（3）磁偏角 α：磁针静止时所指的方向跟地球南北方向之间的夹角叫磁偏角. 我国宋朝科学家沈括在他所写的《梦溪笔谈》中，最早记载了磁偏角，"方家（术士）以磁石磨针锋，则能指南，然常微偏东，不全南也."

测量地磁场的这三个参量，就可确定某一地点的地磁场磁感应强度 B 的方向和大小. 当然这三个参量的数值随时间不断地改变，但这一变化极其缓慢微弱. 值得注意的是地球磁场不是孤立的，它受到外界扰动的影响，地球磁层是一个颇为复杂的问题，其中的物理机制有待深入研究. 随着科学技术的发展，人类渴望全面认识地球的强烈愿望将逐步成为现实.

2. 磁阻效应

物质在磁场中电阻发生变化的现象称为磁阻效应. 磁阻效应有普通磁阻效应和各向异性磁阻效应之分. 对于一些铁磁性物质（铁、钴、镍及其合金），先将其磁化，之后置于外磁场中，当外加磁场平行于铁磁性物质内部磁化方向时，电阻几乎不随外加磁场变化；当外加磁场偏离铁磁性物质内部磁化方向时，电阻减小. 铁磁性物质电阻随外磁场方向不同而发生变化，此种效应称为各向异性磁阻效应. 实验表明，这类铁磁性物质的电阻与磁化强度矢量 M 和电流 I 的夹角 θ 有关，它们的关系为

$$R(\theta)=R_{\perp}+(R_{/\!/}+R_{\perp})\cos^2\theta \qquad (6.34.1)$$

式（6.34.1）中 $R_{\perp}$ 表示磁化强度矢量 M 和电流 I 垂直时的电阻，$R(\theta)$ 表示磁化强度矢量 M 和电流 I 夹角为 θ 时的电阻. 由于 $R''(\theta)\propto\cos2\theta$，故有 $\theta=45°$，$R''(\theta)=0$. 这表明，在 $\theta=45°$ 左右时

$$\Delta R\propto\Delta\theta \qquad (6.34.2)$$

如果外磁场使磁化强度矢量 M 方向发生变化，那么 M 与电流 I 的夹角 θ 将发生变化，将引起 $R(\theta)$ 的变化. 由于平行于 M 的外磁场磁感应强度 $B_{/\!/}$ 不会改变 M 与 I 的夹角，所以对电阻产生影响的是垂直于 M 矢量的 $B_{\perp}$ 部分，如图 6.34.1 所示. 对于铁磁性物质，虽然不遵循 $\Delta M=\chi_m H$，但如果磁场强度 H 较小，并在极小范围内变化，可认为 ΔM 与 H 成正比，所以有

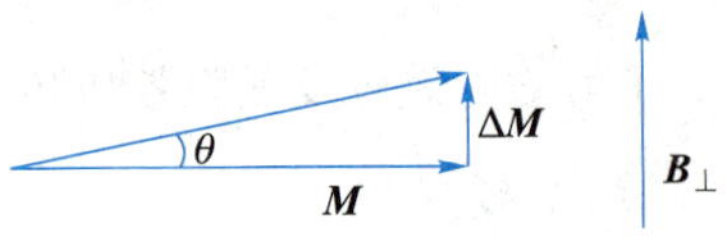

图 6.34.1 外加磁场对 θ 的影响

$$\Delta\theta\propto B_{\perp} \qquad (6.34.3)$$

由式（6.34.2）和式（6.34.3）有

$$\Delta R\propto B_{\perp} \qquad (6.34.4)$$

3. 磁阻传感器

磁阻传感器的电路如图 6.34.2 所示. 图中所加外磁场导致右对角两个电阻的磁化方向与电流夹角减小，电阻增大，左对角的两个电阻情况恰好相反，从而桥路形成电压. 电压大小为

$$U_{ab} = \left(U_b - U_b\, \frac{R - \Delta R}{2R} \right) - \left(U_b - U_b\, \frac{R + \Delta R}{2R} \right) = U_b\, \frac{\Delta R}{R} \qquad (6.34.5)$$

由式(6.34.4)和式(6.34.5)有

$$U_{ab} = KB_\perp + U_0 \qquad (6.34.6)$$

式中 K 为磁阻传感器的灵敏度.

　　由图 6.34.2 可知,当外加磁场方向与 M 平行时,桥路电压为零,当外加磁场方向与 M 垂直时,电压值最大,由此,定义与 M 垂直的方向为实验仪器的敏感方向.由于磁阻传感器只能感应到敏感方向上外界磁感应强度矢量的大小,实际上式(6.34.6)中 $B_\perp$ 指的是外界磁感应强度矢量在敏感方向上的投影,而不是外界磁感应强度矢量.

　　为了确定磁阻传感器的灵敏度,即式(6.34.6)中 K 的大小,需要有一个标准磁场来定标.亥姆霍兹线圈的特点是能在其轴线中心点附近产生较宽范围的均匀磁场区,亥姆霍兹线圈公共轴线中心点位置的磁感应强度由下式给出:

$$B = \frac{\mu_0 NI}{r} \frac{8}{5^{3/2}} \qquad (6.34.7)$$

式(6.34.7)中 N 为线圈匝数, I 为线圈流过的电流大小, r 为亥姆霍兹线圈的平均半径, μ_0 为真空磁导率.真空磁导率 $\mu_0 = 4\pi \times 10^{-7}\,\mathrm{N/A^2}$.

　　图 6.34.3 是本实验用的仪器装置.

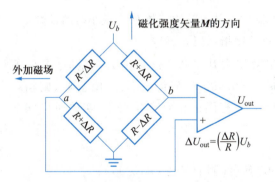

图 6.34.2　磁阻传感器的核心电路

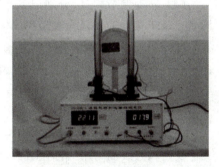

图 6.34.3　用磁阻传感器测量地磁场的装置

【实验内容及步骤】

1. 测量磁阻传感器的灵敏度 K

（1）调整转盘至水平,此时磁阻传感器（简称传感器）在亥姆霍兹线圈公共轴线中点.把转盘刻度调节到角度 $\theta = 0°$,此时使传感器的敏感方向与亥姆霍兹线圈磁感应强度方向平行.

（2）接通仪器主机电源,主机恒流源逆时针旋至最小,磁阻传感器输出复位、调零.

（3）将亥姆霍兹线圈通入励磁电流,用亥姆霍兹线圈产生的磁场作为已知量,测量磁阻传感器的灵敏度 K. 设正向输出电压 U_1 是指励磁电流正向输入时测得的磁阻传感器产生的输出电压,而反向输出电压 U_2 是指励磁电流为反向时传感器的输出电压. 改变电流方向时,应先调节电流输出为零,再改变电流输入方向. 当励磁电流分别取 10.00 mA,20.00 mA,⋯,70.00 mA 时,测量 U_1 和 U_2.

2. 测量地磁场磁感应强度水平分量 $\boldsymbol{B}_{/\!/}$

(1) 将亥姆霍兹线圈与直流电源的连接线拆去,调节底座上螺丝使转盘水平(把水平仪放于转盘上).

(2) 调节角游标对准零刻度线($\theta=0°$),水平转动实验装置底座,找到传感器输出电压最大方向,由公式 $U_{\text{out}}=U_0+KB$,当传感器敏感方向与地磁场磁感应强度水平分量 $\boldsymbol{B}_{/\!/}$ 的方向平行时,电压输出极值,说明此时传感器敏感方向与地磁场磁感应强度水平分量 $\boldsymbol{B}_{/\!/}$ 的方向一致.

(3) 记录此时传感器输出最大电压 U_1 后,再旋转带有磁阻传感器的内转盘约 180°,找到传感器输出电压最小方向,记录传感器输出最小电压 U_2.

3. 测量地磁场的磁感应强度 $\boldsymbol{B}_{总}$,地磁场磁感应强度的垂直分量 $\boldsymbol{B}_{\perp}$ 及磁倾角 β

(1) 保持传感器敏感方向与地磁场磁感应强度的水平分量的方向一致(即在实验内容及步骤 2 的基础上做这部分内容).

(2) 将带有磁阻传感器的转盘平面调整为竖直,此时转盘面与地磁场的磁感应强度 $\boldsymbol{B}_{总}$ 平行.

(3) 转动调节转盘,分别记下传感器输出最大时的读数 U_1' 和最小时的读数 U_2',同时记录传感器输出最大和最小时转盘角度指示值 β_1 和 β_2.

注意:测量磁倾角 β 时,应取多组数据求其平均. 这是因为测量时,若偏差 1°,则传感器电压输出相对变化为 $\cos 1°=0.9998$,变化很小;若偏差 4°,则相对变化为 $\cos 4°=0.998$. 所以在偏差 1° 至 4° 范围内相对变化很小,实验时应仔细测量.

实验参量数据:

亥姆霍兹线圈每个线圈匝数 $N=500$ 匝,线圈的半径 $r=10.00$ cm.

亥姆霍兹线圈轴线上中心位置的磁感应强度为(二个线圈串联):

$$B=\frac{\mu_0 NI}{r}\cdot\frac{8}{5^{\frac{3}{2}}}=\frac{4\pi\times10^{-7}\times500\times8}{0.100\times5^{\frac{3}{2}}}\cdot I=44.96\times10^{-4}I$$

式中 B 为磁感应强度,单位为 T(特斯拉);I 为通过线圈的电流,单位为 A(安培).

【注意事项】

1. 测量地磁场水平分量,须将转盘调节至水平;测量地磁场磁感应强度 $\boldsymbol{B}_{总}$ 和磁倾角 β 时,须在确定 $\boldsymbol{B}_{/\!/}$ 方向的基础之上进行.

2. 实验仪器周围一定范围内不应存在铁磁金属物体,以保证测量结果的准确性.

3. 外磁场较小时,撤去外磁场后,传感器电阻磁化方向会恢复初始状态(敏感方向与之垂直,也随之恢复),但磁阻传感器遇强磁场时,会改变传感器电阻磁化方向,无法自行恢复,使灵敏度降低. 这时可按"复位"按钮使其恢复到原灵敏度,其作用原理是传感器中有电流环产生强磁场使合金的磁化强度矢量恢复到原始状态.

4. 带有磁阻传感器的转盘平面的水平和竖直调节要仔细到位,以免影响测量结果.

【数据处理】

1. 测量磁阻传感器的灵敏度 K

由 $U_1 = U_0 + K(B_1 + B_2)$ 和 $U_2 = U_0 + K(-B_1 + B_2)$,求得 $\bar{U} = (U_1 - U_2)/2 = KB_1$. 其中,$B_1$ 是亥姆霍兹线圈在中心处的磁感应强度大小,B_2 是地磁场磁感应强度在传感器敏感方向上的投影. 作图进行拟合,求出该磁阻传感器的灵敏度 K,或用计算器进行最小二乘法拟合.

2. 测量地磁场磁感应强度水平分量 $\boldsymbol{B}_{//}$

由 $|U_1 - U_2|/2 = KB_{//}$,求得当地地磁场磁感应强度水平分量 $\boldsymbol{B}_{//}$ 的大小.

3. 测量地磁场的磁感应强度 $\boldsymbol{B}_{总}$,磁感应强度垂直分量 $\boldsymbol{B}_{\perp}$ 及磁倾角 β

由磁倾角 $\beta = (\beta_1 + \beta_2)/2$ 计算 β 的值. 由 $|U_1' - U_2'|/2 = KB$,计算地磁场磁感应强度 $B_{总}$ 的值. 并计算地磁场磁感应强度垂直分量的值 $B_{\perp} = B_{总}\sin\beta$.

【分析讨论】

1. 什么是磁阻效应?
2. 说明磁阻传感器的结构特点.
3. 如果在测量地磁场时,在磁阻传感器周围放一个铁钉,对测量结果将产生什么影响?

【总结与思考】

带有磁阻传感器的转盘平面的水平和竖直对测量结果是否有影响? 若有影响,影响来自哪些方面?

实验 35　霍尔效应及霍尔元件基本参量的测量

霍尔效应是霍尔(E. H. Hall,1855—1938)于 1879 年在一次偶然的实验中发现的. 霍尔的发现震动了当时的科学界,许多科学家转向了这一领域. 不久就发现了埃廷斯豪森(Ettingshausen)效应、能斯特(Nernst)效应、里吉-勒迪克(Righi-Leduc)效应和不等势电势差四种副效应. 霍尔效应在科学实验和工程技术中得到了广泛应用.

【重点难点】

1. 霍尔电压是如何产生的？它与哪些因素有关？

2. 用霍尔效应鉴别半导体中载流子的类型.

3. 学习用"对称测量法"消除副效应的方法.

【目的要求】

1. 了解霍尔效应实验原理以及有关霍尔元件对材料的要求.

2. 学习用"对称测量法"消除副效应的影响,测量试样的 U_H-I_S 和 U_H-I_M 曲线.

3. 确定试样的导电类型、载流子浓度以及迁移率.

【仪器装置】

霍尔效应实验仪,霍尔效应测试仪.

【实验原理】

霍尔效应从本质上讲是运动的带电粒子在磁场中受洛伦兹力作用而引起的偏转. 置于磁场中的载流体,如果电流方向与磁场垂直,则在垂直于电流和磁场的方向会产生一个附加的横向电场,即霍尔电场 E_H,这个现象被称为霍尔效应. 如图 6.35.1 所示的半导体试样,若在 x 方向通以电流 I_S,在 z 方向加磁场 B,则在 y 方向(即试样 A、A'电极两侧)将因异号电荷的聚集而产生附加电场,电场的指向取决于试样的导电类型. 对图 6.35.1(a)、(b)所示的 N 型、P 型试样,霍尔电场方向如图 6.35.1 所示,即有:若 $E_H(y)<0$,则半导体试样为 N 型;若 $E_H(y)>0$,则半导体试样为 P 型.

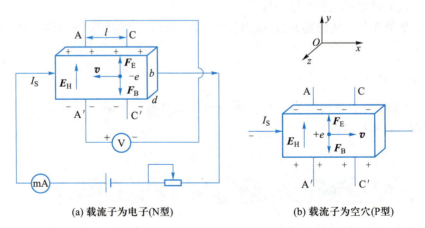

(a) 载流子为电子(N型)　　　　(b) 载流子为空穴(P型)

图 6.35.1　霍尔效应实验原理示意图

显然,霍尔电场 E_H 阻止载流子继续向侧面偏移,当载流子所受的横向电场力 eE_H 与洛伦兹力 $e\bar{v}B$ 相等,样品两侧电荷的积累就达到动态平衡,故有

$$eE_H = e\bar{v}B \tag{6.35.1}$$

式(6.35.1)中,$\overline{v}$ 是载流子在电流方向上的平均漂移速度.

设试样的宽为 b,厚度为 d,载流子数密度为 n,则

$$I_S = ne\overline{v}\,bd \tag{6.35.2}$$

由式(6.35.1)、式(6.35.2)可得

$$U_H = E_H b = \frac{1}{ne}\frac{I_S B}{d} = R_H \frac{I_S B}{d} \tag{6.35.3}$$

即霍尔电压 U_H(A、A′电极之间的电压)与 $I_S B$ 成正比,与试样厚度 d 成反比. 比例系数 $R_H = \frac{1}{ne}$ 称为霍尔系数,它是反映材料霍尔效应强弱的重要参量.

$$R_H = \frac{U_H d}{I_S B} \times 10^4 (\mathrm{cm}^3 \cdot \mathrm{C}^{-1}) \tag{6.35.4}$$

式(6.35.4)中的 10^4 是由于磁感应强度 B 的单位是国际单位制单位.

霍尔系数 R_H 与其他参量间的关系:

1. 由 R_H 的符号(或霍尔电压的正负)判断样品的导电类型. 判别的方法是按图 6.35.1 所示的 I_S 和 $\boldsymbol{B}$ 的方向,若测得的 $U_H = U_{A'A} < 0$,即点 A 点电势高于 A′点的电势,则 R_H 为负,样品属 N 型;反之则样品为 P 型.

2. 由 R_H 求载流子数密度 n. 假定所有载流子都具有相同的漂移速度,则 $n = \frac{1}{|R_H|e}$. 如果考虑载流子的速度统计分布,需引入 $\frac{3\pi}{8}$ 的修正因子(可参阅黄昆、谢希德所著的《半导体物理学》).

3. 结合电导率的测量,求载流子的迁移率 μ. 电导率 σ 与载流子数密度 n 以及迁移率 μ 之间有如下关系:

$$\sigma = ne\mu \tag{6.35.5}$$

即 $\mu = |R_H|\sigma$,测出 σ 值即可求 μ.

由上述可知,要得到较大的霍尔电压,关键是要选择霍尔系数大(即迁移率 μ 高、电阻率 ρ 亦较高)的材料. 因 $|R_H| = \mu\rho$,就金属导体而言,μ 和 ρ 均很低,而不良导体 ρ 虽高,但 μ 极小,因而上述两种材料的霍尔系数都很小,不能用来制造霍尔元件. 半导体 μ 高,ρ 适中,是制造霍尔元件较理想的材料,由于电子的迁移率比空穴迁移率大,所以霍尔元件多采用 N 型材料. 另外,霍尔电压的大小与材料的厚度成反比,因此薄膜型的霍尔元件的输出电压较片状霍尔元件要高得多. 就霍尔元件而言,其厚度是一定的,所以实际应用中采用 $K_H = \frac{1}{ned}$ 来表示元件的灵敏度,K_H 称为霍尔灵敏度,单位为 $\mathrm{V} \cdot \mathrm{A}^{-1} \cdot \mathrm{T}^{-1}$.

1. 霍尔电压 U_H 的测量

值得注意的是,在产生霍尔效应的同时,伴随着各种副效应,因此实验测得的 A、A′两极间的电压并不等于真实的霍尔电压 U_H,而是包含着各种副效应所引起的附加电压,必须设法消除副效应的影响. 根据副效应产生的机理可知,采用电流和磁场换向的对称测量法,基本上能把副效应的影响从测量结果中消除. 即在规定了电流和磁场正反方向后,分别测量由下列四组不同方向的 I_S 和 B 组合的 $U_{A'A}$(A′、A

两点的电势差)即:若+B,+I_S,则 $U_{A'A}=U_1$;若−B,+I_S,则 $U_{A'A}=U_2$;若−B,−I_S,则 $U_{A'A}=U_3$;若+B,−I_S,则 $U_{A'A}=U_4$. 可以得到

$$U_H = \frac{U_1 - U_2 + U_3 - U_4}{4} \tag{6.35.6}$$

通过上述的测量方法,虽然还不能消除所有的副效应的影响,但其引入的误差不大,可以忽略不计.

2. 电导率 σ 的测量

电导率 σ 可以通过图 6.35.1 所示的 A、C(或 A′、C′)电极进行测量,设 A、C 间的距离为 l,样品的横截面积为 $S=bd$,流经样品的电流为 I_S,在零磁场下,若测得 A、C 间的电势差为 U_σ(即 U_{AC}),电导率可由下式求得

$$\sigma = \frac{I_S l}{U_\sigma S} \tag{6.35.7}$$

图 6.35.2 是霍尔效应实验仪(简称实验仪)面板图. 上部是双线圈和霍尔元件,下部从左到右依次是工作电流控制及转换系统、霍尔电压与电导率测量及转换系统、励磁电流控制及转换系统. 仪器参量:励磁线圈 1 400 匝,有效直径 72 mm;两线圈中心距离 52 mm;移动尺横向移动距离 70 mm,纵向移动距离 25 mm;霍尔元件材料为 N 型砷化镓.

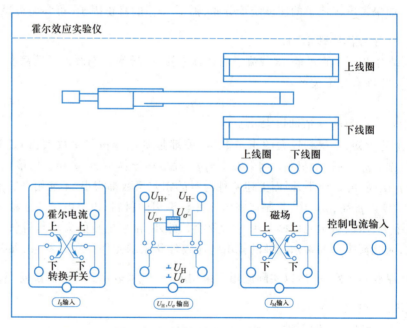

图 6.35.2　霍尔效应实验仪面板图

图 6.35.3 是霍尔效应测试仪(简称测试仪)面板. 上部是数据窗口,下部是接线柱和调节旋钮. 仪器参量:工作电流恒流源,$U=8$ V,$I_{max}=3$ mA,3 位半数显,输出电流准确度 0.5%. 励磁电流恒流源,$U=24$ V,$I_{max}=0.5$ A,3 位半数显,输出电流准确度 0.5%,励磁电流与磁感应强度对应情况见表 6.35.1. 直流电压表,量程

20 mV,分辨率 1 μV,3 位半 LED 显示,测量准确度 0.5%;量程 2 000 mV,分辨率 1 mV,3 位半 LED 显示,测量准确度 0.5%.

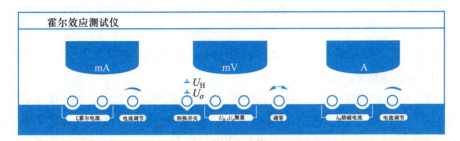

图 6.35.3　霍尔效应测试仪面板

表 6.35.1　励磁电流与磁感应强度对应表

励磁电流 I_M/A	0.1	0.2	0.3	0.4	0.5
中心磁感应强度 B/mT	2.25	4.50	6.75	9.00	11.25

【实验内容及步骤】

1. 根据仪器性能,连接测试仪与实验仪之间的各组连线

(1) 按照线路图连接测试仪与实验仪之间的各组连线

注意:① 严禁将测试仪的"I_M 输出"误接到实验仪的"I_S 输入"或"U_H,U_σ 输出"处,否则,一旦通电,霍尔元件样品即遭损坏! ② 样品共有三对电极,其中 A、A′或 C、C′用于测量霍尔电压 U_H,A、C 或 A′、C′用于测量电导,D、E 为样品工作电流电极. 样品的尺寸为:$d = 0.5$ mm,$b = 4.0$ mm,A、C 电极间距 $l = 3.0$ mm. ③ 霍尔元件放置在电磁铁空隙中间,在需要调节霍尔元件位置时,必须谨慎,切勿随意改变 y 轴方向的高度,以免霍尔元件与磁极面摩擦而受损.

(2) 置"测量选择"于 I_S 挡(放键),其变化范围为 0 ~ 10 mA 时电压表 U_H 所示读数为"不等势"电压值,它随 I_S 增大而增大,I_S 换向,U_H 符号改变(此乃"不等势"电压值,可通过"对称测量法"予以消除). 取 $I_S \approx 2$ mA.

(3) 置"测量选择"于 I_M 挡(按键),其变化范围为 0 ~ 1 A. 此时 U_H 值随 I_M 增大而增大,I_M 换向,U_H 符号改变(其绝对值随 I_M 流向不同而异,此乃副效应所致,可通过"对称测量法"予以消除). 至此,应将"I_M 调节"旋钮置零位(即逆时针旋到底).

(4) 放开"测量选择"键,再测 I_S,调节 $I_S \approx 2$ mA,然后将"U_H,U_σ 输出"切换开关拨向 U_σ 一侧,测量 U_σ 电压(A、C 电极间电压). I_S 换向,U_σ 亦换号. 这些说明霍尔样品的各电极工作均正常,可进行测量. 将"U_H,U_σ 输出"切换开关恢复至 U_H 一侧.

2. 测绘 U_H-I_S 曲线

将测试仪的"功能切换"置于 U_H,I_S 及 I_M 换向开关掷向上方,表明 I_S 及 I_M 均为正值(即 I_S 沿 x 方向,I_M 沿 y 方向);反之,则为负. 保持 I_M 值不变(取 $I_M = 0.500$ A),

改变 I_S 的值, I_S 取值范围为 $0.50 \sim 3.00$ mA.

3. 测绘 U_H–B 曲线

保持 I_S 值不变(取 $I_S = 3.00$ mA),改变 I_M 的值, I_M 取值范围为 $0.100 \sim 0.500$ A.

4. 测量 U_σ 值

将"U_H, U_σ 输出"拨向 U_σ 一侧,"功能切换"置于 U_σ. 在零磁场下($I_M = 0$),取 $I_S = 2.00$ mA,测量 U_{AC}(即 U_σ).

注意: I_S 取值不要大于 2 mA,以免 U_σ 过大使毫伏表超量程(此时首位数码显示为1,后三位数码不显示). U_H 和 U_σ 通过"功能切换"开关由同一只数字电压表进行测量. 电压表零位可通过调零电位器进行调整. 当显示器的数字前出现"–"时,被测电压极性为负值.

5. 确定样品导电类型

将实验仪三组双刀开关均掷向上方,即 I_S 沿 x 方向, B 沿 z 方向,用毫伏表测量电压为 $U_{A'A}$. 取 $I_S = 2.00$ mA, $I_M = 0.500$ A,测量 $U_{A'A}$ 的大小及极性,由此判断样品导电类型.

6. 将测量数据记入书后的数据记录表中

【数据处理】

1. 在坐标纸上画出 U_H–I_S 曲线和 U_H–B 曲线,从测试仪电磁铁的线圈上查出 B 与 I_M 之间的关系,并求出 R_H 值($I_S = 2.00$ mA, $I_M = 0.500$ A)及 n 和 μ 值.

2. 记下样品的相关参量 b、d、l,根据在零磁场下, $I_S = 1.00$ mA 时测得的 U_{AC}(即 U_σ)计算电导率 σ 及霍尔灵敏度 K_H.

3. 确定样品的导电类型(P 型还是 N 型).

【分析讨论】

1. 为什么霍尔效应在半导体中特别显著? 金属为何不宜制作霍尔元件?

2. 如何观察不等势电势差效应? 如何消除它? 实验中如何消除各种副效应?

3. 若已知霍尔样品的工作电流及磁感应强度 B 的方向,如何判断样品的导电类型?

4. 霍尔电压是怎样形成的? 它的极性与磁场和电流方向(或载流子数密度)有什么关系?

【总结与思考】

测量过程中哪些量要保持不变? 为什么?

实验36 变温霍尔效应

霍尔效应在半导体材料中比在金属中大几个数量级,引起人们对它的深入研究. 霍尔效应的研究在半导体理论的发展中起了重要的推动作用. 直到现在, 霍尔效应的测量仍是研究半导体性质的重要实验方法. 利用霍尔系数和电导率的联合测量, 我们可以研究半导体的导电机构(本征导电和杂质导电)、散射机构(晶格散射和杂质散射), 并可以确定半导体的一些基本参量, 如:半导体材料的导电类型、载流子浓度、迁移率大小、禁带宽度、杂质电离能等. 利用霍尔效应制成的元件, 称为霍尔元件, 也已广泛地用于测试仪器和自动控制系统中.

【重点难点】

变温霍尔效应测量原理和方法.

变温霍尔效应
实验仪器介绍

【目的要求】

1. 利用标定过的霍尔探头测定磁场.
2. 变温霍尔系数及霍尔参量的测量.
3. 根据变温测量的数据, 作 $|R_H| - 1/T$ 的曲线.

【仪器装置】

SV-12 型低温恒温器、CVM-200 型霍尔效应测试系统(图 6.36.1)、范德堡法样品或标准样品.

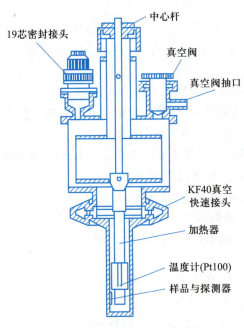

图 6.36.1　霍尔效应测试系统

【实验原理】

1. 霍尔效应

霍尔效应的产生原理及霍尔器件的基本参量见实验 35.

（1）两种载流子的霍尔系数

如果在半导体中同时存在数量级相同的两种载流子，那么，在计算霍尔效应时，就必须同时考虑两种载流子在磁场下偏转的效果.

在磁场作用下，电子和空穴本来都朝同一边积累，霍尔电场的作用是使它们中间一个加强，另一个减弱，这样，横向的电子电流和空穴电流大小相等，由于它们的电荷相反，所以横向的总电流为零.

假设载流子服从经典的统计规律，在球形等能面，只考虑晶格散射及弱磁场近似$[\mu \cdot B \ll 10^4, \mu$ 为迁移率，单位为 $cm^2/(V \cdot s), B$ 的单位为 T$]$ 的条件下，对于电子和空穴混合导电的半导体，可以证明

$$R_H = \frac{3\pi}{8q} \frac{p\mu_p^2 - n\mu_n^2}{(p\mu_p + n\mu_n)^2}$$

令 $w = \mu_n/\mu_p$，其中 μ_n、μ_p 为电子和空穴的迁移率，则有

$$R_H = \frac{3\pi}{8q} \frac{p - nw^2}{(p + nw)^2} \tag{6.36.1}$$

从式（6.36.1）可以看出：由 R_H 的符号可以判断载流子的类型，正为 P 型，负为 N 型；R_H 的大小可确定载流子的浓度；结合测得的电导率 $\sigma\left(\right.$即电阻率的倒数 $\left.\frac{1}{\rho}\right)$ 算出霍尔迁移率 μ_H

$$\mu_H = |R_H| \cdot \sigma = |R_H| \cdot \frac{1}{\rho} \tag{6.36.2}$$

μ_H 的单位与载流子的迁移率相同，为 $cm^2/(V \cdot s)$，其大小与载流子的电导迁移率有密切的关系.

（2）霍尔系数与温度的关系

实验中的样品是碲镉汞单晶，其在低温下是典型的 P 型半导体，而在室温下又是典型的 N 型半导体，相应的测试磁场并不高.

当温度不变时，载流子浓度不变，R_H 不会变化；当温度改变时，载流子浓度发生变化，R_H 也随之变化. 图 6.36.2 所示是半导体的霍尔系数随温度变化的关系. 纵坐标为 R_H 的绝对值，横坐标为 T 的倒数.

对于 P 型半导体，霍尔系数随温度变化的曲线包括四部分：

① 杂质电离饱和区：在图 6.36.2 中 1 段，所有的杂质都已电离，载流子浓度保持不变. $p \gg n$，则式（6.36.1）中 nw^2 可忽略，在这段区域内，可化简为

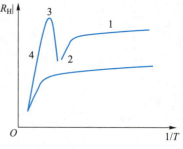

图 6.36.2 半导体的霍尔系数随温度变化的关系

$$R_H = \frac{3\pi}{8} \frac{1}{qp} = \frac{3\pi}{8} \frac{1}{qN_A} > 0$$

式中 N_A 为受主杂质浓度.

② 温度逐渐升高时,价带上的电子开始激发到导带,由于 $\mu_n > \mu_p$,所以 $w > 1$,当温度升到使 $p = nw^2$ 时,$R_H = 0$,即图 6.36.2 中 2 段.

③ 温度再升高时,更多的电子从价带激发到导带,$p < nw^2$ 而使 $R_H < 0$,式(6.36.1)分母增大,R_H 减小,将会达到一个负的极值(图 6.36.2 中 3 点). 此时,价带的空穴数 $p = n + N_A$,将其代入式(6.36.1),并求 R_H 对 n 的微商. 当 $n = \dfrac{N_A}{w-1}$ 时,R_H 达到极值

$$R_{H\min} = -\frac{3\pi}{8}\frac{1}{qN_A}\frac{(w-1)^2}{4w}$$

由式可见,当测得 $R_{H\min}$ 和杂质电离饱和区的 R_H,就可定出 w 的大小.

④ 当温度继续升高,达到本征范围时,半导体中载流子浓度大大超过受主杂质浓度,因此 R_H 随温度上升呈指数下降,R_H 只由本征载流子浓度 n_i 来决定,此时杂质含量不同或杂质类型不同的曲线都将聚合在一起,见图 6.36.2 中 4 段.

2. 用范德堡法测量半导体薄片的电阻率

图 6.36.3 是测量样品电阻率及霍尔系数所采用的两种接线方法. 通常接线方法采用的是标准样品法,为了测量准确,测量电压的接触点 P、N、C 要足够小,以保持电流沿 MO 方向均匀通过. 但是接触点过小,将会增大接触电阻,给测量带来一定的困难. 采用范德堡法,不仅样品形状可以任意选择,而且电压接触点也可以做得比较大. 本实验仪器中的两块样品均为范德堡法样品,其电阻率较低.

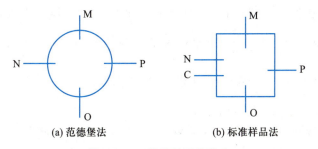

(a) 范德堡法   (b) 标准样品法

图 6.36.3   样品的两种接法

(1)标准样品的电阻率:

$$\rho = \frac{V_\sigma b d}{ll}(\Omega \cdot s) \tag{6.36.3}$$

其中:V_σ 为电导电压(正反向电流后测得的平均值),单位为 V;d 是样品厚度,单位为 m;b 是样品宽度,单位为 m;l 是样品电势引线 N 和 C 之间的距离,单位为 m;而 I 是通过样品的电流,单位为 A.

(2)范德堡法样品的电阻率:

$$\rho = \frac{\pi t}{2f\ln 2}(R_{MP,ON} + R_{MN,OP})$$

$$= \frac{\pi t}{4If\ln 2}(|V_{M1}| + |V_{M2}| + |V_{N1}| + |V_{N2}|) \tag{6.36.4}$$

其中:I 为通过样品的电流(假设在测量过程中使用了同样的样品电流),f 为形状因子,对于对称的样品引线分布,$f \approx 1$. $R_{MP,ON}$ 指 MP 方向通以电流,ON 两端的电阻;$R_{MN,OP}$ 指 MN 方向通以电流,OP 两端的电阻. V_M 指 MP 方向通以电流,ON 两端的电压,而 V_{M1} 和 V_{M2} 分别表示电流换向前后的电压;V_N 指 MN 方向通以电流,OP 两端的电压,而 V_{N1} 和 V_{N2} 分别表示电流换向前后的电压.

3. 霍尔效应中的副效应及其消除方法

在霍尔系数的测量过程中,伴随着下列一些副效应.

(1)埃廷斯豪森效应 P 型样品沿 OM 方向通过电流 I,在垂直样品方向加磁场 $\boldsymbol{B}$,则在 NP 方向产生温差:$T_N - T_P \propto BI$. 因为 N、P 端电极的材料和样品形成热电偶,于是电极 N 和 P 之间产生温差电动势 $V_E \propto BI$. V_E 和霍尔电压一样,与 I 和 $\boldsymbol{B}$ 的方向都有关系,这一效应称为埃廷斯豪森效应.

(2)能斯特效应 P 型样品沿 OM 方向通以电流,如果样品的电极 O、M 两端接触电阻不同,那么会产生不同的焦耳热,使 O、M 两端温度不同. 假设有热流 Q 沿 OM 方向流过样品,并在垂直样品方向加磁场 $\boldsymbol{B}$,沿着温度梯度 dT/dz 有扩散倾向的空穴受到磁场的偏转,正如霍尔效应那样,将会建立一个横向电场,同洛伦兹力相抗衡,则在 NP 方向电极 N 与 P 之间产生电势差 $V_N \propto \dfrac{dT}{dz} B \propto QB$,这一效应称为能斯特效应. V_N 的方向与磁场 $\boldsymbol{B}$ 方向有关,而与通过样品的电流 I 的方向无关.

(3)里吉-勒迪克效应 设 P 型样品沿 OM 方向有一温度梯度 dT/dz,空穴将倾向于从热端扩散到冷端. 在垂直样品方向加磁场时,与埃廷斯豪森效应相仿,在 NP 方向产生温差:$T_N - T_P \propto \dfrac{dT}{dz} B \propto QB$,同样,会在电极 N 和 P 之间引起一个温差电动势 $V_{RL} \propto \dfrac{dT}{dz} B \propto QB$,这一效应称为里吉-勒迪克效应,$V_{RL}$ 的方向与磁场的方向有关,而通过样品的电流 I 的方向无关.

由此可见,除了埃廷斯豪森效应以外,采用范德堡法测量霍尔电压时,可以通过磁场换向及电流换向的方法消除能斯特效应和里吉-勒迪克效应. 温度差的建立需要较长的时间(约几秒),因此样品电流如采用交流电,就可以有效地消除包括 V_E 在内的各种热磁效应.

【实验内容及步骤】

1. 磁场的标定

(1)系统中的 S_1 为已在室温下标定过的霍尔探头,室温下,用霍尔效应测试系统的样品选择键选择样品 S_1.

(2)使恒温器位于可换向永磁磁铁的中心,恒温器真空抽口垂直于商标面.

(3)因为霍尔探头最大电流为 10 mA,开机后快速将恒流源输出调到 mA 级.

(4)微微转动磁铁,使微伏表电压读数输出最大,固定磁铁,此即为永磁磁铁产生磁场的数值.

2. 室温下的霍尔测量

（1）将 19 芯电缆与恒温器连接好,用样品选择键选择碲镉汞单晶样品 S_2.

（2）调整样品电流到 50.00 mA,开机预热半小时.

（3）测量时,将恒温器放置在磁场正中心,按下开关 V_H,测霍尔电压 V_{H1},如果电压较小,改到 200 mV 或 20 mV 挡;按电流换向开关,测 V_{H2};将黑色的永磁磁铁转 180°后再测 V_{H3};电流换向,测 V_{H4}.

（4）将恒温器水平左移,使样品处的磁场为 0,按 V_M 开关,测 V_{M1};按电流换向开关,测 V_{M2}. 按 V_N 开关,测 V_{N1};按电流换向开关,测 V_{N2}.

3. 变温测量

（1）灌液氮前,认真检查,确保容器内无明显水迹.

（2）取出中心杆,注满液氮,等 15 分钟,待容器冷透后再将液氮补满;插入用液氮预冷透的中心杆. 液氮的有效高度 11 cm,有效容积 0.2 L,工作时间 4~6 小时.

（3）顺时针转动中心杆至最低位置,再回旋约 180°~720°,即可通过控温仪设定并自动调整加热器电流来获得 80~360 K 之间的各种中间温度. 中心杆旋高则冷量增大,适于较低温度的实验,需要快速降温时,可适当旋松或提起中心杆. 控温精度不理想时,请适当调整中心杆高度. 出厂试验控温精度达 ±0.1 K. 一般情况下,在 80~360 K 宽温区范围内,只需调中心杆高低 2~3 次即可. （如果实验人员不想从 80 K 低温测起,可先将控温设定在 270 K,再加液氮并及时插入中心杆,进行较高温度控温实验. ）

（4）等温度控制稳定后,重复实验内容及步骤 2,测得此温度点的各项霍尔参量.
（5）改变设定温度,测另一个温度点的霍尔参量.

【注意事项】

1. 经常检查并保证仪器电接地正常.
2. 霍尔探头最大电流为 10 mA!
3. 湿手不能触及过冷表面、液氮漏斗,防止皮肤冻粘在深冷表面上,造成严重冻伤! 灌液氮时应带厚棉手套. 如果发生冻伤,请立即用大量自来水冲洗,并按烫伤处理伤口.
4. 实验完毕,一定要拧松、提起中心杆,防止热膨胀损坏恒温器.

【数据处理】

计算室温和变温的霍尔参量.

【分析讨论】

1. 分别以 P 型、N 型半导体样品为例,说明如何确定霍尔电场的方向.
2. 霍尔系数的定义及其数学表达式是什么? 从霍尔系数中可以求出哪些重要参量?
3. 叙述载流子迁移率的物理意义.

4. 使用液氮时应注意什么?

【总结与思考】

分析比较室温和变温霍尔参量.

实验 37　用霍尔元件测量磁场

1879 年美国的霍尔在研究金属导电机理时发现了霍尔效应. 霍尔效应在半导体材料中现象十分明显,人们将半导体材料制成霍尔元件,并广泛地用于非电学量的测量、电动控制、电磁测量和计算装置等方面. 近年来,低温强磁场下的量子霍尔效应被认为是凝聚态物理领域的最重要发现之一. 目前,霍尔效应被用于测量光谱精细结构常量等. 本实验利用霍尔元件测量磁场.

【重点难点】

理解测量原理和方法.

【目的要求】

1. 掌握测量磁场的原理.
2. 学习用霍尔元件测量磁场的方法.

【仪器装置】

霍尔效应实验仪,霍尔效应测试仪.

【实验原理】

由霍尔效应实验仪的实验装置可知,当磁场的磁感应强度 B 与霍尔元件的面法线有一个夹角 θ 时,如图 6.37.1 所示,作用在霍尔元件上的有效磁场的大小实际上是磁感应强度在元件面法线方向的分量 $B\cos\theta$,此时,霍尔电压为

$$U_H = K_H I_S B \cos\theta$$

通常在使用时应调整霍尔元件两平面的方位,使 U_H 达到最大,即 $\theta = 0$,此时霍尔电压为 $U_H = K_H I_S B$,由此可得被测磁场的磁感应强度 B 的大小为

$$B = \frac{U_H}{K_H I_S} \tag{6.37.1}$$

式(6.37.1)中 K_H 是霍尔元件的灵敏度,可由实验 35 测出. 当工作电流极性改变时,霍尔电压的极性也随之改变;同样,当励磁电流极性改变,即磁感应强度方向改变时,霍尔电压的极性也将随之改变.

用霍尔元件测量圆线圈的磁场的基本电路如图 6.37.2 所示. 将霍尔元件置于待测磁场的相应位置,调整霍尔元件两平面的方位,使其面法线与磁场方向平行,

控制工作电流的大小,测量相应的霍尔电压值 U_{H} 即可.

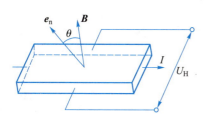

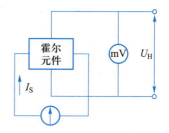

图 6.37.1　B 与霍尔元件面法线关系　　　　图 6.37.2　B 的基本测量电路

【实验内容及步骤】

1. 将励磁电流 I_{M}、工作电流 I_{S} 调为零,调节电压表使霍尔电压为 0 mV.

2. 将霍尔元件置于通电圆线圈中心,调节 $I_{\mathrm{M}}=500$ mA,调节 $I_{\mathrm{S}}=3.00$ mA,用实验 35 的方法,测量相应的霍尔电压 U_{H}.

3. 将霍尔元件从中心向边缘移动,每次左右移动 5 mm,测量相应的霍尔电压 U_{H}.

4. 将霍尔元件从中心向边缘移动,每次上下移动 5 mm,测量相应的霍尔电压 U_{H}.

5. 将测量数据记入书后的数据记录表中.

【数据处理】

根据式(6.37.1)算出所测点的磁感应强度,作 $B-x$ 图线,总结磁场分布规律.

【分析讨论】

1. 怎样做才能确定磁场的方向与霍尔元件的平面垂直?

2. 比较圆线圈中心水平方向的磁感应强度分布与圆线圈中心竖直方向的磁感应强度分布.

【总结与思考】

试判断,在其他条件一样时,温度提高,U_{H} 将变大还是变小? 由你判断的结果,设想霍尔元件还可有什么用途?

实验 38　铁磁材料的磁化曲线和磁滞回线的测绘

铁磁材料是一种性能特异、用途广泛的材料,远到太空探测开发,近到现代科技的发展,如通信、自动化仪表及控制等,无不用到铁磁材料. 铁磁材料(铁、钴、钢、镍、铁镍合金等)的磁性有两个显著的特点:一是在外磁场作用下能被强烈磁化,故磁导率 μ 很高,而且磁导率随磁场而变化;二是磁化过程有磁滞现象,即磁化场作用停止后,铁磁材料仍保留磁化状态.铁磁材料的磁化规律很复杂,因此要具体了解某种铁磁材料的磁性,就必须测出它的磁化曲线和磁滞回线.

【重点难点】

1. 测绘磁化曲线和磁滞回线的原理和方法.
2. 理解实验原理图及接线图.

【目的要求】

1. 加深对铁磁材料磁化特性的理解,比较两种典型的铁磁材料的动态磁化特性.
2. 测定样品的基本磁化曲线,作 μ–H 曲线,确定样品的 H_c、B_r、B_m、H_m 和 $[BH]$ 等参量.
3. 测绘样品的磁滞回线,估算其磁滞损耗.

【仪器装置】

智能磁滞回线测试仪,智能磁滞回线实验仪,示波器.

【实验原理】

1. 起始磁化曲线、基本磁化曲线和磁滞回线

图 6.38.1 为铁磁性物质(铁磁质)的磁感应强度 B 与磁化场强度 H 之间的关系曲线.当磁场 H 从零开始增加时,磁感应强度 B 随之缓慢上升,并当 H 增至 H_s 时,B 到达饱和值 B_s,$OabS$ 称为起始磁化曲线.由图 6.38.1 比较线段 OS 和 SR 可知,若 H 减小,B 相应也减小,但 B 的变化滞后于 H 的变化,这种现象称为磁滞.磁滞的明显特征是当 $H=0$ 时,B 不为零,而保留剩磁 B_r.

当磁场反向从 0 逐渐变至 $-H_c$ 时,磁感应强度 B 消失,说明要消除剩磁,必须施加反向磁场.H_c 称为矫顽力,它的大小反映铁磁材料保持剩磁状态的能力,线段 RD 称为退磁曲线.

图 6.38.1 中的闭合曲线称为磁滞回线.当铁磁质处于交变磁场中时(如变压器中的铁芯),将沿磁滞回线反复被磁化→去磁→反向磁化→反向去磁.在此过程中要消耗额外的能量,并以热的形式从铁磁材料中释放,这种损耗称为磁滞损耗.可以证明,磁滞损耗与磁滞回线所围面积成正比.

应该说明,当初始态为 $H=B=0$ 的铁磁材料,在交变磁场强度由弱到强依次进行磁化,只有经过十几次反复磁化(称为"磁锻炼")以后,每次循环的回路才相同,形成一个稳定的磁滞回线.只有经"磁锻炼"后所形成的磁滞回线,才能代表该材料的磁滞性质.

由于铁磁材料磁化过程的不可逆性具有剩磁的特点,所以我们在测定磁化曲线和磁滞回线时,首先必须将铁磁材料预先退磁,以保证外加磁场 $H=0$ 时,$B=0$;其次,磁化电流在实验过程中只允许单调增加或减小,不可时增时减.

如图 6.38.2 所示,同一铁磁材料的一簇磁滞回线的顶点的连线称为铁磁材料的基本磁化曲线,由此可近似确定其磁导率 $\mu = B/H$,因 B 与 H 非线性,故铁磁材料的 μ 不是常量而是随 H 而变化的. 铁磁材料的相对磁导率可高达数千乃至数万,这一特点使它用途广泛.

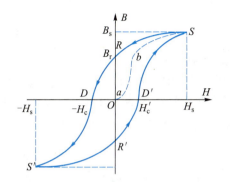

图 6.38.1　铁磁质起始磁化曲线和磁滞回线　　图 6.38.2　同一铁磁材料的一簇磁滞回线

磁性材料可分为软磁材料和硬磁材料. 软磁材料的磁滞回线狭长,矫顽力、剩磁和磁滞损耗均较小,是制造变压器、电机和交流磁铁的主要材料. 而硬磁材料的磁滞回线较宽,矫顽力大,剩磁强,可用来制造永磁体,应用在电表、录音机和静电复印等诸多方面.

2. 测量磁滞回线和基本磁化曲线

待测样品为 EI 型矽钢片,N 为励磁绕组,n 为用于测量磁感应强度 B 的绕组. R_1 为励磁电流取样电阻,L 为样品的平均磁路长度,设通过 N 的交流励磁电流为 i,根据安培环路定理,样品的磁化场强为

$$H = \frac{N}{LR_1} \cdot U_1 \qquad (6.38.1)$$

式(6.38.1)中的 N、L、R_1 均为已知常量,所以由 U_1 可确定 H.

在交变磁场下,样品的磁感应强度瞬时值 B 是测量绕组 n 和 $R_2 C_2$ 电路决定的,根据法拉第电磁感应定律,由于样品中的磁通 Φ 的变化,在测量线圈中产生的感生电动势的大小为 $\mathscr{E}_2 = n\dfrac{\mathrm{d}\Phi}{\mathrm{d}t}$,整理后可得到通过测量线圈的磁通为 $\Phi = \dfrac{1}{n}\int \mathscr{E}_2 \mathrm{d}t$,又由磁通的定义可得磁感应强度为

$$B = \frac{\Phi}{S} = \frac{1}{nS}\int \mathscr{E}_2 \mathrm{d}t \qquad (6.38.2)$$

式(6.38.2)中 S 为样品的截面积. 如果忽略自感电动势和电路损耗,则回路方程为

$$\mathscr{E}_2 = i_2 R_2 + U_2 \qquad (6.38.3)$$

式(6.38.3)中 i_2 为感生电流,U_2 为积分电容 C_2 两端电压. 设在 Δt 时间内,i_2 向电容 C_2 充电的电荷量为 Q,则

$$\mathscr{E}_2 = i_2 R_2 + \frac{Q}{C_2} \qquad (6.38.4)$$

如果选取足够大的 R_2 和 C_2,使 $i_2 R_2 \gg \dfrac{Q}{C_2}$,则有

$$\mathscr{E}_2 = C_2 R_2 \frac{\mathrm{d}U_2}{\mathrm{d}t} \tag{6.38.5}$$

由式(6.38.2)及式(6.38.5)可得

$$B = \frac{C_2 R_2}{nS} U_2 \tag{6.38.6}$$

式(6.38.6)中 C_2、R_2、n 和 S 均为已知常量,所以由 U_2 可确定 B.

综上所述,将 U_1 和 U_2 分别加到示波器的"X 轴输入"和"Y 轴输入"便可观察样品的 B-H 曲线;如将 U_1 和 U_2 加到测试仪的信号输入端便可测定样品的饱和磁感应强度 B_s、剩磁 R_r、矫顽力 H_c、磁滞损耗 $[BH]$ 以及磁导率 μ 等参量.

【实验内容及步骤】

1. 电路连接:选择样品,按实验仪所给的电路图连接线路,并令 $R_1 = 2.5\ \Omega$,"U 选择"置于 0. U_H(即 U_1)和 U_2 分别接示波器的"X 轴输入"和"Y 轴输入",插孔"⊥"为公共端.

2. 样品退磁:开启实验仪电源,顺时针方向转动"U 选择"旋钮,令 U 从 0 增至 3 V,然后逆时针方向转动旋钮,将 U 从最大值降为 0,其目的是消除剩磁,确保样品处于磁中性状态,即 $B = H = 0$.

3. 观察磁滞回线:开启示波器电源,令光点位于坐标网格中心,令 $U = 2.2\ \text{V}$,并分别调节示波器 X 轴和 Y 轴的灵敏度,使显示屏上出现图形大小合适的磁滞回线(若图形顶部出现编织状的小环,这时可降低励磁电压 U 予以消除).

4. 观察基本磁化曲线:按步骤 2 对样品进行退磁,从 $U = 0\ \text{V}$ 开始,逐挡提高励磁电压,将在显示屏上得到面积由小到大、一个套一个的一簇磁滞回线. 这些磁滞回线顶点的连线就是样品的基本磁化曲线,借助长余辉示波器,便可观察到该曲线的轨迹.

5. 接通实验仪和测试仪之间的连线,开启电源,对样品进行退磁后,依次测定 $U = 0.5\ \text{V}, 1.0\ \text{V}, \cdots, 3.0\ \text{V}$ 时的 10 组 H_m 和 B_m 值,作 μ-H 曲线.

6. 令 $U = 3.0\ \text{V}$,$R_1 = 2.5\ \Omega$,测定样品的 B_m、B_r、H_c 和 $[BH]$ 等参量.

7. 自行设计数据表格并记入实验数据.

【数据处理】

1. 观察、比较样品 1 和样品 2 的磁化性能.

2. 作 μ-H 曲线.

3. 取 H 和相应的 B 值,作 B-H 曲线(实验数据点可取 32 ~ 40 个点,即每象限 8 ~ 10 个点),并估算曲线所围面积.

【分析讨论】

1. 怎样对铁磁材料退磁和"磁锻炼"?两者在操作上有何区别?

2. 在确定磁滞回线上各点的 H 和 B 值时,为什么要严格保持示波器的 X 轴和 Y 轴增益在显示该磁滞回线的位置上?

3. 观察样品 1 和样品 2 的磁滞回线的不同,说明样品 1 和样品 2 的磁性区别. 哪个样品为软磁材料,哪个样品为硬磁材料?

4. 怎样使样品完全退磁,即如何使其处在 $H=0$,$B=0$ 的点上?

【总结与思考】

1. 从 B-H 磁化曲线与 μ-H 曲线中可以了解哪些磁特性?

2. 什么是磁化过程的不可逆性? 要得到正确的磁滞回线,最需要注意的应该是什么问题?

实验 39　巨磁电阻效应及其应用

材料在一个微弱的磁场变化下产生巨大电阻变化的物理现象即为巨磁电阻效应. 产生巨磁电阻效应的材料是由铁磁材料和非磁材料薄层交替叠合而成,是一种层状的磁性薄膜结构材料.

利用材料的巨磁电阻效应,研制出了新一类磁电阻传感器——巨磁电阻(GMR)传感器. 与传统的磁电阻传感器相比,巨磁电阻传感器具有灵敏度高、可靠性好、测量范围宽、体积小等优点,有广泛的应用前景. 巨磁电阻效应也被成功地运用在硬盘存储能力上. 法国科学家艾尔伯·费尔和德国科学家彼得·格林贝格尔因分别独立发现巨磁电阻效应而共同获得 2007 年诺贝尔物理学奖.

巨磁电阻效应是一种量子力学效应(电子自旋). 巨磁电阻效应的发现使得电子的自旋自由度第一次被应用到人们的生活中,打开了新的科学和技术的大门,对数据存储和磁传感器的发展产生了巨大影响.

【重点难点】

巨磁电阻传感器原理及其特性,巨磁电阻传感器的灵敏度计算.

【目的要求】

1. 了解巨磁电阻效应原理,掌握巨磁电阻传感器原理及其特性.
2. 学习巨磁电阻传感器的定标方法,用巨磁电阻传感器测量弱磁场.
3. 测量巨磁电阻传感器的灵敏度与工作电压和敏感轴的关系.

【仪器装置】

巨磁电阻传感器;传感器工作电源;亥姆霍兹线圈(线圈有效半径 110 mm;单个线圈匝数 500 匝;二线圈中心间距 110 mm).

【实验原理】

1. 巨磁电阻效应原理

巨磁电阻材料是由多层薄膜叠加而成. 其中一层是超薄的铁磁材料(Fe,Co,Ni等),紧邻的一层是超薄的非磁性导体层(Cr,Cu,Ag等). 这种多层膜的电阻会随外磁场变化而显著改变. 根据导电的微观机制,电子在导电时并不是沿电场直线前进的,而是不断与其他粒子产生碰撞,每次碰撞后电子都会改变运动方向,总的运动是电场对电子的定向加速与这种无规散射运动的叠加. 定义电子在两次碰撞之间走过的平均路程为平均自由程. 电子在运动时会受到散射而产生电阻. 若电子碰撞概率小,则平均自由程长,电阻率低. 当材料的厚度只有几个原子时,电子在边界的散射大大增加,这导致在非常薄的材料中平均自由程较短,导体的电阻率会显著增加.

实验发现电子还有自旋特性. 当没有外界磁场作用时,巨磁电阻的这两层磁性材料的磁化是相反的. 如图 6.39.1 所示,深色代表磁性层,浅色代表非磁性层. 实验证明,在过渡金属中,自旋磁矩与材料的磁场方向平行的电子,所受散射概率远小于自旋磁矩与材料的磁场方向反平行的电子. 这样在无外磁场时,无论电子的初始自旋状态如何,从一层磁膜进入另一层磁膜时,多半会碰撞发生散射,电子很难穿过,从而导致了材料具有相对高的电阻率.

如果外加磁场,两个磁性层之间磁化方向相同. 如图 6.39.2 所示,这种条件下,自旋与材料的磁场方向平行的电子,便容易通过巨磁电阻材料,导致巨磁电阻材料的电阻率降低. 而自旋反平行的电子散射概率大,对应高电阻. 这样两类自旋电流的并联电阻类似于一个小电阻与一个大电阻的并联,对应于低电阻状态. 这样,材料的电阻在有外磁场作用时较之无外磁场作用时存在巨大变化.

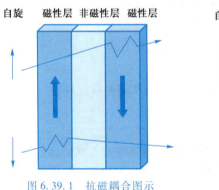
图 6.39.1　抗磁耦合图示

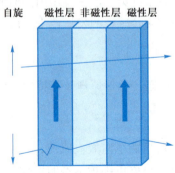
图 6.39.2　顺磁耦合图示

2. 巨磁电阻传感器原理

巨磁电阻传感器是由四个巨磁电阻(GMR)构成的惠斯通电桥结构,如图 6.39.3 所示(其中 $R_1 = R_4, R_2 = R_3$).

将处在电桥对角位置的两个电阻 R_2 和 R_3 覆盖一层(镀层)高导磁率的材料如坡莫合金,以屏蔽外磁场对它们的影响. 若外界不加磁场,则电压表输出电压为零.

当外界磁场作用时，R_1 和 R_4 阻值随外磁场改变，而另两个电阻值保持不变，这样电压表就有一个信号输出. 于是输出电压：

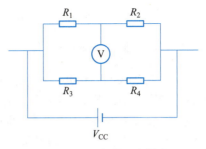

$$V_i = V_{cc}\frac{R_2 - R_1}{R_2 + R_1} = V_{cc}\frac{\Delta R}{2R_2 - \Delta R} \quad (6.39.1)$$

因为 ΔR 与磁场有关，所以 $V_i = V_{cc}f(B)$
从而得到：

$$\Delta V_i = V_{cc}f'(B)\Delta B \quad (6.39.2)$$

图 6.39.3　惠斯通电桥在传感器中的应用

根据传感器灵敏度定义 $\delta = f'(B)$，可得灵敏度计算公式：

$$\delta = \frac{\Delta V_i}{\Delta B \times V_{工作电压}} \quad (6.39.3)$$

将垂直于传感器管脚的方向定义为巨磁电阻传感器的敏感轴方向. 在相同场强下，当外磁场方向平行于传感器敏感轴方向时，传感器的输出信号最大. 当外场强方向偏离传感器敏感轴方向时，传感器输出信号与偏离角度成余弦关系. 因此传感器灵敏度与偏离角度成余弦关系：

$$\delta(\theta) = \delta(0)\cos\theta \quad (6.39.4)$$

3. 亥姆霍兹线圈的磁场分布

亥姆霍兹线圈为两个相同线圈彼此平行且共轴，使线圈上通以同方向电流 I，如图 6.39.4 所示.

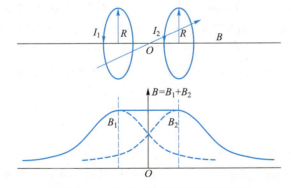

图 6.39.4　亥姆霍兹线圈的磁场分布图

理论计算证明：线圈间距等于线圈半径 R 时，两线圈合磁场在轴上离中心点距离为 x 处的磁感应强度为

$$B = \frac{1}{2}\mu_0 NIR^2\left\{\left[R^2 + \left(\frac{R}{2} + x\right)^2\right]^{-3/2} + \left[R^2 + \left(\frac{R}{2} - x\right)^2\right]^{-3/2}\right\} \quad (6.39.5)$$

$-R/2 \sim R/2$ 范围内磁场是比较均匀的，这时选取亥姆霍兹线圈中心点处磁感应强度为外界磁感应强度：

$$B = \frac{\mu_0 N_0 I}{R} \times \frac{8}{5^{3/2}} \quad (6.39.6)$$

实验取:$N_0 = 500$ 匝,$R = 0.11$ m,$\mu_0 = 4\pi \times 10^{-7}$ H/m.

【实验内容及步骤】

1. 将传感器转盘的角度指示转到 0 刻度上,使传感器敏感轴与亥姆霍兹线圈共轴,将显示"切换功能"移动到"V_{CC}端",将"工作电压"调到 5 V,将励磁电流调到 350 mA. 静置 1 min,"励磁电流"调到 0. 将显示"切换开关"打到"V_i"端,对"输入信号"调零,依次按 30 mA 的量增加励磁电流值,将相应的输出电压记录在自拟表格中,记录励磁电流范围 0 ~ 300 mA.

2. 按步骤 1 中操作流程,分别测量工作电压 = 8 V、10V、12 V 时的传感器输出电压并将数据记入自拟表格中.

3. 按步骤 1 中的操作流程,设定工作电压 = 5.0 V,分别测量 $\theta = 10°$、30°、60°时的传感器输出电压和线圈轴上的磁感应强度;观察外磁场方向与传感器敏感轴方向夹角不同时,传感器的输出信号变化情况. 将数据记入自拟表格中.

【注意事项】

1. 关电源之前,将"励磁电流"调回到零.
2. 1 mT = 10 Gs.

自拟表格样例

【数据处理】

1. 根据实验内容及步骤 1 的数据计算线圈轴上相应的磁感应强度.

2. 根据工作电压 $U = 5$ V、8 V、10 V、12 V 的数据,绘制 U–B 曲线,并求出图中线性区的斜率 K(定标),计算巨磁电阻传感器的灵敏度:$\delta = K/U$(mV/ V·Gs).

3. 根据实验内容及步骤 3 的数据分别测绘 $\theta = 0$、10°、30°、60°时的 U–B 曲线,并求出图中线性区的斜率 K(定标),计算巨磁电阻传感器的灵敏度:$\delta = K/U$(mV/ V·Gs).

【分析讨论】

1. 什么是巨磁电阻效应?
2. 分析巨磁电阻传感器灵敏度与工作电压、敏感轴角度的关系.

【总结与思考】

浅析巨磁电阻传感器的设计原理,如何使用巨磁电阻传感器测弱磁场?

第7章
近代物理与应用性实验

实验 40　迈克耳孙干涉仪的调节和使用

迈克耳孙干涉仪
的调节和使用

迈克耳孙(A. A. Michelson,1852—1931)是美国著名的实验物理学家,1881 年迈克耳孙制成了第一台可以测定微小长度、折射率和光波波长的干涉仪. 迈克耳孙用这种干涉仪做了历史上极有价值的三个实验:1887 年他与莫雷(Morley,1838—1923)合作,完成了非常著名的迈克耳孙-莫雷"以太"漂移实验,实验结果否定了"以太"的存在,解决了当时关于"以太"的争论,并确定光速为定值,从而为爱因斯坦(Albert Einstein,1879—1955)创立狭义相对论铺平了道路;1896 年迈克耳孙和莫雷最早用干涉仪观察到氢的 H_α 线是双线结构,并系统地研究了光谱线的精细结构,这在现代原子理论中起了重要作用;迈克耳孙首次用干涉仪测得镉红线波长(λ = 643. 846 96 nm),并以此波长测定了标准米的长度(1 m = 1 553 164. 13 镉红线波长),为用自然基准(光波波长)来代替实物基准(铂铱米原器)准备了条件. 迈克耳孙因为精密光学仪器的研制和借助这些仪器所进行的光谱学和度量学研究等工作,获 1907 年诺贝尔物理学奖,成为第一位获得诺贝尔物理学奖的美国人.

迈克耳孙干涉仪是近代干涉仪的一个原型,在它基础上发展起来的特外曼(Twyman)干涉仪在制造高质量光学仪器的工厂中应用很广,可用于检测棱镜、透镜和平面镜的质量等. 又如用于风洞中研究气流变化的马赫-曾德尔(Mach – Zehnder)干涉仪以及现代蓬勃发展的各类干涉调制光谱仪也是以此为基础的,这些仪器在近代物理和计量技术中被广泛应用.

【重点难点】

1. 迈克耳孙干涉仪的结构和干涉光路.
2. 薄膜的等倾干涉和等厚干涉的特点.

【目的要求】

1. 了解迈克耳孙干涉仪的结构、原理,掌握调节方法.
2. 了解各类型干涉条纹的形成条件、花纹特点、变化规律及相互间的区别.
3. 用迈克耳孙干涉仪测量光源波长.
4. 用迈克耳孙干涉仪测量空气折射率.

【仪器装置】

迈克耳孙干涉仪,多束光纤激光源,数显空气折射率测量仪,观察屏.

【实验原理】

迈克耳孙干涉仪是根据分振幅干涉原理制成的双光束干涉的精密实验仪器. 它的主要特点是：两相干光束分离得很开；光程差的改变可以由移动一个反射镜（或在一光路中加入另一种介质）得到. 它由一套精密的机械传动机构和安装在一个很重的底座上的四片高质量的光学镜片构成，其外形如图 7.40.1 所示.

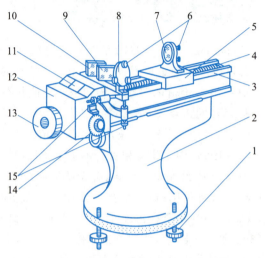

1—底座调平螺钉；2—底座；3—导轨；4—精密丝杆；5—拖扳；6—反射镜调节螺钉；
7—可动反射镜 M_1；8—固定反射镜 M_2；9—补偿板 P_2；10—分束板 P_1；11—读数窗口；
12—基座；13—粗调手轮；14—微调手轮；15—水平、竖直拉簧螺钉.

图 7.40.1　迈克耳孙干涉仪

迈克耳孙干涉仪的基本光路如图 7.40.2 所示，从光源 S 发出的光射向平行平面透明薄板 P_1. P_1 的后表面镀有半反射膜 T，这个半反射膜把 S 射来的光束分成振幅近似相等的反射光 1 和透射光 2，故 P_1 称为分束板. 光束 1 射向 M_1；光束 2 透过补偿板 P_2 射向 M_2. M_1 和 M_2 是在相互垂直的两臂上放置的两个反射镜（平面镜），二者与 P_1 上的半反射膜 T 之间的夹角为 $45°$，所以，1、2 两束光被 M_1 和 M_2 反射后又回到 P_1 的半反射膜 T 上，再会集成一束光射向 E. 由于这两束光来自光源上同一点，因而是相干光，眼睛从 E 处向 M_1 方向望去，可以观察到干涉图样. P_2 是补偿板，P_2 与 P_1 平行放置，它的作用是使 1、2 两光束在玻璃中经过的光程完全相同，为了使其材料和厚度与 P_1 完全相同，制作时从同一块精密磨制的平板切开而成，这样就使两光路上任何波长的光都有相同的光程差，于是白光也能产

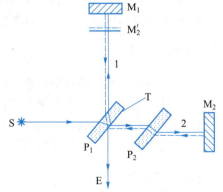

图 7.40.2　迈克耳孙干涉仪的基本光路

生干涉.

反射镜 M_2 是固定的,M_1 可以在导轨上前后移动,以改变 1、2 两束光的光程差. M_1 由精密丝杆 4(见图 7.40.1,下同)带动,其移动距离的毫米数可从仪器左侧米尺上读出,毫米以下的尾数由粗调手轮上方的读数窗口 11 和右侧的微调手轮 14 上读出. 读数窗口 11 的最小读数为 10^{-2} mm,右侧微调手轮 14 的最小读数为 10^{-4} mm,可估读到 10^{-5} mm.

M_1 和 M_2 背面各有三个螺钉,用来调节 M_1 和 M_2 的方向. M_2 的横支杆右端还连有水平拉簧螺钉和竖直拉簧螺钉 15,转动螺钉 15 可改变拉簧的拉力,使支杆发生微小形变,可对 M_2 的方向作更细微的调节.

调节底座上的三个底座调平螺钉 1 可使整个仪器水平.

使用迈克耳孙干涉仪需要注意以下几点:

(1) 在了解仪器的调节和使用方法之后才可以动手操作.

(2) 反射镜、分束板的光学表面绝对不可用手触摸,也不要自己用擦镜纸擦拭,在调整中应尽量避免正对光学元件呼吸.

(3) 调整各部件用力要适当,不可强旋硬扳.

(4) 因为转动微调手轮时,粗调手轮随之转动,但在转动粗调手轮时微调手轮并不随着转动,所以为使读数指示正确,需要调节测微尺的零点. 方法是将微调手轮沿某一方向(如逆时针方向)旋转至零,然后以同方向转动粗调手轮对齐读数窗口中的某一刻度,以后测量时使用微调手轮须以同一方向转动. 微调手轮有反向空程,实验中如需反向转动,要重新调节零点.

(5) 使用完毕,应适当旋松 M_1 和 M_2 背面的三个调节螺钉、水平拉簧螺钉和竖直拉簧螺钉,以免弹簧片和拉簧弹性疲劳.

1. 干涉条纹的图样

由图 7.40.2 可知,M_2' 是 M_2 被 P_1 反射所成的虚像. 从观察者看来,两相干光束是从 M_1 和 M_2' 反射而来,因此,我们把迈克耳孙干涉仪所产生的干涉等效为 M_1 和 M_2' 之间的空气膜所产生的干涉来进行分析研究.

用凸透镜会聚后的激光束,可以视为一个很好的点光源. 如图 7.40.3(a)所示,点光源 S 发出的球面波经 P_1 分束及 M_1、M_2 反射后,射向 E 的光可以视为由虚光源 S_1 和 S_2 发出的,其中 S_1 为点光源 S 经 P_1 及 M_1 反射后成的像,S_2 为点光源 S 经 M_2 及 P_1 反射后成的像(等效于点光源 S 经 P_1 及 M_2' 反射后成的像). S_1 和 S_2 相当于两个相干的点光源,它们发出的球面波在相遇的空间发生干涉,形成非定域干涉条纹. 若把观察屏 E 放在不同的位置上,则可看到圆、椭圆、双曲线、直线状的干涉图样. 但在实际情况下,放置屏的空间是有限的,只有圆和椭圆容易观察到. 当观察屏垂直于连线放置时,屏上呈现一组同心圆条纹.

当 M_1 与 M_2' 平行时,由于 M_1 与 M_2' 相距为 D,所以 S_1 和 S_2 相距 $2D$,在垂直于 S_1 和 S_2 连线的 E 处平面上,点光源 S_1 和 S_2 到达该平面上任意一点 P 的光程差为 [如图 7.40.3(b)所示]

$$\Delta L = \sqrt{z^2 + r^2} - \sqrt{(z-2D)^2 + r^2}$$

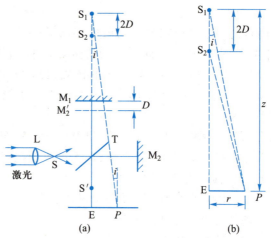

图 7.40.3　非定域干涉条纹的形成

当 $r \ll z$ 时有 $\Delta L = 2D\cos i$，而 $\cos i \approx 1 - i^2/2$，$i \approx r/z$，所以 $\Delta L = 2D\left(1 - \dfrac{r^2}{2z^2}\right)$.

下面分析非定域干涉圆条纹的特性.

（1）明条纹条件：当光程差 $\Delta L = k\lambda$ 时，有明条纹. 条纹轨迹为圆，有

$$2D\left(1 - \frac{r^2}{2z^2}\right) = k\lambda \tag{7.40.1}$$

若 z、D 不变，则 r 越小 k 越大，即靠近中心的条纹干涉级次高，靠近边缘的条纹干涉级次低.

（2）条纹间距：令 r_k 及 r_{k-1} 分别为两个相邻干涉条纹的半径，根据式（7.40.1）有 $2D\left(1 - \dfrac{r_k^2}{2z^2}\right) = k\lambda$，$2D\left(1 - \dfrac{r_{k-1}^2}{2z^2}\right) = (k-1)\lambda$. 两式相减，得干涉条纹间距为

$$\Delta r = r_{k-1} - r_k \approx \frac{\lambda z^2}{2r_k D}$$

由此可见，条纹间距 Δr 的大小由下列因素决定：

① 越靠近中心的干涉条纹（半径 r_k 越小），Δr 越大，干涉条纹是中心疏边缘密的.

② D 越小，Δr 越大，即 M_1 与 M_2' 的距离越小条纹越稀，距离越大条纹越密.

③ z 越大，Δr 越大，即点光源 S、观察屏 E 及 M_1（M_2）镜离分束板 P_1 越远，则条纹越稀.

④ 波长越长，Δr 越大.

（3）条纹的"吞吐"：缓慢移动 M_1 镜，改变 D，可看见条纹"吞""吐"的现象，这是因为对于某一特定级次为 k_1 的干涉条纹（干涉环半径为 r_{k1}）有

$$2D\left(1 - \frac{r_{k1}^2}{2z^2}\right) = k_1\lambda$$

跟踪比较，移动 M_1 镜，当 D 增大时，r_{k1} 也增大，看见条纹"吐"的现象；当 D 减小时，r_{k1} 也减小，看见条纹"吞"的现象.

对于圆心处,有 $r=0$,式(7.40.1)变成 $2D=k\lambda$. 若 M_1 镜移动了距离 ΔD,所引起干涉条纹"吞"或"吐"的数目 $N=\Delta k$,则有

$$2\Delta D=\Delta k\lambda \qquad (7.40.2)$$

所以,若已知波长 λ,就可以从条纹的"吞""吐"数目 Δk,求得 M_1 镜的移动距离 ΔD,这就是干涉仪测量长度的基本原理;反之,若已知 M_1 镜的移动距离 ΔD 和条纹的"吞""吐"数目 Δk,由式(7.40.2)可以求得波长 λ,这就是干涉仪测量波长的原理.

2. 等倾干涉条纹

用扩展光源照明,当 M_1 和 M_2' 平行时发生的干涉为等倾干涉. 如图 7.40.4 所示,面光源上某点发出的光线以同一倾角 i 入射,对于薄膜倾角相同的各光束,它们从 M_1 和 M_2' 两表面反射而形成的两光束的光程差相等,光程差 ΔL 为

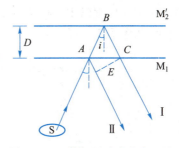

图 7.40.4　等倾干涉中的光程差

$$\Delta L=AB+BC-AE=\frac{2D}{\cos i}-2D\tan i\sin i=2D\cos i \qquad (7.40.3)$$

式中,D 为 M_1 和 M_2' 之间的距离,倾角 i 是光线与 M_1(或 M_2')法线的夹角. 等倾干涉条纹定域于无限远处,因此在图 7.40.2 中的 E 处放一个透镜,在该透镜的焦平面上(或用眼睛在 E 处正对着 M_1,向无限远处调焦)就可观察到一组明暗相间的同心圆,每一个圆各自对应一恒定的倾角 i,所以称为等倾干涉条纹. 在这些同心圆中,干涉条纹的级次以圆心处为最高,此时 $i=0$,因而有

$$\Delta L=2D=k\lambda \qquad (7.40.4)$$

当移动 M_1 使 D 增加时,圆心处条纹的干涉级次越来越高,可看见条纹一个一个地从中心"吐"出来;反之,当 D 减小时,条纹一个一个地向中心"吞"进去,每当"吐"出或"吞"进一条条纹时,D 就增加或减少 $\lambda/2$.

利用式(7.40.3),可对不同级次的干涉条纹进行比较:第 k 级和 $(k+1)$ 级明条纹满足公式 $2D\cos i_k=k\lambda$,$2D\cos i_{k+1}=(k+1)\lambda$. 两式相减,并利用 $\cos i\approx1-i^2/2$(当 i 较小时),可得相邻两条纹的角距离 Δi_k 为

$$\Delta i_k=i_{k+1}-i_k=-\frac{\lambda}{2D}\cdot\frac{1}{i_k} \qquad (7.40.5)$$

式(7.40.5)表明:① 当 D 一定时,越靠近中心的干涉条纹(即 i_k 越小),Δi_k 越大,干涉条纹中心疏边缘密. ② 当 i_k 一定时,D 越大,Δi_k 越小,条纹将随着 D 的增大而变得越来越密. 当 D 足够大时,我们就分辨不出这些干涉条纹了. 所以在观察和测量时 D 应小些,即 M_1 到 P_1 的距离和 M_2 到 P_1 的距离应大致相等.

3. 等厚干涉条纹

如图 7.40.5 所示,当 M_1 和 M_2' 有一个很小的夹角,且 M_1 和 M_2' 所形成的空气劈形膜很薄时,用扩展光源照明就会出现等厚干涉条纹. 等厚干涉条纹定域在空气劈形膜附近,若用眼睛观测,应将眼睛聚焦在镜面附近.

经过镜 M_1 和 M_2 反射的两光束,其光程差仍可近似地表示为 $\Delta L = 2D\cos i$(当 M_1 和 M_2' 交角很小时). 下面分几种情况加以讨论:

(1)在 M_1 和 M_2' 相交处,由于 $D=0$,光程差为零,将观察到直线干涉条纹. 在交线附近因 D 很小,所以光程差的大小主要取决于厚度 D,$\cos i$ 的影响很小,可忽略不计. 因此,观察到的是一组平行于 M_1 和 M_2' 交线的直线条纹.

(2)离交线较远处,D 较大,干涉条纹变成弧形,且凸向 M_1 和 M_2' 的交线. 从公式 $2D\cos i = k\lambda$ 可知:因 D 较大,$\cos i$ 对光程差的影响不能忽略,当 i 变大时,$\cos i$ 减小,要保持相同的光程差 ΔL,D 必须增大. 干涉条纹的两端(i 较大)就会弯向厚度增加的方向,所以中央(i 较小)就凸向了厚度减小的方向,即条纹凸向 M_1 和 M_2' 的交线(如图 7.40.6 所示).

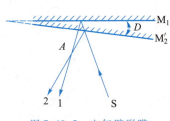

图 7.40.5 空气劈形膜

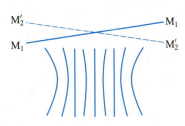

图 7.40.6 等厚干涉条纹

(3)当 M_1 和 M_2' 相交,且用白光照射时,则只能在 M_1 和 M_2' 交线附近看到不多的几条彩色干涉条纹. 这种情况的出现是由于相邻条纹的间隔 Δi_k 正比于波长[见式(7.40.5)],且所有波长的零级明条纹又在 $D=0$ 处重合,故只有零级明条纹是白的(当 1、2 两束光无附加光程差时),也只有与零级明条纹相邻的暗条纹是黑的;在它两侧的 ± 1 级明条纹带有彩色;较高级次的区域,不同波长的干涉条纹互相交错重叠,只能是模糊一片.

4. 测量空气折射率

见图 7.40.7,在迈克耳孙干涉仪的一个臂中插入长度为 L 的小气室,并调出非定域干涉圆条纹. 使小气室的气压变化 Δp,从而使气体折射率改变 Δn(因而光经小气室的光程发生变化 $2L\Delta n$),引起干涉条纹"吞"进或"吐"出 ΔK 条,则有 $2L|\Delta n| = \Delta K\lambda$,得

$$|\Delta n| = \frac{\Delta K\lambda}{2L} \tag{7.40.6}$$

可知,如果测出某一处干涉条纹的变化数 ΔK,就能测出光路中折射率的微小变化 Δn.

通常,在温度处于 $15 \sim 30$ ℃ 范围时,空气折射率可用下式计算:

$$(n-1)_{t,p} = \frac{2.879\ 3\ p}{1+0.003\ 671\ t} \times 10^{-9} \tag{7.40.7}$$

式(7.40.7)中温度 t 的单位为℃,压强 p 的单位为 Pa. 因此,在一定温度下,$(n-1)_{t,p}$ 可以视为压强 p 的线性函数,当气压不太大时,气体折射率的变化量 Δn 与气压的变化量 Δp 成正比:$\frac{n-1}{p} = \frac{\Delta n}{\Delta p} =$ 常量,故 $n = 1 + \frac{|\Delta n|}{|\Delta p|}p$,将式(7.40.6)代入该

式,可得

$$n = 1 + \frac{\Delta K \lambda}{2L} \cdot \frac{p}{|\Delta p|} \tag{7.40.8}$$

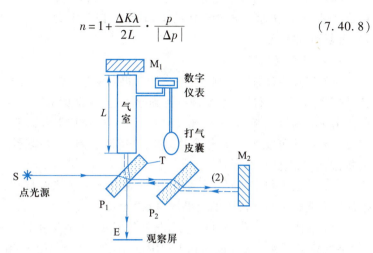

图 7.40.7　迈克耳孙干涉仪测量空气折射率装置

式(7.40.8)给出了气压为 p 时的空气折射率 n. 例如,取 p 为 $1.013\ 25 \times 10^5$ Pa,气压改变量为 Δp,测定条纹变化数目 ΔK,利用式(7.40.8)就可求出 $p = 1.013\ 25 \times 10^5$ Pa 时的空气折射率.

【实验内容及步骤】

1. 调节和观察非定域干涉圆条纹

(1) 打开激光光源,激光从光纤射出(注意:光纤已调整好,勿动! 激光已经扩束,故不需另加扩束镜),由光纤出射的光射向分束板 P_1、M_2 方向;转动粗调手轮,使 M_1 与 P_1 镀膜面的距离和 M_2 与 P_1 镀膜面的距离大致相等,此时仪器左侧的米尺读数约为 100 mm.

(2) 调出非定域干涉圆条纹:在 E 处沿着 EP_1 的方向观察,用眼睛(此时不放观察屏)可观察到两组横向分布的光点像,一组来自 M_1,另一组来自 M_2. 之所以形成多点像,是因为与 P_1 上半反射面相对的另一侧玻璃平面也有部分反射. 仔细调节 M_1 和 M_2 背面的三个调节螺钉,使两排光点像严格重合,这样 M_1 和 M_2 镜面就基本垂直,即 M_1 与 M_2' 就互相平行了. 在 E 处放一观察屏,即可看到非定域干涉圆条纹,并设法观察非定域椭圆条纹. 再轻轻调节 M_2 背面的调节螺钉,使出现的圆条纹中心处于观察屏中心.

(3) 转动 M_1 前方的粗调手轮移动 M_1,观察非定域干涉圆条纹的变化:从条纹的"吞"和"吐"判断 M_1 和 M_2' 之间的距离 D 是变大还是变小,并观察条纹的粗细、疏密与 D 及 r_k 的关系.

2. 测量氦氖激光的波长

(1) 转动粗调手轮使条纹疏密适中,然后转动微调手轮,直到条纹出现"吞"("吐")为止. 继续沿原方向转动微调手轮至"0"刻度位置,再将粗调手轮按与微调手轮相同的转动方向转到某一整刻度上,此过程为零点校准. 注意不要引入空程差!

（2）继续沿原方向转动微调手轮时应有条纹的"吞"（"吐"）现象，读出 M_1 的初始位置 d_0，再按原方向继续转动微调手轮，记下中心每变化 ΔK 环时 M_1 的位置 d_i. 重复测量 N 次.

3. 测量空气的折射率

（1）实验装置如图 7.40.7 所示，转动粗调手轮，将可动反射镜移到标尺 100 mm 处，将折射率测量仪的气室组件放置到导轨上（移动镜的前方）；按迈克耳孙干涉仪的使用说明调节光路，直至在观察屏上观察到非定域干涉圆条纹.（注意：由于气室的通光窗玻璃可能产生多次反射光点，可用调节 M_1、M_2 镜背后的三颗调节螺钉来判断，光点发生变化的即是.）

（2）接通折射率测量仪的电源，按电源开关电源指示灯亮，调节数字仪表面板上的调零旋钮使数字仪表的液晶屏显示".000".

（3）关闭打气皮囊上的阀门，鼓气使气压差（数字仪表上的读数）大于 0.09 MPa（数字仪表能测量的最大值为 0.12 MPa），读出数字仪表的数值 p_1，打开阀门，慢慢放气，当移动 ΔK 个条纹时，记下数字仪表的数值 p_2. 重复测量 N 组数据.（$p = 1.013\ 25 \times 10^5$ Pa；气室长度 $L = 95$ mm；光源波长 $\lambda = 633.0$ nm.）

4. 将测量数据记入书后的数据记录表中

【注意事项】

1. 调整迈克耳孙干涉仪的反射镜时，须轻柔操作，不能把螺钉拧得过紧或过松.

2. 工作时切勿震动桌子与仪器，测量中一旦发生震动，使干涉仪跳动，必须重新测量.

3. 数条纹变化时，应细致耐心，切勿急躁.

4. 激光属强光，会灼伤眼睛，注意不要让激光直接照射眼睛.

【数据处理】

1. 应用逐差法处理数据，根据式（7.40.2），求出所测光源的波长，取算术平均值，并计算标准偏差. 将测量结果与标准值（632.8 nm）进行比较，求相对误差（一般不大于 2%）.

$$u_A(\lambda) = \sqrt{\frac{\sum_{i=1}^{n}(\lambda_i - \bar{\lambda})^2}{N(N-1)}}, \quad u_B(\lambda) = \frac{\Delta_{仪}}{\sqrt{3}}, \quad u_C(\lambda) = \sqrt{u_A^2(\lambda) + u_B^2(\lambda)}$$

测量结果表示为 $\lambda = \bar{\lambda} \pm u_C(\lambda)$, $\quad E = \frac{u_C(\lambda)}{\bar{\lambda}} \times 100\%$.

2. 求出移动 ΔK 个条纹所对应的管内压强的变化值（$p_1 - p_2$）的平均值 Δp，代入式（7.40.8），计算空气折射率 n.

【分析讨论】

1. 何谓非定域干涉？何谓定域等倾干涉？获得它们的主要条件是什么？
2. 干涉仪读数系统如何"调零"？如何防止引入空程差？

【总结与思考】

什么是等倾干涉？本实验是怎样实现的？等倾干涉条纹的特征是什么？与牛顿环的差异是什么？

实验 41　全息照相

全息照相,就是利用干涉方法将自物体发出光的振幅和相位信息同时完全地记录在感光材料上,所得的光干涉图样在经光化学处理后就成为全息图,若按照所需要的光照明此全息图,就能使原先记录的物体光波的波前重现. 这是 20 世纪 60 年代发展起来的一种新的照相技术,是激光的一种重要的应用.

全息照相

全息照相是伽博(D. Gabor)于 1948 年研究成功的(他由此获得 1971 年诺贝尔物理学奖),由于当时还没有相干性好的光源,所以全息照相在那以后的十年间没有什么大发展. 到了 20 世纪 60 年代初,由于激光的发明,在大量新型相干性极好的激光光源的帮助和一些技术进展的扩充下,全息照相不久便成为一门广泛研究并有远大前景的课题. 利思(E. N. Leith)和乌帕特尼克斯(J. Upatnieks)于 1962 年发表了划时代的全息术研究成果,成功地得到了物体的立体重现像. 全息图最惊人的特征、同时也必定是它最吸引人的地方就在于它产生极为逼真的三维效果的本领,这大大地推动了全息术的发展.

【重点难点】

1. 全息照相的基本原理.
2. 全息照相的实验技术.

【目的要求】

1. 学习和掌握全息照相的基本原理.
2. 掌握全息照相的实验技术.
3. 了解全息图的基本性质,观察并总结全息照相的特点.

【仪器装置】

光学平台,氦氖激光器,分束镜,反射镜 2 个,扩束镜 2 个,载物台,干板架,干板等.

【实验原理】

普通照相是把从物体表面上各点发出的光(反射光或散射光)的强弱变化经照相物镜成像,并记录在感光底片上,这只记录了物光波的光强(振幅)信息,而失去了描述光波的另一个重要因素——相位信息,于是在照相底片上能显示的只是物体的二维平面像. 全息照相则不仅可以把物光波的强度分布信息记录在感光底片上,而且可以把物波光的相位分布信息记录下来,即把物体的全部光学信息完全地记录下来,然后通过一定方法重现原始物光波即再现三维物体的原像,这就是全息照相的基本原理. 由三维物体所构成的全息图能够再现三维物体的原像.

全息照相的基本原理是利用相干性好的参考光束 R 和物光束 O 的干涉和衍射,将物光波的振幅和相位信息以干涉条纹的形式记录在感光底片上. 在底片上所记录的干涉图样的微观细节与发自物体上各点的光束对应,不同的物光束(物体)将产生不同的干涉图样. 因此全息图上只有密密麻麻的干涉条纹,相当于一块复杂的光栅,当用与记录时的参考光完全相同的光以同样的角度照射全息图时,就能在这"光栅"的衍射光波中得到原来的物光波,通过全息图就能看见一个逼真的虚像在原来放置物体的地方(尽管原物体已不存在),这就是全息图的物光波波前再现.

全息照相分两步,第一步是波前记录(如图 7.41.1 所示). 设 H 平面为全息干板记录平面,干板上一点(x,y)处物光束 O 和参考光束 R 的复振幅分布分别为 $O_0(x,y)$ 和 $R_0(x,y)$:

$$\begin{aligned} O(x,y) &= O_0(x,y)\exp[\mathrm{j}\varphi_O(x,y)] \\ R(x,y) &= R_0(x,y)\exp[\mathrm{j}\varphi_R(x,y)] \end{aligned} \tag{7.41.1}$$

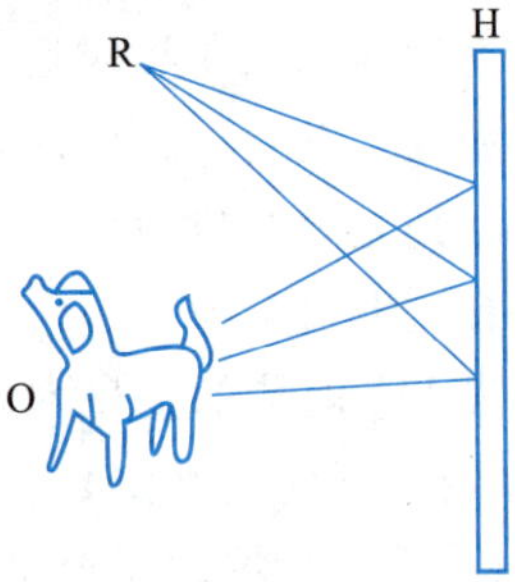

图 7.41.1　全息图记录

由于它们是相干光束,所以物光和参考光在干板上相干叠加后的光强分布为

$$\begin{aligned} I(x,y) = &|O(x,y)+R(x,y)|^2 = |O(x,y)|^2 + \\ &|R(x,y)|^2 + O(x,y)R^*(x,y) + \\ &O^*(x,y)R(x,y) \end{aligned} \tag{7.41.2}$$

若全息干板的曝光和冲洗都控制在振幅透过率 t 随曝光量 E[(光强)×(曝光时间)]变化曲线的线性部分,则全息干板的透射系数 $t(x,y)$与光强 $I(x,y)$成线性关系,即

$$t(x,y) = t_0 + \beta I(x,y) \tag{7.41.3}$$

式(7.41.3)中 t_0 为干板的灰雾度,β 为比例常量,对于负片 $\beta<0$,这就是全息图的记录过程.

第二步波前再现. 若用照明光 P 照明全息图,在全息图(x,y)点处该光波的复振幅为 $P_0(x,y)$,于是该光波用下式表示:

$$P(x,y) = P_0(x,y)\exp[\mathrm{j}\varphi_P(x,y)] \tag{7.41.4}$$

则透过全息图的光波在 x-y 平面上的复振幅分布为

$$\begin{aligned} D(x,y) &= P(x,y)t(x,y) = t_0P(x,y) + \beta P(x,y)I(x,y) \\ &= t_0P(x,y) + \beta P(x,y)[|O(x,y)|^2 + |R(x,y)|^2] + \\ &\quad \beta P(x,y)O(x,y)R^*(x,y) + \end{aligned}$$

$$\beta P(x,y)O^{*}(x,y)R(x,y) \tag{7.41.5}$$

式(7.41.5)中第一、第二项代表的是强度衰减了的照明光 P 的直接透射光,亦称零级衍射光. 第三项中,当取照明光和参考光相同时,即 $P(x,y)=R(x,y)$,则再现光波为

$$D_3(x,y)=\beta O_0 R_0^2 \exp[j\varphi_0(x,y)] \tag{7.41.6}$$

$$R_0^2(x,y)=\text{实常量}$$

因此这一项正比于 $O(x,y)$,即除振幅大小改变外,具有原始物光波的一切特性,波前发射形成物体(在原来位置上)的虚像(如图 7.41.2 所示),如用眼睛接收到这样的光波,就会看到原来的"物"——原始像,通常把原始像的衍射光波称为+1级衍射波. 当照明光与参考光的共轭相同,即 $P(x,y)=R^{*}(x,y)$ 时,第四项有与原始物共轭的相位

$$D_4(x,y)=\beta O_0 R_0^2 \exp[-j\varphi_0(x,y)] \tag{7.41.7}$$

这意味着这一项代表一个实像,它不在原来的方向上而是有偏移,称为"共轭实像"(如图 7.41.2 所示). 通常把形成共轭实像的光波称为−1级衍射波.

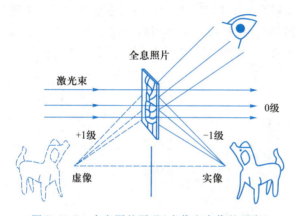

图 7.41.2　全息图的再现(虚像和实像的观察)

全息照相的基本条件是:

(1) 参考光束和物光束必须是相干光(因此需用激光作为照相光源,且一般使物光程与参考光光程相当).

(2) 记录介质(干板的感光乳胶)要有足够的分辨率和对所使用的激光波长有足够的感光灵敏度. 记录介质的分辨率通常以每毫米能分辨的明暗相间的条纹数来表示. 如果全息干板相对于物光和参考光的照射方向是对称放置的,则干涉条纹的间距公式为

$$d=\frac{\lambda}{2\sin\dfrac{\theta}{2}} \tag{7.41.8}$$

式(7.41.8)中 θ 为物光和参考光之间的夹角,可见夹角 θ 越大,干涉条纹的间距越小,条纹越密,这就要求干板具有较高的分辨率(通常全息记录介质的分辨率 > 1 000 cy/mm).

(3) 光学系统必须有足够的机械稳定性,由于全息干板上记录的是精细的干涉条纹,在记录过程中若受到某种干扰(如地面的震动、光学零件支架的自振和变

形以及空气的紊流等）则将引起干涉条纹的混乱和叠加,导致衍射像亮度下降,甚至完全看不到像. 因此,在曝光时间内干涉条纹的移动不得超过条纹间距的 1/4,需要把整个拍摄系统安装在有效的防震台上. 另外,在全息干板的光谱灵敏范围内应设法增加激光的输出功率,以便缩短曝光时间,以减少外界因素的影响. 全息照相的基本方法是把从激光器发出的单束相干光分为两束,一束照明物体,另一束作为参考光束,并将光束扩展到具有一定面积的截面上. 参考光束一般为未受调制的球曲波或平面波,参考光束的取向应使它能与物体反射（或散射）的物光束相交,在两束光重叠的区域内形成由干涉图样构成的光强分布,当感光介质放在重叠区域内时,就会由于曝光产生光化学变化,经适当的处理后把这些变化转变为介质的光透射率的变化,即形成了全息图.

实验采用的是记录离轴的菲涅耳全息图光路,这时记录介质位于物光波的菲涅耳衍射区. 拍好全息图的基本条件是,要使物光光程近似等于参考光光程,所拍摄的物体应有均匀的激光照明,且有较高的漫反射率,在全息干板处物光的光强与参考光的光强之比可控制在 $1:3 \sim 1:5$. 拍摄全息图的另一个重要因素是物光束与参考光束的几何排列,这影响到全息图的空间分辨率. 因此,入射到记录干板上的两束光之间的夹角 θ 应取在 $20° \sim 50°$ 之间（如图 7.41.3 所示）.

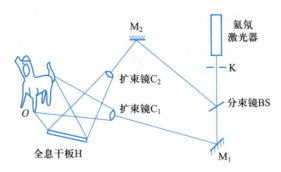

图 7.41.3　菲涅耳全息图光路

【实验内容及步骤】

1. 布置好光路（参考图 7.41.3）,调整光束等高,光程基本相等,并使得物光束和参考光束的夹角小于 50°（一般可在 20° ~ 50° 之间选择,角度稍大些为好,这样再现时 +1 级衍射光、0 级光以及 -1 级衍射光可以分得开些,便于观察虚像）,并且使物光和参考光的光强之比在 $1:2 \sim 1:9$ 之间,通常根据物体表面漫反射的情况来定,一般选择 $1:4$ 左右为宜.

2. 将全息干板放置在干板架上,乳胶面应朝向被拍摄物体,待整个系统稳定（即在所有元件就绪后,一般需要 3 ~ 5 min 的时间“静台”）后再进行曝光,曝光时间由物光的强弱而定,一般 20 s 曝光一次.

3. 将曝光后的全息干板在暗室内进行常规的显影（干板变成灰黑色）、定影（6 min）、水洗、干燥等处理,即可得到一张漫反射的三维全息图.

4. 全息图的重现. 将拍摄好的全息图放回原先的干板架上,用光束照明全息图(其乳胶面仍须朝向原物体),通过全息图就可看到一个虚像,像即呈现在原物所在的位置上,就如通过一扇窗来观察外面的物体,不论从窗(全息图)的哪个角落往外看都能看到整个物体,随着观察位置的改变,再现像的透视面也随之变化,景物上远近物体的视差是明显的.

【分析讨论】

1. 全息照相有哪些重要特点?
2. 全息干板和普通照相底片有什么区别?
3. 为什么安装干板后要静止一段时间,才能进行曝光?
4. 普通照相冲洗底片是在红光下进行的,全息照相冲洗底片(干板)为什么必须在绿光甚至全黑条件下进行?

【总结与思考】

简述全息照相的过程. 分析全息照相与普通照相的不同.

实验 42　光电效应和普朗克常量的测定

1900 年,普朗克在研究黑体辐射问题时,先提出了一个符合实验结果的经验公式,为了从理论上推导出这一公式,他采用了玻耳兹曼的统计方法. 假定黑体内的能量是由不连续的能量子构成,能量子的能量为 $h\nu$. 能量子的假说具有划时代的意义,但无论是普朗克本人还是许多同时代的人当时对这一点都没有充分认识. 爱因斯坦以他惊人的洞察力,最先认识到能量子假说的伟大意义并予以发展. 1905 年爱因斯坦提出"光量子"假说,圆满地解释了光电效应,并给出光电效应方程. 密立根用了十年的时间对光电效应进行了定量的实验研究,证实了爱因斯坦光电方程的正确性,并精确测出了普朗克常量. 爱因斯坦和密立根因为光电效应方面的杰出贡献,分别于 1921 年和 1923 年获得诺贝尔物理学奖.

光电效应实验

【重点难点】

1. 在了解光电效应及其规律的基础上,理解光电效应方程的内容及物理意义.
2. 了解光电效应实验仪的组成结构及使用方法.

【目的要求】

1. 了解光电效应的实验规律,加深对光的量子性的理解.
2. 验证爱因斯坦光电效应方程,测量普朗克常量.
3. 测量截止电压和光电管的伏安特性曲线.

【仪器装置】

光电效应实验仪,汞光灯及电源,光电管,滤色片(透射波长:365.0 nm、405.0 nm、436.0 nm、546.0 nm、577.0 nm),光阑(孔径:2 mm、4 mm、8 mm).

【实验原理】

1. 光电效应

光照射到金属或其化合物表面上时,光的能量仅部分以热的形式被金属吸收,而另一部分则转化为金属表面某些电子的能量,促使这些电子从金属表面逸出,这种现象称为光电效应,所逸出的电子称为光电子.

在抽成真空的玻璃管中,装有阴极金属板 K 和阳极 A. 当入射光照射到光电管阴极金属板 K 上时,能使金属板中的电子从金属表面释放出来. 如果在 A 与 K 两端加上电势差(电压),则光电子在加速电场作用下向阳极 A 迁移,形成光电流,光电流的强弱可由电流计读出. 改变外加电压 U_{AK},测量出光电流 I 的大小,即可得出光电管的伏安特性曲线. 光电效应实验原理及实验装置如图 7.42.1 和图 7.42.2 所示.

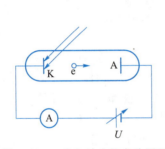

图 7.42.1　光电效应的实验原理　　图 7.42.2　光电效应实验装置

2. 光电效应的基本特征和规律

(1) 弛豫时间:从光照开始到光电流出现的弛豫时间非常短,光电流几乎是在光照下立即发生的. 弛豫时间不超过 10^{-9} s,与光强无关.

(2) 截止电压:对应于某一频率,光电效应的 I-U_{AK} 曲线如图 7.42.3 所示. 入射光的频率与强度一定时,加速电势差 U_{AK} 越大,产生的光电流也越大;当加速电势差 U_{AK} 增加到一定量值时,光电流达到饱和值 I_0. 如果增加入射光的强度,在相同的加速电势差下,光电流的值也越大,相应的饱和电流值也增大. 反之,光电流也随之减小;当 U_{AK} 减小到零并逐渐变负时,光电流一般并不等于零. 这表明从阴极释放出的电子具有一定的初动能,它们仍能克服减速电场的阻碍使一部分电子到达阳极. 实验表明,当反向电势差继续加大到一定量值 U_a 时,光电流降为零. 从图 7.42.3 中可见,当 $U_{AK} \leqslant U_a$ 时,电流为零,这个相对于阴极为负值的阳极电压 U_a,称为截止电压.

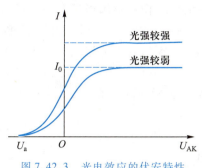

图 7.42.3　光电效应的伏安特性

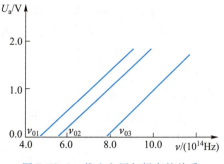

图 7.42.4　截止电压与频率的关系

（3）饱和光电流：照射光的频率与极间端电压 U_{AK} 一定时，饱和光电流 I_0 与入射光强 I 成正比. 即单位时间内从阴极飞出的光电子数与入射光强度成正比.

（4）截止频率（红限）：光电子从金属表面逸出时具有一定的动能，最大初动能与入射光的频率成正比，而与入射光的强度无关.

$$E_{\mathrm{m}} = \frac{1}{2}mv_{\max}^2 = eU_{\mathrm{a}} = h\nu - h\nu_0 \tag{7.42.1}$$

式（7.42.1）中 m 是电子的质量，$v_{\max}$ 是光电子的最大初速度，e 是电子电荷量的绝对值.

当入射光的频率低于某一频率 ν_0 时，不论光的强度如何，照射时间多长，光电效应均不再发生（见图 7.42.4）. 能够发生光电效应的最低频率称为光电效应的截止频率，也叫红限.

截止频率是光电管阴极上感光物质的属性，不同的金属具有不同的红限. 红限与阴极材料有关，与光强无关. 有时用波长表示红限，即

$$\lambda_0 = c/\nu_0$$

3. 光电效应方程

按照爱因斯坦的光量子理论，光能并不像电磁波理论所想象的那样，分布在波阵面上，而是集中在被称为光子的微粒上，频率为 ν 的光子具有能量 $E = h\nu$，h 为普朗克常量. 当光子照射到金属表面上时，被金属中的电子全部吸收，而无须积累能量的时间. 电子把这能量的一部分用来克服金属表面对它的吸引力，余下的就变为电子离开金属表面后的动能，按照能量守恒定律，爱因斯坦提出了著名的光电效应方程

$$h\nu = \frac{1}{2}mv_0^2 + A \tag{7.42.2}$$

式（7.42.2）中，A 为金属的逸出功，$\frac{1}{2}mv_0^2$ 为光电子获得的初始动能. 由式（7.42.2）可见，入射到金属表面的光频率越高，逸出的光电子动能越大，因此即使阳极电势比阴极电势低时也会有电子落入阳极形成光电流，直至阳极电势低于截止电压，光电流才为零，此时有关系

$$eU_{\mathrm{a}} = \frac{1}{2}mv_0^2 \tag{7.42.3}$$

阳极电势高于截止电压后,随着阳极电势的升高,阳极对阴极发射的电子的收集作用越来越强,光电流随之上升;阳极电压高到一定程度后,已把阴极发射的光电子几乎全收集到阳极,此时再增加 U_{AK},I 不再变化,饱和光电流 I_0 的大小与入射光的强度 P 成正比.

光子的能量 $h\nu_0 < A$ 时,电子不能脱离金属,因而没有光电流产生. 产生光电效应的最低频率(截止频率)是 $\nu_0 = A/h$.

将式(7.42.3)代入式(7.42.2)可得

$$eU_a = h\nu - A \qquad\qquad (7.42.4)$$

式(7.42.4)表明截止电压 U_a 是频率 ν 的线性函数,直线斜率 $k = h/e$. 只要用实验方法得出不同的频率对应的截止电压,求出直线斜率,就可算出普朗克常量 h.

爱因斯坦的光量子理论成功地解释了光电效应的实验规律.

【实验内容及步骤】

1. 测试前准备

(1) 将实验仪及汞光灯电源接通(盖上汞光灯及光电管暗箱遮光盖),预热.

(2) 调整光电管与汞光灯距离为约 40 cm 并保持不变.

(3) 将"电流量程"选择开关置于所需挡位,进行测试前调零. 在汞光灯及光电管暗箱遮光盖盖上的条件下,旋转"调零"旋钮使电流指示为"000.0". 调节好后,按"调零确认/系统清零"键,系统进入测试状态. 实验仪在开机或改变电流量程后,都会自动进入调零状态.

2. 测量截止电压(测量普朗克常量 h)

本实验的关键在于正确地测出不同频率光线入射时对应的截止电压,如果截止电压值测得不正确,求出的普朗克常量误差就会很大,导致实验测出的 $I - U_{AK}$ 曲线与其伏安特性曲线不相符,主要影响因素有:

(1) 暗电流和本底电流的影响. 暗电流,是指光电管不受任何光照而极间加有电压的情况下产生的微弱电流. 这种电流是由阴极发射的热电子产生的,在常温下可忽略不计. 本底电流是由周围杂散光线射入光电管形成的,而且它们的大小还随电压变化而变化.

(2) 阳极电流的影响. 当入射光照射阴极上时,一般都会使阳极受到漫反射光的照射,致使阳极也有光电子发射. 当阴极加正电势、阳极加负电势时,将对阳极发射的光电子起加速作用,形成阳极电流.

(3) 光电管制作过程中阳极往往被污染,沾上少许阴极材料,入射光照射阳极或入射光从阴极反射到阳极之后都会造成阳极发射光电子.

在测量各谱线的截止电压 U_a 时,可采用零电流法或补偿法.

(1) 零电流法:直接将各谱线照射下测得的电流为零时对应的电压 U_{AK} 的绝对值作为截止电压 U_a. 此法的前提是阳极反向电流、暗电流和本底电流都很小,用零电流法测得的截止电压与真实值相差较小.

(2) 补偿法:调节电压 U_{AK} 使电流为零后,保持 U_{AK} 不变,遮挡汞光灯光源,此时

测得的电流 I 为电压接近截止电压时的暗电流和本底电流. 重新让汞光灯照射光电管,调节电压 U_{AK} 使电流值显示为 I,将此时对应的电压 U_{AK} 的绝对值作为截止电压 U_a. 此法可补偿暗电流和本底电流对测量结果的影响.

测量截止电压时,"伏安特性测试/截止电压测试"状态键应为截止电压测试状态,"电流量程"选择开关应处于 10^{-12} A 挡.

使"手动/自动"模式键处于手动模式. 将直径 4 mm 的光阑及 365.0 nm 的滤色片装在光电管暗箱光输入口上,打开汞光灯遮光盖. 从低到高调节电压(绝对值减小),观察电流值的变化,寻找电流为零时对应的 U_{AK},以其绝对值作为该波长对应的 U_a 的值. 为尽快找到 U_a 的值,调节时应从高电势到低电势进行,先确定高电势的值,再顺次往低电势调节.

依次换上 405.0 nm、436.0 nm、546.0 nm、577.0 nm 滤色片,重复以上测量步骤.

3. 测光电管的伏安特性曲线

此时,"伏安特性测试/截止电压测试"状态键应为伏安特性测试状态,"电流量程"选择开关应拨至 10^{-10} A 挡,并重新调零.

将直径 4 mm 的光阑及所选谱线的滤色片装在光电管暗箱的光输入口上.

测量伏安特性曲线可选用"手动/自动"两种模式之一,测量的最大范围为 $-1 \sim 50$ V,自动测量时步长为 1 V,仪器功能及使用方法如前所述. 记录所测 U_{AK} 及 I 的数据.

按"手动/自动"模式键,切换到自动模式. 此时电流表左边的指示灯闪烁,表示系统处于自动测量扫描范围设置状态,用电压调节键可设置扫描起始和终止电压.

对各条谱线,建议将扫描范围大致设置为:

365.0 nm: $-1.90 \sim -1.50$ V；405.0 nm: $-1.60 \sim -1.20$ V；436.0 nm: $-1.35 \sim -0.95$ V；546.0 nm: $-0.80 \sim -0.40$ V；577.0 nm: $-0.65 \sim -0.25$ V.

实验仪设有 5 个数据存储区,每个存储区可存储 500 组数据,并有指示灯表示其状态. 灯亮表示该存储区已存有数据,灯不亮为空存储区,灯闪烁表示系统预选的或正在存储数据的存储区.

设置好扫描起始和终止电压后,按动相应的存储区按键,仪器将先清除存储区原有数据,等待约 30 s,然后按 1 V 的步长自动扫描,并显示、存储相应的电压、电流值.

扫描完成后,仪器自动进入数据查询状态,此时查询指示灯亮,显示区显示扫描起始电压和相应的电流值. 用电压调节键改变电压值,就可查阅到在测试过程中,扫描电压为当前显示值时相应的电流值. 读取电流为零时对应的 U_{AK},以其绝对值作为该波长对应的 U_a 的值.

按"查询"键,查询指示灯灭,系统回复到扫描范围设置状态,可进行下一次测量.

4. 验证光电管的饱和光电流与入射光强成正比

在 U_{AK} 为 50 V 时,将仪器设置为手动模式,测量并记录对同一谱线、同一入射距离时,光阑直径分别为 2 mm、4 mm、8 mm 时对应的电流值,验证光电管的饱和光电流与入射光强成正比. 也可在 U_{AK} 为 50 V 时,将仪器设置为手动模式,测量并记录对同一谱线、同一光阑,光电管与入射光在不同距离,如 300 mm、400 mm 等对应的电流值,同样验证光电管的饱和电流与入射光强成正比.

5. 将测量数据记入书后的数据记录表中

【数据处理】

1. 由实验数据,作出 $\nu-U_a$ 关系曲线,求出普朗克常量 h、所用光电管的截止频率 ν_0、逸出功 A,并算出所测量值 h 与公认值 h_0 之间的相对误差 $E=\dfrac{h-h_0}{h_0}$.

2. 绘制不同频率入射光照射下光电管的伏安特性曲线,比较不同频率照射时伏安特性曲线有何不同.

3. 作图验证光电管的饱和光电流与入射光强成正比.

【分析讨论】

1. 零电流法和补偿法测量截止电压有何区别?
2. 为什么在光电管暗盒窗口上装小孔光阑?
3. 如何通过光电效应测量普朗克常量?

【总结与思考】

简述光电效应发生的条件和光电效应的所遵循的规律.

实验 43 弗兰克–赫兹实验

1900 年是量子论的诞生之年,它标志着物理学由经典物理迈向近代物理.量子论的基本观念是能量的不连续性,即能量是量子化的.弗兰克–赫兹实验充分证明了原子内部能量是量子化的.通过这一实验学生可以了解到原子内部能量量子化的情况,弗兰克–赫兹实验至今仍是探索原子内部结构的主要手段之一.

1914 年弗兰克(J. Franck)和他的助手赫兹(G. Hertz)采用低能电子与稀薄气体中原子碰撞的方法,简单而巧妙地直接验证了原子能级的存在,证实了原子内部能量是量子化的,从而为玻尔原子理论提供了有力的证据.1925 年弗兰克和赫兹共同获得诺贝尔物理学奖.

【重点难点】

1. 弗兰克–赫兹管中电子和氩原子的能量交换过程.
2. 测量氩原子第一激发电势的方法.

【目的要求】

1. 通过测定氩原子的第一激发电势,证明原子能级的存在.

2．分析灯丝电压、拒斥电压等因素对弗兰克-赫兹实验曲线的影响．

3．了解计算机实时测控系统的一般原理和使用方法．

【仪器装置】

弗兰克-赫兹实验系统(原理图如图 7.43.1 所示)．

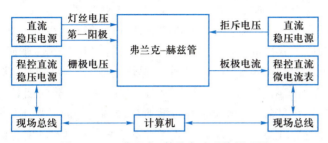

图 7.43.1　弗兰克-赫兹实验系统原理图

本实验系统是用于重现 1914 年弗兰克和赫兹进行的低能电子轰击原子实验的设备．本实验系统为一体式实验系统,能够获得稳定的实验曲线．

【实验原理】

根据玻尔原子理论,原子只能处在某些状态,每一状态对应一定的能量,其数值彼此是分立的,原子在能级间进行跃迁时吸收或发射确定频率的光子,当原子与一定能量的电子发生碰撞时,原子可以从低能级跃迁到高能级(激发)．如果是基态和第一激发态之间的跃迁,则有

$$eU_1 = \frac{1}{2} m_e v^2 = E_1 - E_0$$

电子在电场中获得的动能在和原子碰撞时交给原子,原子从基态跃迁到第一激发态,U_1 称为原子第一激发电势．

进行弗兰克-赫兹实验通常使用的碰撞管是充汞的,除用充汞的外,还常用充惰性气体的,如充氖、氩等的碰撞管．而这些碰撞管受温度、气压影响不大,通常只需在常温下就可以进行实验．

对于四级式充氩弗兰克-赫兹管,实验线路连接如图 7.43.2 所示．其中 U_F 为灯丝加热电压,U_{G1} 为正向小电压,U_{G2} 为加速电压,U_P 为减速电压．弗兰克-赫兹管中的电势分布如图 7.43.3 所示．

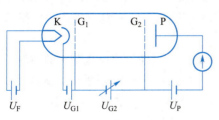

图 7.43.2　弗兰克-赫兹管实验线路连接图

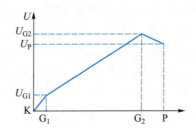

图 7.43.3　弗兰克-赫兹管电势分布图

电子由阴极 K 发出,经电压 U_{G2} 加速趋向阳极,只要电子能量达到能克服 U_P 减速电场的程度,就能穿过栅极 G_2 到达阳极 P,形成电流 I_P,由于管中充有气体原子,所以电子前进的途中要与原子发生碰撞. 如果电子能量小于第一激发电势对应的能量 eU_1,它们之间的碰撞是弹性的,电子能如期地到达阳极. 如果电子能量达到或超过 eU_1,电子与原子将发生非弹性碰撞,电子把能量 eU_1 传给气体原子,要是非弹性碰撞发生在 G_2 附近,损失了能量的电子将无法克服减速电压 U_P 到达阳极. 这样,从阴极发出的电子随着 U_{G2} 从零开始增加,阳极上将有电流出现并增加,如果加速到栅极 G_2 的电子获得等于或大于 eU_1 的能量,将出现非弹性碰撞,从而 I_P 第一次下降,随着 U_{G2} 的增加,电子与原子发生非弹性碰撞的区域向阴极移动,经碰撞损失能量的电子在趋向阳极的途中又得到加速,又开始有足够的能量克服减速电压 U_P 而到达阳极 P,I_P 随着 U_{G2} 增加又开始增加,而如果 U_{G2} 的增加使那些经历过非弹性碰撞的电子能量又达到 eU_1,则电子又将与原子发生非弹性碰撞造成 I_P 的又一次下降. 在 U_{G2} 较高的情况下,电子在趋向阳极的路途中会与电子发生多次非弹性碰撞. 每当 U_{G2} 造成的最后一次非弹性碰撞区落在栅极 G_2 附近时就会使 I_P-U_{G2} 曲线出现下降,I_P 随 U_{G2} 变大呈现反复下降趋势.

曲线的极大和极小呈现明显的规律性,它是能量反复被吸收的结果,也是原子能级量子化的充分体现. 就其规律来说,相邻的极大或极小值之间的电势差为第一激发电势.

【实验内容及步骤】

1. 实验测定弗兰克-赫兹管的 I_P-U_{G2} 曲线,观察原子能量量子化.

(1) 示波器演示法

① 连好主机的后面板电源线,用 Q9 线将主机正面板上"U_{G2} 输出""I_P 输出"分别与示波器上的"X 相""Y 相"相连. 将扫描开关置于"自动"挡,扫描速度开关置于"快速"挡,微电流放大器量程选择开关置于"10 nA".

② 分别将示波器"X""Y"电压调节旋钮调至"1 V"和"2 V","POSITION"调至"X-Y",交流、直流全部打到"DC".

③ 分别调节 U_{G1}、U_P、U_F(可以先参考给出值)至合适值,将 U_{G2} 由小慢慢调大(以弗兰克-赫兹管不被击穿为界),直至示波器上呈现稳定的 I_P-U_{G2} 曲线.

(2) 手动测量法

① 选取合适的实验条件,置 U_{G1}、U_P、U_F 于适当值,用手动方式逐渐增大 U_{G2},同时观察 I_P 的变化. 适当调整预置的 U_{G1}、U_P、U_F 值,使 U_{G2} 由小到大能够至少出现 5 个峰.

② 选取合适的实验点,分别从数字式表头上读取 I_P 和 U_{G2},再作图可得 I_P-U_{G2} 曲线,注意示值和实际值的关系.

2. 调整弗兰克-赫兹实验装置,定性观察微电流随加速电压变化的情况.

选择适当的实验条件,如 $U_F \approx 2$ V,$U_{G1} \approx 1$ V,$U_P \approx 8$ V,用手动方式改变 U_{G2} 的同时观察微电流计上的 I_P 随 U_{G2} 的变化情况. 如果 U_{G2} 增加时,电流迅速增加,则表明弗兰克-赫兹管被击穿,此时应立即降低 U_{G2}. 如果希望有较大的击穿电压,可以通过降低灯丝电压的方式来达到.

3. 自行设计数据记录表格并记入数据.

【注意事项】

1. 灯丝加热电压 U_F 不宜设置过大,一般在 2 V 左右,如电流偏小可再适当增加.

2. 不同的实验条件下 U_{G2} 有不同的击穿值,要防止弗兰克–赫兹管被击穿(电流急剧增大). 如发生击穿应立即调低 U_{G2},以免弗兰克–赫兹管受损.

【数据处理】

1. 手绘或用记录仪测量氩的 I_P–U_{G2} 的数据. 对曲线的峰或谷所在位置电势差求平均值.

2. 选取合适的实验点记录数据,根据 I_P–U_{G2} 曲线,求出氩的第一激发电势.

3. 用计算机采集得到充氩管的 I_P–U_{G2} 曲线,用谷–谷电势差平均值求得氩的第一激发电势.

4. 用最小二乘法处理峰或谷的位置的电势

$$U_{G2} = a + U_1 \cdot i$$

其中 i 为峰或谷的序数,U_{G2} 为特征位置电势值,U_1 为拟合的第一激发电势.

5. 降低或增加灯丝电压,观察 I_P–U_{G2} 曲线的变化,记录第一峰和最末峰的位置,推断灯丝电压对曲线的影响.

【分析讨论】

1. 能否用氢气代替氩气,为什么?

2. 在弗兰克–赫兹实验中,为什么 I_P–U_{G2} 曲线不是从原点开始? 为什么呈周期性变化?

3. 为什么 I_P 不会降到零? 为什么 I 的下降不是陡然的?

【总结与思考】

1. 在弗兰克–赫兹管内为什么要在板极和栅极之间加反向拒斥电压?

2. 温度过低时,栅极电压为什么不能调得过高? 灯丝电压对实验结果有何影响? 是否影响第一激发电势?

实验 44　塞曼效应

塞曼效应是 19 世纪末 20 世纪初荷兰著名的实验物理学家皮特尔·塞曼(Pieter Zeeman)发现的. 塞曼效应的发现是继法拉第发现"法拉第效应",克尔发现"克尔效应"之后被发现的磁场对光影响的第三个例子. 这一发现使得人们对物质的光谱,原子和分子有了更多的理解.

1896 年塞曼发现将光源放在足够强的磁场中时,原来的一条谱线分裂成几条谱线,分裂成的谱线是偏振的,分裂成的条数随跃迁前后能级的类别而不同. 后人称此现象为塞曼效应. 在发现塞曼效应的整个过程中,塞曼和他的老师洛伦兹密切配合共同奋斗,攻克了一个又一个的难关,他们合作研究的精神也成为光辉典范. 1902 年塞曼和他的老师洛伦兹共同获得了诺贝尔物理学奖. 塞曼是一位精通多方面技术的实验物理学家,同时也是一位杰出的语言学家,他经常与研究生进行各方面的讨论,显示出他是一位超群的老师.

本实验用高分辨率的分光器件法布里–珀罗标准具去观察 546.1 nm 汞绿线的塞曼效应并用 CCD 摄像装置捕捉图像,将图像输入计算机再用智能软件测量谱线分裂的波长差,计算出电子荷质比$-e/m$的值.

【重点难点】

塞曼分裂谱原理.

【目的要求】

1. 掌握塞曼效应理论,学习观察塞曼效应的方法,测定电子的荷质比,确定能级的量子数和朗德因子,绘出跃迁的能级图.
2. 了解磁场对光产生的影响,认识发光原子内部的运动状态及其量子化的特性. 并利用软件进行分析测量,测定电子的荷质比.
3. 用法布里–珀罗(Fabry–Perot)标准具观察和拍摄汞的 546.1 nm 谱线的塞曼分裂谱. 利用塞曼分裂的裂矩,计算电子荷质比$-e/m$的值.
4. 掌握法布里–珀罗标准具的原理及使用及 CCD 摄像装置在图像传感中的应用.

【仪器装置】

塞曼效应仪的主要组成部分及功能

WPZ–Ⅲ型塞曼效应仪(法布里–珀罗标准具、干涉滤光片、笔形汞灯);CCD 摄像装置;计算机与智能软件.

【实验原理】

一、塞曼效应的原理

1. 原子的总磁矩和总角动量的关系

原子中的电子既作轨道运动也作自旋运动. 在 LS 耦合的情况下,原子的总轨道磁矩 μ_L 与总轨道角动量 P_L 的大小关系为

$$\mu_L = -\frac{e}{mc}P_L \qquad P_L = \sqrt{L(L+1)}\,\hbar \qquad (7.44.1)$$

总自旋磁矩 μ_S 与总自旋角动量 P_S 关系为

$$\mu_S = -\frac{e}{mc}P_S \qquad P_S = \sqrt{S(S+1)}\,\hbar \qquad (7.44.2)$$

其中 L, S 以及下面的 J 都是熟知的量子数，$\hbar$ 等于普朗克常量 h 除以 2π，轨道角动量和自旋角动量合成原子的总角动量 $\boldsymbol{P}_J$，轨道磁矩和自旋磁矩合成原子总磁矩 $\boldsymbol{\mu}$，见图 7.44.1，由于比值 μ_S/P_S 不同于比值 μ_L/P_L，总磁矩 $\boldsymbol{\mu}$ 不在总角动量 $\boldsymbol{P}_J$ 的方向上．但由于 $\boldsymbol{\mu}$ 绕 $\boldsymbol{P}_J$ 的进动，只有 $\boldsymbol{\mu}$ 在 $\boldsymbol{P}_J$ 方向的投影 μ_J 对外界来说平均效果不为零．按图 7.44.1 所示的矢量模型进行叠加，得到 μ_J 与 $\boldsymbol{P}_J$ 的大小关系为

$$\mu_J = g\frac{e}{2m}P_J \qquad\qquad P_J = \sqrt{J(J+1)}\,\hbar$$

其中 g 称为朗德因子，可以算出其值为

$$g = 1 + \frac{J(J+1) + S(S+1) - L(L+1)}{2J(J+1)} \qquad (7.44.3)$$

它表征了原子的总磁矩与总角动量的关系，并且决定了分裂后的能级在磁场中的裂距．

2. 磁场对外原子能级的作用

原子总磁矩在外磁场中受力矩 $\boldsymbol{L} = \boldsymbol{\mu}_J \times \boldsymbol{B}$ 的作用，见图 7.44.2，该力矩使总磁矩 $\boldsymbol{\mu}_J$ 绕磁场方向作旋进．这时附加能量 ΔE 为

$$\Delta E = -\mu_J B\cos\alpha = g\frac{e}{2m}P_J B\cos\beta \qquad (7.44.4)$$

其中角 α 与角 β 的意义见图 7.44.2．由于 $\boldsymbol{P}_J$ 在磁场中的取向是量子化的，即

$$P_J\cos\beta = M\hbar, \qquad M = J, J-1, \cdots, -J \qquad (7.44.5)$$

磁量子数共有 $2J+1$ 个值．将式 (7.44.5) 代入式 (7.44.4) 得

$$\Delta E = Mg\frac{e\hbar}{2m}B \qquad (7.44.6)$$

这样，无外磁场时的一个能级在外磁场的作用下分裂为 $2J+1$ 个子能级．由式 (7.44.6) 决定的每个子能级的附加能量正比于外磁场 B，并且与朗德因子 g 有关．

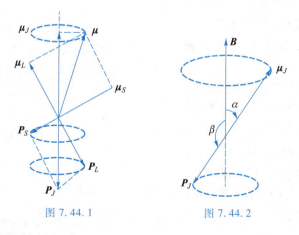

图 7.44.1　　　　　图 7.44.2

3. 塞曼效应的选择定则

设某一光谱线在未加磁场时跃迁前后的能级为 E_2 和 E_1，则谱线的频率 ν 取决于

$$h\nu = E_2 - E_1$$

在外磁场中,上下能级分别分裂为 $2J_2+1$ 和 $2J_1+1$ 个子能级,附加能量分别为 ΔE_2 和 ΔE_1 并且可按式(7.44.6)算出. 新的谱线频率 ν' 取决于

$$h\nu' = (E_2+\Delta E_2)-(E_1+\Delta E_1) \tag{7.44.7}$$

所以分裂后谱线与原谱线的频率差为

$$\Delta\nu = \nu'-\nu = \frac{1}{h}(\Delta E_2-\Delta E_1) = (M_2 g_2-M_1 g_1)\frac{eB}{4\pi m} \tag{7.44.8}$$

用波数来表示为

$$\Delta\tilde{\nu} = (M_2 g_2-M_1 g_1)\frac{eB}{4\pi mc} \tag{7.44.9}$$

令 $\tilde{L} = \frac{eB}{4\pi mc}$, $\tilde{L}$ 称为洛伦兹单位. 将有关物理常量代入得:$\tilde{L} = 4.67\times10^{-3}B\ \mathrm{m^{-1}\cdot Gs^{-1}}$, 其中 B 的单位采用 $\mathrm{Gs}(1\ \mathrm{Gs}=10^{-4}\ \mathrm{T})$.

但是,并非任何两个能级的跃迁都是可能的. 跃迁必须满足以下选择定则:

$$\Delta M = M_2-M_1 = 0,\pm1 \quad (\text{当 } J_2=J_1 \text{ 时},\Delta M_2=0\to M_1=0 \text{ 除外})$$

习惯上取较高能级与较低能级的 M 量子数之差为 ΔM. 其中 $\Delta M=0$ 跃迁谱线称为 π 线,$\Delta M=\pm1$ 跃迁谱线称为 σ 线.

(1) 当 $\Delta M=0$ 时,产生 π 线,沿垂直于磁场的方向观察时,得到光振动方向平行于磁场的线偏振光. 沿平行于磁场的方向观察时,光强度为零,观察不到.

(2) 当 $\Delta M=\pm1$ 时,产生 $\sigma^{\pm}$ 线,合称 σ 线. 沿垂直于磁场的方向观察时,得到的都是光振动方向垂直于磁场的线偏振光. 当光线的传播方向平行于磁场的方向时 σ^+ 线为一左旋圆偏振光,σ^- 线为一右旋圆偏振光. 当光线的传播方向反平行于磁场方向时,观察到的 σ^+ 和 σ^- 线分别为右旋和左旋圆偏振光. 沿其他方向观察时,π 线保持为线偏振光. σ 线变为圆偏振光,由于光源必须置于电磁铁两磁极之间,为了在沿磁场的方向上观察塞曼效应,必须在磁极上镗孔.

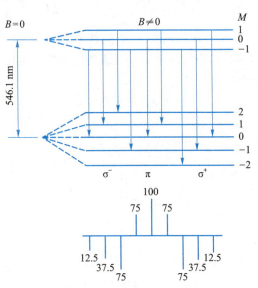

4. 汞绿线在外磁场中的塞曼效应

本实验中所观察的汞绿线 (546.1nm) 对应于跃迁 $6s7s^3S_1 \to 6s6p^3P_2$. 这两个状态的朗德因子 g 和在磁场中的能级分裂,可以由式 (7.44.3) 和式 (7.44.4) 计算得出. 汞绿线的塞曼效应及谱线强度分布见图 7.44.3.

图 7.44.3　汞绿线的塞曼效应及谱线强度分布

由图 7.44.3 可见,上下能级在外磁场中分别分裂为三个和五个子能级. 在能级图上画出了选择规则允许的九种跃迁. 在能级图下面画出了与各跃迁相应的谱

线在频谱上的位置,它们的波数从左到右增加,并且是等距的,各线段的长度表示光谱线的相对强度.

二、仪器工作原理

1. 法布里–珀罗标准具的原理和性能

法布里–珀罗标准具(以下简称标准具)由两块平行平面玻璃板和加在中间的一个间隔圈组成. 平面玻璃板内表面是平整的,其加工精度要求优于 1/20 中心波长. 内表面上镀有高反射膜,膜的反射率高于 90%. 间隔圈用膨胀系数很小的熔融石英材料制作,精加工成一定的厚度,用来保证两块平面玻璃板之间有很高的平行度和稳定间距.

标准具中的光路图见图 7.44.4 所示. 当单色平行光束 S 以某一小角度入射到标准具的 P_1 平面上;光束在 P_1 和 P_2 二平面上经过多次反射和透射,分别形成一系列相互平行的反射光束 1,2,3,… 及透射光束 1′,2′,3′,…,任何相邻光束间的光程差 Δ 是一样的,即

$$\Delta = 2nd\cos\theta$$

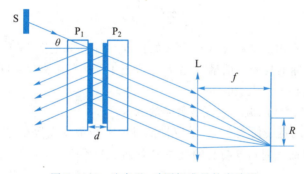

图 7.44.4　法布里–珀罗标准具的光路图

其中 d 为两平行板之间的间距,大小为 2.0 mm,θ 为光束折射角,n 为平行板间介质的折射率,在空气中使用标准具时可取 $n=1$. 一系列互相平行并有一定光程差的光束(多光束)经会聚透镜在焦平面上发生干涉. 光程差为波长整数倍时产生相长干涉,得到光强极大值:

$$2nd\cos\theta = K\lambda \tag{7.44.10}$$

K 为整数,称为干涉序. 由于标准具的间距 d 是固定的,对于波长 λ 一定的光,不同的干涉序 K 出现在不同的入射角 θ 处,如果采用扩展光源照明,在标准具中将产生等倾干涉,这时相同 θ 角的光束所形成的干涉条纹是一圆环,整个花样则是一组同心圆环.

由于标准具中发生的是多光束干涉,干涉条纹的宽度非常细锐,通常用精细度 F(定义为相邻条纹间距与条纹半宽度之比)表征标准具的分辨性能,可以证明

$$F = \frac{\pi\sqrt{R}}{1-R} \tag{7.44.11}$$

其中 R 为平行板内表面的反射率. 精细度的物理意义是在相邻的两干涉序之间能够分辨的干涉条纹的最大条纹数. 精细度仅依赖于反射膜的反射率, 反射率越大, 精细度越大, 则每一条干涉条纹越细锐. 仪器能分辨的条纹数越多, 也就是仪器的分辨本领越高. 实际上玻璃内表面加工精度受到一定的限度, 反射膜层中出现各种非均匀性, 这些都会带来散射等耗散因素, 往往使仪器的实际精细度比理论值低.

我们考虑两束具有微小波长差的单色光 λ_1 和 $\lambda_2(\lambda_1 > \lambda_2$ 且 $\lambda_1 \approx \lambda_2 \approx \lambda)$, 例如, 加磁场后汞绿线分裂成的九条谱线中, 对于同一干涉序 K, 根据式(7.44.10), λ_1 和 λ_2 的光强极大值对应于不同的入射角 θ_1 和 θ_2, 因而所有的干涉序形成两套条纹. 如果 λ_1 和 λ_2 的波长差(附磁场 B)逐渐增大, 使得 λ_2 的 K 序条纹与 λ_1 的 $(K-1)$ 序条纹重合, 这时以下条件得到满足:

$$K\lambda_2 = (K-1)\lambda_1$$

考虑到靠近干涉圆环中央处 θ 都很小, 因而 $K = 2d/\lambda$, 于是上式可写成:

$$\Delta\lambda = \lambda_1 - \lambda_2 = \frac{\lambda^2}{2d} \tag{7.44.12}$$

用波数表示为

$$\Delta\tilde{v} = \frac{1}{2d} \tag{7.44.13}$$

按以上两式算出的 $\Delta\lambda$ 或 $\Delta\tilde{v}$ 定义的标准具的色散范围, 又称为自由光谱范围. 色散范围是标准具的特征量, 它给出了靠近干涉圆环中央处不同波长的干涉条纹不重序时所允许的最大波长差.

2. 分裂后各谱线的波长差或波数差的测量

用焦距为 f 的透镜使法布里-珀罗标准具的干涉条纹成像在焦平面上, 这时靠近中央的各条纹的入射角 θ 与它的直径 D 有如下关系:

$$\cos\theta = \frac{f}{\sqrt{f^2 + (D/2)^2}} \approx 1 - \frac{1}{8}\frac{D^2}{f^2} \tag{7.44.14}$$

代入式(7.44.10)得

$$2d\left(1 - \frac{D^2}{8f^2}\right) = K\lambda \tag{7.44.15}$$

由式(7.44.15)可见, 靠近中央的条纹的直径的平方与干涉序成线性关系. 对同一波长而言随着条纹直径的增大花纹越来越密, 并且式(7.44.15)左侧括号中符号表明, 直径大的干涉条纹对应的干涉序低. 同理, 就不同波长同序的干涉条纹而言, 直径大的波长小.

由式(7.44.15)又可求出在同一序中不同的波长 λ_1 和 λ_1 之差, 例如, 分裂后两相邻谱线的波长差为

$$\lambda_a - \lambda_b = \frac{d}{4f^2 K}(D_b^2 - D_a^2) = \frac{\lambda}{K}\frac{D_b^2 - D_a^2}{D_{k-1}^2 - D_k^2} \tag{7.44.16}$$

测量时通常可以只利用在中央附近的 K 序干涉条纹. 考虑到标准具间隔圈的厚度比波长大得多, 中心条纹的干涉序很大. 因此, 用中心条纹干涉序代替被测条

纹的干涉序所引入的误差可以忽略不计,即

$$K = \frac{2d}{\lambda} \tag{7.44.17}$$

将式(7.44.17)代入式(7.44.16)得

$$\lambda_a - \lambda_b = \frac{\lambda^2}{2d} \frac{D_b^2 - D_a^2}{D_{k-1}^2 - D_k^2} \tag{7.44.18}$$

用波数表示为

$$\tilde{v}_b - \tilde{v}_a = \frac{1}{2d} \frac{D_a^2 - D_b^2}{D_{k-1}^2 - D_k^2} \tag{7.44.19}$$

由式(7.44.19)得知波数差与相应条纹的直径平方值成正比.

3. CCD 摄像装置

CCD 是电荷耦合器件的英文缩写. 它是一种金属氧化物——半导体结构的新型器件,具有光电转换、信息存储和信号传输(自扫描)的功能,在图像传感、信息处理和存储多方面有着广泛的应用.

CCD 摄像装置是 CCD 在图像传感领域中的重要应用. 在本实验中,经由标准具出射的多光束,经透镜会聚相干,呈多光束干涉条纹成像于 CCD 光敏面. 利用 CCD 的光电转换功能,将其转换为电信号"图像",由荧光屏显示. 因为 CCD 是对弱光极为敏感的光放大器件,故荧光屏上呈现明亮、清晰的干涉图像.

【实验内容及步骤】

1. 按图 7.44.5 调节光路,即以磁场中心到 CCD 窗口中心的等高线为轴,暂不放置干涉滤光片,不开启 CCD 及显示器,光源通过聚光镜以平行光入射标准具,出射光通过会聚镜成像于 CCD 光敏面.

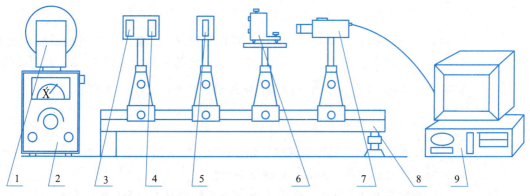

1—电磁铁;2—电源;3—透镜;4—偏振片;5—干涉滤光片;6—法布里-珀罗标准具;7—CCD;
8—导轨;9—计算机.

图 7.44.5

2. 调节标准具的平行度使两平晶平行,即调节标准具的三个螺丝,使左右上下移动眼睛时对着标准具看到的干涉条纹形状不变.

3. 开启 CCD 和显示器,调节 CCD 上的平移微调机构至荧光屏显示最佳成像状态,因汞灯是复色光源,荧光屏上呈亮而粗的条纹.

4. 放置 546.1 nm 干涉滤光片,则荧光屏呈现明细的干涉条纹.

5. 开启磁场电源,观察荧光屏上的分裂的 π 线和 σ 线条纹随磁场的变化情况.

6. 调节螺旋测微器使 CCD 沿垂直方向移动,则荧光屏上条纹也相应移动. 分别测量 π 线和 σ 线条纹的直径. 注意:由于 π 线和 σ 线所加磁场不同,必须每测量一种成分后用毫特斯拉计测量光源处的磁感应强度.

【注意事项】

1. 爱护光学元件表面,不得用手触摸法布里-珀罗标准具和干涉滤光片.

2. 法布里-珀罗标准具是精密光学仪器,调节平行度时应冷静分析,细心调节,切勿盲动.

3. 爱护 CCD 摄像装置,由于 CCD 摄像装置对弱光极为灵敏,切勿用强光直射光敏面,以防过饱和及损伤器件;光敏面应防止灰尘和水汽沾污,切勿用手和纸擦除;实验完后应将盖子盖好窗口.

【数据处理】

1. 由公式:

$$\Delta \tilde{v} = v_a - v_b = \frac{1}{2d} \frac{D_b^2 - D_a^2}{D_{k-1}^2 - D_k^2} \tag{7.44.20}$$

$$\Delta \tilde{v} = v_b - v_c = \frac{1}{2d} \frac{D_c^2 - D_b^2}{D_{k-1}^2 - D_k^2}$$

计算出同级的两个波数差,要求测两个级次四个波数差,最后取平均值.

2. 由公式:

$$\frac{e}{4\pi mc} = \frac{\Delta \tilde{v}}{(1/2)B} = 4.67 \times 10^{-1} \text{ cm}^{-1} \cdot \text{T}^{-1} \tag{7.44.21}$$

计算出电子的荷质比,并和理论值比较算出相对误差. 其中 B 是外加磁感应强度. 当给直流电磁铁加上一定的电流时,就产生一定的磁感应强度 B,实验时可以用毫特斯拉计测量. $\Delta \tilde{v}$ 是当外加磁场时同级相邻裂变环之间的波数差.

【分析讨论】

1. 实验中如何观察和鉴别塞曼分裂谱线中的 π 线成分和 σ 线成分? 如何观察和分辨 σ 线成分中的左旋和右旋圆偏振光?

2. 调整法布里-珀罗标准具时,如何判别标准具的两个内平面是平行的? 标准具调整不好会产生怎样的后果?

3. 调节法布里-珀罗标准具平行度时,如眼睛沿某方向移动,观察到条纹冒出,是什么原因? 应再如何调节? 请用数学分析.

4. 对横效应磁感应强度的最小值和最大值由什么决定? 各是多少? (假定 $d = 0.200$ cm)

5. 干涉滤光片起什么作用?

【总结与思考】

利用所学过的原子物理知识,根据实验结果确定上下原子能级和数值,并写出两个原子能级的符号(提示:利用这些量子数的跃迁选择定则及整数或半整数的性质,无须知道是何种原子).

实验 45　用超声光栅测声速实验

本实验隶属声光效应实验范畴,通过在光路中放置一产生声波振动的介质实现对透过光的调制,而且调制效果可以与声信号进行可计算的联络,本实验可使学生了解如何对光信号进行调制和实现这一过程的手段,同时也为测量液体(非电解质溶液)中的声速提供了另一种思路和方法.

用超声光栅测
声速

【重点难点】

1. 了解超声光栅形成的机理,压电材料的压电效应.
2. 加深理解纵驻波的形成.

【目的要求】

1. 了解超声光栅产生的原理.
2. 了解声波如何对光信号进行调制.
3. 通过对液体(非电解质溶液)中的声速的测定,加深对其概念的理解.

【仪器装置】

超声光栅声速仪(信号源、液体槽、锆钛酸铅陶瓷片),分光计,测微目镜,汞光灯.

【实验原理】

光波在介质中传播时被超声波衍射的现象,称为超声致光衍射(亦称声光效应).

超声波作为一种纵波在液体中传播时,其声压使液体分子产生周期性变化,促使液体的折射率也相应地作周期性变化,形成疏密波. 此时,如有平行单色光沿垂直于超声波传播方向的方向通过这疏密相间的液体时,就会被衍射,这一作用类似光栅,所以称为超声光栅.

超声波传播时,如前进波被一个平面反射,将会反向传播. 在一定条件下前进波与反射波叠加而形成超声波频率的纵向振动驻波. 由于驻波的振幅可以达到单一行波的两倍,因此加剧了波源和反射面之间液体的疏密变化程度. 某时刻,驻波的任一波节两边的质点都涌向这个节点,使该节点附近成为密集区,而相邻的波节处于稀疏区;半个周期后,这个节点附近的质点又向两边散开变为稀疏区,相邻波节处变为密集区. 在这些驻波中,稀疏作用使液体折射率减小,而压缩作用使液体折射率增大. 距离等于波长 Λ 的两点,液体的密度相同,折射率也相等,如图7.45.1 所示.

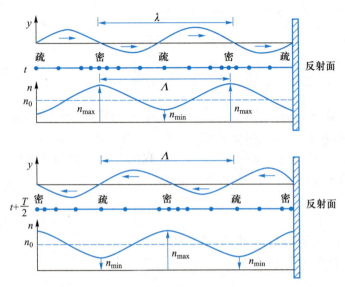

图 7.45.1 在 t 和 $(t+T/2)$(T 为振动周期)两时刻振幅液体疏密
分布和折射率 n 的变化

单色平行光束沿着垂直于超声波传播方向的方向通过上述液体时,因为超声波的波长很短,只要液体槽宽到能够维持平面波,槽中液体就相当于一个衍射光栅. 图 7.45.1 中行波的波长 Λ 相当于光栅常量. 根据光栅方程,衍射的主极大(光谱线)由下式决定:

$$\Lambda \sin \varphi_k = k\lambda \quad (k=0,1,2,\cdots) \tag{7.45.1}$$

式中 k 为衍射级次,φ_k 为零级与 k 级间夹角.

在调好的分光计上,由单色光源和平行光管中的会聚透镜 L_1 与可调狭缝 S 组成平行光系统,如图 7.45.2 所示.

让光束垂直通过装有锆钛酸铅陶瓷片(或称 PZT 晶片)的液体槽,在槽的另一侧,用自准直望远镜中的物镜 L_2 和测微目镜组成测微望远系统. 若振荡器使 PZT 晶片发生振动,形成稳定的驻波,从测微目镜即可观察到衍射光谱. 从图 7.45.2 中可以看出,当 φ_k 很小时,有 $\sin \varphi_k = l_k/f$,其中 l_k 为衍射光谱零级至 k 级的距离,f 为透镜的焦距. 所以超声波波长为

$$\Lambda = \frac{k\lambda}{\sin \varphi_k} = \frac{\lambda f}{\Delta l_k} \tag{7.45.2}$$

超声波在液体中的传播的速度为

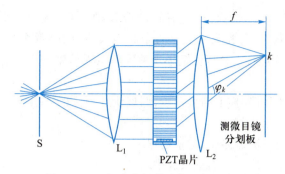

图 7.45.2　超声光栅声速仪衍射光路图

$$v = \Lambda\nu = \frac{\lambda f\nu}{\Delta l_k} \qquad (7.45.3)$$

式(7.45.3)中的 ν 是振荡器和锆钛酸铅陶瓷片的共振频率, Δl_k 为同一色光衍射条纹间距.

本实验装置如图 7.45.3 所示.

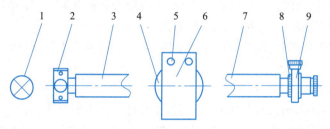

1—光源;2—狭缝;3—平行光管;4—载物台;5—接线柱;6—液体槽;7—望远镜;8、9—测微目镜.

图 7.45.3　实验装置示意图

【实验内容及步骤】

1. 调整分光计到使用状态. 使望远镜聚焦于无限远处,望远镜的光轴垂直于分光计的中心主轴,平行光管与望远镜同轴并出射平行光,调节目镜套筒使叉丝清晰,并以平行光管出射的平行光为准,调节望远镜焦距使观察到的狭缝清晰,狭缝应调至最小,实验过程中无须调节.

2. 将待测液体(如纯净水)注入液体槽内,液面高度以液体槽侧面的液体高度刻线为准.

3. 将此液体槽放置于分光计的载物台上,放置时使液体槽两侧表面基本垂直于望远镜和平行光管的光轴.

4. 两根高频连接线的一端各插入液体槽盖板上的接线柱,另一端接入超声光栅声速仪电源箱的高频输出端,然后将液体槽盖板盖在液体槽上.

5. 开启超声信号源电源,通过阿贝式目镜观察衍射条纹,调节频率微调旋钮,使电振荡频率与锆钛酸铅陶瓷片固有频率共振,此时,衍射光谱的级次会显著增多且更为明亮. 记录共振频率 ν.

6. 至此分光计已调整到位,左右转动液体槽(可转动分光计载物台或游标盘),使射于液体槽的平行光束完全垂直于超声波束,同时观察视场内的衍射光谱左右级次亮度及对称性,直到从目镜中观察到稳定而清晰的左右各 2~3 级的衍射条纹为止.

7. 取下阿贝式目镜,换上测微目镜,调焦使观察到的衍射条纹清晰. 利用测微目镜逐级测量其位置读数.

8. 用温度计测量液体温度,记录数据.

9. 记录数据于书后的数据记录表中.

【注意事项】

1. 锆钛酸铅陶瓷片未放入有介质的液体槽前,禁止开启信号源. 实验过程中要防止震动,只有陶瓷片表面与对面的液体槽壁表面平行时才会形成较好的表面驻波,因而实验时应将液体槽的上盖盖平.

2. 注意不要使频率长时间维持在 12 MHz 以上,以免振荡线路过热.

3. 提取液体槽时应拿两端面,不要触摸两侧表面通光部位,以免污染. 如已有污染,可用乙醚清洗干净,或用镜头纸擦净.

4. 温度不同对测量结果有一定的影响,可对不同温度下的测量结果进行修正.

【数据处理】

1. 用逐差法求出条纹间距的平均值,并计算液体中的声速.

已知:f 为透镜 L_2 的焦距(分光计)= 170 mm;汞光灯波长 λ(其不确定度忽略不计)分别为:汞蓝光 435.8 nm,汞绿光 546.1 nm,汞黄光 578.0 nm(双黄线平均波长).

2. 对三种不同波长下的声速测量值求平均.

3. 对速度作温度修正,求测量值的相对误差. 已知:$v_{水} = 1\,482.9$ m/s(20 ℃),$A = 2.5$;温度系数修正后的声速:$v_t = v_0 + A(t - t_0)$;相对误差:$\dfrac{|v - v_t|}{v_t} \times 100\%$.

【分析讨论】

1. 用逐差法处理数据的优点是什么?

2. 在用超声光栅测声速实验中,若只调出 ±1 级衍射谱线,应如何调整找到 ±3 级以上的衍射谱线?

3. 在用超声光栅测声速的实验中,应如何正确放置液体槽?

【总结与思考】

在用超声光栅测声速实验中,当找到谱线后,若发现两侧光谱的谱线级次不一样,应如何调整?

实验 46 用霍尔位置传感器与弯曲法测量杨氏模量

随着科学技术的发展,微小位移测量的技术越来越先进.本实验介绍一种近年来发展起来的霍尔传感器——霍尔位置传感器,它是利用磁铁和集成霍尔元件之间位置变化输出信号来测量微小位移的.本实验将该项技术用于用弯曲法测量固体材料杨氏模量的实验中,通过霍尔位置传感器的输出电压与位移的线性关系进行定标和微小位移量的测量.

霍尔位置传感器

利用霍尔效应制成的霍尔元件是一种磁电转换元件,又称霍尔传感器,具有频率响应宽、小型、无接触测量等优点.近年来继德国物理学家克利青(K. von Klitzing,1943—)等人发现了整数量子霍尔效应后,崔琦(D. C. Tsui,1939—)和施特默(H. L. Stormer,1949—)等人又发现了分数量子霍尔效应,并因此获得了 1998 年诺贝尔物理学奖.

【重点难点】

了解霍尔位置传感器的结构、原理、特性及使用方法.

【目的要求】

1. 学习基本长度和微小位移的测量方法,掌握霍尔位置传感器的原理及应用.
2. 霍尔位置传感器的定标及灵敏度的测量.
3. 用霍尔位置传感器测量黄铜、可锻铸铁的杨氏模量.

【仪器装置】

测微目镜,霍尔位置传感器,样品(黄铜和可锻铸铁),霍尔位置传感器输出信号测量仪,砝码等.

【实验原理】

1. 霍尔位置传感器

将霍尔元件置于磁感应强度大小为 B 的磁场中,在垂直于磁场的方向通以电流 I,则与这二者相垂直的方向上将产生霍尔电势差 U_H:

$$U_H = KIB \tag{7.46.1}$$

式(7.46.1)中 K 为元件的霍尔灵敏度.如果保持霍尔元件的电流 I 不变,而使其在一个均匀梯度的磁场中移动时,则输出的霍尔电势差变化量为

$$\Delta U_H = KI \frac{\mathrm{d}B}{\mathrm{d}z} \Delta z \tag{7.46.2}$$

式(7.46.2)中 Δz 为位移量,此式说明若 $\frac{\mathrm{d}B}{\mathrm{d}z}$ 为常量时,ΔU_H 与 Δz 成正比.

为实现均匀梯度的磁场,可以如图 7.46.1 所示,两块相同的磁铁之间留一等间距间隙,霍尔元件平行于磁铁放在该间隙的中轴上.间隙大小根据测量范围和测量灵敏度要求而定,间隙越小,磁场梯度就越大,灵敏度就越高.磁铁截面要远大于霍尔元件,以尽可能地减小边缘效应影响,提高测量精确度.

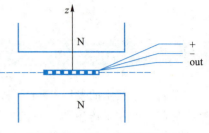

图 7.46.1 霍尔位置传感器

若磁铁间隙内中心截面处的磁感应强度 B 为零,则霍尔元件处于该处时,输出的霍尔电势差 U_H 也应该为零. 当霍尔元件偏离中心,沿 z 轴发生位移时,由于磁感应强度不再为零,霍尔元件也就产生相应的电势差输出,其大小可以用数字电压表测量. 由此可以将霍尔电势差为零时元件所处的位置作为位移参考零点. 霍尔电势差与位移量之间存在一一对应关系,当位移量较小(<2 mm)时,这一对应关系具有良好的线性.

2. 杨氏模量

实验的主体装置如图 7.46.2 所示,在横梁弯曲的情况下,杨氏模量 E 可以用下式表示:

$$E = \frac{d^3 mg}{4a^3 b \Delta z} \tag{7.46.3}$$

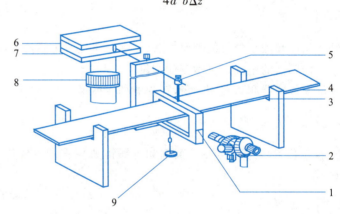

1—铜刀口上的基线;2—测微目镜;3—刀口;4—横梁;5—铜杠杆(顶端装有霍尔位置传感器);
6——磁铁盒;7—磁铁(N 极相对放置);8—调节架;9—砝码.

图 7.46.2 实验装置简图

式(7.46.3)中 d 为两刀口之间的距离,m 为所加砝码的质量,a 为横梁的厚度,b 为横梁的宽度,Δz 为横梁中心由于外力作用而下降的距离,g 为重力加速度.

【实验内容及步骤】

1. 霍尔位置传感器的定标

(1)调节底座箱上的水平螺丝,将实验装置调至水平.使霍尔位置传感器探测元件处于磁铁中间的位置.

（2）将横梁(黄铜梁)穿在砝码铜刀口内,安放在两立柱刀口的正中央位置. 接着装上铜杠杆,将有传感器的一端插入两立柱刀口中间,该杠杆中间的铜刀口放在刀座上. 圆柱形拖尖应在砝码刀口的小圆洞内,传感器若不在磁铁中间,可以松开固定螺丝使磁铁上下移动,或者旋动调节架上的套筒螺丝使磁铁上下微动,再固定之.

（3）调节测微目镜,直到眼睛观察镜内的十字叉丝和数字清晰,然后移动测微目镜使通过其能够清楚地看到铜刀口上的基线,再转动读数旋钮使刀口上的基线与测微目镜内十字叉丝吻合,记下初始读数.

（4）逐次增加砝码 m_i(每次增加 20 g 砝码),使梁弯曲产生位移 Δz,精确测量传感器信号输出端的数值与固定砝码架的位置 z 的关系,用测微目镜对传感器输出量进行定标,即从测微目镜读出横梁的弯曲位移 Δz_i 及数字电压表相应的读数值 U_i(单位为 mV).

2. 测量黄铜样品的杨氏模量. 用直尺测量横梁两刀口间的长度 d,用游标卡尺测量不同位置横梁的宽度 b,用螺旋测微器测量横梁厚度 a.

3. 将黄铜梁改用可锻铸铁横梁,重复上面的测量.

4. 将测量数据记入书后的数据记录表中.

【注意事项】

1. 用测微目镜的十字叉丝对准铜刀口上的基线时,注意要区别是黄铜梁的边沿还是基线.

2. 霍尔位置传感器定标前,应先将霍尔位置传感器调整到零输出位置,这时可调节电磁铁盒下的升降杆上的旋钮,达到零输出的目的. 另外,应使霍尔位置传感器的探头处于两块磁铁的正中间稍偏下的位置,这样测量数据更可靠一些.

【数据处理】

1. 作图或用最小二乘法进行直线拟合,计算霍尔位置传感器的灵敏度: $K = \dfrac{\Delta U}{\Delta z}$.

2. 用逐差法按式(7.46.3)进行计算,求得黄铜材料在 $m = 60.00$ g 时的杨氏模量.

3. 由霍尔位置传感器的灵敏度,计算出下降的距离 Δz_i: $\Delta z_{铁} = \dfrac{\Delta U}{K}$. 用逐差法按式(7.46.3)计算可锻铸铁的杨氏模量.

4. 把测量结果与公认值进行比较,算出相对误差. （查得黄铜材料的杨氏模量 $E_{铜} = 1.055 \times 10^{11}$ N/m^2,可锻铸铁的杨氏模量 $E_{铁} = 1.815 \times 10^{11}$ N/m^2. ）

【分析讨论】

1. 用弯曲法测量杨氏模量主要测量误差有哪些? 请估算各影响量的不确定度.

2. 铜刀口不在横梁中心会出现什么情况?

3. 霍尔位置传感器定标时应注意哪些问题?

4. 霍尔位置传感器是如何确定位置变化的?

【总结与思考】

用霍尔位置传感器测量微小位移有什么优点?(提示:其与螺旋测微器、读数显微镜等比较,有什么优点?)

实验 47　温度传感器特性测量及应用

"温度"是一个重要的物理量,它不仅和我们的生活环境密切相关,在科研及生产过程中,温度的变化对实验及生产的结果至关重要. 随着科学技术的发展,各种新型的集成电路温度传感器不断涌现,并被大批量生产和应用. 集成电路温度传感器是利用一些金属、半导体材料与温度相关的特性制成的. 集成电路温度传感器有以下几个优点:① 温度变化与输出量的变化呈现良好的线性关系;② 不像热电偶那样需要参考点;③ 抗干扰能力强;④ 互换性好,使用简单方便. 因此,这类传感器在科学研究、工业和家用电器等方面已被广泛应用于温度的精确测量和控制. 本实验要求测量电流型集成电路温度传感器的输出电流与温度的关系,熟悉该传感器的基本特性,并采用非平衡电桥法,组装一台 0 ~ 50 ℃ 数字式温度计.

【重点难点】

掌握电流型集成电路温度传感器的特性.

【目的要求】

1. 学习和掌握电流型集成电路温度传感器的特性.

2. 测量集成电路温度传感器在某恒定温度时的伏安特性曲线.

3. 测量输出电流和温度的关系.

4. 用传感器设计并组装数字式温度计.

【仪器装置】

电流型集成电路温度传感器,智能式数字恒温控制仪,量程为 0 ~ 19. 999 V 的四位半数字电压表,直流稳压输出电源(1. 5 ~ 12 V),可调式磁性搅拌器以及加热器,玻璃管,电阻箱,保温杯,水银温度计.

【实验原理】

集成电路温度传感器将温敏晶体管与相应的辅助电路集成在同一芯片上,它能直接给出正比于热力学温度的理想线性输出,一般用于 −50 ~ +120 ℃ 之间温度的测量. 集成电路温度传感器有电压型和电流型两种. 电流型集成电路温度传感

器在一定的温度 T 时相当于一个恒流源,因此,它不易受接触电阻、引线电阻、电压噪声的干扰,具有很好的线性特性.

本实验采用的是电流型集成电路温度传感器,它只需要电动势在 4.5 ~ 24 V 的一种电源即可实现温度到电流的线性变换,然后在终端使用一只取样电阻,即可实现电流到电压的转换. 它使用方便,并且比电压型的测量精度高,其输出电流 I 与温度 t 成正比

$$I = Bt + I_0 \tag{7.47.1}$$

式(7.47.1)中 I 为其输出电流,单位 μA;t 为摄氏温度;K 为温度传感器的灵敏度(该实验所用的温度传感器灵敏度为 1 $\mu A/℃$,即如果该温度传感器的温度升高或降低 1 ℃,则传感器的输出电流增加或减少 1 μA);I_0 为 0 ℃时的电流值(对该实验所用的传感器,其电流值从 273 ~ 278 μA 略有差异). 因此只要串联一只取样电阻 R(1 $k\Omega$),即可实现电流 1 μA 到电压 1 mV 的转换,组成最基本的温度 t 测量电路(灵敏度为 1 mV/℃).

利用集成电路温度传感器的上述特性,可以制成各种用途的温度计. 即器件在 0 ℃时,数字电压表显示值为"0"(单位:mV),而当器件处于 t ℃时,数字电压表显示值为"t"(单位:mV). 通过数字电压表的示数,即可实现对温度的测量.

1. 电流型集成温度传感器

该实验所用的传感器为电流型集成电路温度传感器(简称温度传感器),它的管脚引线有两个,红色引线接电源正极,黑色引线接电源负极,另一根引线连接外壳,它可以接地,有时也可以不用. 温度传感器工作电压为 4 ~ 30 V,但不能小于 4 V,小于 4 V 会出现非线性,通常工作电压为 10 ~ 15 V.

2. 恒温控制仪

采用水浴恒温槽,在 2 000 mL 的大烧杯内注入 1 600 mL 的净水,把温度传感器测温端放入注有少量油的玻璃管内,盖上铝盖. 2 000 mL 的大烧杯放在恒温控制仪盖板上指定位置(磁性最强处),搅拌用的磁性转子必须处在大烧杯的中间部位. 调节可调式磁性搅拌器,使磁性转子较慢地匀速转动. 若转速太快或磁性转子不在中心,均有可能使转子离开旋转磁场位置而停止工作,这时须将可调式磁性搅拌器逆时针调至最小,让磁性转子回到磁场中再旋转.

3. 智能式数字恒温控制仪

使用前应将各电位器调节旋钮逆时针方向旋到底. 将温度传感器测温端放入注有少量油的玻璃管内(与传感器测温端尽量在同一位置). 接通电源后待温度显示值出现"$B = =. =$"时,可按升温键,设定用户所需要的加热温度(水浴恒温槽使用温度:10 ~ 80 ℃). 再按确定键,加热指示灯发光,表示开始加热工作. 同时显示"$A = =. =$",为当时水槽的初始温度. 反复按确定键可轮换显示 A、B 值,按恢复键重新开始.

【实验内容及步骤】

1. 测量温度传感器处于恒定温度的伏安特性

使用铝壳密封的传感器处于恒定温度(室温),将直流稳压输出电源、温度传感

器、电阻箱(取样电阻 R 的阻值为 1 000 Ω)、数字电压表等按图 7.47.1 连接(温度传感器的正负极不能接错,红线表示接电源正极). 调节电源输出电压范围为 1.5 ~ 10 V,测量加在温度传感器上的电压 U 与输出电流 $I(I = U_R/R)$ 的对应值,要求测量实验数据 10 组以上.

2. 温度传感器温度特性测量

将图 7.47.1 的开关拨至 2,测量温度传感器的电流 I 与温度 t 的关系. 恒温控制仪加热温度设置为 60 ℃,从室温开始测量,记录温度传感器所处温度 t 与输出电流 I ($I = U_R/R$) 的对应值,取 8 ~ 10 组数据.

实验时应注意温度传感器为两端铜线引出,为防止极间短路,两铜线不可直接放在水中,应用一端封闭的薄玻璃管套保护,其中注入少量变压器油,使之有良好热传递.

3. 制作量程为 0 ~ 50 ℃ 范围的数字式温度计

把带铝壳密封的温度传感器、三只电阻箱、直流稳压输出电源及数字电压表按电桥电路(图 7.47.2)连接好,直流稳压输出电源置于使温度传感器有线性输出的位置. 将温度传感器浸入冰水混合物中. 比率臂电阻 R_1 和 R_2 各取 1 000 Ω,调节比较臂电阻 R_0,用标准水银温度计观察,使温度传感器处于 0 ℃ 时数字电压表示值为零. 当温度传感器所处环境的温度变化时,则电桥中 ABC 支路的电流随之发生变化,且 $K = 1$ μA/℃,温度每变化 1 ℃,R_1 两端的电压则会变化 1 mV,B 点电势变化 1 mV,而 D 点电势不变,这样,温度传感器所处环境的温度每变化 t ℃,在 B、D 两点之间就会产生 t mV 的电势差. 把温度传感器放入其他温度的环境中(如掌心或室温的水中),利用电桥的非平衡输出测定掌心温度或水温. 用标准水银温度计进行读数对比,求出相对误差.

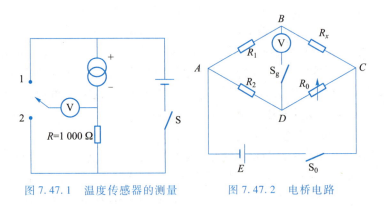

图 7.47.1　温度传感器的测量　　　图 7.47.2　电桥电路

4. 自行设计数据表格并记入实验数据

【注意事项】

1. 没有密封的集成电路温度传感器不能直接放入水中或冰水混合物中测量温度.

2. 搅拌器转速不宜太快,只要均匀慢速搅拌即可.

3. 注意玻璃管不要与加热管接触.

4. 倒去烧杯中的水时,注意磁性转子不可倒入水池,以避免遗失.

【数据处理】

1. 测量温度传感器的伏安特性. 画出 $R = 1\,000\ \Omega$ 时某恒定温度下(室温)温度传感器的伏安特性曲线,求出该温度传感器温度与电流成线性关系的最小工作电压 U_t.

2. 测量温度传感器输出电流 I 和温度 t 之间的关系. 画出温度传感器的温度特性曲线,计算温度传感器灵敏度及 0 ℃时传感器的输出电流值.

将实验数据用最小二乘法进行拟合,求斜率 K、截距 I_0 和相关系数 r. 求 I–t 关系的经验公式.

3. 画出数字式温度计的电桥电路图,记录温度传感器处于 0 ℃、电桥平衡时各电阻箱的示值及所测掌心温度.

【分析讨论】

1. 如何用温度传感器制作一个热力学温度计,请画出电路图,说明调节方法.
2. 如果温度传感器的灵敏度不是严格的 $1.000\ \mu A/℃$,而是略有差异,请考虑如何通过改变 R_2 的值,使数字式温度计测量误差减小?
3. 电桥直流电源的输出不稳定,对温度测量有影响吗? 请说明理由.

【总结与思考】

电流型集成电路温度传感器有哪些特性? 它与半导体热敏电阻、热电偶相比有哪些优点?

实验 48　空气比热容比测定实验

理想气体在等压过程中的摩尔定压热容 $C_{p,m}$ 与在等体过程的摩尔定容热容 $C_{V,m}$ 的比值称为比热容比,也称为绝热系数,常用符号 γ 表示. 气体的比热容比是一个重要的热力学参量,在热力学研究和工程应用中起着重要作用.

【重点难点】

用绝热膨胀法测量比热容比和温度传感器的使用.

【目的要求】

1. 用绝热膨胀法测定空气的比热容比.
2. 观测热力学过程中的状态变化及基本物理规律.
3. 学习气体压力传感器和电流型集成电路温度传感器的原理及使用方法.

【仪器装置】

机箱(含数字电压表二只),储气瓶,电流型集成电路温度传感器,气体压力传感器.

【实验原理】

对理想气体,摩尔定压热容 $C_{p,\mathrm{m}}$ 和摩尔定容热容 $C_{V,\mathrm{m}}$ 之间的关系由下式表示:

$$C_{p,\mathrm{m}} - C_{V,\mathrm{m}} = R \qquad (7.48.1)$$

式(7.48.1)中 R 为摩尔气体常量. 气体的比热容比 γ 为

$$\gamma = \frac{C_{p,\mathrm{m}}}{C_{V,\mathrm{m}}} \qquad (7.48.2)$$

气体的比热容比 γ 现称为气体的绝热系数,它是一个重要的物理量,γ 值经常出现在热力学方程中. 测量空气 γ 值的实验装置如图 7.48.1 所示,以到达状态 Ⅱ 后储气瓶内剩余的空气作为研究对象,进行如下实验过程(其中 p_0 为环境大气压强,T_0 为室温,V_0 表示储气瓶容积):

1. 先打开放气活塞 C_2,储气瓶与大气相通,再关闭 C_2,瓶内充满与周围空气等温等压的气体.

2. 打开充气活塞 C_1,用充气球向瓶内打气,充入一定量的气体,然后关闭充气活塞 C_1. 此时瓶内空气被压缩,压强增大,温度升高. 等待内部气体温度稳定,且与环境温度相等后,此时的气体处于状态 Ⅰ (p_1, V_x, T_0).

注意事项:V_x 小于 V_0,V_x 为状态 Ⅱ 的绝热膨胀前的气体体积.

3. 迅速打开放气活塞 C_2,使瓶内气体与大气相通,当瓶内压强降至 p_0 时,立刻关闭放气活塞 C_2,由于放气过程较快,气体来不及与外界进行热交换,可以近似认为是一个绝热膨胀过程. 此时,气体由状态 Ⅰ (p_1, V_x, T_0) 转变为状态 Ⅱ (p_0, V_0, T_1).

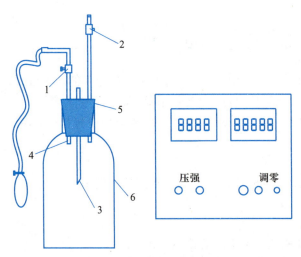

1—充气活塞 C_1;2—放气活塞 C_2;3—温度传感器;4—气体压力传感器;5—704 胶黏剂;6—储气瓶.

图 7.48.1　空气比热容比测定实验装置图

4. 由于瓶内气体温度 T_1 低于室温 T_0,所以瓶内气体慢慢从外界吸热,直至达到室温 T_0 为止,此时瓶内气体压强也随之增大为 p_2,气体状态变为 Ⅲ (p_2, V_0, T_0).

从状态Ⅱ至状态Ⅲ的过程可以视为一个等体吸热的过程.

状态Ⅰ→状态Ⅱ→状态Ⅲ的过程如图 7.48.2 所示. 状态Ⅰ→状态Ⅱ是绝热过程,由绝热过程方程得

$$p_1 V_x^\gamma = p_0 V_0^\gamma \qquad (7.48.3)$$

状态Ⅰ和状态Ⅲ的温度均为 T_0,由理想气体物态方程得

$$p_1 V_x = p_2 V_0 \qquad (7.48.4)$$

由式(7.48.3)、式(7.48.4)消去 V_0、V_x 得

$$\gamma = \frac{\ln(p_1/p_0)}{\ln(p_1/p_2)} \qquad (7.48.5)$$

由式(7.48.5)可以看出,只要测得 p_0、p_1、p_2 就可求得空气的比热容比 γ.

温度传感器接 6 V 直流电源后组成一个恒流源,见图 7.48.3,它的测温灵敏度为1 μA/℃,若串联 5 kΩ 电阻后,可产生5 mV/℃的信号电压,接量程 0 ~ 2 V 的四位半数字电压表,灵敏度即可达到 0.02 ℃.

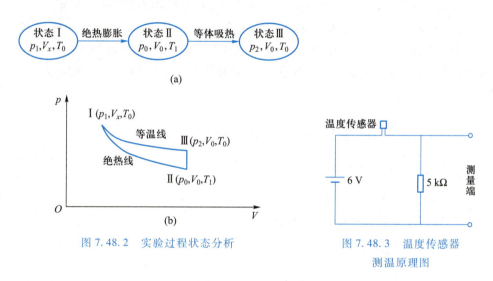

图 7.48.2　实验过程状态分析　　　图 7.48.3　温度传感器测温原理图

【实验内容及步骤】

1. 按图 7.48.3 接好仪器的电路,温度传感器的正负极不能接错. 用福丁(Fortin)气压计测定大气压强 p_0,用水银温度计测量环境室温 T_0. 开启电源,预热 20 min 后,用调零电位器调节零点,把四位半数字电压表示值调到 0.

2. 关闭放气活塞 C_2,打开充气活塞 C_1,用充气球把空气稳定地徐徐压入储气瓶内,用压力传感器和温度传感器测量空气的压强和温度,当瓶内压强稳定时,记录压强 p_1 和温度 T_1.

3. 突然打开放气活塞 C_2,当储气瓶的空气压强降低至环境大气压强 p_0 时(这时放气声消失),迅速关闭放气活塞 C_2. 当储气瓶内空气的温度上升至室温 T_0 时记下储气瓶内气体的压强 p_2.

4. 自行设计数据表格并记入数据.

【注意事项】

1. 在实验内容及步骤 3 中,打开放气活塞 C_2 放气时,当听到放气声结束后应迅速关闭活塞,提早或推迟关闭放气活塞 C_2 都将影响实验结果,引入误差. 由于数字电压表尚有滞后显示,用计算机实时测量可以发现此放气时间仅为零点几秒,并与放气声音的产生和消失一致性很高,所以关闭放气活塞 C_2 用听声的方法更可靠些.

2. 实验要求环境温度基本不变,如发生环境温度不断下降的情况,可在远离实验仪器的位置适当加温,以保证实验正常进行.

3. 请不要靠近窗口、太阳光照射较强处做实验,以免影响实验进行.

4. 密封装配时必须等胶黏剂变干且不漏气后,方可做实验.

5. 充气球的橡胶管插入前可先蘸水(或肥皂水),然后轻轻推入双通管,以防止断裂.

6. 若采用外接法,外接电池可采用四节甲电池串联作为 6 V 直流电源.

7. 在充、放气后让气体回到室温需要较长时间,且需要保证此过程中室温不发生变化. 大量的实验数据显示,当温度变化趋于停止时,温度已经非常接近初始温度,此时可认为气体已处于平衡状态,由此引起的误差对实验结果的影响不大.

【数据处理】

用式(7.48.5)进行计算,求得空气的比热容比.

【分析讨论】

1. 绝热膨胀有什么特点?
2. 实验是如何实现绝热过程的?

【总结与思考】

测量空气比热容比的过程中误差来自哪些方面?

实验 49　单缝衍射的光强分布

衍射现象是光的波动性质的主要特征之一. 研究光的衍射现象不仅有助于加深对光的本性的理解,也是近代光学技术,如光谱分析、全息技术和光学信息处理等技术的实验基础. 衍射使光强在空间重新分配,根据光的衍射原理,采用光电元件测量光强的相对变化,是近代技术中常用的光强测量方法之一.

【重点难点】

光的单缝衍射图样的特点和利用光电元件对光强进行相对测量的方法.

【目的要求】

1. 观察单缝衍射现象,研究单缝衍射的光强分布情况.
2. 掌握利用光电元件对相对光强进行测量的方法.

【仪器设备】

光具座,高稳定氦氖激光器及其电源,可调单缝,硅光电池及其调节读数装置,直流复射式检流计,电阻箱,读数显微镜等.

【实验原理】

夫琅禾费单缝衍射要求光源和接收衍射图像的屏幕都远离衍射物——单缝,即入射光和衍射光都是平行光. 夫琅禾费单缝衍射的特点是通过简单的计算就可以得出正确的结果,光路如图 7.49.1 所示.

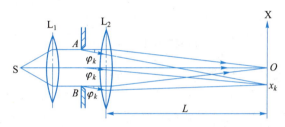

图 7.49.1　夫琅禾费单缝衍射光路图

图 7.49.1 中,S 是波长为 λ 的单色光源,置于透镜 L_1 的焦平面上,形成平行光束垂直照射到缝宽为 a 的单缝 AB 上. 通过单缝后的衍射光经过透镜 L_2 会聚在其后焦平面处的观察屏 X 上,呈现出一组明暗相间、按一定规律分布的衍射条纹. 与单缝平面垂直的衍射光束会聚于屏上 O 处,它是中央明条纹的中心,光强为 I_0. 由惠更斯-菲涅耳原理可知,单缝衍射图样的光强分布规律为

$$I = I_0 \frac{\sin^2 u}{u^2} \tag{7.49.1}$$

式(7.49.1)中,$u = \dfrac{\pi a \sin \varphi}{\lambda}$,$a$ 为单缝宽度,φ 为衍射角,λ 为单色光波长. 当 $\varphi = 0$ 时,$u = 0$,$I = I_0$,这就是中央明条纹中心点的光强,称为中央主极大. 根据

$$a \sin \varphi_k = k\lambda \quad (k = \pm 1, \pm 2, \pm 3, \cdots) \tag{7.49.2}$$

有 $u = k\pi$. 此处 $I = 0$,即为暗条纹. 当衍射角很小时,由图 7.49.1 可得 k 级暗条纹对应的衍射角为

$$\varphi_k = \frac{x_k}{L} \tag{7.49.3}$$

由式(7.49.3)可得单缝宽为

$$a = \frac{k\lambda L}{x_k} \tag{7.49.4}$$

关于衍射角 φ 讨论如下:

1. 衍射角 φ 与单缝宽 a 成反比. 缝变窄时,衍射角增大;缝加宽时,衍射角减小,各级条纹向中央收缩. 当缝宽足够大 ($a \gg \lambda$), φ 接近于零时衍射现象不显著,从而可将光视为沿直线传播.

2. 中央明条纹的宽度由 $k = \pm 1$ 级的两条暗条纹的衍射角所确定,即中央明条纹的角宽度为 $\Delta \varphi_0 = \dfrac{2\lambda}{a}$.

3. 对应任何两相邻暗条纹间的衍射夹角为 $\Delta(\varphi_{k-1} - \varphi_k) = \dfrac{\lambda}{a}$,即暗条纹是以中央主极大对应的 O 点为中心、等间距地左右对称分布的.

4. 两相邻暗条纹之间是各级明条纹. 这些明条纹的光强最大值称为次极大. 以衍射角表示这些次极大的位置分别为

$$\varphi = \pm 1.43 \frac{\lambda}{a}, \pm 2.46 \frac{\lambda}{a}, \pm 3.47 \frac{\lambda}{a}, \cdots \tag{7.49.5}$$

它们的相对光强分别为

$$\frac{I}{I_0} = 0.047, 0.017, 0.008, \cdots \tag{7.49.6}$$

图 7.49.2 是夫琅禾费单缝衍射时相对光强分布的情况.

根据光的衍射规律,直径为 d 的细丝产生的衍射图样与宽度为 d 的狭缝产生的衍射图样相同,产生暗条纹的条件是

$$d \sin \varphi_k = k\lambda \quad (k = \pm 1, \pm 2, \pm 3, \cdots) \tag{7.49.7}$$

由于 $\sin \varphi_k = \dfrac{x_k}{\sqrt{x_k^2 + f^2}}$, f 为透镜 L_2 的焦距,所以

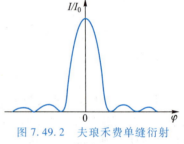

图 7.49.2 夫琅禾费单缝衍射
相对光强分布

$$d = \frac{k\lambda}{x_k} \sqrt{x_k^2 + f^2} \tag{7.49.8}$$

式(7.49.8)中 $k = 1, 2, 3, \cdots$,可以看出只要测出第 k 级暗条纹的位置 x_k,就可以计算出细丝的直径 d.

【实验内容及步骤】

1. 观察和描述单缝衍射现象

调节单缝的宽度,观察屏上所呈现的条纹的变化. 当屏上出现可分辨的衍射条纹时,单缝的宽度约为多少? 继续减小缝宽时,衍射条纹如何变化? 是收缩还是扩张? 适当调节缝宽,使屏上呈现一清晰的衍射图样. 比较各级明条纹的宽度以及它们的亮度分布情况,记录观察结果.

2. 测量单缝衍射图像的相对光强分布及缝宽

(1) 用硅光电池代替观察屏,接收衍射光. 衍射光的强度由与光电池相连的检流计的偏转值表示. 将光电池沿衍射图样展开方向以一定间隔单向地对衍射图样

的光强分布逐点进行测量.

（2）测量硅光电池到单缝的距离 L，用读数显微镜测出单缝缝宽 a.

3. 观察细丝、圆孔、矩形孔的衍射图样，测量细丝的直径

分别以细丝、圆孔、矩形孔代替单缝，观察各自的衍射图样，描述这些图样的特点.

4. 自行设计数据表格并记入实验数据.

【注意事项】

先将硅光电池移至衍射图样的中央主极大对应位置，再调节单缝宽度和串联在检流计电路中的可变电阻箱阻值，使检流计偏转适当. 如激光器功率较大，检流计可先用×0.1挡. 当测量暗条纹附近的光强时，为提高测量精度，可改用检流计×1挡，并注意量程换挡后的校核.

【数据处理】

1. 将逐点测得的光电流数据归一化，即将所测数据相对于其中的最大值 I_0 取比值 $\dfrac{I}{I_0}$，作 $\dfrac{I}{I_0}-x$ 单缝衍射相对光强分布曲线.

2. 从相对光强分布曲线上求出各级光强最小值的位置 x_k，计算各级暗条纹对应的衍射角 φ_k，并由衍射角 φ_k 作相应的讨论分析.

3. 由相对光强分布曲线确定各级明条纹的次极大值位置及相对光强值，并分别与式（7.49.5）和式（7.49.6）求得的理论值进行比较，归纳单缝衍射图样的分布规律和特点，如偏离较大，则需要对实验结果进行修正.

4. 根据式（7.49.8）算出细丝的直径.

【分析讨论】

1. 改变单缝宽度时衍射图样会有哪些变化？若缝宽减小到一半或增加一半，衍射图样会有哪些相应的变化？试根据理论公式结合实际观察作出判断.

2. 为什么单缝衍射光强分布中的次极大远不如中央主极大那么强？

3. 根据衍射图样的特点，应如何安排测量点的分布才能使之较为合理，从而作出较好的曲线图？

4. 矩形孔衍射时，衍射图像是在长边方向上展开得宽些，还是在短边方向上展开得更宽些？为什么？

【总结与思考】

1. 激光器输出的光强变化、单缝到观察屏之间的空间区域充满某种透明介质等因素，对单缝衍射图样和光强分布曲线有无影响？具体说明有什么影响？

2. 如果测出的单缝衍射图样对中央主极大的位置左右分布不对称，这种现象是什么原因造成的？怎样调节实验装置才能纠正？

实验 50　微波干涉与布拉格衍射

本实验是利用微波来定性验证电磁波的一些规律和特性,例如反射特性、衍射特性、干涉特性、偏振特性以及晶体对电磁波的衍射特性等. 通过本实验还能对微波的产生、传播和检验的知识与技术有所了解.

1912 年布拉格(W. L. Bragg,1890—1971)导出了一个用晶体的原子平面簇的反射解释 X 射线衍射效应的关系式. 次年布拉格父子发明了晶体反射式 X 射线谱仪,用于晶体结构分析,他们的工作开辟了一个新的技术领域.

【重点难点】

1. 了解微波与光波及微波与普通无线电波的异同.
2. 理解布拉格公式.

【目的要求】

1. 掌握微波的产生及基本性质. 测量微波的波长.
2. 学会使用微波分光仪模拟各种光学实验,进一步理解布拉格公式,学习用微波衍射仪验证该公式的方法.
3. 利用布拉格公式测定晶格常数,进一步加深理解微波的反射、干涉、衍射、偏振等波动现象.

【仪器设备】

微波分光仪,模拟晶体,3 cm 微波信号发生器.

【实验原理】

微波和光波都具有波动这一特性,即能产生反射、衍射、折射、干涉等现象,因此用微波和光波所做的波动实验结果是一致的. 由于本实验中使用的微波波长为 3 cm,比一般的可见光的波长要长得多,所以用微波做波动实验比用光波更为直观和方便,其实验装置操作也比较方便. 本实验是以方形晶格的模拟晶体(立方晶体)为研究对象,用微波向模拟晶体入射,观察不同的晶面上晶格的反射波产生干涉所符合的条件,即布拉格公式.

本实验所用的微波分光仪装置组成如图 7.50.1 所示. 固定臂上装有 3cm 微波信号发生器的电源、谐振腔、体效应管、衰减器、波导和发射天线,活动壁上装有接收天线、检波管、波导和直流微安表,分波元件放在一个带有刻度的可旋转的载物台上. 使用时先将微波信号发生器电源打开预热 15 min,然后选择等幅,使其产生 3 cm 微波,经可变衰减器控制其大小,由喇叭状发射天线以 20°方向角向空间辐射微波. 仪器中央的载物台圆周上刻有 0°～360°的刻度且可沿其垂直轴旋转. 仪器的活动臂亦可以沿此垂直轴转动,臂上装有喇叭状接收天线,它所接收的微波,经晶体检波器变成直流信号,用此臂上的 100 μA 直流微安表指示接收到的微波强度.

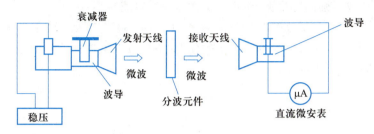

图 7.50.1　微波分光仪装置组成示意图

圆盘载物台上可根据实验内容放置旋转反射板、单缝板、双缝板、衍射晶体等.载物台旋转的角度可通过固定臂上的指针读出,活动臂的角度亦可通过此臂上的指针在载物台上指示的刻度读出.

实验开始时,先把发射天线和接收天线调整到一条直线上,方法是载物台上不要放任何装置,旋转载物台,使其刻度的零度对准固定臂指针,载物台不要再动.移动活动臂,使此臂上的指针对准载物台上的 180°刻度,松开发射天线和接收天线支架上的紧固螺丝,慢慢调整两根天线的方位,使微安表上的读数最大(如果指针超过满刻度,可适当增大可变衰减器的衰减量),此时两根天线即在一条直线上.

【实验内容及步骤】

1. 反射实验

电磁波在传播过程中遇到障碍物时必然发生反射,其入射角 i 与反射角 θ 相等,如图 7.50.2 所示,称为反射定律.

(1) 载物台上装上反射板,使反射板的法线与载物台刻度的 0°对齐,利用载物台上的四个压脚螺丝将反射板压紧固定.

(2) 转动载物台,使固定臂上的指针指到某一角度,例如 30°,即为入射角,然后转动活动臂找到一个微安表指示值最大的位置,从活动臂指针读出刻度即为反射角.

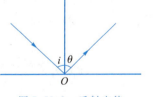

图 7.50.2　反射定律

(3) 入射角可以从 30°~65°每隔 5°测量一次,并从左右方向入射各测量一次.

2. 单缝衍射实验

当一个平面波入射到一个宽度可以与波长相比拟的狭缝时(本实验可以调至 7 cm),就可以发生衍射现象,根据光学知识可知,通过单缝后的衍射波强度分布满足方程

$$I = I_0 \left(\frac{\sin \beta}{\beta} \right)^2 \qquad (7.50.1)$$

式(7.50.1)中 $\beta = \pi a \sin \varphi / \lambda$ 为狭缝边缘上的波阵面与中心波阵面在 φ 方向上的相

位差,如图 7.50.3 所示. 其中 a 为狭缝宽度,可由单缝板上的刻度读出,φ 为入射方向与衍射方向的夹角. 由此可求出相应的 φ 值,这说明在单缝后出现的波强度是不均匀的,中央最强同时最宽,两边的极大值依次迅速减小.

(1) 将固定臂和活动臂的指针分别指向 0°和 180°刻度处. 装上单缝板(缝宽 7 cm),使其板面与圆盘两个 90°刻度重合,调整微波发生器的输出衰减器旋钮,使微安表的指针接近 100 μA.

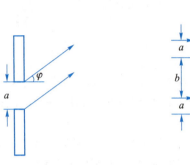

图 7.50.3　单缝衍射实验　　　图 7.50.4　双缝干涉实验

(2) 衍射角从 −30°到 +30°,每隔 1°记录一次微安表的读数.

3. 双缝干涉实验

当一平面波入射到金属板的两条狭缝上,则每一狭缝为一子波源,由两缝发生的波是相干波,因此在缝后能出现干涉现象,如图 7.50.4 所示.

因为微波通过每条单缝时也要有衍射,所以实验是衍射和干涉相结合的结果. 为了只研究主要来自双缝的两束中央衍射波相互干涉的结果,令双缝的宽度 a 接近 λ,例如当 $\lambda=32$ mm 时可取 $a=40$ mm,这时单缝的一级极小接近 53°. 因此如果再取较大的 $b=70$ mm,则干涉强度受单缝衍射的影响可以忽略. 干涉波强度 I 与相位差 δ 的关系为

$$I=4I_0 \cos^2(\delta/2)$$

其中已设两条狭缝处的波的强度相等,均为 I_0,相位差为 $\delta=\dfrac{\pi}{\lambda}(a+b)\sin\varphi$.

干涉加强的角度:　　　$\varphi=\arcsin\left(k \cdot \dfrac{\lambda}{a+b}\right)$ 　　　$(k=0,1,2,3,\cdots)$

干涉减弱的角度:　　　$\varphi=\arcsin\left(\dfrac{2k+1}{2} \cdot \dfrac{\lambda}{a+b}\right)$ 　　$(k=0,1,2,3,\cdots)$

由于衍射板的横向宽度尺寸较小,所以当 b 取值较大时,为了避免接收天线直接接收到发射天线的发射波或通过边缘的衍射波,活动臂的转角最好不要超过 30°.

4. 迈克耳孙干涉实验

迈克耳孙干涉实验原理见图 7.50.5,在平面波前进的方向上放置一块成 45°的半透射板,由于该板的作用将入射波分为两束,一束向 A 方向传播,另一束向 B 方向传播. 由于 A、B 处反射板的作用,两列波将再次通过半透射板同时到达接收天线. 这两波频率相同,振动方向一致,当这两列波的相位差为 2π 的整数倍时,则干

涉加强,为 π 的奇数倍时则干涉减弱.

因 A 为一固定反射板,所以当可移动反射板 B 移动,使接收电表示值由一次极大变到又一次极大时,B 就移动了 $\lambda/2$ 的距离,因此可以求出入射平面波波长.

(1) 使固定臂和活动臂的指针分别指向 0° 和 180°,在载物台上放半透射板,使其法线对准 45°.

(2) 分别在载物台上装上 A 板和 B 板(相互垂直).

(3) 转动读数机上的手柄使反射板 B 移动,从接收电表的表头读出 n 个极大值,记录读数机上每个极大值的位置,求出相邻极大值之间的间隔 $L_1,L_2,L_3,\cdots,L_{n-1}$.

5. 布拉格衍射实验

任何晶体内的离子、原子在空间内均按一定的几何规律排列. 晶体的晶格常数约为 10^{-8} cm 数量级,X 射线的波长与晶体的晶格常数属于同一数量级. 实际上晶体起着衍射光栅的作用. 因此可以利用 X 射线在晶体晶格上的衍射现象来研究晶体晶格间的间距和相互位置的排列,以达到使学生了解晶体结构的目的.

仿照 X 射线在真实晶体上的衍射,我们可以利用微波代替 X 射线,人为制造一个立方晶格的模拟晶体,其间距可大到几厘米,以和微波的波长相比较,这样可以直观地观察到微波入射到模拟晶体上时,在不同晶面上晶格的反射波产生干涉所应符合的条件,如图 7.50.6 所示. 这个条件就是布拉格公式:$2d\sin\theta = n\lambda$.

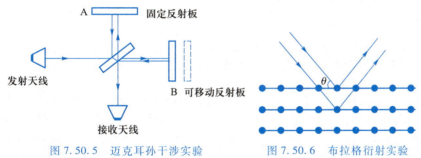

图 7.50.5　迈克耳孙干涉实验　　图 7.50.6　布拉格衍射实验

(1) 测量(100)面的布拉格衍射角:

$n=1$,测量范围 18°~25°;$n=2$,测量范围 45°~53°.

(2) 测量(110)面的布拉格衍射角:$n=1$,测量范围 28°~35°.

(3) 测量(120)面的布拉格衍射角:$n=1$,测量范围 53°~60°.

6. 自行设计数据表格并记入实验数据

【注意事项】

1. 实验中要适当调节衰减器,防止电流表超量程.

2. 为了防止电流表损坏,实验中不能中间不放分波元件而使两个喇叭状天线直接相对.

【数据处理】

1. 计算入射角的平均值,并与理论值比较.

2. 画出单缝衍射强度与衍射角的关系曲线,计算一级极大和极小的衍射角并与理论值比较.

3. 求出相邻极大值之间的间隔,相加取平均值乘二求出波长 $\lambda = \dfrac{L_1 + L_2 + \cdots + L_{n-1}}{n-1}$.

4. 分别作出(110)面及(110)面的 I-α 曲线(α 为入射线与晶面法线的夹角).计算晶体的(100)面与(110)面的面间距离.

【分析讨论】

1. 本实验只能"定性"地观察和验证电磁波的特性,你认为是什么原因?

2. 微波的干涉与布拉格衍射与光的干涉和衍射有何异同?

3. 布拉格衍射有何用途?

4. 在双缝干涉实验中,缝宽 a 和双缝间距 b 应当怎样选取?

【总结与思考】

在布拉格衍射实验中,已知微波波长为 3.2 cm,测得(100)面的一级衍射峰的掠射角为 23°,画出布拉格衍射示意图,计算模拟晶体的晶格常数.布拉格衍射中,反射级数 $n \geqslant 3$ 的极大值是否存在,为什么?

实验 51 光信息的调制与解调实验

光学信息处理就是对光学图像或光波的振幅分布作进一步的处理.各种经典的光学信息处理的全过程都是局限于空域之中,即对图像本身进行处理.自从阿贝成像理论提出以后,近代光学信息处理通常是在频域中进行的.在图像的频谱面上设置各种滤波器,对图像的频谱进行改造,滤掉不需要的信息和噪声,提取或增强我们感兴趣的信息;滤波后的频谱还可以再经过一个透镜还原成空域中经过修改的图像或信号.通过本实验我们可以把透镜成像与干涉、衍射联系起来,初步了解透镜的傅里叶变换性质,从而有助于对现代光学信息处理中的空间频谱和空间滤波等概念的理解.近代光学信息处理具有容量大,速度快,设备简单,可处理二维图像信息等优点,是一门迅速发展的学科.

早在 1874 年,阿贝(E. Abbe,1840—1905)在德国蔡司公司研究如何提高显微镜的分辨本领问题时,就认识到相干成像的原理.他的发现不仅从波动光学的角度解释了显微镜的成像机理,明确了限制显微镜分辨本领的根本原因,而且由于显微镜(物镜)两步成像的原理本质上就是两次傅里叶变换,所以被认为是现代傅里叶光学的开端.

【重点难点】

1. 了解阿贝成像原理的物理思想和空间频率的概念.

2．学习实验光路的布置.

【目的要求】

1．了解傅里叶光学基本原理的物理意义,加深对光学中的空间频谱和空间滤波等概念的理解.

2．阿贝成像原理的实验验证.

3．在理解空间滤波概念的基础上了解颜色合成的方法.

【仪器装置】

光学平台,氦氖激光器,薄透镜,扩束镜,狭缝,一维光栅和正交光栅等"物"模板,各种滤波用光阑,金属纱网,方格纸屏,游标卡尺等.

【实验原理】

1．空间频率及频谱的概念

对于具有空间周期性形状的结构,我们总是可以用周期性函数来描述它. 例如,对于一维正弦光栅,我们就可以用下面的函数来描述它的振幅透过率

$$
\begin{aligned}
g(x) &= G_0 + G_1 \cos(px + \varphi_0) = G_0 + G_1 \cos(2\pi f x + \varphi_0) \\
&= G_0 + G_1 \cos(2\pi x/d + \varphi_0)
\end{aligned} \tag{7.51.1}
$$

为方便起见,我们用复指数函数代替正弦函数. 这样一来,空间频率为 f 的一维光栅,其振幅透过率的分布函数可展成下面的级数:

$$
g(x) = G_0 + \sum_{n \neq 0} G_n \exp[i(2\pi f_n x - \varphi_n)] \tag{7.51.2}
$$

复数的傅里叶系数 G_n 可由下面的积分式直接给出:

$$
G_n = \frac{1}{d} \int_{-d/2}^{d/2} g(x) \exp(-2\pi i f_n x) \, dx \tag{7.51.3}
$$

如果光振幅的空间分布不是一个周期函数,则它的频谱是连续的,这时

$$
g(x) = \int_{-\infty}^{\infty} G(f_x) \exp(2\pi i f_x x) \, dx \tag{7.51.4}
$$

它的频谱可以用另一个对称的式子求出:

$$
G(f_x) = \int_{-\infty}^{\infty} g(x) \exp(-2\pi i f_x x) \, dx \tag{7.51.5}
$$

上面两式是一对傅里叶变换式,它们分别描述了光场的空间分布及光场的频率分布,这两种描述是等效的.

我们可以很容易地把上述结果推广到二维情形. 设 $g(x, y)$ 表示二维平面上光场的振幅分布,这对变换式可写成

$$
g(x, y) = \iint_{-\infty}^{\infty} G(f_x, f_y) \exp[2\pi i(f_x x + f_y y)] \, df_x \, df_y \tag{7.51.6}
$$

$$
G(f_x, f_y) = \iint_{-\infty}^{\infty} g(x, y) \exp[-2\pi i(f_x x + f_y y)] \, dx \, dy \tag{7.51.7}
$$

在光学上,透镜是一个傅里叶变换器,它具有进行二维傅里叶变换的本领. 用平行光照射振幅分布为 $g(x, y)$ 的物体,而在无限远处接收它的衍射场,这便是夫琅禾费

衍射情况. 根据惠更斯–菲涅耳原理导出的近轴菲涅耳–基尔霍夫衍射积分公式

$$G(x',y') = \frac{-\mathrm{i}}{\lambda z} \int_{\Sigma} g(x,y) \mathrm{e}^{-\mathrm{i}kr} \mathrm{d}\Sigma \tag{7.51.8}$$

可推得透镜后焦面上光场的复振幅分布为

$$G(x',y') = C \iint_{-\infty}^{\infty} g(x,y) \exp[-2\mathrm{i}\pi(f_x x + f_y y)] \mathrm{d}f_x \mathrm{d}f_y \tag{7.51.9}$$

这正好是一个傅里叶变换式,它表示透镜后焦面的光振幅分布是物的复振幅分布的傅里叶变换. 也就是说,在透镜后焦面上得到的是物的空间频谱. f_x、f_y 为空间频率. 它为运算函数的傅里叶变换提供了一种光学手段,将抽象的频域 (f_x, f_y) 落实到实空间 (x', y') 中去,将抽象的函数演算变成实实在在的物理过程.

2. 阿贝成像原理

在相干平行光照明下,显微镜的物镜成像可以分成两步:① 入射光经过物的衍射在物镜的后焦面上形成夫琅禾费衍射图样;② 衍射图样作为新的子波源发出的球面波在像平面上相干叠加成像.

为便于说明这两步傅里叶变换,先以一维光栅作为物,考察其刻痕经凸透镜成像的情况,如图 7.51.1 所示. 当单色平行光束透过置于物平面 xOy 上的光栅(刻痕沿 y 轴,垂直于 x 轴)后衍射出沿不同方向传播的平行光束,其波阵面垂直于 xOz 面(z 沿透镜光轴),经透镜聚焦,在其焦平面 $x'O'y'$ 上形成沿 x' 轴分布的各具不同强度的衍射斑,继而从各斑点发出的球面光波到达像平面 $x''O''y''$,相干叠加形成的光强分布就是光栅刻痕的放大实像.

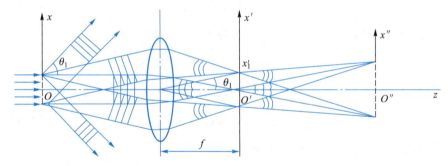

图 7.51.1 阿贝成像原理

若只考虑光强相对值,则光强分布

$$I(x,y) = [A(x,y)]^2 = U(x,y) U^*(x,y)$$

把复振幅概念用于光栅衍射,上述 xOy 面上单色平行光振幅和相位都是常量,可设复振幅 $U_1 = 1$,通过光栅后受光栅透过函数 $t(x)$ 的调制,形成物光场为

$$U(x,y) = U_1 t(x) = t(x)$$

设光栅周期为 d(光栅常量),透光的缝宽为 a,则透过函数为

$$t(x) = \begin{cases} 1, & \text{当} \ pd - \dfrac{a}{2} < |x| < pd + \dfrac{a}{2} \ \text{时} \\ 0, & \text{其他值} \end{cases}$$

显然是沿 x 轴的周期函数. 为与时间周期函数相区别, 称它为空间周期函数, d 就是空间周期. 仿照时间频率, 也可定义空间频率为 $\nu_x = \dfrac{1}{d_x}$, 空间角频率 $\omega_x = \dfrac{2\pi}{d} = 2\pi\nu_x$. 在光学中, 空间频率表示单位长度内复振幅的重复次数. 对于三维空间沿任意方向复振幅的周期性, 可用 x、y、z 坐标轴的空间周期(空间频率)分量表达的形式.

把周期函数 $t(x)$ 展开成傅里叶级数, 即

$$t(x) = \frac{a}{d} + \sum_{n=1}^{\infty} \frac{2a}{d} \frac{\sin(n\pi a/d)}{n\pi a/d} \cos(2\pi\nu_n x) \qquad (7.51.10)$$

式 (7.51.10) 的复数形式, 即光栅衍射光波的复振幅为

$$U(x) = A_0 + \sum_{n=1}^{\infty} A_n e^{2i\pi\nu_n x} \qquad (7.51.11)$$

若把物从光栅推广到一般情况, 以 $U(x, y)$ 表示物平面上物光的复振幅分布, 经过傅里叶变换同样可以分解成以各种不同振幅向空间各个方向传播的平面波, 被透镜会聚于频谱面的不同位置处. 不难想象, 若物函数不是简单的周期函数, 这种分解也将变成连续频谱函数 $U'(x', y')$, 频谱面上坐标点 (x', y') 对应的空间频率 $\nu_x = \dfrac{x'}{\lambda f}$, $\nu_y = \dfrac{y'}{\lambda f}$. 傅里叶变换以积分形式表达为

$$U(x, y) = C \iint U'(\nu_x, \nu_y) e^{2i\pi(\nu_x x + \nu_y y)} d\nu_x d\nu_y \qquad (7.51.12)$$

把频谱函数 $U'(\nu_x, \nu_y)$ 再作一次逆变换即获得像函数 $U''(x'', y'')$, 可以证明在理想的变换条件下有

$$U''(x'', y'') = (\lambda f)^2 U(x, y) \qquad (7.51.13)$$

表明像函数与物函数完全相似.

实际上, 在透镜成像过程中, 受透镜孔径所限, 总会有一部分角度较大的衍射光(高频信息)因不能进入透镜而丢失, 使像的边界变得不锐, 细节变得模糊, 这是限制显微镜分辨率的根本原因.

3. 空间滤波

概括地说, 上述成像过程分两步: 先是"衍射分频", 然后是"干涉合成". 如果改变频谱, 必然引起像的变化. 在频谱面上作的光学处理就是空间滤波. 最简单的方法是用各种光阑对衍射斑进行取舍, 达到改造图像的目的. 例如对于具有图 7.51.2 (a) 所示的两种不同透过函数 $t(x)$ 的光栅(物), 分别如图 7.51.2 (b) 所示遮挡其频谱的不同部位, 在像面上就会有图 7.51.2 (c)、(d)、(e) 那样不同的振幅分布、光强分布和图样效果. 图中左列让频谱的 0 级和 ±1 级通过, 像中条纹界线不如原物那样清晰, 而且在暗条纹中间还有些亮; 右列挡住 0 级频谱, 图像对比度发生了反转, 即原物不透光部分变得比透光部分还要明亮, 栅线的边界变成细锐黑线.

限制高频成分的光阑(图 7.51.2 左方)构成低通滤波器, 它能减轻图像的颗粒效应. 图右方的光阑只阻挡了低频成分而让高频成分通过, 称高通滤波器. 高通滤波限制连续色调而强化锐边, 有助于细节观察. 高级的滤波器可以包括各种形状的孔板、吸收板和移相板等.

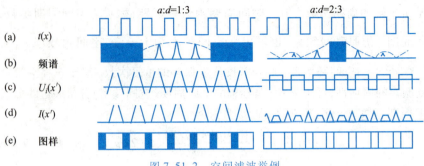

图 7.51.2　空间滤波举例

【实验内容及步骤】

1. 光路调节

先使氦氖激光束平行于导轨,再通过由凸透镜 L_1 和 L_2 组成的倒装望远镜(图 7.51.3),形成截面较大的平行于光具座导轨的准直光束(要用带毫米方格纸或坐标轴的光屏在导轨上仔细移动检查),然后加入带栅格的透明字模板(物)和透镜 L,调好共轴,移动 L,直到 2 m 以外的像屏上获清晰像.移开物模板,用一块毛玻璃在透镜 L 的后焦面附近沿导轨移动,寻找激光的最小光点与像屏上反映的毛玻璃透射最大散斑的相关位置,以确定后焦面(频谱面)并测出透镜的焦距 f.调节完毕,移开毛玻璃.

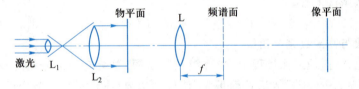

图 7.51.3　阿贝成像原理实验光路示意

2. 阿贝成像原理实验验证

(1)在物平面置一维光栅,观察像平面上的竖直栅格像,接着分别测量频谱面上对称的 1、2、3 级衍射斑至中心轴的距离 x'_n,计算空间频率 $\nu_x(\mathrm{mm}^{-1})$ 和光栅常量 d.在频谱面上放置可调狭缝或其他光阑,分别按要求选择通过不同的频率成分作观察并记录在表中.

(2)把成像系统的物换成正交光栅(图 7.51.4),观察并记录频谱和像,再分别用小孔和不同取向的可调狭缝光阑,让频谱的一个或一排(横排、竖排及 45°斜向)光点通过,记录像的特征,测量像面栅格间距变化,作简单解释.

3. 空间滤波

(1)低通和高通滤波.把一个带正交网格的透明字模板置于成像光路的物平面,试分析此物信号的空间频率特征(字对应非周期函数,有连续频谱,笔画较粗,其频率成分集中在光轴附近;网格对应周期函数,有离散谱),尝试滤除像的网格成分的方法.

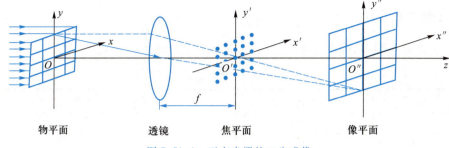

图 7.51.4 正交光栅的二步成像

（2）把成像物换成透光十字板，用一个圆屏光阑遮挡其频谱的中部区域，观察并记录像的变化，再用可调狭缝光阑分别选择通过水平、竖直及斜向频谱成分，观察像的变化.

（3）比较两个正交光栅（d 相同，a/d 不同）的滤波效果，在分别挡住其频谱的中央零级时，像的对比度反转是否有所不同，试作简单解释. 将以上空间滤波实验中的物、频谱和像的结果列成表并加以图示说明.

4. θ 调制

θ 调制是用不同取向的光栅对物平面的各部位进行调制（编码），通过特殊滤波器控制像平面相当部位的灰度（用单色光照明）或色彩（用白色光照明）的方法. 如图 7.51.5 所示，叶和天分别由三种不同取向的光栅组成，相邻取向的夹角均为 120°. 在图 7.51.6 所示光路中，如果用较强的白炽灯光源，每一种单色光成分通过图案的各组成部分，都将在透镜 L_2 的后焦面上产生与各部分对应的频谱，合成的结果，除中央零级是白色光斑外，其他级次皆为具有连续色分布的光斑. 你可以在频谱面上置一纸屏，先辨认各行频谱分别属于物图案中的哪一部分，再按配色的需要选定衍射的取向角，即在纸屏的相应部位用针扎一些小孔，就能在毛玻璃屏上得到预期的彩色图像（如红花、绿叶和蓝天）.

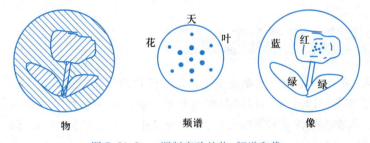

图 7.51.5 θ 调制实验的物、频谱和像

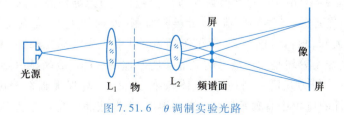

图 7.51.6 θ 调制实验光路

【数据处理】

参照表 7.51.1,按照每个实验内容,观察并记录成像的情况及变化.

表 7.51.1　实验数据表

顺序	频谱成分	成像情况及解释
A	全部	
B	0 级	
C	0 级,±1 级	
D	0 级,±2 级	
E	除 0 级外	

【分析讨论】

1. 如果用其他单色光源(例如钠光灯)代替氦氖激光器进行实验,将会怎样?

2. 如果本实验所用光源为非单色光源(例如白炽灯),将产生什么问题?

3. 单色光通过透镜前焦面上的 100 cy/mm 光栅,在后焦面上得到一排衍射极大值. 已知透镜焦距为 5 cm,单色光波长 632.8 nm,其相应的空间频率是多少? 后焦面上两个相邻极大值间的距离是多少?

【总结与思考】

1. 根据本实验结果,如何从阿贝成像原理来理解显微镜和望远镜的分辨本领? 为什么说一定孔径的物镜只能具有有限的分辨本领? 提高物镜的放大倍数能够提高显微镜的分辨本领吗?

2. 阿贝成像原理与光学空间滤波有什么关系?

实验 52　液晶的电光特性实验

1888 年,奥地利植物学家莱尼茨尔在做有机物溶解实验时,在一定的温度范围内观察到了液晶. 1961 年美国的海梅尔发现了液晶的一系列电光效应,并制成了显示器件. 随着液晶技术的不断发展,如今液晶作为物质存在的第四态已成为物理学家、化学家、生物学家、工程技术人员和医药工作者共同关心与研究的领域,在物理、化学、生命科学、电子等诸多领域有着广泛应用,如光导液晶光阀、光调制器、液晶显示器件、光开关、各种传感器、微量毒气监测、夜视仿生等,尤其是液晶显示器件早已广为人知,独占了电子表、手机等领域. 其中光导液晶光阀、光调制器、液晶显示器件、光开关等均是利用液晶电光效应的原理制成的. 液晶显示器件由于具有驱动电压低(一般为几伏)、功耗极小、体积小、寿命长、环保无辐射等优点,在当今各种显示器件的竞争中有独领风骚之势. 因此,掌握液晶电光效应从实用角度和物理实验教学角度都有意义.

【重点难点】

1. 液晶材料的物理结构.
2. 液晶的电光效应.

【目的要求】

1. 了解液晶材料的物理结构及光学性质,通过检测线偏振光经过液晶盒后偏振态的变化来测量液晶盒的扭曲角.
2. 了解液晶的电光效应并测得其电光曲线.
3. 了解液晶材料对外加电场的响应速度问题,并学会测量液晶的响应时间.
4. 了解光电二极管的工作原理和工作条件. 测量液晶在特定条件下的衍射情况,推算液晶材料的结构尺寸.

【仪器装置】

800 mm 光学实验导轨 1 根,二维可调半导体激光器 1 台,偏振片 2 个,液晶盒 1 个,液晶驱动电源 1 台,光功率指示计 1 台,双踪示波器 1 台,白屏 1 个,光电二极管探头 1 个,导轨滑块 5 个,钢板尺 1 个.

【实验原理】

1. 液晶

液晶态是一种介于液体和晶体之间的中间态,既有液体的流动性、黏度、形变等机械性质,又有晶体的各向异性,会呈现出晶体的热、光、电、磁等物理性质,当光通过液晶时,也会产生偏折面旋转、双折射等效应. 液体与液晶、晶体之间的区别是:液体是各向同性的,分子取向无序;液晶分子有取向序,但无位置序;晶体则既有取向序又有位置序.

就形成液晶的方式而言,液晶可分为热致液晶和溶致液晶. 热致液晶在一定的温度范围内呈现液晶的光学各向异性,溶致液晶是溶质溶于溶剂中形成的液晶. 在我们的日常生活中,适当浓度的肥皂水溶液就是一种液晶. 目前用于显示器件的都是热致液晶,它的特性随温度的改变而有一定变化. 大多数液晶材料都是由有机化合物构成的,这些有机化合物分子多为细长的棒状结构,长度为 nm 数量级,粗细约为 0.1 nm 数量级,并按一定规律排列. 根据排列的方式不同,热致液晶又可分为近晶相、向列相和胆甾相,如图 7.52.1 所示. 近晶相液晶结构大致如图 7.52.1(a)所示,这种液晶的结构特点是:分子分层排列,每一层内的分子长轴相互平行,且垂直于层面. 向列相液晶结构如图 7.52.1(b)所示,这种液晶的结构特点是:分子的位置比较杂乱,不再分层排列,但各分子的长轴方向仍大致相同,光学性质上有点像单轴晶体. 胆甾相液晶结构大致如图 7.52.1(c)所示,分子也是分层排列,每一层内的分子长轴方向基本相同并平行于分层面,但相邻的两层中分子长轴的方向逐渐转过一个角度,总体来看长轴方向呈现一种螺旋结构.三种结构中向列相液晶是液晶显示器件的主要材料.

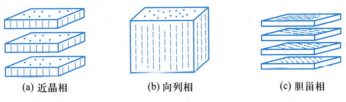

(a) 近晶相　　　　　　(b) 向列相　　　　　　(c) 胆甾相

图 7.52.1　几种液晶结构

2. 液晶电光效应

液晶分子是含有极性基团的极性分子,在形状、介电常量、折射率及电导率上具有各向异性特性,液晶分子在电场作用下,偶极子会按电场方向取向,导致分子原有的排列方式发生变化,从而液晶的光学性质也随之发生改变,这种因外电场引起的液晶光学性质的改变称为液晶的电光效应.

液晶的电光效应种类繁多,主要有动态散射(DS)型、扭曲向列相(TN)型、超扭曲向列相(STN)型、有源矩阵液晶显示(TFT)型、电控双折射(ECB)型等.其中应用较广的有:TFT 型——主要用于液晶电视等;STN 型——主要用于手机屏幕等;TN 型——主要用于电子表、计算器、仪器仪表、家用电器等,是目前应用最普遍的液晶显示器件.TN 型液晶显示器件显示原理较简单,是 STN、TFT 等显示方式的基础.本实验所使用的液晶样品即为 STN 型,由于 TN 型是基础,以下便以 TN 型为例具体阐述液晶电光效应在实际应用中的工作原理.

3. TN 型液晶盒结构

TN 型液晶盒结构如图 7.52.2 所示,在涂敷透明电极的两枚玻璃基板之间,夹有正介电各向异性的向列相液晶薄层,四周用密封材料(环氧树脂)密封.

图 7.52.2　TN 型液晶盒结构图

对玻璃基板的处理通常分三个步骤:① 涂敷取向膜,在基板表面形成一种膜;② 摩擦取向:用棉花或绒布按一个方向摩擦取向膜;③ 涂敷接触剂.这样,液晶分子在透明电极表面就会躺倒在摩擦所形成的微沟槽里,可使棒状液晶分子平行于基板并按摩擦方向排列.处理后的基板就可以控制紧靠基板的液晶分子,使上下两个基板的取向成一定角度,则两个基板间的液晶分子因范德瓦耳斯力的作用,就会形成许多层,如图 7.52.2 所示的情况(取向成 90°).即每一层内的分子取向基本一致,且平行于层面. 相邻层分子的取向逐渐转动一个角度,从而形成一种被称为扭曲向列的排列方式. 这种排列方式和天然胆甾相液晶的主要区别是:扭曲向列的扭曲角是人为可控的,且"螺距"与两个基板的间距和扭曲角有关,而天然胆甾相液晶的螺距不足 1 μm,不能人为控制.

4. TN 型电光效应

无外电场作用时,由于可见光波长远小于向列相液晶的扭曲螺距,当光垂直入射时,若上表面偏振片的偏振化方向与液晶盒上表面分子取向相同,则线偏振光将随液晶分子轴方向逐渐旋转 90°,平行于液晶盒下表面分子轴方向射出(见图 7.52.3 中不通电部分,其中液晶盒上下表面各附一片偏振片,其偏振方向分别与液晶盒上下表面分子取向相同,因此光可通过偏振片射出). 若光垂直入射时,上表面偏振片的偏振化方向垂直于上表面分子轴方向,则出射时,线偏振光方向亦垂直于下表面液晶分子轴;当以其他线偏振光方向入射时,则根据平行分量和垂直分量的相位差,以椭圆、圆或直线等某种偏振光形式射出.

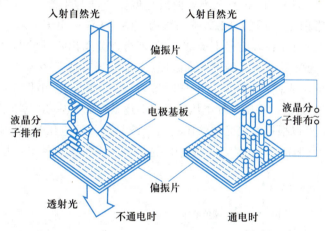

入射自然光　　　　入射自然光

偏振片

液晶分子排布　　　电极基板　　　液晶分子排布

偏振片

透射光　　不通电时　　通电时

图 7.52.3　TN 型液晶盒分子排布与透射光示意图

当对液晶盒施加电压达到某一数值时,液晶分子长轴开始沿电场方向倾斜,电压继续增加到另一数值时,除附着在液晶盒上下表面的液晶分子外,所有液晶分子长轴都按电场方向进行排列(见图 7.52.3 中通电部分),TN 型液晶盒 90°旋光性随之消失.

若将液晶盒放在两片平行偏振片之间,两块偏振片偏振化方向都与上表面液晶分子取向相同. 不加电压时,入射光通过起偏器形成的线偏振光,经过液晶盒后偏振方向随液晶分子轴旋转 90°,不能通过检偏器;施加电压后,透过检偏器的光强与施加在液晶盒上电压大小的关系见图 7.52.4,其中纵坐

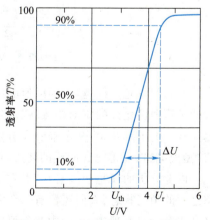

图 7.52.4　常黑型液晶电光曲线图

标为透射率,横坐标为外加电压. 最大透光强度的 10% 所对应的外加电压值称为阈值电压(U_{th}),标志了液晶电光效应有可观察反应的开始(或称起辉),阈值电压小,是电光效应好的一个重要指标. 最大透光强度的 90% 对应的外加电压值称为饱和电压(U_r),标志了获得最大对比度所需的外加电压数值,U_r 小则易获得良好的显示效果,且降低显示功耗,对显示寿命有利. 对比度 $c = I_{max}/I_{min}$,其中 I_{max} 为最大观察(接收)亮度(照度),I_{min} 为最小亮度. 陡度 $\beta = U_r/U_{th}$ 即饱和电压与阈值电压之比.

5. TN-LCD 结构及显示原理(即液晶光开关的原理)

TN 型液晶(TN-LCD)结构参考图 7.52.2,液晶盒上下玻璃片的外侧均贴有偏光片,其中上表面所附偏振片的偏振方向总是与上表面分子取向相同. 自然光入射后,经过偏振片形成与上表面分子取向相同的线偏振光,入射液晶盒后,偏振方向随液晶分子长轴旋转 90°,以平行于下表面分子取向的线偏振光射出液晶盒. 若下表面所附偏振片偏振方向与下表面分子取向垂直(即与上表面平行),则为黑底白字的常黑型,不通电时,光不能透过显示器(为黑态),通电时,90°旋光性消失,光可通过显示器(为白态). 若下表面所附偏振片偏振方向与下表面分子取向相同,则为白底黑字的常白型,即图 7.52.2 所示结构. TN-LCD 可用于显示数字、简单字符及图案等,有选择地在各段电极上施加电压,就可以显示出不同的图案.

图 7.52.4 为常黑型液晶的电光曲线图(不加电场时透射率为 0),图 7.52.5 则为常白型液晶的电光曲线图(不加电场时透射率为 100%). 由图 7.52.5 可见,对于常白型的液晶,其透射率随外加电压的升高而逐渐降低,在一定电压下达到最低点,此后略有变化. 可以根据此电光曲线图得出此液晶的阈值电压和关断电压. 阈值电压:透射率为 90% 时的驱动电压;关断电压:透射率为 10% 时的驱动电压.

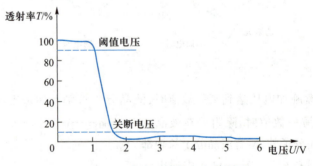

图 7.52.5　常白型液晶电光曲线图

液晶的电光曲线越陡,即阈值电压与关断电压的差值越小,由液晶开关单元构成的显示器件允许的驱动路数就越多. TN 型液晶最多允许 16 路驱动,故常用于数码显示. 在计算机、电视等需要高分辨率的显示器件中,常采用 STN(超扭曲向列相)型液晶,以改善电光曲线的陡度,增加驱动路数.

以上分析的仅是液晶盒在"开""关"两种极端状态下的情况,而对于这两个状态之间的中间状态,人们还没有一个完整、清晰的认识,其实在这个中间态中,有着极其丰富的光学现象,实验中我们可以进行观察和分析.

6. 液晶光开关的时间响应特性

加上(或去掉)驱动电压能使液晶的开关状态发生改变,是因为液晶的分子排序发生了改变,这种重新排序需要一定时间,反映在时间响应曲线上,可用上升时间 t_r 和下降时间 t_d 描述. 给液晶光开关加上一个如图 7.52.6 中的上图所示的周期性变化的电压,就可以得到液晶的时间响应曲线,如图 7.52.6 中的下图所示,找出上升时间和下降时间. 上升时间:透射率由 10% 升到 90% 所需的时间. 下降时间:透射率由 90% 降到 10% 所需的时间.

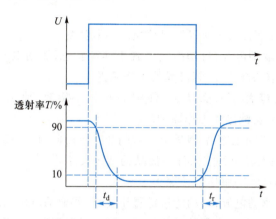

图 7.52.6 液晶驱动电压和时间响应图

液晶的响应时间越短,显示动态图像的效果越好,这是液晶显示器的重要指标. 早期的液晶显示器在这方面逊色于其他显示器,现在通过结构方面的改进,已达到很好的效果.

【实验内容及步骤】

1. 液晶盒扭曲角的测量

(1)按照激光器、偏振片(起偏器)、液晶盒、偏振片(检偏器)、光功率指示计探头的顺序,在导轨上摆好光路.(注意要认清各元件及它们的作用.)

(2)打开激光器,仔细调整各光学元件的高度和激光器的方向,尽量使激光从光学元件的中心穿过,进入光功率指示计探头. 调整起偏器,使激光经起偏器后输出最强.

(3)旋转检偏器,找到系统输出功率最小的位置,记下此时检偏器的角度.

(4)打开液晶驱动电源,将功能按键置于连续状态. 驱动电压调整到 12 V,系统通光情况发生变化.

(5)再次调整检偏器,找到系统通光功率最小的位置,记下此时检偏器的角度,步骤(3)和(5)之间的角度差即液晶盒的扭曲角.

2. 对比度的测量

关闭液晶驱动电源,旋转检偏器,使系统输出功率最小并记下最小透射率 T_{min}. 打开液晶驱动电源,将功能按键置于连续状态. 驱动电压调整到 12 V,记下此时系

统的透射率 $T_{\max}$.

3. 上升时间 t_r 与下降时间 t_d 的测量

（1）关闭液晶驱动电源，旋转检偏器，使系统输出功率最小.

（2）用光电二极管探头换下光功率指示计探头，连接好 12 V 电源线（红为"+"，黑为"-"，红对红，黑对黑）.

（3）将示波器的 Y1 通道信号线与液晶驱动信号相连，Y1 触发. Y2 通道上的示波器表笔与光电二极管探头相连（地线与 12 V 的地相连，挂钩挂在探头线路板的挂环上）.

（4）打开示波器电源，功能置于双踪显示，Y1 触发.

（5）打开液晶驱动电源，将功能按键置于连续状态，驱动电压调整到 12 V，观察示波器上 Y1 通道的波形，了解液晶的工作条件.

（6）将功能按键置于间隙状态，仔细调整频率旋钮，使示波器上出现如图 7.52.6 所示波形，体会液晶的工作原理.

（7）根据定义，在示波器上测量上升时间和下降时间，估计液晶的响应速度.

4. 测量衍射角推算出特定条件下液晶的结构尺寸

（1）取下检偏器和功率指示计探头.

（2）打开液晶驱动电源，将功能按键置于连续，将驱动电压调到 6 V 左右，等几分钟，用白屏观察液晶盒后光斑的变化情况. 应可观察到类似光栅的衍射现象.

（3）仔细调整驱动电压和液晶盒角度，使衍射效果最佳.

（4）用尺子量出衍射角，用光栅方程求出这个液晶"光栅"的光栅常量.

5. 观察衍射斑的偏振状态

紧靠液晶盒放置检偏器. 用白屏观察衍射斑. 旋转检偏器，观察各衍射斑的变化情况，指出其变化规律.

6. 测量液晶盒电光曲线

（1）仍然按照激光器、起偏器、液晶盒、检偏器、光功率指示计探头的顺序在导轨上摆好光路，旋转起偏器使通过起偏器的激光最强.

（2）旋转检偏器和液晶盒，找到系统输出功率最小的位置.

（3）打开液晶驱动电源，缓慢调节驱动电压旋钮，在 2.5 V 到 5 V 之间可每隔 1 V 记录 1 次通光功率，在 5 V 到 7 V 之间，需要取测量点密集些，7 V 以后，则可以每隔 1 V 记录 1 次通光功率.

注意：液晶的变化有时会非常缓慢，每次调整完电压后，要等通光功率基本稳定后再记录数据.

7. 自行设计数据表格并记入数据

【注意事项】

1. 拆装时只可挤压液晶盒边缘，切忌挤压液晶盒中部；保持液晶盒表面清洁，不能有划痕；应防止液晶盒受潮，防止受阳光直射.

2. 驱动电压不能为直流的.

3. 切勿直视激光器.

4. 液晶样品受温度等环境因素的影响较大,如 TN 型液晶的阈值电压在(20±20)℃范围内漂移达 15% ~35%,因此每次实验结果有一定出入为正常情况.

【数据处理】

1. 根据所测数据作电光曲线图并计算结果.
2. 计算出液晶盒的扭曲角.
3. 计算对比度 $c = T_{max}/T_{min}$,动态范围 $D_r = 10 \lg c(\mathrm{dB})$.
4. 计算液晶响应速度.
5. 求出液晶"光栅"的光栅常量.

【分析讨论】

1. 如何实现常黑型、常白型液晶显示?
2. 如何确定本实验所使用的液晶样品是常黑型的还是常白型的?

【总结与思考】

实验中液晶样品盒若采用单面附着偏振片的形式,能否完成实验? 如果能,应将附着偏振片的一面朝向哪边?

实验 53　PN 结物理特性的测定

PN 结的物理特性是物理学和电子学的重要基础内容之一. 本仪器用物理实验的方法,测量 PN 结扩散电流与电压关系,证明此关系遵循指数分布规律,并较精确地测出玻耳兹曼常量(物理学重要常量之一),学会测量弱电流的一种新方法. 本仪器同时提供干井变温恒温器和铂电阻测温电桥,测量 PN 结电压 U_{be} 与热力学温度 T 的关系,求得该传感器的灵敏度即近似求得 0 K 时硅材料的禁带宽度.

【重点难点】

运算放大器的工作原理及使用.

【目的要求】

1. 在室温时,测量 PN 结电流与电压的关系,证明此关系符合指数分布规律.
2. 在不同温度条件下,测量玻耳兹曼常量.
3. 学习用运算放大器组成电流–电压变换器测量弱电流.
4. 测量 PN 结电压与温度的关系,求出该 PN 结温度传感器的灵敏度.
5. 计算在 0 K 时,半导体硅材料的近似禁带宽度.

【仪器装置】

PN 结物理特性测试仪［直流电源,数字电压表,温控仪,三极管 TIP31（带三根引线）,三极管 3DG,干井恒温器（含加热器）,小电风扇,配件（运算放大器 LF356,ZX21 型电阻箱）］.

【实验原理】

PN 结物理特性测试仪如图 7.53.1 所示.

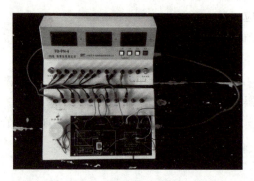

图 7.53.1　PN 结物理特性测试仪

1. PN 结伏安特性及玻耳兹曼常量测量

由半导体物理学可知,PN 结的正向电流-电压关系满足

$$I = I_0(e^{\frac{eU}{kT}} - 1) \tag{7.53.1}$$

式(7.53.1)中 I 是通过 PN 结的正向电流,I_0 是反向饱和电流,在温度恒定时为常量,T 是热力学温度,e 是电子的电荷量绝对值,U 为 PN 结正向电压. 在常温(300 K)时,$kT/e \approx 0.026$ V ,而 PN 结正向电压为十分之几伏,则 $\exp(eU/kT) \gg 1$,式(7.53.1)括号内"-1"项完全可以忽略,于是有

$$I = I_0 e^{\frac{eU}{kT}} \tag{7.53.2}$$

即 PN 结正向电流随正向电压按指数规律变化. 若测得 PN 结 I-U 关系,则利用式(7.53.1)可以求出 e/kT. 在测得温度 T 后,就可以得到常量 e/k,把电子电荷量绝对值作为已知值代入,即可求得玻耳兹曼常量 k.

在实际测量中,二极管的正向 I-U 关系虽然能较好满足指数关系,但求得的常量 k 往往偏小. 这是因为通过二极管的电流不只是扩散电流,还有其他电流. 一般它包括三个部分:① 扩散电流,它严格遵循式(7.53.2);② 耗尽层复合电流,它正比于 $e^{\frac{eU}{2kT}}$;③ 表面电流,它是由硅和二氧化硅界面中的杂质引起的,其值正比于 $e^{\frac{eU}{mkT}}$,一般 $m>2$. 因此,为了验证式(7.53.2)及求出准确的常量 e/k,不宜采用硅二极管,而采用硅三极管接成共基极线路,因为此时集电极与基极短接,集电极电流中仅仅是扩散电流. 复合电流主要在基极出现,测量集电极电流时,将不包括它. 本实验中选取性能良好的硅三极管(TIP31),实验中又处于较低的正向偏置,这样表面电流的影响也完全可以忽略,所以此时集电极电流与结电压将满足式(7.53.2).实验测量线路如图 7.53.2 所示.

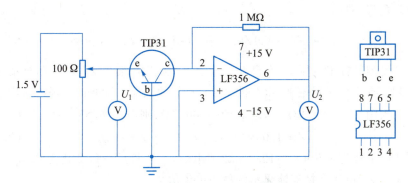

图 7.53.2　PN 结扩散电流与结电压关系测量线路图

2. 弱电流测量

过去实验中对于 $10^{-11} \sim 10^{-6}$ A 数量级的弱电流采用光点反射式检流计测量,该仪器灵敏度较高,约 10^{-9} A/分度,但有许多不足之处,使用和维修极不方便.近年来,集成电路与数字化显示技术越来越普及.高输入阻抗运算放大器性能优良,价格低廉,用它组成电流–电压变换器测量弱电流信号,具有输入阻抗低、电流灵敏度高、温漂小、线性好、设计制作简单、结构牢靠等优点,因而被广泛应用于物理测量中.

LF356 是一个高输入阻抗集成运算放大器,用它组成电流–电压变换器(弱电流放大器),如图 7.53.3 所示.其中虚线框内电阻 Z_r 为电流–电压变换器等效输入阻抗.由图 7.53.3 可知,运算放大器的输出电压 U_o 为

$$U_o = -K_0 U_i \qquad (7.53.3)$$

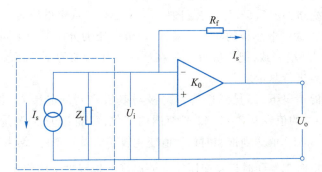

图 7.53.3　电流–电压变换器

式(7.53.3)中 U_i 为输入电压,K_0 为运算放大器的开环电压增益,即图 7.53.3 中电阻 $R_f \to \infty$ 时的电压增益,R_f 称为反馈电阻.因为理想运算放大器的输入阻抗 $R_r \to \infty$,所以信号源输入电流只流经反馈网络构成的通路.有

$$I_s = (U_i - U_o)/R_r = U_i(1 + K_0)/R_f \qquad (7.53.4)$$

由式(7.53.4)可得电流–电压变换器等效输入阻抗 Z_r 为

$$Z_r = U_i / I_s = R_f / (1 + K_0) \approx R_f / K_0 \qquad (7.53.5)$$

由式(7.53.3)和式(7.53.4)可得电流-电压变换器输入电流 I_s、输出电压 U_o 之间的关系式,即

$$I_s = -\frac{U_o}{K}(1 + K_0)/R_f = -U_o(1 + 1/K_0)/R_f = -U_o/R_f \qquad (7.53.6)$$

由上式只要测得输出电压 U_o 和已知值 R_f,即可求得 I_s 值. 以高输入阻抗集成运算放大器 LF356 为例来讨论 Z_r 和 I_s 的大小. 运算放大器 LF356 的开环电压增益 $K_0 = 2 \times 10^5$,输入阻抗 $R_r = 10^{12}$ Ω. 若取 R_f 为 1.00 MΩ,则由式(7.53.5)可得

$$Z_r = 1.00 \times 10^6 \ \Omega / (1 + 2 \times 10^5) \approx 5 \ \Omega \qquad (7.53.7)$$

若选用量程为 200 mV 的四位半数字电压表,它最后一位变化为 0.01 mV,那么用上述电流-电压变换器能显示的最小电流值为

$$(I_s)_{min} = 0.01 \times 10^{-3} \ A/(1 \times 10^{-6}) = 1 \times 10^{-11} \ A \qquad (7.53.8)$$

由此说明,用集成运算放大器组成电流-电压变换器测量弱电流的方法,具有输入阻抗小、灵敏度高的优点.

3. PN 结的结电压 U_{be} 与热力学温度 T 之间关系的测量

当 PN 结通过恒定小电流(通常电流 $I = 1\ 000$ μA),由半导体理论可得 U_{be} 与 T 的近似关系

$$U_{be} = ST + U_{g0} \qquad (7.53.9)$$

式中 $S \approx -2.3$ mV/K,为 PN 结温度传感器灵敏度. 由 U_{g0} 可求出温度为 0 K 时半导体材料的近似禁带宽度 $E_{g0} = eU_{g0}$. 硅材料的 E_{g0} 约为 1.20 eV.

【实验内容及步骤】

1. 测定 $I_s - U_{be}$ 关系,并进行曲线拟合求经验公式,计算玻耳兹曼常量($U_{be} = U_1$).

(1) 实验线路如图 7.53.2 所示. 图中 U_1 为三位半数字电压表,U_2 为四位半数字电压表,TIP31 为带散热板的功率三极管,调节电压的分压器为多圈电位器,为保持 PN 结与周围环境一致,把三极管浸没在盛有变压器油的干井恒温器中,变压器油温度用铂电阻进行测量.

(2) 在室温情况下,测量三极管发射极与基极之间的电压 U_1 和相应的电压 U_2. 在常温下 U_1 的值在 0.3 ~ 0.42 V 范围内变化,每隔 0.01 V 测量一点数据,测数十个数据点,至 U_2 值达到饱和时(U_2 值变化较小或基本不变)结束测量. 在数据记录开始和结束时都要同时记录变压器油的温度 t,取温度平均值 $\bar{t}$.

(3) 改变干井恒温器温度,待 PN 结温度与油温一致时,重复测量 U_1 和 U_2 的关系数据,并与室温测得的结果进行比较.

(4) 计算常量 e/k,将电子的电荷量绝对值作为标准差代入,求出玻耳兹曼常量并与公认值进行比较.

2. 测定 $U_{be} - T$ 关系,求 PN 结温度传感器灵敏度 S,计算硅材料 0 K 时的近似禁带宽度 E_{g0}.

（1）实验电路如图 7.53.4 所示,测温电路如图 7.53.5 所示.数字电压表 U_2 通过双刀双向开关,既作测温电桥指零用,又作监测 PN 结电流是否保持电流 $I = 100\ \mu A$ 用.

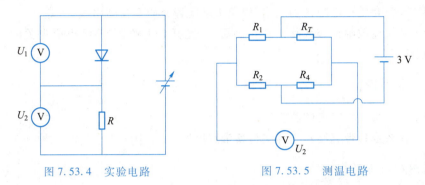

图 7.53.4　实验电路　　　　　图 7.53.5　测温电路

（2）通过调节图 7.53.4 中电源电压,使电阻两端电压保持不变,即电流 $I = 100\ \mu A$.同时用电桥测铂电阻 R_T 的电阻值,通过查铂电阻与温度的关系表,可得干井恒温器的实际温度.从室温开始每隔 5～10 ℃测一点 U_{be} 值(即 U_1)并记录温度 $T(K)$,求得 U_{be}-T 关系(至少测 6 点以上数据).

（3）用最小二乘法对 U_{be}-T 数据进行直线拟合,求出 PN 结温度传感器灵敏度 S 并近似求得温度为 0 K 时硅材料的禁带宽度 E_{g0}.

3.将测量数据记入书后的数据表中.

【数据处理】

1.测定 I_s-U_{be} 关系,进行曲线拟合求经验公式,计算玻耳兹曼常量.室温条件下:$t_1 = 25.90$ ℃,$t_2 = 26.10$ ℃,$\bar{t} = 26.00$ ℃(将摄氏温度 t 转换为热力学温度 T).公认值 $k = 1.381 \times 10^{-23}$ J/K.由 $e/k = bT$ 可得到 $k = \dfrac{e}{bT}$.

2.电流 $I = 100\ \mu A$ 时,测定 U_{be}-T 关系,求 PN 结温度传感器的灵敏度 S,计算 0 K 时硅材料的近似禁带宽度 E_{g0}.

对 U_{be}-T 数据进行直线拟合 $U_{be} = ST + U_{g0}$,得到斜率 S,即为传感器灵敏度;U_{g0} 为截距,由 U_{g0} 得禁带宽度 $E_{g0} = eU_{g0}$.

硅在 0 K 时禁带宽度公认值 $E_{g0} = 1.205$ eV.

【注意事项】

1.实验时接 ±12 V 或 ±15 V 电源,但不可接大于 15 V 的电源.±15 V 电源只供运算放大器使用,请勿作其他用途.

2.运算放大器 7 脚和 4 脚分别接 +15 V 和 –15 V 接口,不能反接,地线必须与电源 0 V(地)相接(接触要良好),否则有可能损坏运算放大器,并引起电源短路.一旦发现电源短路(电压明显下降),请立即切断电源.

3.要换运算放大器必须在切断电源条件下进行,并注意管脚不要插错.元件标志点必须对准插座标志槽口.

4. 请勿随便使用其他型号三极管做实验. 例如三极管 TIP31 为 NPN 管, 而三极管 TIP32 为 PNP 管, 所加电压极性不相同.

5. 陶瓷介质铂电阻请勿取出, 以免损坏陶瓷介质及拉断引线.

6. 必须经教师检查线路接线正确后, 才能开启电源, 实验结束应先关电源, 再拆除接线.

【分析讨论】

1. 怎样实现弱电流的测量？

2. 什么是禁带宽度？怎样测得禁带宽度？

【总结与思考】

简单阐述运算放大器在本实验中的主要作用.

实验 54　波尔共振实验

在机械制造和建筑工程等科技领域中受迫振动所导致的共振现象引起工程技术人员的极大注意, 共振虽有破坏作用, 但也有许多实用价值. 众多电声器件就是运用共振原理设计制作的. 此外, 在微观科学研究中"共振"也是一种重要研究手段, 例如利用核磁共振和顺磁共振研究物质结构等. 表征受迫振动的性质是受迫振动的振幅-频率特性和相位-频率特性(简称幅频特性和相频特性).

本实验中采用波尔共振仪定量测定机械受迫振动的幅频特性和相频特性, 并利用频闪法来测定动态的物理量——相位差.

【重点难点】

了解波尔共振仪中弹性摆轮受迫振动的幅频特性和相频特性.

【目的要求】

1. 研究波尔共振仪中弹性摆轮受迫振动的幅频特性和相频特性.

2. 研究不同阻尼力矩对受迫振动的影响, 观察共振现象.

3. 学习用频闪法测定运动物体的某些量, 例如相位差.

【仪器装置】

波尔共振仪, 波尔电气控制箱, 闪光灯.

【实验原理】

波尔共振仪结构如图 7.54.1 所示, 铜质摆轮 A 安装在支承架上, 弹簧 B 的一端与摆轮 A 的轴相连,另一端可固定在支承架支柱上,在弹簧弹性力的作用下,摆轮可绕轴自由往复摆动. 在摆轮的外围有一圈凹槽,其中一个长凹槽 C 比其他凹槽长出许多. 机架上对准长凹槽处有一个光电门 H,它与电气控制箱相连接,用来测量摆轮的振幅角度值和摆轮的振动周期. 在机架下方有一对带有铁芯的阻尼线圈 K,摆轮 A 恰巧嵌在铁芯的空隙处,当线圈中通过直流电流时,摆轮受到一个电磁阻尼力的作用. 改变电流的大小即可使阻尼大小发生相应变化. 为使摆轮 A 作受迫振动,在电动机轴上装有偏心轮,通过连杆 E 带动摆轮,在电动机轴上装有带刻度的有机玻璃转盘 F,它随电机一起转动. 由它可以从角度读数盘 G 读出相位差 φ. 调节控制箱上的十圈电位器,可以精确改变加于电机上的电压,使电机的转速在实验范围($30 \sim 45 \ \mathrm{r \cdot min^{-1}}$)内连续可调. 由于电路中采用特殊稳速装置,电机采用惯性很小的带有测速发电机的特种电机,所以转速极为稳定. 电机的有机玻璃转盘 F 上装有两个挡光片. 在角度读数盘 G 中央上方 90° 处也有光电门 I(驱动力矩信号),并与控制箱相连,以测量驱动力矩的周期.

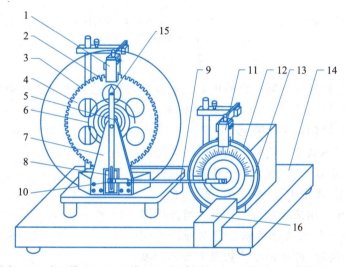

1—光电门 H;2—长凹槽 C;3—短凹槽 D;4—铜质摆轮 A;5—摇杆 M;6—弹簧 B;7—支承架;
8—阻尼线圈 K;9—连杆 E;10—摇杆调节螺丝;11—光电门 I;12—角度读数盘 G;
13—有机玻璃转盘 F;14—底座;15—弹簧夹持螺钉 L;16—闪光灯.

图 7.54.1　波尔共振仪

受迫振动时摆轮与外力矩的相位差是利用小型闪光灯来测量的. 闪光灯受摆轮信号光电门控制,每当摆轮上长凹槽 C 通过平衡位置时,光电门 H 接收光,引起闪光,这一现象称为频闪现象. 在稳定情况时,在闪光灯照射下可以看到有机玻璃转盘 F 的指针好像一直"停在"某一刻度处,所以此数值可方便地直接读出,误差不大于 2°. 闪光灯如图 7.54.1 所示搁置在底座上,切勿拿在手中直接照射角度读数盘 G.

摆轮振幅是利用光电门 H 测出摆轮 A 上经过的凹槽的个数,并在控制箱液晶显示器上直接显示出此值,精度为 1°. 波尔共振仪的前面板如图 7.54.2 所示.

电机转速调节旋钮即带有刻度的十圈电位器(图 7.54.2 中驱动力周期调节电

位器),调节此旋钮可以精确改变电机转速,即改变驱动力矩的周期.当锁定开关处于图 7.54.3 所示的位置时,电位器刻度锁定,要调节大小须将其置于该位置的另一边.×0.1 挡旋转一圈,×1 挡走一个字.一般调节刻度仅供实验时作参考,以便大致确定驱动力矩周期在十圈电位器上的相应位置.

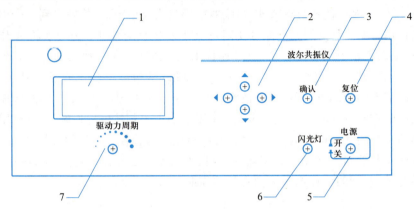

1—液晶显示屏幕;2—方向控制键;3—确认按键;4—复位按键;5—电源开关;
6—闪光灯开关;7—驱动力周期调节电位器.
图 7.54.2　波尔共振仪前面板示意图

可以通过软件控制阻尼线圈内直流电流的大小,达到改变摆轮系统的阻尼系数的目的.阻尼挡位的选择通过软件控制,共分 3 挡,分别是"阻尼 1""阻尼 2""阻尼 3".阻尼电流由恒流源提供,实验时根据不同情况进行选择(可先选择在"阻尼 2"处,若共振时振幅太小则可改用"阻尼 1"),振幅在 150°左右.

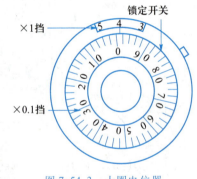

图 7.54.3　十圈电位器

闪光灯开关用来控制闪光与否.当按住闪光按钮、摆轮长凹槽通过平衡位置时便产生闪光,由于频闪现象,可从角度读数盘上看到刻度线似乎静止不动的读数(实际有机玻璃转盘 F 上的刻度线一直在匀速转动),从而读出相位差数值.为使闪光灯管不易损坏,采用按钮开关,仅在测量相位差时才按下按钮.

物体在周期外力的持续作用下发生的振动称为受迫振动,这种周期性的外力称为驱动力.如果外力按简谐振动规律变化,那么稳定状态时的受迫振动也是简谐振动,此时,振幅保持恒定,振幅的大小与驱动力的频率和原振动系统无阻尼时的固有振动频率以及阻尼系数有关.在受迫振动状态下,系统除了受到驱动力的作用外,同时还受到回复力和阻尼力的作用.所以在稳定状态时物体的位移、速度变化与驱动力变化不是同相位的,存在一个相位差.当驱动力频率与系统的固有频率相同时产生共振时振幅最大,相位差为 90°.

实验利用摆轮在弹性力矩作用下作自由振动,在电磁阻尼力矩作用下作受迫振动的原理来研究受迫振动特性,实验可直观地显示机械振动中的一些物理现象.

当摆轮受到周期性驱动力矩 $M_0\cos\omega t$ 的作用,并在有空气阻尼和电磁阻尼的介质中运动时$\left(\text{阻尼力矩为}-b\dfrac{\mathrm{d}\theta}{\mathrm{d}t}\right)$,其运动方程为

$$J\frac{\mathrm{d}^2\theta}{\mathrm{d}t^2}=-k\theta-b\frac{\mathrm{d}\theta}{\mathrm{d}t}+M_0\cos\omega t \qquad (7.54.1)$$

式(7.54.1)中 J 为摆轮的转动惯量,$-k\theta$ 为弹性力矩,M_0 为驱动力矩的幅值,ω 为驱动力的角频率.

令　$\omega_0^2=\dfrac{k}{J}$,$2\beta=\dfrac{b}{J}$,$M=\dfrac{M_0}{J}$,则式(7.54.1)变为

$$\frac{\mathrm{d}^2\theta}{\mathrm{d}t^2}+2\beta\frac{\mathrm{d}\theta}{\mathrm{d}t}+\omega_0^2\theta=M\cos\omega t \qquad (7.54.2)$$

当 $M\cos\omega t=0$ 时,式(7.54.2)即为阻尼振动方程.

当 $\beta=0$,即在无阻尼情况时式(7.54.2)变为简谐振动方程,系统的固有频率为 ω_0. 式(7.54.2)的通解为

$$\theta=\theta_1\mathrm{e}^{-\beta t}\cos(\omega_f t+\alpha)+\theta_2\cos(\omega t+\varphi_0) \qquad (7.54.3)$$

由式(7.54.3)可见,受迫振动可分成两部分:

第一部分,$\theta_1\mathrm{e}^{-\beta t}\cos(\omega_f t+\alpha)$ 和初始条件有关,经过一定时间后衰减消失.

第二部分,说明驱动力矩对摆轮做功,向振动体传送能量,最后达到一个稳定的振动状态. 振幅为

$$\theta_2=\frac{M}{\sqrt{(\omega_0^2-\omega^2)^2+4\beta^2\omega^2}} \qquad (7.54.4)$$

它与驱动力矩之间的相位差为

$$\varphi=\arctan\frac{2\beta\omega}{\omega_0^2-\omega^2}=\arctan\frac{\beta T_0^2 T}{\pi(T^2-T_0^2)} \qquad (7.54.5)$$

由式(7.54.4)和式(7.54.5)可看出,振幅 θ_2 与相位差 φ 的数值取决于驱动力矩 M、频率 ω、系统的固有频率 ω_0 和阻尼系数 β 四个因素,而与振动初始状态无关.

由 $\dfrac{\partial}{\partial\omega}[(\omega_0^2-\omega^2)^2+4\beta^2\omega^2]=0$ 极值条件可得出,当驱动力的角频率 $\omega=\sqrt{\omega_0^2-2\beta^2}$ 时,产生共振,θ 有极大值. 若共振时角频率和振幅分别用 ω_r、θ_r 表示,则

$$\omega_r=\sqrt{\omega_0^2-2\beta^2} \qquad (7.54.6)$$

$$\theta_r=\frac{M}{2\beta\sqrt{\omega_0^2-2\beta^2}} \qquad (7.54.7)$$

式(7.54.6)、式(7.54.7)表明,阻尼系数 β 越小,共振时角频率越接近于系统固有频率 ω_0,振幅 θ_r 也越大. 图7.54.4 和图7.54.5 表示出在不同 β 时受迫振动的幅频特性和相频特性.

【实验内容及步骤】

1. 实验准备

按下电源开关后,屏幕上出现欢迎界面,其中 NO.0000X 为电气控制箱与计算

机主机相连的编号. 过几秒钟后屏幕上显示如图 7.54.6(a)所示"按键说明"字样. 符号"◀"为向左移动,"▶"为向右移动,"▲"为向上移动,"▼"为向下移动. 下文中的符号不再介绍.

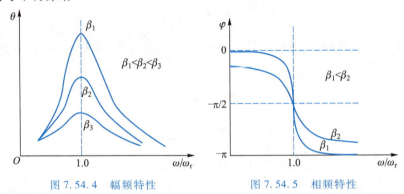

图 7.54.4　幅频特性　　　　图 7.54.5　相频特性

2. 选择实验方式

根据是否连接计算机选择联网模式或单机模式. 这两种模式下的操作完全相同,故不再介绍.

3. 自由振动——摆轮振幅 θ 与系统固有周期 T_0 的对应值的测量

自由振动实验的目的,是为了测量摆轮的振幅 θ 与系统固有振动周期 T_0 的关系.

在图 7.54.6(a)状态按确定键,显示图 7.54.6(b)所示的实验类型,默认选中项为自由振动,字体反白为选中. 再按确定键显示如图 7.54.6(c)所示.

图 7.54.6　测量过程中电气控制箱窗口示意图

用手转动摆轮 160°左右,放开手后按"▲"或"▼"键,测量状态由"关"变为"开",控制箱开始记录实验数据,振幅的有效数值范围为 50°~160°(振幅小于 160°时测量开,小于 50°时测量自动关闭). 测量显示"关"时,数据已保存并发送主机.

查询实验数据,可按"◀"或"▶"键,选中"回查",再按确定键,如图 7.54.6(d)所示,表示第一次记录的振幅 $\theta_0 = 134°$,对应的周期 $T = 1.442$ s,然后按"▲"或"▼"键查看所有记录的数据,该数据为每次测量振幅相对应的周期数值,回查完毕,按确定键,返回图 7.54.6(e)状态. 利用此法可作出振幅 θ 与 T_0 的对应表. 该对应表将在稍后的幅频特性和相频特性数据处理过程中使用.

若进行多次测量可重复操作,自由振动完成后,选中返回,按确定键回到图 7.54.6(b) 所示的界面进行其他实验.

因电气控制箱只记录每次摆轮周期变化时所对应的振幅值,所以有时转盘转过光电门几次,控制箱才记录一次(其间能看到振幅变化). 当回查数据时,有的振幅数值被自动剔除了(当摆轮周期的第 5 位有效数字发生变化时,控制箱上只显示 4 位有效数字,故学生无法看到第 5 位有效数字的变化情况,但在计算机主机上则可以清楚地看到).

4. 测定阻尼系数 β

在图 7.54.6(b) 状态下,根据实验要求,按"▶"键,选中阻尼振动,按确定键显示阻尼如图 7.54.6(e) 所示. 阻尼分三挡,阻尼 1 最小,根据自己实验要求选择阻尼挡,例如选择阻尼 2 挡,按确定键显示如图 7.54.6(f) 所示.

首先将角度读数盘指针放在 0° 位置,用手转动摆轮 160° 左右,选取 θ_0 在 150° 左右,按"▲"或"▼"键,测量由"关"变为"开"并记录数据,仪器记录 10 组数据后,测量自动关闭,此时振幅大小还在变化,但仪器已经停止计数.

阻尼振动的回查同自由振动类似,请参照上面的操作. 若改变阻尼挡测量,重复阻尼 1 的操作步骤即可.

从液晶显示屏幕读出摆轮作阻尼振动时的振幅数值 $\theta_1, \theta_2, \theta_3, \cdots, \theta_n$,用下式

$$\ln \frac{\theta_0 \mathrm{e}^{-\beta t}}{\theta_0 \mathrm{e}^{-\beta(t+nT)}} = n\beta\bar{T} = \ln \frac{\theta_0}{\theta_n} \tag{7.54.8}$$

求出 β 值,式中 n 为阻尼振动的周期数,θ_n 为第 n 次振动时的振幅,$\bar{T}$ 为阻尼振动周期的平均值. 此值可以测出 10 个摆轮振动周期值,然后取其平均值. 一般阻尼系数需测量 2 ~ 3 次.

5. 测定受迫振动的幅频特性和相频特性曲线

在进行受迫振动前必须先做阻尼振动实验,否则无法实验.

使仪器界面如图 7.54.6(b) 所示,选中受迫振动,按确认键显示如图 7.54.7(a) 所示. 默认状态选中电机,按"▲"或"▼"键,让电机启动. 此时保持周期为 1,待摆轮和电机的周期相同,特别是振幅已稳定,变化不大于 1 后,表明两者已经稳定了[如图 7.54.7(b) 所示],方可开始测量.

测量前应先选中周期,按"▲"或"▼"键把周期由 1[如图 7.54.7(a) 所示]改为 10[如图 7.54.7(c) 所示](目的是为了减少误差,若不改周期,测量无法打开). 再选中测量,按下"▲"或"▼"键,打开测量并记录数据[如图 7.54.7(c) 所示].

一次测量完成,显示测量关后,读取摆轮的振幅值,并利用闪光灯测定受迫振动位移与驱动力间的相位差.

调节十圈电位器,改变电机的转速,即改变驱动力角频率 ω,从而改变电机转动周期. 电机转速的改变可按照 $\Delta\varphi$ 控制在 10° 左右来定,可进行多次这样的测量.

每次改变驱动力的周期,都需要等待系统稳定,约需两分钟,即返回到图

7.54.7(b)状态,等待摆轮和电机的周期相同,然后再进行测量.

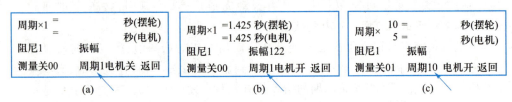

周期×1 =	秒(摆轮)
	=	秒(电机)
阻尼1	振幅
测量关00	周期1电机关 返回

(a)

| 周期×1 =1.425 秒(摆轮) |
| =1.425 秒(电机) |
| 阻尼1 | 振幅122 |
| 测量关00 | 周期1电机开 返回 |

(b)

周期× 10 =	秒(摆轮)
5 =	秒(电机)
阻尼1	振幅
测量关01	周期10 电机开 返回

(c)

图 7.54.7 受迫振动特性测量过程中电气控制箱窗口示意图

在共振点附近由于曲线变化较大,因此测量数据应相对密集些,此时电机转速的极小变化会引起 $\Delta\varphi$ 的很大改变. 电机转速调节旋钮上的读数是一参考数值,建议在不同 ω 时都记下此值,以便实验中快速寻找要重新测量时的参考值.

测量相位时应把闪光灯放在电机转盘下前方,按下闪光灯按钮,根据频闪现象来测量,仔细观察相位位置.

受迫振动测量完毕,按"◀"或"▶"键,选中返回,按确定键,重新回到图 7.54.6(b)状态.

6. 关机

在图 7.54.6(b)状态下,按住复位按钮并保持不动,几秒钟后仪器自动复位,此时所做实验数据全部清除,然后按下电源按钮,结束实验.

7. 自行设计数据表格并记入实验数据

【数据处理】

1. 摆轮振幅 θ 与系统固有周期 T_0 的关系.

2. 阻尼系数 β 的计算,按公式 $5\beta\bar{T}=\ln\dfrac{\theta_i}{\theta_{i+5}}$ 对所测数据进行逐差法处理,求出 β 值. 其中 i 为阻尼振动的周期次数,θ_i 为第 i 次振动时的振幅.

3. 幅频特性和相频特性测量. 查询振幅 θ 与固有频率 T_0 的对应表. 以 ω/ω_r 为横轴,振幅 θ 为纵轴,作出幅频特性 ω/ω_r-θ 曲线;以 ω/ω_r 为横轴,相位差 φ 为纵轴,作出相频特性 ω/ω_r-φ 曲线.

【分析讨论】

1. 阻尼系数 β 对共振频率 ω_r 和共振振幅 θ_r 有什么影响?

2. 受迫振动实验时,阻尼选择一般不能置于"0"位,为什么?

3. 受迫振动时,振幅与驱动力频率有何关系? 共振时频率是否等于系统固有频率?

4. 相位差 φ 与哪些因素有关?

【总结与思考】

摆轮 A 的振幅(角度)和周期是如何测定的?

实验 55　核磁共振

核磁共振(英文缩写为 NMR)就是指处于某个静磁场中的物质的原子核系统受到相应频率的电磁辐射时,在它们的磁能级之间发生的共振跃迁现象.它自问世以来已在物理、化学、生物、医学等方面获得广泛应用,是测定原子的核磁矩和研究核结构的直接而准确的方法,也是精确测量磁场的重要方法之一.

【重点难点】

1. 核磁共振的量子力学理论.
2. 内、外扫描时共振磁场的确定.

【目的要求】

1. 了解核磁共振的基本原理和实验方法.
2. 测量氟核 $^{19}\mathrm{F}$ 的旋磁比和 g 因子.

【仪器装置】

探头、电磁铁及磁场调制系统、磁共振实验仪、示波器、频率计.
实验装置(图 7.55.1)的功能及工作原理详见二维码.

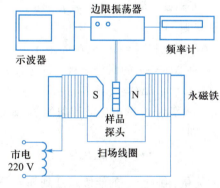

核磁共振实
验装置功能
及工作原理

图 7.55.1　核磁共振实验装置

【实验原理】

核磁共振原理可从量子力学和经典理论两个角度阐明.下面详细论述量子力学观点,经典理论观点请参见二维码.

1. 单个核的磁共振

实验中以氢核为研究对象.

将原子核的总磁矩在其角动量 $\boldsymbol{P}$ 方向的投影 $\boldsymbol{\mu}$ 称为核磁矩.它们之间关系可

核磁共振的
经典理论
观点

写成：

$$\boldsymbol{\mu} = \gamma \boldsymbol{P} \qquad (7.55.1)$$

对于质子，上式 $\gamma = \dfrac{g_N e}{2m_p}$ 称为旋磁比. 其中 e 为质子电荷，m_p 为质子质量，g_N 为核的朗德因子. 按照量子力学，原子核角动量的大小由下式决定：

$$P = \sqrt{I(I+1)}\,\hbar \qquad (7.55.2)$$

上式中 $\hbar$ 为普朗克常量 h 除以 2π，I 为核自旋量子数，对于氢核 $I = \dfrac{1}{2}$.

把氢核放在外磁场 $\boldsymbol{B}$ 中，取坐标轴 z 方向为 $\boldsymbol{B}$ 的方向. 核角动量在 $\boldsymbol{B}$ 方向的投影值由下式决定：

$$P_z = m\hbar \qquad (7.55.3)$$

上式中 m 为核的磁量子数，可取 $m = I, I-1, \cdots, -I$. 对于氢核 $m = -\dfrac{1}{2}, \dfrac{1}{2}$.

核磁矩在 $\boldsymbol{B}$ 方向的投影值

$$\mu_z = \gamma P_z = g_N \frac{e}{2m_p} m\hbar = g_N\left(\frac{e\hbar}{2m_p}\right) m \qquad (7.55.4)$$

将之写为

$$\mu_z = g_N \mu_N m \qquad (7.55.5)$$

上式中 $\mu_N = \dfrac{e\hbar}{2m_p} = 5.050\,787 \times 10^{-27}\,\mathrm{J/T}$，称为核磁子，用作核磁矩的单位.

磁矩为 μ 的原子核在恒定磁场中具有势能

$$E = -\boldsymbol{\mu} \cdot \boldsymbol{B} = -\mu_z B = -g_N \mu_N m B \qquad (7.55.6)$$

任何两个能级间能量差为

$$\Delta E = E_{m_1} - E_{m_2} = -g_N \mu_N B(m_1 - m_2) \qquad (7.55.7)$$

根据量子力学选择定则，只有 $\Delta m = \pm 1$ 的两个能级之间才能发生跃迁，其能量差为

$$\Delta E = g_N \mu_N B \qquad (7.55.8)$$

实验时外磁场为 $\boldsymbol{B}_0$，用频率为 ν_0 的电磁波照射氢核，如果电磁波的能量 $h\nu_0$ 恰好等于氢核两能级能量差，即

$$h\nu_0 = g_N \mu_N B_0 \qquad (7.55.9)$$

则氢核就会吸收电磁波的能量，由 $m = \dfrac{1}{2}$ 的能级跃迁到 $m = -\dfrac{1}{2}$ 的能级，这就是核磁共振吸收现象. 式(7.55.9)为核磁共振条件. 为使用上的方便，常把它写为

$$\nu_0 = \frac{g_N \mu_N}{h} B_0 \quad \text{或} \quad \omega_0 = \gamma B_0 \qquad (7.55.10)$$

上式为本实验的理论公式. 对于氢核，$\gamma_H = 2.675\,22 \times 10^2\,\mathrm{MHz/T}$.

2. 核磁共振信号强度

实验所用样品为大量同类核的集合. 由于低能级上的核数目比高能级上的核数目略微多些，但低能级上参与核磁共振吸收未被共振辐射抵消的核数目很少，所以核磁共振信号非常微弱.

推导可知,T 越低,B_0 越高,则共振信号越强.因而核磁共振实验要求磁场强些.另外,还需磁场在样品范围内非常均匀,若磁场不均匀,则信号被噪声所淹没,难以观察到核磁共振信号.

【实验内容及步骤】

1. 设备调试及使用

（1）将"扫描电源"的"扫描输出"两个输出端,接磁铁面板中的一组线圈（四组可任意接一组）.扫描电源背后的航空接头与边限振荡器的接头连接.

（2）将"边限振荡器"的"共振信号输出"用 Q9 线接示波器 CH1 通道或 CH2 通道（但在观测李萨如图形时要接 CH2 通道）."频率输出"用 Q9 线接频率计的 A 通道（频率计的通道选择：A 通道,即 1 Hz—100 MHz；FUCTION 选择：FA；GATE TIME 选择 1s）.

（3）打开系统各仪器（磁共振实验仪、频率计、示波器）电源开关,示波器置于外扫描状态,把质子样品插入电磁铁均匀磁场中间,预热 20 分钟.

（4）将"扫描电源"的"扫描输出"顺时针调至接近最大位置（旋至最大位置后,再往回旋半圈；因为处于最大位置时电位器电阻为零,输出短路从而对仪器有一定损伤）,这样可以加大捕捉信号的范围.

（5）将硫酸铜样品放入探头中并将其置于磁铁中.调节"边限振荡器"的频率"粗调"旋钮,将频率调节至磁铁标志的氢共振频率附近,然后可用调节频率"细调"旋钮,在此附近捕捉信号；调节旋钮时要慢,因为共振范围非常小,很容易跳过.

注：因为磁铁的磁场强度随温度的变化而变化（成反比关系）,所以应在标志频率附近±1 MHz 的范围内进行信号的捕捉！

（6）调出共振信号后,降低扫描幅度,微调频率至信号等宽.同时调节样品在磁铁中的空间位置来得到最强、尾波最多、弛豫时间最长的共振信号.如图 7.55.2 所示（仅供参考）.

图 7.55.2　共振信号

（7）调节"调相"旋钮,使两波的第一峰重合,并通过调节磁场电流或频率调节旋钮使之位于示波器的中央.此时的 f_H 即为样品在该磁场电流下的共振频率,将数据 I 和 f_H 记录在自拟的表格中.

（8）保持磁场电流不变,将示波器改为内扫描状态,微调频率调节旋钮,使共振信号间距相等,此时的 f_H 即为内扫描时样品在该磁场电流下的共振频率,将数据 I 和 f_H 记录在自拟的表格中.

（9）改变磁场电流,重复3、4,测定样品在其工作范围内不同磁场电流下的共振频率.

（10）把原质子（氢）样品更换为氟样品,保持磁场电流与前样品相对应,重复上述步骤.

（11）测量氟时将测得的氢的共振频率除以42.577再乘以40.055,即得到氟的共振频率（比如H的共振频率为20.000 MHz,则氟的共振频率为20.000 MHz÷42.577×40.055＝18.815 MHz）.将氟碳样品放入探头中,将频率调至磁铁上标志的氟的共振频率,即得到氟的共振信号.由于氟的共振信号较小,故此时应适当降低其扫描幅度（一般不大于3 V）,这是因为样品的弛豫时间过长会导致饱和现象而引起信号变小.射频幅度随样品不同而不同.表7.55.1列举了部分样品的最佳的射频幅度,在初次调试时应注意,否则信号太小不容易观测.

表 7.55.1　部分样品的弛豫时间 T_1 及最佳射频幅度范围

样品	$CuSO_4$	甘油	纯水	$FeCl_3$	氟碳
弛豫时间 T_1/ms	≈ 0.1	≈ 25	$\approx 2\,000$	≈ 0.1	≈ 0.1
最佳射频幅度范围/V	$3 \sim 4$	$0.5 \sim 2$	$0.1 \sim 1$	$3 \sim 4$	$0.5 \sim 3$

2. 电磁铁实验

（1）改变磁场强度得到不同的 ^1H 共振频率,从而得到 f–B 线性关系.

（2）改变磁场强度得到不同的 ^{19}F 共振频率,与 ^1H 的 f–B 线性关系进行比较.

（3）改变射频场强度得到 I–B_1 关系图,从而了解饱和现象.

（4）在不同的空间位置观察尾波,了解磁场均匀性对尾波的影响.

3. 永磁铁实验

（1）调节射频频率至 ^1H、^{19}F 共振.

（2）改变射频场强度得到 I–B_1 关系图,从而了解饱和现象.

（3）在不同的空间位置观察尾波,了解磁场均匀性对尾波的影响.

【仪器故障处理】

参见二维码"核磁共振实验故障处理".

【数据处理】

核磁共振实
验故障处理

1. 处理实验数据.当氢共振磁场 B_H 与氟共振磁场 B_F 相等时,有 $\gamma_F = \dfrac{f_F \gamma_H}{f_H}$,式中,$f_F$ 为氟样品的共振频率,f_H 为氢样品的共振频率,γ_F 和 γ_H 分别为氟样品和氢样品的旋磁比,其中,γ_H 为已知,所以测得相同磁场电流下的 f_F 和 f_H,可以求出 γ_F 和 g 因子.

2. 由于已知 $\gamma_H = 2.675\,22 \times 10^2$ MHz/T,所以只要测出与待测磁场相对应的共振频率 f_H,即可由公式 $B_0 = \dfrac{\omega}{\gamma_H}$ 算出待测磁感应强度,式中频率单位为 MHz. 实验中常用此方法校准高斯计.

【分析讨论】

1. 什么叫核磁共振? 核磁共振中有哪两个过程同时起作用?

2. 从量子力学角度推导满足核磁共振条件的公式.

3. 内扫描和外扫描时,核磁共振信号达到何种形式时,其共振磁场为 B_0?

4. 如何判断共振信号和干扰信号,为什么?

5. 怎样利用核磁共振测量磁场强度?

6. 布洛赫方程的稳态解是在何种条件下得到的?

【总结与思考】

1. 观察核磁共振信号有哪两种方法? 并解释之.

2. 应用 $\gamma_F = \dfrac{f_F \gamma_H}{f_H}$ 时,为什么质子样品的共振频率 f_H 和氟样品的共振频率 f_F 必须在同一磁场电流下测出?

实验 56　电子顺磁共振实验

1924 年泡利首先提出电子自旋的概念.1925 年,古德斯密特和乌伦贝克用它来解释某种元素的光谱精细结构获得成功.施特恩和格拉赫也以实验直接证明了电子自旋磁矩的存在.

电子自旋共振(electron spin resonance),英文缩写为 ESR,又称电子顺磁共振(electron paramagnetic resonance),英文缩写为 EPR.它是指处于恒定磁场中的电子自旋磁矩在射频电磁场作用下发生的一种磁能级间的共振跃迁现象.这种共振跃迁现象只能发生在原子的固有磁矩不为零的顺磁材料中.1944 年由苏联的扎沃伊斯基首先发现.它与核磁共振(NMR)现象十分相似,所以 1945 年珀塞尔等人提出的 NMR 实验技术后来也被用来观测 ESR 现象.它在化学、物理、生物和医学等各方面都获得了极其广泛的应用(见二维码"电子自旋共振的应用").

【重点难点】

电子顺磁共振及研究对象.

电子自旋共
振的应用

【实验目的】

1. 了解电子顺磁共振的基本原理.

2. 观察在微波段的电子顺磁共振现象,测量 DPPH 自由基中电子的朗德因子(g 因子).

3. 利用样品有机自由基 DPPH 在谐振腔中的位置变化,探测微波磁场的情况,确定微波的波导波长 λ_g.

微波顺磁共振实验系统的功能

【实验仪器】

微波顺磁共振实验系统框图如图 7.56.1 所示,其功能见二维码"微波顺磁共振实验系统的功能".图中信号发生器为系统提供频率约为 9 370 MHz 的微波信号,微波信号经过隔离器,衰减器,波长计到魔 T 的 H 臂,魔 T 将信号平分后分别进入相邻的两臂.

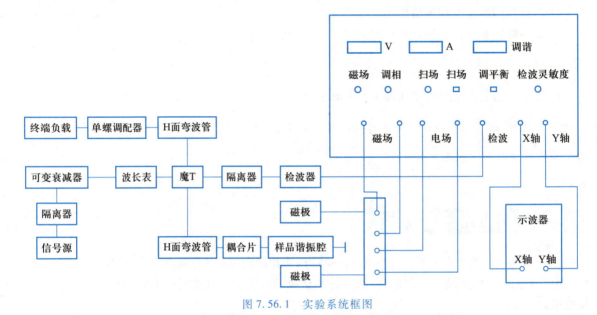

图 7.56.1 实验系统框图

【实验原理】

由原子物理知识可知,自旋量子数 $s = \dfrac{1}{2}$ 的自由电子的自旋角动量为 $\sqrt{s(s+1)}\,\hbar$,$\hbar = \dfrac{h}{2\pi}$,$h = 6.626 \times 10^{-34}$ J·s,称为普朗克常量,因为电子带电荷,所以自旋电子还具有平行于角动量的磁矩 μ_e,当它在磁场中由于受磁感应强度 B_0 的作用,则电子的单个能级将分裂成 $2s+1$(即两个)子能级,称为塞曼能级,如图 7.56.2 所示,两相邻子能级间的能级差为

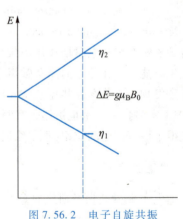

图 7.56.2 电子自旋共振能级分裂示意

$$\Delta E = g\mu_B B_0 \qquad (7.56.1)$$

上式中 $\mu_B = \dfrac{e\hbar}{2m_e} = 9.274\ 1 \times 10^{-24}$ J/T,称为玻尔磁子,g 为电子的朗德因子,是一个量纲为 1 的量,其数值与粒子的种类有关,如 $s = \dfrac{1}{2}$ 的自由电子 $g = 2.002\ 3$.从图 7.56.2

可以看出,这两个子能级之间的分裂将随着磁感应强度大小 B_0 的增加而线性增加.自由电子在静磁场 $\boldsymbol{B}_0$ 中,不仅作自旋运动,而且将绕磁感应强度 $\boldsymbol{B}_0$ 进动,其进动频率为 ν,如果在直流磁场区叠加一个垂直于 $\boldsymbol{B}_0$ 且频率为 ν 的微波磁场 $\boldsymbol{B}_1$,当微波能量子的能量等于两个子能级间的能量差 ΔE 时,那么处在低能级上的电子有少量将从微波磁场 $\boldsymbol{B}_1$ 吸收能量而跃进到高能级上去.因而吸收能量为

$$\Delta E = g\mu_{\mathrm{B}} B_0 = h\nu \tag{7.56.2}$$

即发生 EPR 现象,式(7.56.2)称为 EPR 条件.式(7.56.2)也可写成

$$\nu = \frac{g\mu_{\mathrm{B}}}{h} B_0 \tag{7.56.3}$$

将 g、μ_{B}、h 值代入上式可得 $\nu = 2.8024 B_0 \times 10^{10}$ Hz.此处 B_0 的单位为 T.如果微波的波长 $\lambda \approx 3$ cm,即 $\nu \approx 10\ 000$ MHz,则共振时相应的 B_0 要求在 0.3 T 以上.在静磁场中,当处于热平衡时,这两个能级上的电子数将服从玻耳兹曼分布,即高能级上的电子数 n_2 与低能级上的电子数 n_1 之比为

$$\frac{n_2}{n_1} = \exp\left(-\frac{\Delta E}{kT}\right) = \exp\left(-\frac{g\mu_{\mathrm{B}} B_0}{kT}\right) \tag{7.56.4}$$

一般 $g\mu_{\mathrm{B}} B_0$ 比 kT 小三个数量级,即 $g\mu_{\mathrm{B}} B_0 \ll kT$,将式(7.56.4)展开得到

$$\frac{n_2}{n_1} \approx 1 - \frac{g\mu_{\mathrm{B}} B_0}{kT} \approx 1 - \frac{h\nu}{kT} \tag{7.56.5}$$

式中 $k = 1.3807 \times 10^{-23}$ J/K,为玻耳兹曼常量,在室温下 $T = 300$ K,如微波的 $\nu \approx 10^{10}$ Hz 时,则 $\frac{n_2}{n_1} = 0.9984$.可以看出,实际上只有很小一部分电子吸收能量而跃迁,故电子自旋共振吸收信号是十分微弱的.

设 $n_+ = n_1 + n_2$ 为总电子数,则容易求得热平衡时两个子能级间的电子数差值为

$$n_- = n_1 - n_2 = \frac{g\mu_{\mathrm{B}} B_0}{2kT} n_+ = \frac{h\nu}{2kT} n_+ \tag{7.56.6}$$

由于 EPR 信号的强度正比于 n_-,因比在 n_+ 一定时,式(7.56.6)说明温度越低和磁场越强,或微波频率越高,对观察 EPR 信号越有利.

实验所采用的样品为含有自由基的二苯基–苦肼基(DPPH),其分子式为 $(C_6H_5)_2N\text{-}NC_6H_2(NO_2)_3$,结构式如图 7.56.3 所示.

由此可见,在中间的 N 原子少一个共价键,有一个未配对的自由电子,这个自由电子就是实验研究的对象,它无轨道磁矩,因此实验中观察到的是电子自旋共振的情况,故通常又称为电子自旋共振 (ESR),由于 DPPH 中的"自由电子"并不是完全自由的,故其 g 因子值不等于 2.0023,而是 2.0036.

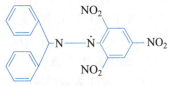

图 7.56.3　DPPH 的结构图

【实验内容及步骤】

1. 连接系统,将可变衰减器顺时针旋至最大,开启系统中各仪器的电源,预热

20 分钟.

2. 将磁共振实验仪的旋钮和按钮作如下设置："磁场"逆时针调到最低,"扫场"逆时针调到最低,按下"调平衡/Y 轴"按钮(注:必须按下),"扫场/检波"按钮弹起,处于检波状态(注:切勿同时按下).

3. 将样品位置刻度尺置于 90 mm 处,样品置于磁场正中央.

4. 将单螺调配器的探针逆时针旋至"0"刻度.

5. 信号源工作于等幅工作状态,调节可变衰减器使调谐电表有指示值,然后调节"检波灵敏度"旋钮,使磁共振实验仪的调谐电表指示占满度的 2/3 以上.

6. 用波长表测定微波信号的频率,方法是:旋转波长表的测微头,找到电表跌破点,查波长表——刻度表即可确定振荡频率,使振荡频率在 9 370 MHz 左右,如相差较大,应调节信号源的振荡频率,使其接近 9 370 MHz 的振荡频率.测定完频率后,将波长表旋开谐振点.

7. 为使样品谐振腔对微波信号谐振,调节样品谐振腔的可调终端活塞,使调谐电表指示值最小,此时,样品谐振腔中的驻波分布如图 7.56.4 所示.

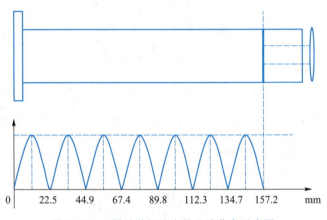

图 7.56.4 样品谐振腔中的驻波分布示意图

8. 为了提高系统的灵敏度,可减小可变衰减器的衰减量,使调谐电表指示值尽可能提高.然后,调节魔 T 另一支臂的单螺调配器探针,使调谐电表指示更小.若磁共振实验仪电表指示值太小,可调节灵敏度,使指示值增大.

9. 按下"扫场"按钮.此时调谐电表指示为扫场电流的相对指示值,调节"扫场"旋钮使电表指示值在满度的一半左右.

10. 若共振波形值较小,或示波器图形显示欠佳,可采用以下方法:

(1) 将可变衰减器逆时针旋转,减小衰减量,增大微波功率.

(2) 顺时针调节"扫场"旋钮,加大扫场电流.

(3) 提高示波器的灵敏度.

(4) 调节微波信号源振荡腔法兰盘上的调节钉,可加大微波输出功率.

11. 若共振波形左右不对称,则调节单螺调配器的深度及左右位置,或改变样品在磁场中的位置,通过微调样品谐振腔可以形成如图 7.56.5(a) 所示的共振波形.

12. 若出现如图 7.56.5(b) 所示的双峰波形, 调节"调相"旋钮即可使双峰波形重合.

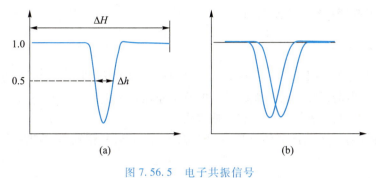

图 7.56.5　电子共振信号

13. 用高斯计测得外磁场 B_0, 将数据记入自拟表格中.

【数据处理】

用式 (7.56.2) 计算 g 因子(g 因子一般在 1.95 到 2.05 之间).

【分析讨论】

1. 什么叫电子顺磁共振 (EPR)? 什么叫电子自旋共振 (ESR), 其与塞曼效应有什么关系?

2. 简述 ESR 的基本原理. ESR 的研究对象是什么?

3. 发生 EPR 的条件是什么? 试举出两个应用 EPR 的例子.

4. 本实验所采用的样品是什么? 样品 DPPH 应放在谐振腔的什么位置? 为什么?

【总结与思考】

1. 电子自旋共振与核磁共振的不同点是什么?

2. 实验中不加"扫场", 能否观测到 ESR 信号? 为什么?

实验 57　微波铁磁共振

在 1935 年苏联科学家朗道和利弗茨就从理论上预言铁磁共振的存在. 1946 年微波技术迅速发展以后由扎沃伊斯基和格里菲斯观察到 Fe、Co、Ni 的铁磁共振现象. 但因为金属的电阻率低, 所以只能用薄膜与微粒进行实验. 1948 年因对高电阻率的铁氧体的研究和发展, 铁磁共振技术进入一个新的阶段.

铁磁共振观察的对象是铁磁介质中的未偶电子, 可以说它是铁磁介质中的电子自旋共振. 铁磁共振不仅是磁性材料在微波技术应用上的物理基础, 也是研究其他宏观性能与微观结构的有效手段.

【重点难点】

铁磁共振吸收线宽和磁损耗.

【实验目的】

1. 掌握有关谐振腔的工作特性的基本知识,实验系统的调试和测试方法.
2. 了解用谐振腔法观测铁磁共振的测量原理和实验条件.
3. 观察单晶铁氧体小球的磁共振谱线.
4. 通过测定多晶铁氧体小球的磁共振谱线,求出共振线宽、朗德因子和弛豫时间.

【实验装置】

如图 7.57.1 所示,样品为铁氧体,提供实验用的铁原子. 电磁铁,提供外磁场,使铁原子能级分裂. 微波,提供能量,使低能级电子跃迁到高能级. 波导,单方向传导微波,使其通过样品. 波长表,测量微波的波长. 谐振腔,其谐振频率与微波的频率相等,进入的微波发生谐振,样品即放在波峰处,该处的微波磁场与外磁场垂直. 固体微波信号源,产生 9 GHz 左右的微波信号. 隔离器,使微波只能单方向传播. 衰减器,控制微波能量的大小. 输出端,含有微波检波二极管,其输出电流与输入的微波功率成正比. 直流磁场电压源,给电磁铁提供励磁电流,改变输出电压的大小即可改变磁场的大小. 微安表,指示检波电流的大小. 微波电源,为固体微波信号源提供电源.

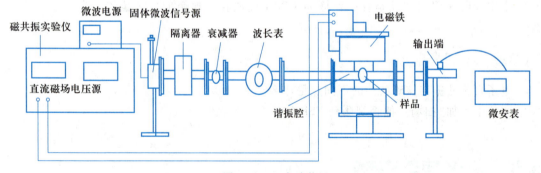

图 7.57.1　实验装置

【实验原理】

1. 铁磁共振现象

铁磁物质内存在着许多自发磁化的小区域,在恒定磁场 B 和交变磁场 B_1(角频率为 ω)的同时作用下时,其磁导率 μ 为复数 $\mu=\mu'+\mu''$. ω 与 B 满足下述关系时 $\omega = \gamma B = \dfrac{g\mu_B}{\hbar}B$,$\mu''$达到最大值这种现象称为铁磁共振,如图 7.57.2 所示. B_2-B_1 称为共

振线宽 ΔB，ΔB 是描述铁氧体材料性能的一个重要参量，它的大小标志着磁损耗的大小. B_1、B_2 是磁导率虚部半峰值处所对应的磁场值；B_0 为共振磁场值.

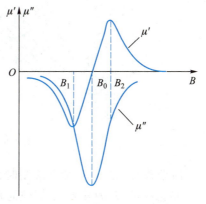

图 7.57.2　$\mu'\text{-}B$ 和 $\mu''\text{-}B$ 曲线

2. 铁磁共振的理论

宏观唯象理论：铁氧体的磁矩 M 在外加恒定磁场 B 的作用下绕着 B 进动，进动频率 $\omega = \gamma B$. 由于铁氧体内部存在阻尼作用，M 的进动角会逐渐减小(图 7.57.3)，结果 M 逐渐趋于平衡方向. 当外加微波磁场 B_1 的角频率与 M 的进动频率相等时，M 吸收外界微波能量，用以克服阻尼并维持进动(图 7.57.4)，这就发生共振吸收现象.

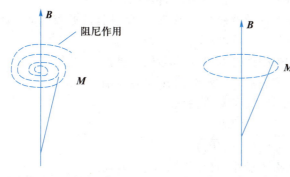

图 7.57.3　无交变磁场 B_1　　图 7.57.4　加入交变磁场 B_1

量子力学观点：在外磁场中，磁矩与外磁场 B 相互作用，如图 7.57.5 所示. 其附加的能量为

$$E = -\boldsymbol{\mu}_J \cdot \boldsymbol{B} = -\gamma m \hbar B = -mg\mu_{\mathrm{B}} B$$

两相邻磁能级之间的能量差为　$\Delta E = \gamma \hbar B$.

当电磁场的量子 $\hbar \omega$ 刚好等于系统 M 的两个相邻塞曼能级间的能量差时，就发生共振现象.

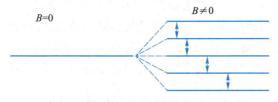

图 7.57.5　磁耦极跃迁

3. 谐振条件

观察铁磁共振通常采用传输式谐振腔法. 其原理如图 7.57.6 所示，传输式谐振腔是一个封闭的金属导体空腔，由一段标准矩形波导管，在其两端加上带有耦合孔的金属板构成.

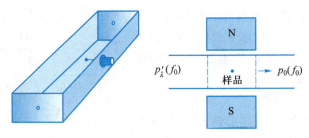

图 7.57.6　传输式谐振腔

谐振条件:谐振腔发生谐振时,腔长必须是半个波导波长的整数倍.即对于 TE_{10P} 型谐振腔,P 为整数.谐振腔的有载品质因数 Q_L 由下式确定:

$$Q_L = \frac{f_0}{|f_1 - f_2|}$$

式中 f_0 为腔的谐振频率,f_1,f_2 分别为半功率点频率.

当把样品放在腔内微波磁场最强处时,会引起谐振腔的谐振频率和品质因数的变化.如果样品很小,则可以看成一个微扰.

根据谐振腔的微扰理论可知,当固定输入谐振腔的微波频率和功率,改变磁场 B,则 μ'' 与腔体输出功率 P 之间存在着一定的对应关系.

$$P_{1/2} = \frac{2P_0 P_r}{(\sqrt{P_0} + \sqrt{P_r})^2}$$

因此在铁磁共振实验中,可以将测量 μ''-B 曲线求 ΔB 的问题转化为测量 P-B 曲线(图 7.57.7)来求.在考虑到样品谐振腔的频散效应,需对上式进行修正,修正公式为

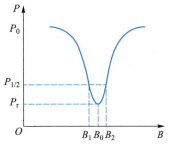

图 7.57.7　P-B 曲线

$$P_{1/2} = \frac{2P_0 P_r}{P_0 + P_r}$$

微波通过式矩形谐振腔法的测量原理是:由固态微波源产生微波信号,经隔离器,可变衰减器,波长计等到达谐振腔.谐振腔由两端带耦合片的一段矩形直波导构成.被测样品放在谐振腔微波磁场最大处.外加恒定磁场与微波磁场相互垂直,由通过时谐振腔输出的微波信号经晶体检波器送入检流计进行测量.

由原理可知,在铁磁共振实验中,可以将测量 μ''-B 曲线求 ΔB 的问题转化为测量 P-B 曲线来求.如果检波晶体管的检波满足平方律关系,则检波电流 $I \propto P$,则上式为 $I_{\frac{1}{2}} = \frac{2I_\infty I_r}{I_\infty + I_r}$,这样就可以由 I-B 曲线测定共振线宽 ΔB.

4. 弛豫时间

弛豫时间:M 在趋于平衡态过程中与平衡态的偏差量减小到初始值的 $1/e$ 时所经历的时间.分为纵向弛豫时间 τ_1 和横向弛豫时间 τ_2.在一般情况下:$\tau_1 \approx \tau_2$,我们把 τ_1,τ_2 统称为弛豫时间 τ:

$$\tau = \frac{2}{\gamma \Delta B}$$

【实验内容及步骤】

1. 开启磁共振实验仪电源,调节"检波灵敏度"旋钮使检波电流表指针指示不超过满刻度,开启微波源电源,本实验采用固态微波源,将电源工作方式选择在等幅状态下预热 30 分钟.

2. 测微波频率:将"扫场/检波"按钮置于检波位置,调节"检波灵敏度"及衰减器旋钮使检波电流表有 50 μA 的示值.旋转波长表的螺旋测微器,微安表电流示值逐渐减小,当电流达最小值时,读取螺旋测微器刻度值,记入表 7.57.1 中,重复测量 3 次.

表 7.57.1　螺旋测微器刻度数据表

测量次数	1	2	3	平均值
刻度值				

旋转波长表的螺旋测微器,使微安表回到约 50 μA 的示值.

3. 测 $I\text{--}i$ 曲线

旋开谐振腔上的样品盒旋钮,小心放入样品(透明的多晶样品).将波导有样品的部分放入永磁铁的中心部分.

将实验仪的磁场输出端接入永磁铁,逐渐加大励磁电流,励磁电流值 i(A)从 0.6 A 到 2.75 A,其中 0.6~1.35 A 步长为 0.5 A;1.38~1.56 A 步长为 0.2 A;1.57~1.92 A 步长为 0.1 A;1.94~2.00 A 步长为 0.2 A;2.05~2.75 A 步长为 0.5 A.同时读检波电流表的读数 I(μA),将数据记入表 7.57.2 中.

表 7.57.2　实验数据表

励磁电流 i/A	检波电流 I/μA	磁场 B/mT	励磁电流 i/A	检波电流 I/μA	磁场 B/mT	励磁电流 i/A	检波电流 I/μA	磁场 B/mT
0.60			1.57			1.94		
…			…			…		
1.35			…			2.00		
1.38			…			2.05		
…			…			…		
1.56			1.92			2.75		

4. 观测单晶铁氧体小球(白色外壳)的共振曲线(选做)

将白色外壳的单晶样品装到谐振腔内,磁共振实验仪按键按在"扫场"位置,示波器选到 X-Y 工作方式,将"扫场"旋钮顺时针旋到最大位置.

调节磁场电流在 1.7 A 左右时,在示波器上即可观察到磁共振谐振信号.

【注意事项】

1. 一般情况下不要随意调节振荡器的旋钮.

2. 当所测谐振频率与谐振腔标的频率值相差较大时检查波长表的刻度对照表是否被换错,每张对照表都与波长表对号使用.

3. 不要在实验仪器电源打开的情况下拆"磁场"或"扫场"接线端,以防电感中存储的电能对机壳放电.

【数据处理】

1. 对照刻度值与频率的关系对照表,得微波频率值.

刻度平均值:　　　mm　对应频率:$\nu =$ 　　　MHz

2. 画出检波电流 I 与励磁电流 i 的关系曲线.

3. 计算 $I_{1/2}\left(I_{\frac{1}{2}} = \frac{2I_{\infty}I_{r}}{I_{\infty}+I_{r}} \right)$,根据实验数据得出相应 i_1 和 i_2,求出 $\Delta i = i_2 - i_1$. 利用特斯拉计测量磁场换算为 ΔB.

4. 根据谐振点磁感应强度 B_r [对应 $I(\mu A)$ 最小值],利用公式求出 g 因子.

【分析讨论】

1. 如何精确消除频散效应? 如何处理频散效应的?

2. 实验中磁损耗是通过什么来体现的?

3. 铁磁共振的基本原理是什么?

【总结与思考】

1. 样品磁导率的 μ' 和 μ'' 分别反映什么?

2. 简述 ΔH 的计算过程.

实验 58　真空的获得与测量

真空技术是近代物理实验的基础之一,因为许多物理现象只有在真空中才能发现.在一些近代尖端科学技术中,如薄膜技术、表面科学、空间技术、材料工艺、大规模集成电路以及高能粒子加速器等领域有广泛的应用.真空的获得需要使用真空泵.测量真空度需要使用真空计.真空泵和真空计的种类都很多,本实验主要介绍真空泵、真空计的工作原理,以及低真空、高真空的获得、测量与检漏的基本方法.

【重点难点】

真空泵、真空计的工作原理.

【实验目的】

1. 学习高真空的获得与测量方法.
2. 熟悉有关设备和仪器的使用方法.

【实验仪器】

高真空装置、机器泵、扩散泵、复合真空计、检漏仪.

【实验原理】

真空技术在工业生产和科学研究中被广泛应用. 真空技术主要包括真空的获得、测量和检漏等方面的内容.

1. 高真空的获得

获得真空要用真空泵. 真空泵按工作条件的不同分为两类：能够在大气压下工作的真空泵称为初级泵(如机器泵)，用来产生预备真空；需要在预备真空条件下才能工作的真空泵称为次级泵(如扩散泵)，次级泵用来进一步提高真空度，获得高真空.

(1) 机器泵

一般采用油封转片式机器泵，其结构如图 7.58.1 所示，在圆柱形气缸(定子)内有偏心圆柱作为转子，当转子绕轴转动时，其最上部与气缸内表面紧密接触，沿转子的直径装有两个滑动片(简称滑片)，其间装有弹簧，使滑动片在转子转动时与气缸内表面紧密接触，当转子沿箭头所指方向转动时，就可以把被抽容器内的气体由进气管吸入而经过排气孔，排气阀排出机械泵. 为了减少转动摩擦和防止漏气，排气阀及其下部的机械泵内部的空腔部分用密封油密封. 机械泵用的密封油是一种矿物油，要求在机械泵的工作温度下有小的饱和蒸气压和适当的黏度，机器泵的极限真空度一般在 $10^{-4} \sim 10^{-2}$ mmHg，抽气速率一般为每分钟数十升到数百升.

(2) 扩散泵

一般多采用油扩散泵，其结构如图 7.58.2 所示，扩散泵是高真空泵，当机器泵

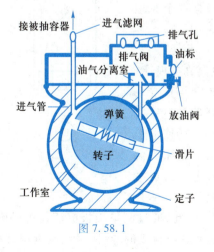

图 7.58.1

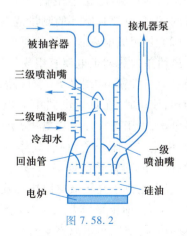

图 7.58.2

的极限真空度不能满足要求时,通常加扩散泵来获得高真空。这种泵不能从通常气压下开始工作,只能在低于 1 Pa 气压下才能工作。因此,必须与初级泵串联使用。

油扩散泵使用的工作液体有许多种,目前广泛使用的是 274 号硅油(20 ℃时饱和气压为 1.3×10^{-7} Pa)和 275 号硅油(20 ℃时饱和气压为 1.3×10^{-8} Pa)。

在扩散泵开始工作之前,必须先开动机器泵抽气,等达到预备真空时(约 1.3 Pa),便可以使用电炉对蒸发器中的硅油进行加热. 当硅油加热至沸腾时,便产生大量油蒸气,油蒸气经过导管由各级喷嘴高速喷出,此时,由于来自被抽容器的气体不断向蒸气流中扩散,便被带到下方,而油蒸气被冷凝水套凝结,沿着管壁经过回油管流回蒸发器,被带到下方的气体则由机器泵抽走.

使用扩散泵的时候必须注意:

(1)与扩散泵配合的机械泵,它的抽气速率必须保证及时排走扩散泵内部所排出的气体.

(2)扩散泵工作时冷却水必须畅通,否则会使冷凝水套中的水温过高,油蒸气不能很好凝结,以致部分油蒸气要冲向被抽容器,影响泵的抽气速率和极限真空度.

(3)加热电炉的功率大小也会影响泵的抽气速率,由此应选择适合的电炉.

2. 真空的测量

真空计是测量真空系统中气体压强的仪器,种类很多,常见的一种是复合真空计,复合真空计是由温差电偶真空计与热阴极电离真空计组合而成.

(1)温差电偶真空计的原理

温差电偶真空规管(简称热偶真空规管)由玻璃制成,通过小管 1 和真空系统相接,如图 7.58.3 所示,在真空规管内的两根引线上装有热丝 2,另外两根引线上焊着一对温差电偶 3,温差电偶的另一端与热丝在 A 点焊接.

由于在低压下,气体的热传导系数与压强成正比,所以在通过热丝的电流一定的条件下,热丝的温度随着真空规管内真空度的提高而升高,温差电偶电动势也就随之而增大.因此,通过测量温差电偶电动势,就可确定出被测系统的真空度,温差电偶真空计就是根据这个原理制成的.温差电偶真空计的测量范围为 0.13 ~ 13 Pa.

(2)热阴极电离真空计的原理

最简单的热阴极电离真空规管(简称电离真空规管)就是一只三极管,如图 7.58.4 所示,通过 B 管与真空系统相接,使用时,在灯丝电路中通以电流,灯丝受热后便发射电子,由于栅极加上正电压,所以便吸引电子使电子加速,中途与气体分子相碰,气体的密度越大,碰撞机会越大,产生的正离子也越多. 另外,由于板极电压为负电压,便吸引正离子在板极电路中形成板极电流 I_{p},气体分子密度越大(即压强越大),板极电流也越大.因此,通过测量板极电流便可以确定气体的压强,热阴极电离真空计就是根据这个原理制成的.热阴极电离真空计(简

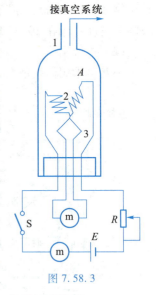

接真空系统

图 7.58.3

称电离真空计)是测量极高真空的仪器,测量范围为$(0.1 \sim 1) \times 10^{-5}$ Pa.

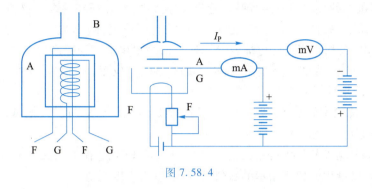

图 7.58.4

（3）复合真空计的使用

复合真空计由上述两种真空计组合而成,现在常用的型号有 WXK 型和 FZH 型,使用方法基本相同.现就 WXK-1A 型复合真空计介绍如下.图 7.58.5 所示是 WXK-1A 型复合真空计的面板图,K_1 为总电源开关,开关 K_3、K_4 及电位器 W_5 和电表 CB_2 属于温差电偶真空计部分,其余均属于热阴极电离真空计部分,温差电偶真空规管和电离真空规管已经焊接在真空系统上,测量时,各用一根电缆线与复合真空计相接,在使用前或停止使用时,应该使面板上的所有开关都处于关闭状态,如图 7.58.5 所示.

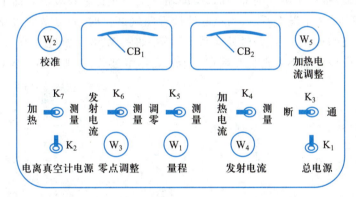

图 7.58.5

① 温差电偶真空计的使用:接通电流,预热 10 分钟,使 K_4 放在(加热电流)位置,调节 W_5 使 CB_2 表的指针在下面一行刻度(mA)上达到加热电流的规定值(记在每只温差电偶真空规管的管座上或按说明书规定),然后使 K_4 放在(测量)位置,从 CB_2 表的上面一行刻度(mV)可读出温差电偶电动势,利用温差电偶真空规管标准曲线,即可查出所测的真空度(有的温差电偶真空度直接刻在 CB_2 表的分度盘上).

② 电离真空计的使用:当被测系统的真空度低于 0.1 Pa 时,不能接通电离真空计,否则会烧坏电离真空规管,必须在温差电偶真空计 CB_2 表的指针达到满偏转刻度时,才能使用电离真空计,电离真空计暂时不用时,需断开电离真空计电源,否则会影响电离真空规管的寿命.

a. 发射电源的调节:在未接通电源时,采用五芯电缆线把电离真空规管与仪器连接,带鳄鱼夹的接线与电离真空规管板极连接,有香蕉插头一端与仪器背面接线柱连接,接通电源,预热 10 分钟,把 K_7 放在"测量"位置,K_6 放在"发射电流"位置,调 W_4 使 CB_1 表指针指在红色标线"5"处.此时发射电流即为标准值 5 mA.

b. 零点调整:完成上一步后,将 K_6 放在"测量"位置,K_5 放在"调零"位置,调节 W_3 让表的指针指向零.

c. 满偏转刻度调整:完成调零工作后,把 K_5 置于"测量"位置,把 W_1 调到"校准"位置,调节 W_2 使指针满刻度.

d. 测量压强(真空度):完成上一步后,将 W_1 转到量程 10^3,10^2,…;由电表指示的数值乘以量程开关所指示的数值,即所测量真空度之值.

3. 检漏

在真空系统初步装置完成以后,就要检查是否漏气,漏气可能发生在接口部位处,也可能发生在管道或者真空泵本身.一般来讲,系统在较长时间内达不到预定的真空度的时候,就要进行检漏.玻璃真空系统的检漏,常用高频火花检漏器来进行,其结构如图 7.58.6 所示.T_1 为电源的升压变压器,输出 300 V 高压,使电容器 C_1、C_2 充电,当电容器两端电压升到足够高时,就通过火花间隙 G 放电,在 $C_1 L_1 C_2 G$ 回路中产生高频高压使附近空气电离,而激起很强的放电现象.

在检查漏气时,先接通电源,让检漏端接在玻璃壁附近(离开 0.5~1 cm)来回移动,当检漏端接近不漏气的部位时,检漏端产生的火花束在玻璃表面上不规则地跳动,如图 7.58.7 情况 1 所示,当检漏端接近漏气部位时,则分散的火花立即变为一束很细很亮的火花,对准漏气处向系统里钻.如图 7.58.7 情况 2 所示的情况,在检漏的时候应该注意不要把检漏端在一个地点停留过久,否则容易造成新漏洞.

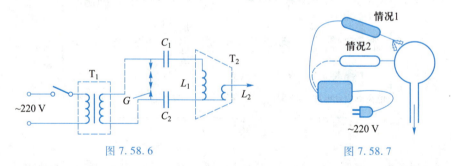

图 7.58.6　　　　　　　　　　图 7.58.7

有时也可用涂擦酒精、汽油的方法检查漏气部位,当涂抹酒精、汽油的部位漏气时,电离真空计的指针会立即偏转,此时若用高频火花检漏计检查,系统内会出现淡蓝色的辉光.在知道漏气的部位后,用火焰封接或用真空封蜡封闭即可.

4. 高真空系统简介

如图 7.58.8 为供学生实验用的真空系统装置图,在活栓 K_3 外端为一段封闭的小管,管端 L 处有一微小的漏气孔,打开 K_3 使小孔漏气,可供学生观察用高频火花检漏器检查漏气时的现象.E 为储存器,它有一定的容积,当偶然停电时来不及打开活栓 K_2 使机械泵与大气相通时,它可防止机械泵油被吸入真空系统.

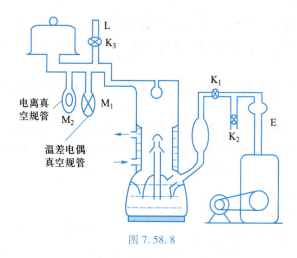

图 7.58.8

【实验内容及步骤】

首先检查各活栓是否都在"关"的位置,复合真空计的开关是否都在起始位置,机械泵的油面是否在规定标线处.

1. 低真空的获得与测量

(1) 关闭机械泵连通大气的活栓 K_2 及 K_3,开动机械泵.

(2) 打开 K_3 用高频火花检漏器检查 L 处的漏气情况,观察后将 K_3 关闭.

(3) 接通复合真空计的总电源,接通并预热温差电偶真空计,用温差电偶真空计测量系统的真空度,每 2 分钟做一次记录,压强测量并记录要在整个实验过程中进行.

2. 高真空的获得与测量

(1) 当真空系统的压强到 1.3 Pa 以下时,接通油扩散泵的冷却水,接通加热电源,使扩散泵开始工作.

测量压强的工作要继续进行,要注意扩散泵加热后压强的变化.

(2) 当温差电偶真空计显示的系统的压强达到 0.13 Pa 时,打开电离真空计电源,预热 10 分钟后,再使用电离真空计继续进行测量.

(3) 当真空度达到 $10^{-4} \sim 10^{-2}$ Pa 数量级时,就可结束实验.

(4) 结束实验时,首先断开电离真空计和复合真空计的总电源开关,然后断开扩散泵的加热电源,大约过 20 分钟后,关闭活栓 K_1 使被抽容器和扩散泵保持真空,最后切断机械泵电源,并立即打开活栓 K_2 使机械泵的内部与外界大气相通,同时关闭扩散泵的冷却水.

【注意事项】

1. 真空装置为玻璃系统,实验时要特别注意安全,转动活栓时一定要用一只手扶住活栓,另一只手去转动.

2. 实验中,如系统出现破裂或大量漏气时,应立即关闭电离真空计电源和所有电源.

3. 开始通冷却水时要慢慢增加,并注意冷却水是否畅通.

4. 突然停电时,要立即打开 K_2 使机械泵的内部与外界大气相通并断开各个电源开关.

5. 不能长时间使用机械泵抽气,否则会损坏泵和电机以及降低机械泵内部的密封油质量.

6. 在夏季工作时,要注意机械泵的温度,一般工作时机械泵内部的温度介于 60 ℃ 到 90 ℃ 之间而机械泵外部应该以不会烫手为准,否则要采用内冷降温,以避免降低泵的抽气速率和极限真空度.

【数据处理】

测量数据填入表 7.58.1.

表 7.58.1 测 量 数 据

测量次数	1	2	3	4	5	6	7	...	n
t/min									
p/Pa									
$\lg p$									

由以上数据画出 $\lg p - t$ 图线,分析其变化规律.

【分析讨论】

1. 使用温差电偶真空计测量时的步骤是什么?
2. 使用电离真空计测量时的步骤是什么?
3. 为何机械泵和扩散泵用油(特别是扩散泵)的饱和蒸气压要小?
4. 突然停电、断水时应采取什么措施?

【总结与思考】

在什么条件下才可以给扩散泵加热?在什么条件下可以使用电离真空计进行测量?为什么要注意这些条件?

实验 59 真空镀膜

真空镀膜技术是一种新颖的材料合成与加工的新技术,是表面工程技术领域的重要组成部分.真空镀膜技术利用物理、化学手段将固体表面涂覆一层特殊性能的镀膜,从而使固体表面具有耐磨损,耐高温,耐腐蚀,抗氧化,防辐射,导电、导磁或者绝缘等许多优于固体材料本身的优越性能,达到提高产品质量,延长产品寿命,节约能源和获得显著经济效益的作用.因此真空镀膜技术被誉为最具发展前途的重要技术之一,并已在高技术产业化的发展中展现出诱人的市场前景.这种新兴的真空镀膜技术已在国民经济多个领域得到应用,如航空、航天、电子、信息、机械、石油、化工、环保、军事等.真空镀膜常用的方法有蒸发镀膜、射频溅射镀膜和离子镀膜等.

【重点难点】

蒸发镀膜和射频溅射镀膜的原理.

【实验目的】

1. 了解蒸发镀膜机,掌握蒸发镀膜的操作方法.
2. 进一步熟悉真空系统及其操作方法,及复合真空计的工作原理和使用方法.

【实验仪器】

1. 整体结构

图 7.59.1 画出了蒸发镀膜机的整体结构示意图,我们看到,由机械泵和油扩散泵组成的抽气系统给蒸发镀膜室抽气,由热偶真空规管和电离真空规管来检测真空度,通过蒸发器将膜材蒸发使基底材料镀膜.基底材料可以平放和立放.

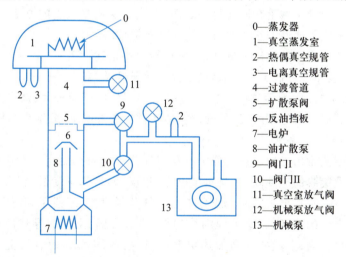

0—蒸发器
1—真空蒸发室
2—热偶真空规管
3—电离真空规管
4—过渡管道
5—扩散泵阀
6—反油挡板
7—电炉
8—油扩散泵
9—阀门I
10—阀门II
11—真空室放气阀
12—机械泵放气阀
13—机械泵

图 7.59.1　蒸发镀膜机的整体结构

2. 蒸发器

实验中用到的蒸发器很简单,就是一段螺旋状的钨丝,要蒸发的膜材(例如铝丝)挂在钨丝上,见图 7.59.2.作为蒸发器的用具还可以是舟状的或碗状的.

钨丝

挂着的铝丝

图 7.59.2　螺旋状蒸发器

3. 机械泵和油扩散泵

实验中使用的是油封旋片式机械泵,依靠转子带动旋片造成吸气和排气来抽真空.机械泵的极限真空度不高,一般为 $10^{-2} \sim 10^{-1}$ Pa.当需要较高的真空度时,需要将机械泵和油扩散泵结合起来使用.油扩散泵有玻璃壳和金属壳两种.

4. 复合真空计

复合真空计是由"温差电偶真空计"和"电离真空计"组成的,其中,温差电偶真空计测量的真空度较低,约为 $10^{-1} \sim 10$ Pa,电离真空计测量的真空度较高,为 $5 \times 10^{-6} \sim 10^{-1}$ Pa,二者结合在一起可以测量 $5 \times 10^{-6} \sim 10$ Pa 的真空度.

温差电偶真空计是根据气体对流导热性、借助温差电动势效应来间接测量真空度的,电动势与真空度之间是非线性关系.

电离真空计是用高速电子电离空气的办法来测量真空度的,空气越稠密,电离出来的正离子就越多,通过检测正离子流,可以测量真空度.离子流与真空度是线性关系.

【实验原理】

（一）蒸发镀膜

蒸发镀膜是真空镀膜的一种,它是在高真空条件下将物质加热到沸腾状态,沸腾出来的原子或分子溅落在固体材料表面,形成一层或多层膜的方法.凡是在沸腾温度下不分解或不变性的物质都可以用此法蒸镀成膜.

溅落原子的成膜过程比较复杂,这里只能粗略描述如下:溅落原子首先被固体表面吸附,当表面温度低于某一临界温度时,原子开始"核化"——一部分原子凝聚成团,出现若干"岛",然后这些"岛"逐渐吸收周围的原子而长大,众多的"岛"相互连接成一片而成一块连续的膜.蒸发镀膜的条件主要有两个,分别介绍如下:

1. 高真空

我们希望蒸发出来的原子或分子不受空气分子的阻挡而直接溅落到固体的表面,这样,蒸发镀膜的速度高,成膜质量也好.相反,如果真空度低,有大量的空气分子存在,一方面,蒸发出来的原子或分子与空气分子碰撞,阻碍了膜材分子的扩散,降低了蒸发镀膜的速度,影响了膜的均匀性,另一方面,空气的导热使得膜材的温度不能很快地升高,必然要提高加热功率;更有甚者,空气的存在可能使膜材的某些成分氧化,引起成分变性;在连接着抽气机的情况下,若不能很快完成镀膜,膜料将被抽走.因此,蒸发镀膜需要在高真空条件下进行.当然,真空度也不需要绝对地高.事实上,只要分子的平均自由程大于膜材到基底的距离即可.如果膜材到基底的距离为 $10 \sim 20$ cm,根据自由程公式

$$\bar{\lambda} = \frac{1}{\sqrt{2}\,\pi n d^2}$$

d 是分子的有效直径,n 是分子数密度,真空度在 10^{-2} Pa 以上就可以满足要求.

2. 材料要洁净

材料的洁净包括膜材的洁净和基底的洁净.这一要求似乎是不言而喻的.如果材料中混有颗粒状或纤维状的杂质,将直接影响膜的均匀性和牢固度;如果混有其他的化学成分,将影响膜的物理性质,如亮度、表面张力、电导率等.因此,必须认真

对待膜材和基底的清洗工作.

（二）射频溅射镀膜

射频溅射镀膜法是在高频高压下依靠真空惰性气体的辉光放电来"击落"靶材上的原子或离子,使之溅落到基底材料上成膜的方法.该方法能制造出半导体膜、金属膜、合金膜等,溅射速度快,成膜质量高.

射频溅射镀膜的原理可以用图 7.59.3 来说明,镀膜的过程在真空室内进行,当真空室内的气压被抽至 10^{-3} Pa 后,再充进 3 Pa 左右的 Ar 气.膜材（或靶材）为阴极,基片为阳极,在两极之间加高于 1 000 V 的射频（10 MHz 以上）电压,产生辉光放电,放电形成的正离子在电场的作用下向靶加速飞去,轰击靶材,使原子或离子溅落到基片上凝聚成膜.一旦溅射开始,真空室内的电子增多,电子与气体碰撞的概率大大增加,气体容易电离,因此,维持辉光放电的电压可有所降低.实验室常用的溅射仪如 JS-450A 型,其详细用法见说明书.

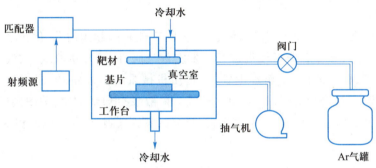

图 7.59.3　射频溅射镀膜的原理示意图

【实验内容及步骤】

1. 清洗

（1）钨加热丝和铝丝的清洗

先用自来水冲洗表面的灰尘,再放入浓度为 10%~20% 的氢氧化钠溶液煮 10 分钟左右（铝丝煮半分钟或更短）,除去表面的氧化物和油迹,直到钨丝表面发亮为止;后用自来水冲洗,蒸馏水漂洗,用吹风机吹干备用.

（2）玻璃底片和视窗镜片的清洗

先用去污粉（或肥皂液）洗去表面的灰尘和油污;用自来水冲洗,放入 5% 重铬酸钾溶液和 95% 的浓硫酸混合而成的洗液中浸泡 15 分钟,取出后先用清水、再用蒸馏水冲洗,最后用无水乙醇脱水,吹风机吹干.整个清洗过程中不能用手触摸被镀膜的表面.

2. 安装

（1）先给真空室放气,用手摇柄将镀膜室钟罩慢慢向上升起,打开镀膜室;

（2）小心地将视窗镜取下,换上已清洗好的视窗镜片;

（3）将钨丝加热器固定在两电极上,将要蒸镀的铝丝挂在钨丝上;

（4）将被镀件放在支架上,将镀膜室中的挡板旋转到蒸发源与被镀件挡住的位置,最后降下钟罩,紧固.

注意:安装过程要戴上白细纱手套.

3. 抽气

接通电源和冷却水,并调好冷却水的流量.关闭机械泵放气阀,开动机械泵;打开阀门Ⅰ对真空蒸发室进行预抽气,待真空度达 5 Pa 时,关闭阀门Ⅰ,打开阀门Ⅱ,打开扩散泵阀和扩散泵加热器,并注意冷却水的流量和温度.待扩散泵加热 20 分钟后,用热偶计测量真空度为 10^{-1} Pa 时,改用电离真空计测量.当真空度达到 $5×10^{-3}$ Pa 时就进行"预熔".

4. 预熔和蒸发

预熔时,钨丝和铝丝会放出大量的气体,真空度下降,当真空度重新回到 $5×10^{-3}$ Pa 以上时,增大钨丝电流,让铝丝迅速蒸发到被镀件上.当铝丝快蒸发完时,迅速将挡板挡住,断掉加热电流.

5. 停机

断开电离真空计和扩散泵加热电源,关闭扩散泵阀和阀门Ⅱ,使扩散泵与蒸发室隔离.冷却数分钟后即可慢慢打开蒸发室放气阀,向蒸发室放气.放气完毕即可打开钟罩,取出被镀件.重新罩上钟罩,再用机械泵对蒸发室抽气,当真空度升到 5 Pa 时,改为对扩散泵抽气,20 ~ 30 分钟后,扩散泵冷却到室温,关闭阀门Ⅱ,使扩散泵处于真空状态.停止机械泵工作,打开机械泵放气阀,切断总电源和冷却水.

【分析讨论】

1. 蒸发镀膜可否在常压的空气中进行? 怎样保证镀膜所要求的洁净度?
2. 如果机械泵"反油",即油反冲进了抽气管道,你认为会有什么影响?
3. 你认为"预熔"真的有必要吗?
4. 电离真空规管在真空度较低时不能工作,你认为是何原因?

【总结与思考】

热偶真空规管的测量范围较小,你认为是什么原因?

实验 60　电子衍射

法国物理学家德布罗意在 1924 年提出了一切微观实物粒子都具有波粒二象性的假设.1927 年戴维孙与革末用镍晶体反射电子,成功地完成了电子衍射实验,验证了电子的波动性,并测得了电子的波长.两个月后,英国的汤姆孙和雷德用高速电子穿透金属薄膜的办法直接获得了电子衍射花纹,进一步证明了德布罗意波的存在.1928 年以后的实验还证实,不仅电子具有波动性,一切实物粒子,如质子、中子、α 粒子、原子、分子等都具有波动性.

【重点难点】

德布罗意假说的内容及验证.

【实验目的】

1. 通过拍摄电子穿透晶体薄膜时的衍射图像,验证德布罗意公式,加深对电子的波粒二象性的认识.
2. 了解电子衍射仪的结构,掌握其使用方法.

【实验仪器】

本实验采用 WDY-Ⅲ型电子衍射仪,该仪器主要由衍射腔、真空系统和电源三部分组成.图 7.60.1 为电子衍射仪的外观图.仪器各部分的功能见二维码"电子衍射仪各部分功能".

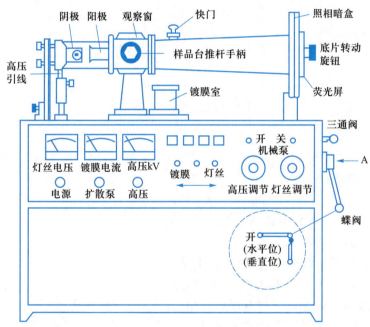

电子衍射仪
各部分功能

图 7.60.1　电子衍射仪外观图

【实验原理】

1. 德布罗意假设和电子波的波长

1924 年德布罗意提出物质波或称德布罗意波的假说,即一切微观粒子,也像光子一样,具有波粒二象性,并把微观实物粒子的动量 p 与物质波波长 λ 之间的关系表示为

$$\lambda = \frac{h}{p} = \frac{h}{mv} \qquad (7.60.1)$$

式(7.60.1)是德布罗意公式,h 为普朗克常量,m、v 分别为粒子的质量和速度.

对于一个静止质量为 m_0 的电子,当加速电压在 30 kV 时,电子的运动速度很大,已接近光速.根据狭义相对论的理论,电子的质量为

$$m = \frac{m_0}{\sqrt{1 - \dfrac{v^2}{c^2}}} \tag{7.60.2}$$

式(7.60.2)中 c 是真空中的光速,将式(7.60.2)代入式(7.60.1),即可得到电子波的波长:

$$\lambda = \frac{h}{mv} = \frac{h}{m_0 v}\sqrt{1 - \frac{v^2}{c^2}} \tag{7.60.3}$$

在实验中,只要电子的能量由加速电压所决定,则电子能量的增加就等于电场对电子所做的功,并利用相对论的动能表达式:

$$eU = mc^2 - m_0 c^2 = m_0 c^2\left(\frac{1}{\sqrt{1 - \dfrac{v^2}{c^2}}} - 1\right) \tag{7.60.4}$$

由式(7.60.4)得到电子的速度 $v = \dfrac{c\sqrt{e^2 U^2 + 2m_0 c^2 eU}}{eU + m_0 c^2}$ 和 $\sqrt{1 - \dfrac{v^2}{c^2}} = \dfrac{m_0 c^2}{eU + m_0 c^2}$,代入式(7.60.3)得

$$\lambda = \frac{h}{\sqrt{2m_0 eU\left(1 + \dfrac{eU}{2m_0 c^2}\right)}} \tag{7.60.5}$$

将 $e = 1.602\times10^{-19}$ C,$h = 6.626\times10^{-34}$ J·s,$m_0 = 9.110\times10^{-31}$ kg,$c = 2.998\times10^{8}$ m/s 代入式(7.60.5)得

$$\lambda = \frac{12.26}{\sqrt{U(1 + 0.978\times10^{-6} U)}} \approx \frac{12.26}{\sqrt{U}}(1 - 0.489\times10^{-6} U)\ (\text{Å}) \tag{7.60.6}$$

2. 电子波的晶体衍射

本实验采用汤姆孙方法,让一束电子穿过无规则取向的多晶薄膜.电子入射到晶体上时各个晶粒对入射电子都有散射作用,这些散射波是相干的.如图 7.60.2 所示,对于给定的一族晶面,当入射角和反射角相等,而且相邻晶面的电子波的波程差为波长的整数倍时,便出现干涉加强,满足布拉格方程.布拉格方程

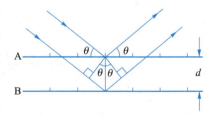

图 7.60.2　相邻晶面的电子波的波程差

$$2d\sin\theta = n\lambda \tag{7.60.7}$$

式(7.60.7)中 d 为相邻晶面间距,θ 为掠射角,n 为整数,称为反射级.

多晶金属薄膜是由相当多的任意取向的单晶粒组成的多晶体,当电子束入射到多晶薄膜上时,在晶体薄膜内部各个方向上,均有与电子入射线夹角为 θ 的而且符合式(7.60.7)的反射晶面.因此,反射电子束是一个以入射线为轴线,其张角为

4θ 的衍射圆锥. 衍射圆锥与入射轴线垂直的照相底片或荧光屏相遇时形成衍射圆环, 这时衍射的电子方向与入射电子方向夹角为 2θ, 如图 7.60.3 所示.

在多晶薄膜中, 有一些晶面(它们的晶面间距为 $d_1, d_2, d_3, \cdots$)都满足布拉格方程, 它们的反射角分别为 $\theta_1, \theta_2, \theta_3, \cdots$, 因而, 在底片或荧光屏上形成许多同心衍射环. 对于立方晶系, 晶面间距为

$$d = \frac{a}{\sqrt{h^2+k^2+l^2}} \tag{7.60.8}$$

式 (7.60.8) 中 a 为晶格常数, $(h\ k\ l)$ 为晶面的米勒指数. 每一组米勒指数唯一地确定一族晶面, 其晶面间距由式 (7.60.8) 给出.

图 7.60.4 为电子衍射的示意图. 设样品到底片的距离为 D, 某一衍射环的半径为 r, 对应的掠射角为 θ. 电子的加速电压一般为 30 kV 左右, 与此相应的电子波的波长比 X 射线的波长短得多. 因此, 由式 (7.60.7) 看出, 电子衍射的衍射角 (2θ) 也较小.

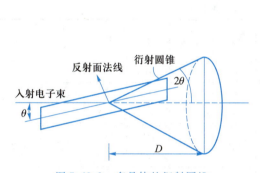

图 7.60.3　多晶体的衍射圆锥

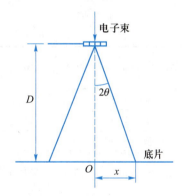

图 7.60.4　电子衍射示意图

由图 7.60.3 近似有

$$\sin\theta \approx r/2D \tag{7.60.9}$$

将式 (7.60.8) 和式 (7.60.9) 代入式 (7.60.7)(取 $n=1$), 可得:

$$\lambda = \frac{r}{D} \times \frac{a}{\sqrt{h^2+k^2+l^2}} = \frac{r}{D} \times \frac{a}{\sqrt{M}} \tag{7.60.10}$$

式中 $(h\ k\ l)$ 是与半径 r 的衍射环对应的晶面族的晶面指数, $M = h^2+k^2+l^2$.

对于同一底片上的不同衍射环, 式 (7.60.10) 又可写成

$$\lambda_n = \frac{r_n}{D} \times \frac{a}{\sqrt{M_n}} \tag{7.60.11}$$

式 (7.60.11) 中 r_n 为第 n 个衍射环半径, M_n 为与第 n 个衍射环对应晶面的米勒指数平方和. 在实验中只要测出 r_n, 并确定 M_n 的值, 就能测出电子波的波长. 将测量值 λ_n 和用式 (7.60.6) 计算的理论值 λ_n 相比较, 即可验证德布罗意公式的正确性.

3. 电子衍射图像的指数标定

实验获得电子衍射相片后, 必须确认某衍射环是由哪一组晶面指数 $(h\ k\ l)$ 的晶面族的布拉格反射形成的, 才能利用式 (7.60.11) 计算波长 λ.

根据晶体学知识,立方晶体结构可分为三类,分别为简单立方、面心立方和体心立方晶体,依次如图 7.60.5 中(a)、(b)、(c)所示. 由理论分析可知,在立方晶系中,对于简单立方晶体,任何晶面族都可以产生衍射;对于体心立方晶体,只有 $h+k+l$ 为偶数的晶面族才能产生衍射;而对于面心立方晶体,只有 $h+k+l$ 同为奇数或同为偶数的晶面族,才能产生衍射. 这样可得到表 7.60.1.

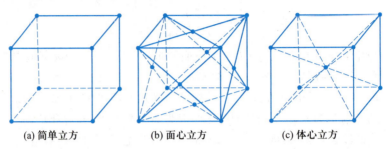

(a) 简单立方　　　(b) 面心立方　　　(c) 体心立方

图 7.60.5　三类立方晶体

表 7.60.1　三类立方晶体可能产生衍射的晶面族

晶面指数(hkl)		100	110	111	200	210	211	220	211 300	310
M_n	简单立方	1	2	3	4	5	6	8	9	10
	体心立方		2		4		6	8		10
	面心立方			3	4			8		
晶面指数(hkl)		311	222	320	321	400	410 322	411 330	331	420
M_n	简单立方	11	12	13	14	16	17	18	19	20
	体心立方		12		14	16		18		20
	面心立方	11	12			16			19	20

表 7.60.1 中,空白格表示不存在该晶面族的衍射.

按照表 7.60.1 的规律,对于面心立方晶体可能出现的衍射情况,我们按照($h^2+k^2+l^2$)$=M_n$ 由小到大的顺序列出表 7.60.2.

表 7.60.2　面心立方晶体各衍射环对应的 M_n/M_1

n	1	2	3	4	5	6	7	8	9	10
$h\,k\,l$	111	200	220	311	222	400	331	420	422	333 511
M_n	3	4	8	11	12	16	19	20	24	27
M_n/M_1	1.000	1.333	2.667	3.667	4.000	5.333	6.333	6.667	8.000	9.000

因为在同一张电子衍射图像中,λ 和 a 均为定值,由式(7.60.11)可以得出

$$\left(\frac{r_n}{r_1}\right)^2 = \frac{M_n}{M_1} \qquad (7.60.12)$$

利用式(7.60.12)可将各衍射环对应的晶面指数($h\,k\,l$)定出,或将 M_n 定出.

方法是:测得某一衍射环半径 r_n 和第一衍射环半径 r_1,计算出$(r_n/r_1)^2$ 值,在表 7.60.2 的最后一行 M_n/M_1 值中,查出与此值最接近的一列.则该列中的 $h\,k\,l$ 和 M_n 即为此衍射环所对应的晶面指数.完成指数标定以后,即可用式(7.60.11)计算波长了.

【实验内容及步骤】

1. 样品的制备

由于电子束穿透能力很差,所以作为衍射体的多晶样品必须做得极薄才行.样品的制备是在预制好的非晶体底膜上蒸镀上几百埃厚的金属薄膜.非晶体底膜是金属的载体,但它对衍射电子起漫反射作用而使衍射环的清晰度变差,因此底膜只能极薄才行.

(1) 制底膜

将一滴用乙酸正戊酯稀释的火棉胶溶液滴到水面上,待乙酸正戊酯挥发后,在水面上悬浮一层火棉胶薄膜(薄膜有皱纹时,其胶液太浓,薄膜为零碎的小块时,则胶液太稀),用样品架将薄膜慢慢捞起并烘干.将制好底膜的样品架插入镀膜室支架孔内,使底膜表面正好对准下方的钼舟,待真空度达到 10^{-4} mmHg 以后,即可蒸发镀膜.

(2) 镀膜

将“镀膜–灯丝”转换开关倒向“镀膜”侧(左侧),接通镀膜电流开关(向上).转动“灯丝–镀膜”自耦调压器,使电流逐渐增加(镀银时约为 20 A).当从镀膜室的有机玻璃罩上看到一层银膜时,立即将电流降到零,并关镀膜开关.蒸镀样品的工作即完成.

2. 观察电子衍射现象

(1) 开机前将仪器面板上各开关置于“关”位,“高压调节”和“灯丝调节”均调回零,蝶阀处于“关”位.

(2) 为了观察到衍射图像后随即进行拍照,应在抽真空前装上底片.

(3) 起动真空系统,按照实验室的操作规程将衍射腔内抽至 5×10^{-5} mmHg 以上的高真空度.

(4) 灯丝加热.首先将面板上的双掷开关倒向“灯丝”一侧(右侧),接通灯丝电流开关(向上),调节“灯丝调节”旋钮,使灯丝电压表指示为 120 V.

(5) 加高压.接通“高压”开关(向上),缓慢调节“高压调节”旋钮,调至 20 ~ 30 kV,在荧光屏上可以看到一个亮斑.

(6) 调节样品架位置(平移或转动),直到在荧光屏上观察到满意的衍射环.

(7) 照相与底片冲洗.在荧光屏上观察到清晰的衍射图像后,先记录下加速电压 U 值,然后用快门挡住电子束,转动“底片转动旋钮”,让指针指示在“1”位.用快门控制曝光时间为 2 ~ 4 秒.用相同的方法可拍摄两张照片.在拍摄电子衍射图像时,要求动作快些,尽量减小加高压的时间.取出底片后,冲洗底片.整个拍摄和冲洗过程可在红灯下进行.

【注意事项】

1. 电子衍射仪为贵重仪器,必须熟悉仪器的性能和使用方法,严格按照操作规程使用. 特别是真空系统的操作不能出错,否则会损坏仪器.

2. 阴极加有几万伏的负高压,操作时不要接触高压电源,注意安全. 调高压和样品架旋钮时要缓慢,如果出现放电现象,应立即降低电压,实验中应缩短加高压的时间.

3. 调节样品架观察衍射环时,应先将电离真空规管关掉,以防调节样品架时出现漏气现象而烧坏电离真空规管.

4. 衍射腔的阳极,样品架和观察窗处都有较强 X 射线产生,必须注意防护.

【数据处理】

1. 仔细观察衍射照片,区分出各衍射环,因有的环强度很弱,特别容易数漏. 然后测量出各环直径,确定其半径 $r_1, r_2, r_3, \cdots, r_n$ 的值.

2. 计算出 r_n^2/r_1^2 的值,并与表 7.60.2 中 M_n/M_1 值对照,标出各衍射环相应的晶面指数.

3. 根据衍射环半径用式(7.60.11)计算电子波的波长,并与用式(7.60.6)算出的德布罗意波长比较,以此验证德布罗意公式.

本实验中所用的样品银为面心立方结构,晶格常数 $a = 4.085\ 6$ Å. 样品至底片的距离 $D = 382$ mm(另一套仪器 $D = 378$ mm).

【分析讨论】

1. 简述衍射腔的结构及各部分作用.

2. 根据衍射环半径计算电子波波长时,为什么首先要指标化? 怎样指标化?

3. 改变高压和灯丝电压时衍射图像有什么变化? 为什么?

4. 加高压时要缓慢,并且尽量缩短加高压的时间,这是为什么?

5. 观察电子衍射环和镀金属薄膜时为什么都必须在高真空条件下进行? 它们要求真空度各是多少?

6. 拍摄完电子衍射图像取底片时,三通阀和蝶阀应处于什么位置? 为什么?

【总结与思考】

电子具有波动性的依据是什么? 衍射环是单个电子还是大量电子所具有的行为表现?

实验 61 X 射线衍射

1895 年德国科学家伦琴(W. C. Roentgen)研究阴极射线管时发现了 X 射线,这一发现是人类揭开研究微观世界序幕的"三大发现"之一,X 射线管的制成,则被誉为人造光源史上的第二次大革命.1906 年,实验证明 X 射线是波长很短的一种电磁波,波长范围为 $10^{-2} \sim 10$ nm,因此能产生干涉、衍射现象.X 射线应用范围极广.它用于帮助人们进行医学诊断和治疗;用于工业上的非破坏性材料的检查;在基础科学和应用科学领域内,被广泛用于晶体结构分析,及通过 X 射线光谱和 X 射线吸收进行化学分析和原子结构的研究等.

【重点难点】

X 射线的单晶衍射.

【实验目的】

1. 了解 X 射线的特性.
2. 研究 X 射线的单晶衍射和布拉格反射.

【实验仪器】

X 射线衍射仪如图 7.61.1 所示.图中 a 为准直器、b 为测角器、c 为底部导杆、d 为传感器、e 为吸收体系列.

【实验原理】

1. X 射线简介

X 射线肉眼看不见但可以使很多固体材料发生可见的荧光,使照相底片感光以及空气电离.X 射线具有很高的穿透本领,能透过许多对可见光不透明的物质,如墨纸、木料等.X 射线分为硬 X 射线(波长较短的 X 射线能量较大)和软 X 射线(波长较长的 X 射线能量较低).

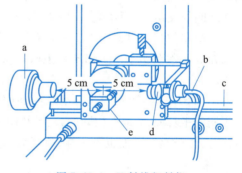

图 7.61.1 X 射线衍射仪

X 射线管的结构原理就是在真空中,高速运动的电子轰击金属靶时,靶就放出 X 射线.X 射线管放出的 X 射线分为两类:(1) 一种是被靶阻挡的电子的能量,不越过一定限度时,只发射连续光谱的辐射.这种辐射称为轫致辐射;(2) 另一种是不连续的,它只有几条特殊的线状光谱,这种发射线状光谱的辐射称为特征辐射.连续光谱的性质和靶材料无关.而不同的靶材料有不同的特征光谱,这就是称之为"特征"的原因.

X 射线的特征是波长非常短,频率很高.因此 X 射线必定是由原子在能量相差悬殊的两个能级之间的跃迁而产生的.X 射线光谱是原子中最靠内层的电子跃迁时发出来的,而光学光谱则是外层的电子跃迁时发射出来的.X 射线在电场磁场中不偏转.这说明 X 射线是不带电的粒子流.

2. 布拉格公式

光波经过狭缝将产生衍射现象,为此,狭缝的大小必须与光波的波长同数量级或更小. 对 X 射线,由于它的波长在 0.2 nm 的数量级,要造出相应大小的狭缝以观察 X 射线的衍射,就相当困难. 冯·劳厄首先建议用晶体这个天然的光栅来研究 X 射线的衍射,因为晶格正好与 X 射线的波长同数量级. 图 7.61.2 显示的是 NaCl 晶体中氯离子与钠离子的排列结构. 现在讨论 X 射线打在这样晶格上所产生的结果.

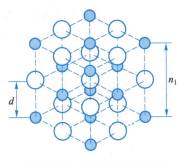

图 7.61.2 NaCl 晶体中氯离子与钠离子的排列结构

由图 7.61.3(a)可知,当入射 X 射线与晶面相交角度为 θ 角时,假定晶面就是镜面(即布拉格面,入射角与出射角相等),那么容易看出,图 7.61.3(a)中两条射线 1 和 2 的路程差是 $\overline{AC}+\overline{DC}$,即 $2d\sin\theta$. 当它为波长的整数倍时(假定入射 X 射线为单色的,只有一种波长),则有

$$2d\sin\theta=n\lambda, \quad n=1,2,\cdots \tag{7.61.1}$$

在 θ 方向射出的 X 射线即得到衍射加强,式(7.61.1)就是 X 射线在晶体中的衍射公式,称为布拉格公式. 在上述假定下,d 是晶格之间距离,也是相邻两布拉格面之间的距离. λ 是入射 X 射线的波长,θ 是入射角(注意此入射角是入射 X 射线与布拉格面之间的夹角)和反射角. n 是一个整数,为衍射级次.

根据布拉格公式(7.61.1),既可以利用已知的晶体(d 已知)通过测 θ 角来研究未知 X 射线的波长,也可以利用已知 X 射线(λ 已知)来测量未知晶体的晶面间距.

图 7.61.3(a)表示的是一组晶面,但事实上,晶格中的原子可以构成很多组方向不同的平行面,d 是不相同的,而且从图 7.61.3(b)中可以清楚看出,在不同的平行面上,原子数的密度也不一样,故测得的反射线的强度就有差异.

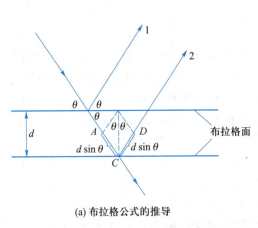

(a) 布拉格公式的推导　　　　　(b) 晶体中不同方向的平行面

图 7.61.3

3. 钼阳极特征 X 射线的精细结构

X 射线通过 NaCl 晶体产生衍射,即布拉格反射,可以用来研究钼阳极特征 X 射线的精细结构. K 系辐射包含 $K_{\alpha1}$、$K_{\alpha2}$、K_{β} 和 K_{γ} 等多个线系,K_{α} 线是电子由 L 层跃迁到 K 层时产生的辐射,K_{β} 线则是电子由 M 层跃迁到 K 层时产生的,而 K_{γ} 线是电子由 N 层跃迁到 K 层时产生的. 实际上 L、M 等能级又可分化成几个亚能级,依照选择法则,在能级之间只有满足 $\Delta i = \pm 1$,$\Delta j = 0$、± 1 时跃迁才会发生. 例如跃迁到 K 层的电子如果来自 L 层,则只能从 L_{II} 和 L_{III} 亚层跃迁过来(见图 7.61.4);如果来自 M 层,则只能从 M_{II} 及 M_{III} 亚层跃迁过来. 所以,K_{α} 线就有 $K_{\alpha1}$ 和

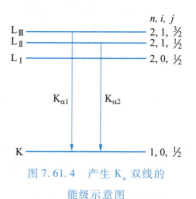

图 7.61.4 产生 K_{α} 双线的能级示意图

$K_{\alpha2}$ 之分,K_{β} 线理论上也应该是双重的,但是 K_{β} 线的两根线中有一根非常弱,因此可以忽略. 同样 K_{γ} 线也有双重的.

$K_{\alpha1}$、$K_{\alpha2}$ 线的波长非常接近,相距约为 $\Delta\lambda = 0.43$ pm,如此小的波长差要如何测定呢?由布拉格公式转化为 $\Delta\theta = \dfrac{n \cdot \Delta\lambda}{2 \cdot d \cdot \cos\theta}$,可知 n 值取大点对测定 K_{α} 线的 $\Delta\lambda$ 有很大帮助,准确性也会大些.

【实验内容及步骤】

1. 调试安装设备. 按图 7.61.1 所示安装实验仪器,使靶台和直准器间的距离为 5 cm,和传感器的距离为 6 cm.

2. X 射线在 NaCl 晶体中的衍射

将 NaCl 单晶固定在靶台上,启动软件"X–ray Apparatus"按 钮 或 F4 键清屏;设置 X 射线管的高压 $U = 35.0$ kV,电流 $I = 1.00$ mA,测量时间 Δt 为 $3 \sim 10$ s,角步幅 $\Delta\beta = 0.1°$,按"COUPLED"键,再按"β"键,设置下限角为 4.0°,上限角为 24°;按"SCAN"键进行自动扫描;扫描完毕后,按 钮 或 F2 键存储文件.

3. X 射线第一级衍射的精细结构

把 NaCl 晶体装在靶台上,设置靶和传感器的距离为 6 cm,靶和直准器的距离为 5 cm,角度设置在 5.5° ~ 8.0° 之间,设置时间为 10 s. 扫描得波长谱线图.

4. 自拟表格将步骤 2 和步骤 3 的实验数据记入其中.

【数据处理】

1. 已知晶体的晶格常数($a_0 = 564.02$ pm),计算 X 射线的波长和相对误差. 已知 $\lambda(K_{\alpha}) = 71.07$ pm;$\lambda(K_{\beta}) = 63.08$ pm.

2. 已知 X 射线的波长,计算晶体的晶格常数和相对误差.

3. 计算波长和相对误差. 已知 $\lambda(K_{\alpha1}) = 71.08$ pm;$\lambda(K_{\beta} + K_{\gamma}) = 63.09$ pm.

【分析讨论】

1. 什么是连续 X 射线谱和特征 X 射线谱？它们的物理意义是什么？
2. X 射线衍射为什么要用晶体？

【总结与思考】

简述 X 射线衍射仪的结构及工作原理.

实验62 光谱的测量与应用

对元素的光谱进行分析是了解原子结构的重要途径之一. 通过对原子光谱的研究,我们了解了原子内部电子的运动并发现了电子自旋. 对原子光谱的研究也使我们能够对元素周期表做出相应的解释.

光谱是电磁辐射的波长成分和强度分布的记录,有时只是波长的记录. 从形状上看光谱可分为三类:线光谱、带光谱和连续光谱. 光谱的重要性在于它与原子、分子结构的密切联系,历来是研究原子、分子结构的重要途径之一. 在激光器的研究和发展过程中,光谱研究也起着重要作用. 如今,把计算机与光栅光谱仪结合起来,可以说是常规光谱实验技术的一种新发展.

光栅光谱仪的作用是把光源发出的含有不同波长的复合光分解成按波长顺序排列的单色光,并用适当的装置来接收、记录或测量出各元素谱线的位置和强度. 光谱仪把复合光按波长顺序排列开来的作用叫分光或色散,色散元件常用棱镜或光栅来实现. 因此,根据色散元件的不同,光谱仪可分为棱镜光谱仪和光栅光谱仪两种.

本实验以钠原子、汞原子光谱为例,通过对其观察、测量和分析,加深学生对金属原子中外层电子与原子相互作用以及自旋与轨道运动相互作用的了解.

【重点难点】

发射光谱和吸收光谱产生的原理.

【实验目的】

1. 学习发射光谱和吸收光谱产生的原理.
2. 掌握光栅光谱仪的结构、原理及使用方法.
3. 用钠灯、汞灯作光源测量光谱的波长和强度.

【实验仪器】

WDS-8A 型组合式多功能光栅光谱仪,低压钠灯、汞灯、氢灯及其电源.
WDS-8A 型组合式多功能光栅光谱仪,由光栅单色仪主机、扫描系统、接收单元、信号放大系统、A/D 采集单元和计算机组成. 该光谱仪集光学、精密仪器、电子学和计算机技术为一体. 光栅光谱仪的光路如图 7.62.1 所示.

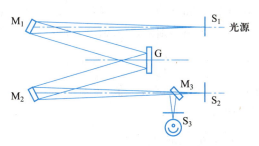

图 7.62.1　光栅光谱仪光路原理图

图 7.62.1 中 M_1、M_2、M_3 分别为准光镜、物镜、转镜（平面镜），G 为平面衍射光栅（反射光栅），S_1 为入射狭缝，通过旋转 M_3 选择出射狭缝 S_2 或 S_3，从而选择接收器件类型，出射狭缝 S_2 对应选择光电倍增管或硫化铅、钽酸锂、TGS 等接收器件；出射狭缝 S_3 对应选择 CCD 接收器件. 入射狭缝、出射狭缝均为直狭缝，宽度范围 0 ~ 2 mm 连续可调，光源发出的光束进入入射狭缝 S_1，S_1 位于反射式准光镜 M_1 的焦面上，通过 S_1 射入的光束经 M_1 反射成平行光束投向反射光栅 G 上，衍射后的平行光束经物镜 M_2 成像在 S_2 上，或经物镜 M_2 和平面镜 M_3 成像在 S_3 上. 主机内有一个用电机驱动的扫描系统，用来改变光栅的入射角，使各波长衍射光陆续到达出射狭缝，被光电倍增管接收，光电流通过信号放大系统和 A/D 采集单元，在计算机上显示按波长次序分布的能量谱.

此光栅光谱仪的波长扫描范围为 200 ~ 660 nm，在运行能量谱的过程中，为避免光栅光谱叠级的干扰，应及时控制滤光片的位置.

1. 光栅光谱仪的工作原理

光栅光谱仪的工作原理见图 7.62.2. 入射光经狭缝 S_1 通过 M_1 成平行光后入射到光栅 G，衍射光经成像物镜 M_2 会聚于狭缝 S_2、S_3 和光探测器单元上，光栅光谱仪的色散元件为光栅.

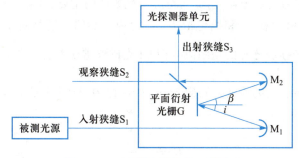

图 7.62.2　光栅光谱仪的工作原理

如图 7.62.3 所示，反射光栅方程为

$$d\sin\theta_1 - d\sin\theta = k\lambda \qquad (7.62.1)$$

式(7.62.1)中 d 为光栅常量,θ_1 为入射角,θ 为衍射角.
此时单缝宽度为 a 的衍射光程差为

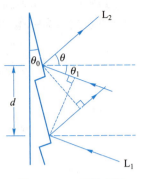

$$a\left[\sin(\theta_0+\theta_1)-\sin(\theta-\theta_0)\right] \qquad (7.62.2)$$

入射光线垂直槽面入射,有 $\theta_1=-\theta_0$,则由式(7.62.1)可得

$$\sin\theta=-\sin\theta_0-\frac{k\lambda}{d} \qquad (7.62.3)$$

当 $\theta=\theta_0$ 时,单缝衍射光强取零级极大值,也对应于
多缝干涉一级明纹(选 $2d\sin\theta_0=\lambda$).

令　　　　$$\beta=\frac{\pi d}{\lambda}(\sin\theta_1-\sin\theta)$$

图 7.62.3　反射光栅

$$\alpha=\frac{\pi a\left[\sin(\theta_0+\theta_1)-\sin(\theta-\theta_0)\right]}{\lambda}$$

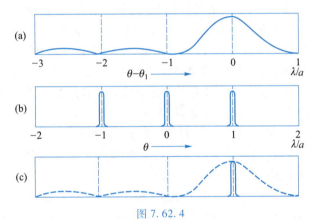

图 7.62.4

(a)单缝衍射的零级(b)和多缝干涉一级(c)重合时,光强的最终分布情况

当平行光垂直槽面入射,反射光栅得到衍射光强(图 7.62.4)为

$$I=I_0\left(\frac{\sin\alpha}{\alpha}\right)^2\left(\frac{\sin N\beta}{\sin\beta}\right)^2 \qquad (7.62.4)$$

式(7.62.4)中 I_0 为入射光强.由此式可分析光谱仪的主要性能.

(1)光栅的角色散 D_θ 和线色散 D_l.实验中关心的问题是对于一定波长差 $\delta\lambda$
的两条谱线,经光栅后分开的角间隔 $\delta\theta$ 和在光谱仪谱面上的距离 δl,定义 $D_\theta=\dfrac{\delta\theta}{\delta\lambda}$,

$D_l=\dfrac{\delta l}{\delta\lambda}$.设光谱仪的聚焦透镜为 f,则 $\delta l=f\delta\theta$,因此 $D_l=fD_\theta$.从光栅方程可得光栅的
角色散、线色散:

$$D_\theta=\frac{m}{d\cos\theta} \qquad (7.62.5)$$

$$D_l=\frac{mf}{d\cos\theta} \qquad (7.62.6)$$

结果表明,光栅的色散本领与光栅常量 d 成反比,与级次 m 成正比,D_l 还与焦距 f

成正比,但色散本领与光栅中刻线总线数 N 无关.

（2）分辨本领.通常分光仪器的分辨本领定义为

$$R = \frac{\lambda}{\delta\lambda} \tag{7.62.7}$$

$\delta\lambda$ 为可分辨的最小波长差,对于每个光栅,其可分辨的最小波长差 $\delta\lambda$ 可由其角色散和最小分辨角来决定.从光栅的衍射光强式(7.62.4),可得谱线极大与极小之间的半角宽度为 $\Delta\theta = \frac{\lambda}{Nd\cos\theta}$. $\Delta\theta$ 即可认为是最小可分辨角 $\delta\theta$.因此

$$\frac{\Delta\theta}{D_\theta} = \frac{\delta\theta}{D_\theta} = \frac{\lambda}{Nd\cos\theta} \frac{d\cos\theta}{m} = \frac{\lambda}{mN}$$

$$R = \frac{\lambda}{\delta\lambda} = mN \tag{7.62.8}$$

式(7.62.8)表明,光栅的分辨本领正比于参与衍射的总刻线数 N 和光谱的级次 m,与光栅常量 d 无关.实际的光路安排中,总是要尽量增加光栅的照亮面积,使 N 足够大,得到极高的分辨本领.

2. 线阵 CCD 光探测器的性能

光谱仪的光探测器可以有光电管、光电倍增管、硅光电管、热释电器件和 CCD 等多种.CCD 是电荷耦合器的英文简称,是一种金属–氧化物–半导体结构的新型器件,在电路中常作为信号处理元件.对光敏感的 CCD 常用于图像传感和光学测量,应用十分广泛.探测光栅光谱的线阵 CCD 因为能在曝光时间内探测一定波长范围内的所有谱线,因此在新型的光谱仪中得到广泛的应用.我们通常把同时获取光谱仪上各个波长的光谱探测器称为多道探测器.由多道探测器、计算机及传统的光谱仪构成的新型光谱仪器称为光学多道分析仪(optical multi–channel analyzer,OMA).

CCD 器件的主要性能指标为

（1）分辨率.用作测量的器件最重要的参数是空间分辨率.CCD 的分辨率主要与像元的尺寸有关.也与传输过程中的电荷损失有关.目前 CCD 的像元尺寸一般为 10 μm 左右.

（2）灵敏度与动态范围.理想的 CCD 要求有高灵敏度和宽动态范围.灵敏度主要与器件光照的响应度和各种噪声(如光子噪声、暗电流和电路噪声等)有关.动态范围指对于光照度有较大变化时,器件仍能保持线性响应的范围.它的上限由最大存储容量决定,下限由噪声所限制.

（3）光谱响应.这里指 CCD 光谱响应的范围,目前硅材料的 CCD 光谱响应范围为 400 ~ 1 100 nm.

3. 光谱分析

光谱分析中,对分析结果有决定意义的几个量是:

（1）光谱分辨率:定义式为: $\varepsilon = \left|\frac{\Delta\lambda}{\lambda}\right| = \left|\frac{\Delta\nu}{\nu}\right|$,它是分辨本领的倒数.其中 λ 为光波波长,ν 为光波频率.$\Delta\lambda$ 为光谱仪器能够分辨的两个单色光的最小波长差.根据瑞利判据,若两个波长的谱线在输出端叠加后,凹下的高度小于叠加峰值的

90%,这两个波长就认为是可分辨的,如图
7.62.5 所示.

(2)光谱的检测灵敏度:光谱分析取
决于具有一定强度的光谱线是否能被检测
到,主要由光探测器的性能和光谱仪器输
出光强所决定.若光谱仪器入射光强为 1,
输出光强:

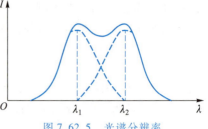

图 7.62.5　光谱分辨率

$$I \approx A \cdot \Omega \cdot T \approx A \cdot \left(\frac{D}{f}\right)^2 \cdot T \qquad (7.62.9)$$

式(7.62.9)中 A 为入射狭缝面积,T 为光谱仪中光学元件对光的透过率(或反射
率),Ω 为光谱仪内光束的最大立体角,D 为光束直径,f 为聚光镜焦距.

(3)元素的灵敏线:不同的元素有各自的特征谱线,各自特征谱线中强度最大
的谱线为元素的灵敏线.元素含量降低时,它们最晚消失.因此根据元素的灵敏线
可以判定是否可能存在某种元素.光栅不同衍射级次的谱线可能重叠,只有在某一
光谱范围内才是单一的.不重叠的范围称为自由光谱范围.

在做光谱分析时,应判定光谱线在观测范围内的单一性.在保持单一性的范围
内根据元素的灵敏线,即可判定所分析的样品中存在的元素.

【实验原理】

1. 基本概念

(1)电磁波与电磁波谱

光是一种电磁波,它的波动性具有电磁波动的特点.电磁波按波长或频率的有
序排列,称为电磁波谱.不同能级的跃迁,其能量不同,电磁波的波长不同,产生机
理也不相同.在光谱分析中,紫外线与可见光波长单位通常用 nm(纳米)表示,红外
线波长常以 μm(微米)表示.

(2)原子能级

人们常用四个量子数来描述原子核外电子的运动状态,即电子的能量状态.光
谱线的发射就是原子从一个高能级跃迁到低能级的结果.用量子力学进行计算,只
要知道能级之间的能量,就可以知道跃迁所发射的波长.原子中内层电子跃迁发射
X 射线,外层电子跃迁发射紫外线、可见光,红外光谱来源于分子振动能级间跃迁.
物质在吸收电磁波时,即吸收能量时,便由低能级跃迁到高能级,产生吸收光谱,而
在辐射电磁波时,即放出能量,由高能级回到低能级,产生发射光谱,由于能级的差
值是一定的,并不随着发射和吸收而改变,所以同一物质相同能级间隔的发射光谱
和吸收光谱是一样的,同时由于物质的结构不同,能级结构也不同,所以各物质的
光谱也不相同而具有各自的特征,我们可以利用发射光谱和吸收光谱来分析物质
的组成和结构.

(3)线光谱、带光谱和连续光谱

物质发射(或吸收)的光谱,既具有一定的波长,还具有一定的强度和一定的分

布,如果光谱的分布是线状的,即每条光谱只具有很狭窄的波长范围,这种光谱称为线光谱,它多发生于气态原子或离子上,如气态氢原子光谱便是线光谱.

如果光谱的分布是带状的,即在一定波长范围内连续发射或吸收,分不出很狭窄的线光谱而连成带时,这种光谱便称为带光谱.液态与固态分子的光谱多是带光谱,如氰(CN)带光谱.

如果光谱的分布在很长的波长范围内是连续的,即分不开线光谱与带光谱,这种光谱便称为连续光谱.多发生于高温炽热的物体上.

原子光谱分析是通过测定线光谱进行定性定量分析的,因此带光谱和连续光谱都会干扰分析测定.原子、离子处于气态是观测线光谱的必要条件之一.

(4)光谱分析的方法

每一种元素的原子及离子激发后,都能辐射出一组表示该元素的特征谱线.其中有一条或数条辐射的强度最强,最容易被检出,常称为灵敏线.如果试样中有某种元素存在,那么只要在合适的激发条件下,样品就会辐射出这些元素的特征谱线,根据元素灵敏线的出现与否就可以确定试样中是否有这些元素存在.这就是光谱定性分析的基本原理.

在一定条件下,元素的特征谱线的强度是随着元素在样品中的含量或浓度的增大而增强,利用这一性质来测定元素的含量就是光谱半定量分析及定量分析的依据.

电磁波和物质相互作用的结果,可以产生反射、发射和吸收三种类型的光谱.

反射光谱分析方法根据光谱所在区域和激发方式的不同,分为 γ 射线光谱法、X 射线荧光光谱法、原子荧光分析法和分子荧光法等.

发射光谱分析方法的特点是多元素同时测定,特别适用于地球探矿、环境监测、化工、能源及钢铁冶金方面试样的分析.应用于地球探矿,进行大量样品的测定,可以圈出地球化学异常,寻找盲矿体.在石油化工和轻工行业可测定石油及石油产品中的多种元素,如测定润滑油中的钡、钙、锌及磷等.

吸收光谱分析方法根据其所在的光谱区不同分为穆斯堡尔谱法、紫外和可见分光光度法、原子吸收光谱法、红外分光光度法、顺磁共振法、核磁共振法.

原子吸收光谱法在石油化工中,最早用于原油中催化剂和蒸馏残留物的测定;在玻璃、陶瓷、水泥等轻工产品的分析上,可测定 20 多种元素.

(5)光谱分析仪器的主要组成部分

尽管光谱分析仪器种类繁多,但是光源、单色器、检测器和信号显示系统等几个部分是光谱分析仪器必不可少的组成部分.

在物理实验中,我们着重研究光谱仪中单色器的组成.单色器的结构主要由入射狭缝、准直镜、色散元件、聚光镜、出射狭缝组成,其中,色散元件有棱镜、光栅和法布里-珀罗干涉仪等.由法布里-珀罗干涉仪组成的光谱系统是一种高分辨率的干涉光谱仪,其分辨率可达 5×10^7,因而在激光光谱中应用最广泛.

2. 实验原理

原子处于稳定状态,称为基态(能量为 E_0).若给原子适当的能量,可使其最外层电子暂时跃迁到能量较高的能级,原子即处于激发状态(能量为 E_n),原子在激发态时,经过极短时间(约 10^{-8} s)就会自动跃迁至低能态(能量 E_m)或基态,同时以光的形式释放多余的能量,这就是自发辐射,在光谱仪上即可看到其发射光谱.还有一种观察光谱的方法就是吸收,即把要研究的样品放在发射连续光谱的光源(白光)与光谱仪之间,使来自光源的光先通过样品后,再进入光谱仪,这样一部分光就被样品吸收,在所得的光谱上会看到连续的背景上有被吸收的暗线,形成吸收光谱.值得注意的是同一物质的发射光谱和吸收光谱之间有相当严格的对应关系,也就是说某种物质自发辐射哪些波长的光,它就强烈地吸收相应波长的光.两种过程同时存在,宏观上谱线的明暗取决于受激辐射与吸收的强弱程度.

按照光子假设,电磁辐射的最小单元,它的能量是 $h\nu$,根据能量守恒定律,原子在一对能级 E_m、E_n 间发生跃迁时,只能发射或吸收满足下式的特定频率的单色电磁辐射:

$$h\nu = E_m - E_n$$

在满足上式条件的外来光的激励下,高能级原子向低能级跃迁并发出另一同频率光子的过程称受激辐射.

氢原子光谱是最简单的原子光谱,它的一般情况可归纳为以下三点:

(1)光谱是线状的,谱线有一定的位置,即有确定的、彼此分立的波长值.

(2)谱线间有一定的关系.例如谱线构成一个谱线系(氢原子光谱由莱曼系、巴耳末系、帕邢系、布拉开系等),它们的波长可用一个公式表达:

$$\frac{1}{\lambda} = R_H\left(\frac{1}{m^2} - \frac{1}{n^2}\right) \tag{7.62.10}$$

式(7.62.10)中 $R_H = 1.096\,775\,8\times10^7$ m^{-1} 称为里德伯常量.

(3)每一谱线的波数$\left(\frac{1}{\lambda}\right)$可以表达为两光谱项之差:

$$\frac{1}{\lambda} = T(m) - T(n) \tag{7.62.11}$$

式(7.62.11)中 $T(m) = \frac{R_H}{m^2}$,$T(n) = \frac{R_H}{n^2}$ 称为光谱项,$m<n$,m、n 都是正整数.氢的光谱项是 $\frac{R_H}{n^2}$.这三点也是所有原子光谱的普遍情况,所不同的只是不同元素的原子,其光谱项具有不同的形式.

氢原子光谱的规律性,早在 1885 年就被瑞士物理学家巴耳末(J. J. Balmer)发现.他根据实验结果,总结出在可见光区域内,氢原子光谱线的波长满足巴耳末公式

$$\frac{1}{\lambda} = R_H\left(\frac{1}{2^2} - \frac{1}{n^2}\right) \qquad n = 3,4,5,\cdots$$

式中,n 为量子数,$n=3,4,5$ 时,上式分别给出了氢原子光谱中可见光区域内,三条较强的特征谱线的波长:H$_\alpha$:656.28 nm,红色,H$_\beta$:486.13 nm,蓝色,H$_\gamma$:434.05 nm,紫色.谱线的间隔和强度都向着短波方向递减.

【实验内容及步骤】

打开计算机,系统稳定后,打开光栅实验软件,检测到光谱仪后,选择合适参量,调节光谱仪电控箱高压旋钮,使电压在 -200 V 左右,开始测量.

1. 光谱仪的定标.用低压汞灯作为标准光源,并用其绿线波长(546.1 nm)定标光谱仪所扫描的光谱中的该线位置.

2. 观测汞光谱(365.0 nm)的 3 线结构.扩展汞光谱(365.0 nm)的谱线,观察它的 3 线结构,测出 3 线的波长和能量值.

3. 观测汞光谱从 350.0 nm 到 600.0 nm 所有的谱线结构.顺次测量各谱线的波长和能量值.

4. 测定里德伯常量.打开氢光谱光源,调节变压器至光谱管正常发光(光谱管发光稳定),仔细移动凸透镜使光谱管发出的光会聚在狭缝上,扫描出氢光谱并测出巴耳末系各谱线的波长.

5. 观察钠的发射光谱.观察钠的发射光谱,测出钠双线波长和能量值,并将其光谱"保存".

6. 将数据记入自拟表格中.

【注意事项】

1. 光栅光谱仪中的狭缝是比较精密的机械装置,调节时应轻慢仔细,特别应杜绝狭缝两刀口直接接触,以免损伤刀刃.

2. 测定气体发射光谱时均有变压器供电.操作时要特别注意安全,接地线应严格接地,不可与其他实验用品接触.

3. 光谱测量完毕,在换光源时,应先关闭电源.

4. 实验完毕,调节光谱仪电控箱高压旋钮至零,关闭电源.用狭缝挡板挡住光谱仪入射狭缝入光口.以保护实验仪器,延长实验使用寿命.

【数据处理】

1. 画出波长在 $350.0\sim600.0$ nm 的汞光谱图并根据其最小波长差 $\delta\lambda$ 粗略计算此光谱仪的分辨本领: $R=\dfrac{\lambda}{\delta\lambda}$,其中 $\delta\lambda=\lambda_2-\lambda_1$.

2. 根据式(7.62.10)和氢原子巴耳末系谱线波长计算里德伯常量,求其平均值并与给出值进行比较(相对百分差).

3. 画出钠双线对应的光谱图,并根据其最小波长差 $\delta\lambda$ 粗略计算此光谱仪的分辨本领,并与 1 中计算结果比较.

【分析讨论】

1. 入射狭缝与出射狭缝宽度对单色仪的分辨率有什么影响?

2. 光电倍增管的负高压对单色仪的分辨率有什么影响?

3. 当所观测的谱线过低时应采取什么措施？

4. 简述用光栅分光和棱镜分光所得的光谱的区别？

【总结与思考】

1. 测量光谱为什么用反射光栅而不用透射光栅？

2. 分析光栅面和入射平行光不严格垂直时对实验结果的影响.

3. 一个 15 cm 宽的光栅, 光栅常量 $d = \dfrac{1}{1\,200}$ mm, 在可见光波段中部（波长 550.0 nm 附近）, 此光栅能分辨的最小波长差为多少？

实验 63　热辐射与红外扫描成像

热辐射是指物体由于具有温度而向外辐射电磁波的现象. 热辐射的研究是 19 世纪兴起的新学科, 19 世纪末达到顶峰. 热辐射的光谱是连续谱, 波长覆盖范围理论上可从 0 到 ∞, 而一般的热辐射主要靠波长较长的可见光和红外线. 而红外扫描成像就是利用物体不同部位辐射的红外线频段的能量不同而获得物体的像的技术. 物体不仅向外辐射而且还吸收从其他物体辐射的能量, 且物体辐射或吸收的能量与它的温度、表面积、黑度等因素有关. 其中黑体辐射实验是量子理论得以建立的关键性实验之一, 是非常重要的实验.

【重点难点】

1. 热辐射理论

2. 红外扫描成像基准点的设定.

【实验目的】

1. 研究物体的表面、温度对辐射能力的影响, 并分析原因.

2. 研究物体辐射强度 P 和距离 S 以及距离的平方 S^2 的关系, 并描绘 P-S^2 曲线.

3. 依据维恩位移定律, 测绘物体辐射能量与波长的关系图.

4. 了解红外成像原理, 根据热辐射原理测量发热物体的形貌（红外成像）.

【实验仪器】

DHTA-1 温度控制器（1）、黑体辐射测试架（2）、红外成像测试架（3）、红外热辐射传感器（4）、DHRH-IFS 红外转换器（5）、半自动扫描平台（6）、光学导轨（7）、数据采集器（8）、成像实物（9）、计算机软件连接线等（图 7.63.1）.

【实验原理】

基尔霍夫（G. R. Kirchhoff）1859 年提出了辐射本领、吸收本领和黑体的概念.

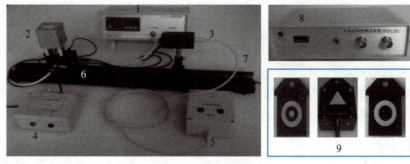

图 7.63.1　实验装置

他利用热力学第二定律证明了一切物体的热辐射本领 $r(\nu,T)$ 与吸收本领 $\alpha(\nu,T)$ 成正比,比值仅与频率 ν 和温度 T 有关,其数学表达式为

$$\frac{r(\nu,T)}{\alpha(\nu,T)}=F(\nu,T) \tag{7.63.1}$$

式中 $F(\nu,T)$ 是一个与物质无关的普适函数. 在 1861 年他进一步指出,在一定温度下用不透光的壁包围起来的空腔中的热辐射等同于黑体的热辐射. 1879 年,斯特藩(J. Stefan)从实验中总结出了黑体辐射的辐射本领 R 与物体绝对温度 T 四次方成正比的结论;1884 年,玻耳兹曼对上述结论给出了严格的理论证明,其数学表达式为

$$R_T=\sigma T^4 \tag{7.63.2}$$

即斯特藩–玻耳兹曼定律,其中 $\sigma=5.670\times10^{-12}$ W/cm^2 · K^4 为斯特藩常量.

1888 年,韦伯(H. F. Weber)提出了波长与绝对温度之积是一定的.1893 年维恩(W. Wien)(1911 年诺贝尔物理学奖获得者)从理论上进行了证明,其数学表达式为

$$\lambda_{max}T=b \tag{7.63.3}$$

式中 $b=2.897\ 8\times10^{-3}$ m · K 为一普适常量,随温度升高,绝对黑体频谱亮度的最大值对应的波长向短波方向移动,即维恩位移定律.

图 7.63.2 显示了黑体不同色温的辐射能量随波长的变化曲线,峰值波长 λ_{max} 与它的绝对温度 T 成反比.1896 年维恩推导出黑体辐射谱的函数形式:

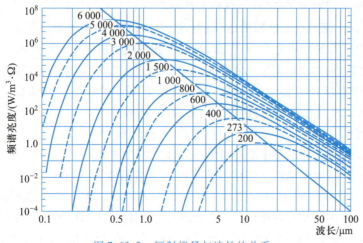

图 7.63.2　辐射能量与波长的关系

$$r_{(\lambda,T)} = \frac{ac^2}{\lambda^5} e^{-\beta c/\lambda T} \tag{7.63.4}$$

式中 α,β 为常量,实验数据表明:短波区域与式(7.63.4)符合得很好,但在长波部分出现系统偏差.

1900 年,英国物理学家瑞利(Lord Rayleigh)从能量按自由度均分定理出发,推出了黑体辐射的能量分布公式:

$$r_{(\lambda,T)} = \frac{2\pi c}{\lambda^4} KT \tag{7.63.5}$$

即瑞利-金斯公式.实验数据表明:长波区域与式(7.63.5)较符合,但在短波部分却出现了严重的背离,人们称之为"紫外灾难".

1900 年德国物理学家普朗克(M. Planck),在总结前人工作的基础上,采用内插法将适用于短波的维恩公式和适用于长波的瑞利-金斯公式衔接起来,得到了在所有波段都与实验数据符合得很好的黑体辐射公式:

$$r_{(\lambda,T)} = \frac{c_1}{\lambda^5} \cdot \frac{1}{e^{c_2/\lambda T} - 1} \tag{7.63.6}$$

式中 c_1,c_2 均为常量,但该公式的理论依据尚不清楚.

普朗克进一步探索式(7.63.6)所蕴含的更深刻的物理本质,结果他提出"量子"假设:对一定频率 ν 的电磁辐射,物体只能以 $h\nu$ 为单位吸收或发射它,也就是说,吸收或发射电磁辐射只能以"量子"的方式进行,每个"量子"的能量为:$E = h\nu$,称为能量子. 式中 $h = 6.626 \times 10^{-34}$ J·s,称为普朗克常量. 式(7.63.6)中的 c_1,c_2 可表述为:$c_1 = 2\pi hc^2$,$c_2 = ch/k$,它们均与普朗克常量相关,分别被称为第一辐射常量和第二辐射常量.

【实验内容及步骤】

一、物体温度以及物体表面对辐射能力的影响

1. 将黑体辐射测试架,红外热辐射传感器安装在光学导轨上,调整红外热辐射传感器的高度,使其正对模拟黑体(辐射体)中心,然后再调整黑体辐射测试架和红外热辐射传感器的距离为 1 cm 左右,并通过光具座上的紧固螺丝锁紧.

2. 将黑体辐射测试架上的加热输入端口和控温传感器端口分别通过专用连线和 DHTA-1 温度控制器的相应端口相连;用专用连接线将红外热辐射传感器和 DHRH-IFS 红外转换器相连;检查连线是否无误,确认无误后,开通电源,将温度控制器的温度设为 80 ℃,对辐射体进行加热,见图 7.63.3.

用计算机动态采集黑体温度与辐射强度之间的关系时,先按照步骤 2 连好线,然后把 PT100 温度变换器的传感器信号输入端与黑体辐射测试架上的 PT100 传感器插座相连,把 PT100 温度变换器电压输出与 DHYH-2A 多功能物理测试系统的 CH1 通道相连,把 DHRH-IFS 红外转换器的电压输出与 DHYH-2A 的 CH2 通道相连,用 USB 电缆连接计算机与 DHYH-2A 前面板上的 USB 接口,见图 7.63.4.

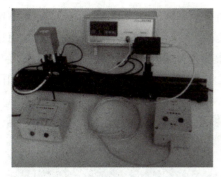
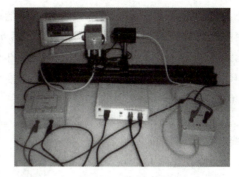

图 7.63.3　辐射能力测量装置图　　图 7.63.4　用计算机测量辐射能力的连接图

3. 将数据采集器或万用表的两表笔分别插入 DHRH-IFS 红外转换器的输出端口,转动辐射体(辐射体较热,请戴上手套进行旋转,以免烫伤)分别测量四组(纯黑、粗糙、光亮、带孔)黑体辐射面的辐射强度大小(电压 mV)与黑体温度之间的关系,从 32 ℃开始至 80 ℃结束,每 1 ℃测量一次.

4. 将测量数据记入自拟表格中.

注意:1. 本实验可以动态测量,也可以静态测量.建议采用动态测量.

2. 具体实验的操作详见二维码"热辐射与红外扫描成像装置".

热辐射与红
外扫描成像
装置

二、探究黑体辐射和距离的关系

1. 保持实验装置不变,将黑体辐射测试架紧固在光学导轨左端某处,红外热辐射传感器探头紧贴对准辐射体中心,稍微调整辐射体和红外热辐射传感器的位置,直至红外热辐射传感器底座上的刻线对准光学导轨标尺上的一整刻度,并以此刻度为两者之间距离零点.

2. 将红外热辐射传感器移至导轨另一端距辐射体大于 300 mm 处,并将辐射体的黑面转动到正对红外热辐射传感器.

3. 将控温表头设置在 80 ℃,将万用表的两表笔分别插入 DHRH-IFS 红外转换器的输出端口,待温度控制稳定后,移动红外热辐射传感器至 300 mm 处,记录辐射强度 P.

4. 每次移动 10 mm 至 0 mm 位置,依次记录对应的辐射强度 P,将所测得的数据记录在自拟的表中.

注意:实验过程中,辐射体温度较高,禁止触摸,以免烫伤.

*三、测量不同物体的防辐射能力(选做)

分别测量在辐射体和红外热辐射传感器之间放入物体板之前和之后,辐射强度的变化.将数据记入自拟的表格中.

四、红外扫描成像(使用计算机)

1. 将红外成像测试架放置在导轨左边,半自动扫描平台放置在导轨右边,将红外成像测试架上的加热输入端口和传感器端口分别通过专用连线同 DHTA-1 温度控制器的相应端口相连;将红外辐射传感器安装在半自动扫描平台上,并用专用连接线将红外辐射传感器和 DHRH-IFS 红外转换器相连,将红外转换器的输出与 DHYH-2A 的 CH1 通道相连;用 USB 连接线将 DHYH-2A 与计算机连接起来,如图 7.63.5 所示.

2. 将一成像实物放置在红外成像测试架上,设定温度控制器温度为 70 ℃ 或 80 ℃,检查连线是否无误;确认无误后,开通电源,对成像实物进行加热.

3. 温度控制稳定后,将红外成像测试架向半自动扫描平台移近,使成像实物与热辐射传感器的距离在 5 mm 左右,将半自动扫描平台入射孔板调节到"8";通过平台上的调节螺杆改变传感器的纵向位置,先将其调节到最低端.

图 7.63.5 红外扫描成像装置连接图

4. 启动扫描电机,开启数据采集器,采集成像物体横向辐射强度数据;用螺杆调节传感器的纵向位置(每次向上移动 4 mm 坐标距离,螺杆面板上有刻度),再次开启电机,采集成像实物横向辐射强度数据;计算机上将会显示全部的采集数据点以及成像图,软件具体操作详见软件界面上的帮助文档.

【注意事项】

1. 实验过程中,当辐射体温度很高时,禁止触摸辐射体,以免烫伤.

2. 测量不同辐射表面对辐射强度影响时,辐射温度不要设置太高,转动辐射体时,应戴手套.

3. 实验过程中,为避免万用表跳字严重,应尽量避免外界环境的影响.

4. 辐射体的光面 1 光洁度较高,应避免受损.

5. 扫描成像时传感器不能紧贴被扫描物体表面,防止高温烫坏传感器测试面板.

【数据处理】

1. 在同一个坐标系内分别绘制平整黑面、粗糙面、光洁面和带孔光洁面的温度-辐射强度曲线图.根据所作曲线总结物体表面、温度对辐射强度的影响.

2. 根据实验数据绘制辐射强度 P 与距离 S 曲线以及辐射强度 P 与距离 S 的平方的曲线,即 $P\text{-}S$ 和 $P\text{-}S^2$ 曲线,总结规律.

3. 依据实验一的数据,根据式(7.63.3)计算不同温度时的 λ_{max},并将数据记入自拟表格中,然后描绘 $P\text{-}\lambda_{max}$ 曲线图,分析所描绘图形并说明原因.

4. 根据测量结果分析原因,确定哪种被测物质的防辐射能力较好.

【分析讨论】

1. 是不是只有黑色的物体才辐射电磁波？
2. "紫外灾难"指的是什么？
3. 为什么不在扫描平台来回移动时同时进行扫描？

【总结与思考】

说明红外扫描成像的原理. 分析图像与实物出现偏差的原因.

实验 64　光纤中光速的实验测定

通常的光纤光速测量采用的是正弦信号对被测光波的光强进行调制的方法. 这种为了测出调制光信号通过一定长度光纤后引起的相位差，必须采用较为复杂的由模拟乘法电路及低通滤波器组成的相位检测器，这种相位检测器的输出电压不仅与两路输入信号的相位差有关，而且也与两路输入信号幅值有关. 本实验采用方波调制信号，应用具有异或逻辑功能的门电路进行相位差测量的巧妙方法. 由这种电路所组成的相位检测器结构简单、工作可靠、相位——电压特性稳定. 在光纤折射率 n_1 已知（或近似为 1.5）的情况下，利用这种方法还可测定光纤长度.

【重点难点】

数字信号电光/光电变换及再生原理.

【实验目的】

1. 学习光纤中光速测定的基本原理；
2. 理解数字信号电光/光电变换及再生原理；
3. 熟悉数字相位检测器原理、特性测试方法；
4. 掌握光纤光速测定系统的调试技术.

【实验仪器】

1. OFE-A 型光纤传输及光电技术综合实验仪；
2. 双迹示波器；
3. 数字万用表.

【实验原理】

一、基本原理

光纤的结构如图 7.64.1 示，它由纤芯和包层两部分组成，纤芯半径为 a，折射

率为 $n_1(p)$,包层的外半径为 b,折射率为 n_2,且 $n_1(p) > n_2$.

光波是一种振荡频率很高的电磁波,当光波在光纤中传播时,光纤就起着一种光波导的作用.

由 **E** 矢量和 **H** 矢量遵从的麦克斯韦方程及它们在纤芯和包层面处应满足的边界条件可知:光纤中主要存在着两大类电磁场形态.一类是辐射模式,即能量在轴线方向传播的同时沿横向方向也有辐射;另一类是传导模式,即沿光纤横截面呈驻波状,

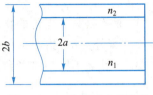

图 7.64.1 阶跃型多模光纤的结构示意图

而沿光纤轴线方向为波行的电磁场形态,这种形态的电磁场其能量沿横向不会辐射,只沿轴线方向传播.本实验就是依靠传导模式传输光信号.

光纤按传输信号的数量可分为多模光纤和单模光纤.而传输信号的数量和光纤纤芯半径 a 直接相关,当光纤纤芯半径小到某一程度后,纤芯中只允许称为基模的一种信号传播.目前光纤通信系统上使用的多模光纤纤芯直径为 50 μm,包层外径为 125 μm.单模光纤的纤芯半径为 5 ~ 10 μm 范围内,包层外径也为 125 μm.在纤芯范围内折射率不随径向坐标 ρ 变化,即 $n_1(\rho) = n_1 =$ 常数的光纤,称为阶跃型光纤,否则称渐变型光纤.

当一束光信号由光纤的入射端耦合到光纤内部之后,会在光纤内同时激励起传导模式和辐射模式,但经过一段传输距离,辐射模式的电磁场能量沿横向方向辐射尽后,只剩下传导模式沿光纤轴线方向继续传播,在传播过程中只有因光纤纤芯材料的杂质和密度不均引起的吸收损耗和散射损耗,不会有辐射损耗.目前的制造工艺能使光纤的吸收损耗和散射损耗做到很小的程度,因此传导模式的电磁场能在光纤中传输很远的距离.

假设光纤的几何尺寸和折射率分布具有轴对称和沿轴向不变的特点,这样我们就能将光纤中光波的电磁场矢量 **E** 和 **H** 表示为

$$\begin{Bmatrix} E \\ H \end{Bmatrix} = \begin{Bmatrix} e(\rho,\varphi) \\ h(\rho,\varphi) \end{Bmatrix} \exp[\,i(\omega t - \beta z)\,] \qquad (7.64.1)$$

此处 (ρ,φ) 是把光纤轴线取作 z 轴方向的圆柱坐标系中的坐标,$\omega = 2\pi\nu$ 是光波的角频率,ν 是光波的频率,而 β 是光纤中所论传导模式电磁波的轴向传播常量.

对于光纤中允许的每种传导模式都有各自的轴向传播常量,但是根据理论分析可知:光纤中的传导模式的轴向传播常量 β 的取值只能是在

$$k_2 < \beta \leqslant k_1$$

范围内那些使 **E**,**H** 矢量在光纤纤芯——包层界面处满足边界条件的一些不连续值,其中 $k_1 = n_1 k_0$,$k_2 = n_2 k_0$ 而 $k_0 = (\omega^2 \mu_0 \varepsilon_0)^{1/2}$ 是光波在自由空间中的传播常量.根据式(7.64.1),具有轴向传播常量 β 的某一传导模式的电磁波,沿光纤轴线的传播速度为

$$V_z = \frac{\omega}{\beta} = \frac{2\pi\nu}{\beta} \qquad (7.64.2)$$

由于轴向传播常量 β 略有差异,故对于长度为 L 的给定光纤,在输入端同时激励起

多个传导模式的情况下,各个模式的电磁场到达光纤另一端所需时间:

$$t = \frac{L}{V_z} = \frac{L\beta}{2\pi\nu}$$

也略有差异. 传播时间 t 介于

$$t_{\min} = \frac{Lk_2}{2\pi\nu} \leqslant t \leqslant t_{\max} = \frac{Lk_1}{2\pi\nu}$$

所以各传导模式到达光纤另一端的最大时间差为

$$\Delta t = t_{\max} - t_{\min} = \frac{L}{2\pi\nu}(k_1 - k_2)$$

这一差异与各模式场传播同样长度光纤所需时间的平均值 t 的比值为

$$\frac{\Delta t}{t} = \frac{2(k_1 - k_2)}{k_1 + k_2} = \frac{2(n_1 - n_2)}{n_1 + n_2}$$

对于通信用的石英光纤,纤芯折射率一般在 1.5 左右,包层折射率 n_2 与 n_1 的差异只有 0.01 的量级,故各传导模式到达光纤终点的时间差异与它们所需的平均传播时间的比值不会大于 0.66%,而实际值比这一百分比要小得多! 所以在利用测定调制光信号在给定长度光纤中的传播时间来确定光纤中光速的实验中可近似认为各种传导模式是"同时"到达光纤另一端的,这一近似与测量装置的系统误差相比是完全允许的. 由此可得,光纤中光速的表达式可近似为

$$V_z = \frac{2\pi\nu}{\beta} = \frac{2\pi\nu}{k_1} = \frac{2\pi\nu}{k_0 n_1} = \frac{c}{n_1} \tag{7.64.3}$$

其中 $c = 2\pi\nu/k_0$ 是光波在自由空间中的传播速度.

二、光纤中光速测定的实验技术

1. 实验装置的方框结构图

图 7.64.2 是测定光纤中光速的实验装置的方框图. 图中时钟信号源提供的周期为 T、占空比为 50% 的方波信号. 该信号一路直接传给相位检测系统;另一路传给 LED 调制及驱动电路,调制后的光信号经光纤、光电转换及信号再生电路再次变换成一个周期为 T、占空比为 50% 的方波序列,传给相位检测系统. 但这一路方波信号源输出的原始方波序列有一定的延时,这一延时包括了 LED 驱动与调制电路和光电转换及信号再生电路引起的延时,也含有我们要测定的调制光信号在给定长度光纤中所经历的时间.

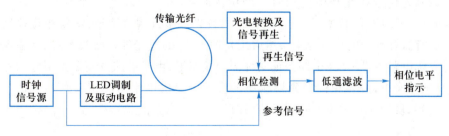

图 7.64.2　测定光纤中光速实验装置的方框图

2. 相位差测量方法

如果把再生信号和作为参考信号的原始调制信号接到一个具有异或逻辑功能的逻辑电路的两个输入端,则在 $0 \sim \pi$ 的相移所对应的延时范围(即 $0 \sim T/2$)内,该电路的输出波形就是一个周期为 $T/2$,但脉宽与以上两路信号的相对延时成正比的方脉冲序列(如图 7.64.3 所示),这一脉冲序列的直流分量的电平值就与以上两路输入信号的相对延时成正变关系.用示波器可观察到异或门输出的占空比随延时变化的方脉冲序列,用直流电压表可以测出这一方脉冲的直流分量的电平值.

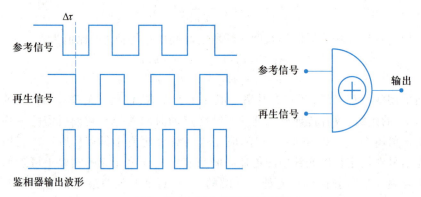

图 7.64.3 相位检测器原理图

利用异或逻辑电路所组成的相位检测器的相移−电压特性曲线如图 7.64.4 所示,其中 V_L 是 $2n\pi$ $(n = 0, 1, 2, \cdots)$ 相移时异或门输出的低电平值,V_H 为 $(2n+1)\pi$ $(n = 0, 1, 2, \cdots)$ 相移时异或门输出的高电平值,在 $0 \sim \pi$ 的相移范围内由异或门组成的相位检测器输出的方脉冲序列的直流分量的电平值与两输入信号之间的关系为

$$\Delta\varphi = \frac{V_0 - V_L}{V_H - V_L}\pi$$

对应的延时关系

$$\Delta\tau = \frac{V_0 - V_L}{V_H - V_L} \cdot \frac{T}{2} \qquad (7.64.4)$$

其中 $\Delta\tau$ 为两路信号的相对延时,T 为调制信号的周期,可用示波器测得.

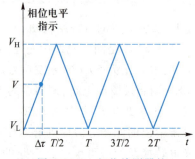

图 7.64.4 相位检测器的
相移−电压特性曲线

调制光信号在光纤中传输时所经历的时间由式(7.64.4)可知:先用一长度为 L_1 的长光纤接入测量系统,测得相位检测器输出的直流分量的电平值为 V_{01},然后用长度为 L_2 的短光纤代替长光纤,并在保持测量系统电路参量不变(也即保证两种测量状态下,由于电路方面因素引起的延时一样)的状态下,测得相位检测器输出的直流分量的电平值为 V_{02},则调制信号在 $(L_1 - L_2)$ 长度的光纤中传播时所经历的时间 $\Delta\tau$ 就等于:

$$\Delta\tau = \tau_2 - \tau_1 = \frac{V_{01} - V_{02}}{V_H - V_L} \cdot \frac{T}{2} \qquad (7.64.5)$$

对应的传播速度为

$$V_z = \frac{L_1 - L_2}{\Delta \tau} = \frac{2(L_1 - L_2)(V_H - V_L)}{T(V_{01} - V_{02})} \tag{7.64.6}$$

3. 调制信号的光电转换及再生

由传输光纤输出的光信号在接收端经过硅光电二极管和再生电路(如图 7.64.5 所示)变换成数字式电信号.

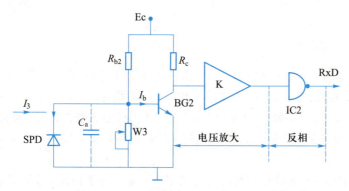

图 7.64.5　调制信号的光电转换及再生

当数字传输系统处于空闲状态时,传输光纤中无光,硅光电二极管无光电流流过,这时只要 R_c 和 R_{b2} 的阻值适当,晶体管 BG2 就有足够大的基极电流 I_b 注入,使 BG2 处于深度饱和状态,因此它的集电极和发射极之间的电压极低,即使经过后面的放大电路高倍放大后也会使反相器 IC2 的输出电压维持在高电平状态,满足了集成芯片 8251A 数据接收端 RxD 在空闲状态时应为高电平的要求.

当系统进行数据传输时,对于芯片 8251A 的异步传输工作方式情形,所传数据流的结构是由起始位(S)、被传数据($D_0 \sim D_7$)、偶校验位(C)和终止位(E)等共 11 位码元组成,第一位是起始位、为低电平、偶校验位 C 的电平状态与被传数据 $D_0 \sim D_7$ 中的"1"电平个数的奇偶数有关,奇数时,该位为高电平,偶数时为低电平、终止位 E 为高电平. 当传输"0"码元时,发送端的 LED 发光,光电二极管有光电流 I_3 产生,它从 SPD 的负极流向正极,使 BG2 的基极电流减小. 由于 SPD 结电容、其出脚连接线的线间电容以及 BG2 基极–发射极间杂散电容的存在(在图 7.64.5 中用 C_a 表示以上三种电容的总效应),使得 BG2 基极电流的这一减小过程不是突变的,而是按某一时间常量的指数规律变化.

随着 BG2 基极电流的减小,BG2 逐渐脱离深度饱和状态,向浅饱和状态和放大区过渡,其集电极–发射极间的电压 V_{ce} 也开始按指数规律逐渐上升,由于后面的放大器放大倍数很高,故还未等到 V_{ce} 上升到其渐近值,放大器输出电压就达到使反相器 IC2 状态翻转的电压值,这时 IC2 输出端(即 8251A 的数据接收端)为低电平.

在下一个"1"码元到来时,接收端的 SPD 无光电流,BG2 的基极电流 I_b 又按指数规律逐渐增加,因而使 BG2 原本按指数规律上升的 V_{ce} 在达到某一值时就停止上升,并在以后按指数规律下降,V_{ce} 下降到某一值后,IC2 由低电平翻转成高电平.

适当调节发送端 LED 的工作电流(即改变 LED 发光时的光强)和接收端 SPD 无光照射时 BG2 饱和深度间的匹配状况,即使在被传数据流中"1"码和"0"码随机组合的情况下,也能使光电检测和再生电路输出的数字信号的码元宽度(即持续时间)与发送端所发送的数字信号的码元宽度相等或相差在无误码判定所允许的范围内.

【实验内容及步骤】

一、示波器法

1. 线路连接:开关 K1(电源开关)掷向上方,光纤信道输入端的 LED 接入仪器前面板的 C2 插孔,光纤信道输出端的 SPD 接入仪器前面板的 C3 插孔;用一导线短接前面板的 L3(输出周期为 32 μs 的方波信号)、L4(输入被测信号)插孔,把双踪示波器的 CH1 通道接 L3 插孔、CH2 通道接 L6(相位检测器输出)插孔,双迹示波器的同步触发源选择 CH1.

2. 系统调试:双光纤信道绕纤盘上有长、短光纤两条信道,每条信道均含一个 LED,测量前把开关 K3 掷向左侧,把长为 L_1 的光纤信道接入系统,调节 W2 旋钮,使 D1(数字式相移电平指示器)指示的光功率读数 P_1 为 20 μW,然后保持 W2 调节旋钮的位置不变,用长为 L_2 的光纤信道接入测量系统,观察和比较 D1 指示的光功率读数是否大于 20 μW,若大于 20 μW 可按以下论述的方法进行数据测量,若小于 20 μW,记下 D1 对应的读数 P_2 后,再次把 L_1 光纤信道接入测量系统,保持 W2 状态不变的情况下,调节 SPD 与光纤输出端的耦合状态,使 D1 指示的光功率读数小于前面所记下的 P_2 值.

3. 数据测量

(1)先把长为 L_1 的光纤信道接入测量系统,调节 W2 使 D1 指示为 20 μW,然后保持 W2 位置不变,把开关 K3 掷向右侧,观察和比较双迹示波器 CH1、CH2 通道所显示的波形,CH1 的波形是占空比为 50%、周期为 16 μs 的方波,调节 W3 旋钮,使 CH2 的波形也是一个占空比 50%,具有同一周期的方波,当测量系统达到这一状态时,从示波器上读出 CH2 通道的波形相对于 CH1 通道波形的延迟时间 τ_1.

(2)保持 W2 和 W3 调节旋钮的状态不变,用长为 L_2 的光纤信道代替长为 L_1 的光纤信道接入测量系统,此后示波器 CH2 通道的方波的占空比一般情况下不再是 50%.为了使 CH2 波形的占空比为 50%,测量系统的电路参量又要保持不变,这只有靠调节 L_2 光纤信道光纤输出端与 SPD 的光耦合状态使 CH2 的波形达到占空比为 50%.测量系统达到这一状态后,从示波器读出 CH2 波形相对于 CH1 波形的延迟时间 τ_2.

4. 将实验数据记入自拟表格中.

二、相位检测器方法

1. 线路连接:在步骤一线路的基础上,再用三条导线把相位检测器的 L5(参考

信号输入)、L4 和 L7(共地连接)插孔分别与主机前面板的 L4、L6 和 L5 插孔接通,
如图 7.64.6 所示.

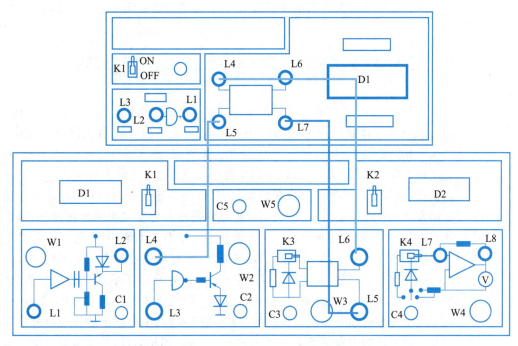

图 7.64.6　相位检测器法测光速线路连接图

2. 系统调试:与步骤一中的"2. 系统调试"相同.

3. 数据测量

(1) 重复步骤一中的"3. 数据测量(1)",在再生信号占空比为 50% 状态下,记下 $L1$ 光纤信道和 $L2$ 光纤信道相移电平指示器 D1 的读数 V_1 和 V_2.

(2) 用两条导线把相位检测器的 L4 和 L5 插孔按同相输入和反相输入两种方式与 L2 和 L3 孔连接,记录这两种方式下的相移电平指示值 V_H 和 V_L.

4. 将实验数据记入自拟表格中.

【数据处理】

1. 示波器方法中根据表中所记录数据按式(7.64.6)算出光纤中的光速.

2. 相位检测器方法中根据表中所记录数据先按式(7.64.5)算出时间 $\Delta\tau$,然后按式(7.64.6)算出光纤中的光速.

【分析讨论】

1. 简述光纤中光速测定的基本原理. 调制信号的光电转换及再生是怎样发生的?

2. 光纤中主要存在着哪两大类电磁场形态? 它们的传播方式是怎样的?

3. 相位差测量方法的基本原理是什么?

【总结与思考】

实验中是如何实现用示波器法、相位检测器方法测定光纤中光速的?

实验 65　高临界温度超导体临界温度的测量

　　人们在 1877 年液化了氧,获得 −183 ℃ 的低温,从而发展出了低温技术.随后,氮、氢等气体相继液化成功.1908 年,荷兰的昂内斯成功地使氦气液化,达到了 4.2 K 的低温,三年后即在 1911 年昂内斯发现,将水银冷却到 4.15 K 时,其电阻急剧地下降到零.他认为,这种电阻突然消失的现象,是由于物质转变到了一种新的状态,并将此以零电阻为特征的金属态,命名为超导态.1933 年迈斯纳和奥森菲尔德发现超导电性的另一特性:超导态时磁通密度为零或叫完全抗磁性,即迈斯纳效应.电阻为零及完全抗磁性是超导电性的两个最基本的特性.超导体从具有一定电阻的正常态,转变为电阻为零的超导态时,所处的温度称为临界温度,常用 T_c 表示.直至 1986 年以前,人们经过 70 多年的努力才获得了最高临界温度为 23 K 的 Nb_3Ge 超导材料.1986 年 4 月,贝德诺兹和缪勒创造性地提出了在 Ba–La–Cu–O 系化合物中存在高临界温度超导的可能性.1987 年初,中国科学院物理研究所赵忠贤等在这类氧化物中发现了 $T_c = 48$ K 的超导电性.同年 2 月,美籍华裔科学家朱经武在 Y–Ba–Cu–O 系化合物中发现了 $T_c = 90$ K 的超导电性.这些发现使人们梦寐以求的高温超导体变成了现实的材料,可以说是科学史上又一次重大的突破.其后,在 1988 年 1 月,日本科学家报道研制出 $T_c = 106$ K 的 Bi–Sr–Ca–Cu–O 系新型超导体.同年 2 月,美国阿肯萨斯大学的研究者发现了 $T_c = 106$ K 的 Tl–Ba–Ca–Cu–O 系超导体.一个月后,IBM 的研究人员又将这种体系超导体的临界温度提高到了 125 K.1989 年 5 月,中国科学技术大学的刘宏宝等通过用 Pb 和 Sb 对 Bi 的部分取代,使 Bi–Sr–Ca–Cu–O 系超导体的临界温度提高到了 130 K.

　　在超导应用方面,如超导量子干涉仪(英文缩写为 SQUID)、超导磁铁等低温超导器件已商品化,而高温超导的发现,为超导应用带来了新的希望,而我国利用熔融织构法制备的 Bi 系银包套高临界温度超导线材也已商品化.

【重点难点】

超导材料电阻和热电势的研究及热电势的消除.

【实验目的】

　　1. 利用动态法测量高临界温度氧化物超导材料的电阻率随温度的变化关系.

　　2. 通过实验掌握利用液氮容器内的低温空间改变氧化物超导材料温度、测温及控温的原理和方法.

　　3. 学习利用四端子法测量超导材料电阻和热电势的消除等,以及实验结果的分析与处理.

4. 选用稳态法测量高临界温度氧化物超导材料的电阻率随温度的变化关系并与动态法进行比较.

【实验仪器】

1. 低温恒温器

实验用的低温恒温器如图 7.65.1 所示.均温块 1 是一块经过加工的紫铜块,利用其良好的导热性能来取得较好的温度均匀区,使固定在均温块上的样品和温度计的温度趋于一致.铜套 2 的作用是使样品与外部环境隔离,减小样品温度波动.提拉杆 3 采用低热导的不锈钢管以减少对均温块的漏热,经过定标的铂电阻温度计 4 及加热器 5 与均温块之间既保持良好的热接触又保持可靠的电绝缘.测试用的液氮杜瓦瓶宜采用漏热小、损耗率低的产品,其温度梯度场的稳定性较好,有利于样品温度的稳定.为便于样品在液氮容器内的上下移动,附设相应的提拉装置.

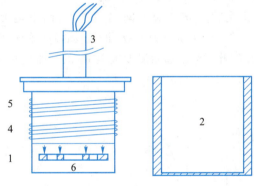

图 7.65.1　低温恒温器

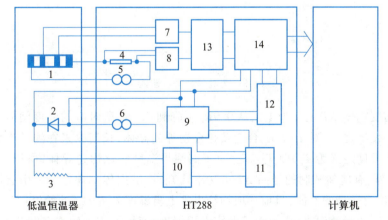

1—超导样品;2—PN 结温度传感器;3—加热器;4—参考电阻;5—恒流源;

6—恒流源;7—微伏放大器;8—微伏放大器;9—放大器;10—功率放大器;

11—PID;12—温度设定;13—比较器;14—数据采集、处理、传输系统.

图 7.65.2　高临界温度超导体电阻–温度特性测量仪工作原理示意图

2. 测量仪器

由安装了超导样品的低温恒温器,测温、控温仪器,数据采集、传输和处理系统以及计算机组成,既可进行动态法实时测量,也可进行稳态法测量(图 7.65.2).

动态法测量时可分别进行不同电流方向的升温和降温测量,以观察和检测因样品和温度计之间的动态温差造成的测量误差以及样品和测量回路热电势给测量带来的影响.动态法测量数据经测量仪器处理后直接进入计算机 X−Y 记录仪显示、处理或打印输出.

稳态法测量结果经由键盘输入计算机(如 Excel 软件)作出 R−T 特性曲线供分析处理或打印输出.

【实验原理】

1. 临界温度 T_c 的定义及其规定

超导体具有零电阻效应,通常把外部条件(磁场、电流、应力等)维持在足够低值时电阻突然变为零的温度称为超导临界温度.实验表明,超导材料发生正常→超导转变时,电阻的变化是在一定的温度间隔中发生,而不是突然变为零的,如图 7.65.3 所示.起始温度 T_s(set point)为 R−T 曲线开始偏离线性所对应的温度;中点温度 T_m(mid point)为电阻下降至起始温度电阻 R_s 的一半时的温度;零电阻温度 T 为电阻降至零时的温度.

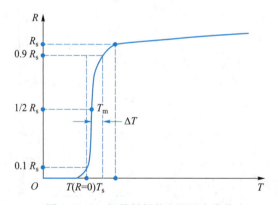

图 7.65.3 超导材料的电阻温度曲线

而转变宽度 ΔT 定义为电阻从 $0.9R_s$ 下降到 $0.1R_s$ 所对应的温度间隔.高临界温度材料发现之前,对于金属、合金及化合物等超导体,长期以来在测试工作中,一般将中点温度定义为 T_c,即 $T_c = T_m$.对于高临界温度氧化物超导体,由于其转变宽度 ΔT 较宽,有些新试制的样品 ΔT 可达十几开,再沿用传统规定容易引起混乱.因此,为了说明样品的性能,目前一般均给出零电阻温度 $T(R=0)$ 的数值,有时甚至同时给出上述的起始温度、中点温度及零电阻温度.而所谓零电阻在测量中总是与测量仪表的精度、样品的几何形状和尺寸、电极间的距离以及流过样品的电流大小等因素有关,因而零电阻温度也与上述诸因素有关,这是测量时应予以注意的.

2. 样品电极的制作

目前所研制的高临界温度氧化物超导材料多为质地松脆的陶瓷材料,即使是精心制作的电极,电极与材料间的接触电阻也常达零点几欧姆,这与零电阻的测量要求显然是不符合的.为消除接触电阻对测量的影响,常采用图 7.65.4 所示的四端子法.两根电流引线与直流恒流电源相连,两根电压引线连至数字电压表或经数据放大器放大后接至 X-Y 记录仪,用来检测样品的电压.按此接法,电流引线电阻及电极 1、4 与样品的接触电阻与 2、3 端的电压测量无关. 2、3 两电极与样品间存在接触电阻,通向电压表的引线也存在电阻,但是由于电压测量回路的高输入阻抗特性,吸收电流极小,因此能避免引线和接触电阻给测量带来的影响.按此法测得电极 2、3 端的电压除以流过样品的电流,即为样品电极 2、3 端间的电阻.本实验所用超导样品为商品化的银包套高临界温度超导线材,四个电极直接用焊锡焊接.

3. 温度控制及测量

临界温度 T_c 的测量工作取决于合理的温度控制及正确的温度测量方法.目前高临界温度氧化物超导材料的临界温度大多在 60 K 以上,因而冷源多用液氮.纯净液氮在一个大气压下的沸点为 77.348 K,三相点为 63.148 K,但在实际使用中由于液氮不纯,沸点稍高而三相点稍低(严格地说,不纯净的液氮不存在三相点).对三相点和沸点之间的温度,只要把样品

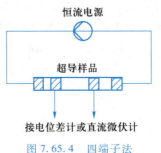

图 7.65.4 四端子法

直接浸入液氮,并对密封的液氮容器抽气降温,一定的蒸气压就对应于一定的温度.在 77 K 以上直至 300 K,常采用如下两种基本方法.

(1)普通恒温器控温法.低温恒温器通常是指这样的实验装置.它利用低温流体或其他方法,使样品处在恒定的或按所需方式变化的低温温度下,并能对样品进行一种或多种物理量的测量.这里所称的普通恒温器控温法,指的是利用一般绝热的恒温器内的锰铜线或镍铬线等绕制的电加热器的加热功率来平衡液池冷量,从而控制恒温器的温度稳定在某个所需的中间温度上.改变加热功率,可使平衡温度升高或降低.由于样品及温度计都安置在恒温器内并保持良好的热接触,所以样品的温度可以严格控制并被测量.这样控温方式的优点是控温精度较高,温度的均匀性较好,温度的稳定时间长.用于电阻法测量时,可以同时测量多个样品.这种控温法是点控的,因此普通恒温器控温法应用于测量时又称定点测量法(稳态法).

(2)温度梯度法(动态法).这是指利用贮存液氮的杜瓦瓶内液面以上空间存在的温度梯度来自然获取中间温度的一种简便易行的控温方法.样品在液面以上不同位置获得不同温度.为正确反映样品的温度,通常要设计一个紫铜均温块,将温度计和样品与紫铜均温块进行良好的热接触.紫铜块连接至一根不锈钢管,借助于不锈钢管进行提拉以改变温度.

本实验的恒温器设计综合上述两种基本方法,既能进行动态法测量,也能进行稳态法测量,以便进行两种测量方法和测量结果的比较.

4. 热电势及热电势的消除

用四端子法测量样品在低温下的电阻时常会发现,即使没有电流流过样品,电压端也常能测量到几微伏至几十微伏的电压降.而对于高临界温度超导样品,能检测到的电阻常在 $10^{-5} \sim 10^{-1}$ Ω 之间,测量电流通常取 $1 \sim 100$ mA,取更大的电流将对测量结果有影响.据此换算,电流流过样品而在电压引线端产生的电压降只在 $10^{-2} \sim 10^{3}$ μV 之间,因而热电势对测量的影响很大,若不采取有效的测量方法予以消除,有时会将良好的超导样品误作非超导材料,造成错误的判断.

测量中出现的热电势主要来源于样品上的温度梯度.为什么放在恒温器上的样品会出现温度的不均匀分布呢? 这取决于样品与均温块热接触的状况.若样品简单地压在均温块上,样品与均温块之间的接触热阻较大.同时样品本身有一定的热阻也有一定的热容.当均温块温度变化时,样品温度的弛豫时间与上述热阻及热容有关,热阻及热容的乘积越大,弛豫时间越长.特别在动态测量情形,样品各处的温度弛豫造成的温度分布不均匀不能忽略.即使在稳态的情形,若样品与均温块之间只是局部热接触(如不平坦的样品面与平坦的均温块接触),引线的漏热等因素将造成样品内形成一定的温度梯度.样品上的温差 ΔT 会引起载流子的扩散,产生热电势 E.

$$E = S\Delta T \tag{7.65.1}$$

式(7.65.1)中 S 是样品的微分热电势,其单位是 $\mu V \cdot K^{-1}$.

对高临界温度超导样品热电势的讨论比较复杂,它与载流子的性质以及电导率在费米面上的分布有关,利用热电势的测量可以获知载流子性质的信息.对于同时存在两种载流子的情况,它们对热电势的贡献要乘一权重,满足所谓 Nordheim-Gorter 法则.

$$S = \frac{\sigma_A}{\sigma}S_A + \frac{\sigma_B}{\sigma}S_B \tag{7.65.2}$$

式(7.65.2)中 S_A、S_B 是 A、B 两种载流子本身的热电势,σ_A、σ_B 分别为 A、B 两种载流子相应的电导率.$\sigma = \sigma_A + \sigma_B$. 材料处在超导态时,$S = 0$.

为消除热电势对测量电阻率的影响,通常采取下列措施:

(1)对于动态法.应将样品制得薄而平坦.样品的电极引线尽量采用直径较细的导线,例如直径小于 0.1mm 的铜线.电极引线与均温块之间要建立较好的热接触,以避免外界热量经电极引线流向样品.同时样品与均温块之间用导热良好的导电银浆粘接,以减少热弛豫带来的误差.另一方面,温度计的响应时间要尽可能小,与均温块的热接触要良好,测量中温度变化应该相对较缓慢.对于动态测量中电阻不能下降到零的样品,不能轻易得出该样品不超导的结论,而应该在液氮温度附近,通过后面所述的电流换向法或通断法检查.

(2)对于稳态法.当恒温器上的温度计达到平衡值时,应观察样品两侧电压电极间的电压降及叠加的热电势值是否趋向稳定,稳定后可以采用如下方法.

① 电流换向法:将恒流电源的电流 I 反向,分别得到电压测量值 U_A、U_B,则超导材料测电压电极间的电阻为

$$R = \frac{|U_A - U_B|}{2I}$$ (7.65.3)

② 电流通断法：切断恒流电源的电流，此时测电压电极间量到的电压即是样品及引线的积分热电势，通电流后得到新的测量值，减去热电势即是真正的电压降．若通断电流时测量值无变化，表明样品已经进入超导态．

【实验内容及步骤】

1. 利用动态法在计算机 X-Y 记录仪上分别画出样品在升温和降温过程中的电阻-温度曲线．

（1）打开仪器和超导测量软件．

（2）仪器面板上"测量方式"选择"动态"，"样品电流换向方式"选择"自动"，分别测出正"温度设定"逆时针旋到底．

（3）在计算机界面启动"数据采集"．

（4）调节"样品电流"至 80 mA．

（5）将恒温器放入装有液氮的杜瓦瓶内，降温速率由恒温器的位置决定．直至泡在液氮中．

（6）仪器自动采集数据，画出正反向电流所测电压随温度的变化曲线，最低温度到 77 K．

（7）点击"停止采集"，点击"保存数据"，给出文件名保存，降温方式测量结束．

（8）重新点击"数据采集"将样品杆拿出杜瓦瓶，进行升温测量，测出升温曲线．

2. 利用稳态法，在样品的零电阻温度与 0 ℃之间测出样品的 R-T 分布．

（1）将样品杆放入装有液氮的杜瓦瓶中，当温度降为 77.4 K 时，仪器面板上"测量方式"选择"稳态"，"样品电流换向方式"选择"手动"，分别测出正反向电流时的电压值．

（2）调节"温度设定"旋钮，设定温度为 80 K，加热器对样品加热，温度控制器工作，加热指示灯亮，直到指示灯闪亮时，温度稳定在一数值（此值与设定温度值不一定相等），记下实际温度值，测量正反向电流对应的电压值．

（3）将样品杠往上提一些，重复步骤(2)，设定温度为 82 K 进行测量．

（4）在 110 K 以下每 2~3 K 测一点，在 110 K 以上每 5~10 K 测一点，直至室温．

3. 将所需要的数据记入自拟表格中．

【注意事项】

1. 用动态法测量时，热弛豫对测量的影响很大．它对热电势的影响随升降温速度变化以及相变点的出现可能产生不同程度的变化．应善于利用实验条件、观察热电势的影响．

2. 动态法测量中样品温度与温度计温度难以一致，应观察不同的升降温速度对这种不一致的影响．

3. 进行稳态法测量时可以选择样品在液面以上的合适高度作为温度的粗调依据,而以计算机给定值作为温度的细调依据.

【数据处理】

1. 根据测量数据,分别画出样品在升温和降温过程中的电阻-温度曲线.
2. 根据测量数据,算出不同温度对应的电阻值,画出电阻随温度的变化曲线.

【分析讨论】

1. 设想一下,本实验适宜先进行动态法测量还是稳态法测量?为什么?
2. 本实验的动态法升降温过程获得的 $R-T$ 曲线有哪些具体差异?为什么会出现这些差异?
3. 给出实验所用样品的超导起始温度、中间温度和零电阻温度,分析实验的精度.
4. 什么是临界温度 T_c?有哪些规定?

【总结与思考】

超导样品的电极为什么一定要制作成如图 7.65.4 所示的四端子法?假定每根引线的电阻为 0.1 Ω,电极与样品间的接触电阻为 0.2 Ω,数字电压表内阻为 10 MΩ,试用等效电路分析当样品进入超导态时,直接用万用表测量与采用图 7.65.4 接法测量有何不同?

实验66 扫描隧道显微镜

1982 年,世界上第一台新型的表面分析仪器——扫描隧道显微镜(scanning tunneling microscope,STM)研制成功. 它的出现,使人类第一次能够实时地观测单个原子在物质表面的排列状态和与表面电子行为有关的物理、化学性质.STM 在表面科学、材料科学、生命科学等领域的研究中有着重大的意义和广阔的应用前景,被国际科学界公认为 20 世纪 80 年代世界十大科技成就之一.

【重点难点】

量子力学中的隧道效应.

【实验目的】

1. 学习和了解扫描隧道显微镜的结构与原理;
2. 观测与验证量子力学中的隧道效应;
3. 掌握扫描隧道显微镜的操作和调试过程并用来观测样品的表面形貌;
4. 学习用计算机软件处理原始数据图像.

扫描隧道显
微镜各部分
功能

【实验仪器】

扫描隧道显微镜、二位光栅样本、钨丝探针、样本.

【实验原理】

一、隧道效应

在无外力作用时,自由粒子的动量不变,因而波形不变.当波在两种不同介质的界面上或通过障碍时,所表现出的性质与光波等相类似.在界面外,波一部分被反射,另一部分将透过,当通过小孔(或狭缝)时将发生衍射效应.

假设具有一定能量 E 的粒子在一势场中沿 x 方向运动,粒子在这个势场中的势能是

$$U(x) = U_0 \quad (0 \leqslant x \leqslant a)$$
$$U(x) = 0 \quad (x<0, x>a)$$

从经典的观点来看,如果粒子能量小于势垒的高度,即 $E<U_0$,粒子只能在 $x<0$ 的区域(区域Ⅰ)中运动:如果粒子从左方 $x<0$ 向右运动时,碰到势垒壁 $(x=0)$ 会被反射回来,不能透过势垒,则不能出现在区域Ⅲ;只有粒子的能量大于势垒的高度,即 $E>U_0$,才能穿过势垒区(区域Ⅱ),$(0 \leqslant x \leqslant a)$ 跑到区域Ⅲ $(x>a)$ 中去.但是对微观粒子情况就不同了.

讨论一下粒子的能量小于势垒高度,即 $E<U_0$ 的情况.粒子的波函数 $\Psi(x)$ 在各区域或及所满足的定态薛定谔方程是:

$$-\frac{h^2}{8\pi^2 m} \frac{\mathrm{d}\psi(x)}{\mathrm{d}x^2} = E\psi(x) \ (x<0, x>a)$$

$$-\frac{h^2}{8\pi^2 m} \frac{\mathrm{d}\psi(x)}{\mathrm{d}x^2} + U_0\psi(x) = E\psi(x) \ (0 \leqslant x \leqslant a)$$

(7.66.1)

令 $K_1 = \dfrac{\sqrt{2mE}}{\hbar}$、$K_2 = \dfrac{\sqrt{2m(U_0-E)}}{\hbar}$,将其代入以上方程的解为

$$\psi_1(x)\mathrm{e}^{-\frac{i}{\hbar}Et} = A_1\mathrm{e}^{iK_1 x}\mathrm{e}^{-\frac{i}{\hbar}Et} + A_2\mathrm{e}^{-iK_1 x}\mathrm{e}^{-\frac{i}{\hbar}Et} \ (x<0)$$

$$\psi_2(x)\mathrm{e}^{-\frac{i}{\hbar}Et} = B_1\mathrm{e}^{iK_2 x}\mathrm{e}^{-\frac{i}{\hbar}Et} + B_2\mathrm{e}^{-iK_2 x}\mathrm{e}^{-\frac{i}{\hbar}Et} \ (0 \leqslant x \leqslant a)$$

$$\psi_3(x)\mathrm{e}^{-\frac{i}{\hbar}Et} = C_1\mathrm{e}^{iK_1 x}\mathrm{e}^{-\frac{i}{\hbar}Et} + C_2\mathrm{e}^{-iK_1 x}\mathrm{e}^{-\frac{i}{\hbar}Et} \ (x>a)$$

(7.66.2)

上式的物理意义:第一式中右边的第一项表示沿 x 轴正方向传播的平面波,即入射波;第二项表示沿 x 轴负方向传播的平面波,即反射波.可见在区域Ⅰ存在入射和反射二列平面波,在该区域描述粒子状态的波函数 $\Psi_1 = (x,t)$ 是沿相反方向传播的二列平面波的叠加.在区域Ⅲ,由于不存在反射波,第三式中的 $C_2=0$,因此,在该区域描述粒子状态的波函数是沿 x 轴正方向传播的平面波,即透射波.而 $0 \leqslant x \leqslant a$ 区域,第二式为两个指数函数的叠加.

在区域Ⅱ、Ⅲ中解得的波函数不等于零,说明在这两个区域都有发现粒子的概

率,这就是说,当粒子的能量小于势垒的高度时,粒子由区域Ⅰ向右运动,不但可以穿入区域Ⅱ,而且可以穿透区域Ⅱ跑入区域Ⅲ中,粒子"穿过"势垒后,能量并没有减少,仍然保持在区域Ⅰ时的能量,这种现象就好像粒子在势垒壁上"开凿"隧道而钻出,故称为"隧道效应"(图7.66.1).

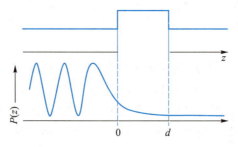

图7.66.1 量子力学中的隧道效应

隧道效应的物理意义可简单说明:

其中:A_1 是入射波振幅,C_1 是透射波振幅.可见,势垒的宽度 a 越大,粒子穿透概率越小;粒子的能量 E 越大,穿透概率越大.

经典物理学认为,动能是非负的量,因此一个粒子的势能若要大于它的总能量 E 是完全不可能的.对表面而言,也即物质表面是分明的,发生在表面的反射会束缚住电子,因此表面不存在电子云.

而在量子理论中电子具有波动性,其位置是弥散的,在区域Ⅲ,薛定谔方程的解不一定是零(U 不是无限大的话).一个入射离子穿透一个有限区域的概率是非零的,因此物质表面上的一些电子会散逸出来,在样品四周形成电子云.在导体表面之外的空间的某一位置发现电子的概率,会随着这个与表面距离的增大而呈现指数形式的衰减.

二、STM 理论

STM 的基本理论来源于量子力学中的隧道效应原理.其核心是一个能在样品表面上扫描,并与样品有一定偏置电压,其直径为原子尺度的针尖.由于电子隧道贯穿的概率于势垒的宽度呈现负指数关系,所以当针尖和样品的距离非常接近时,其间的势垒变得很薄,电子云相互重叠.将原子线度的极细探针和被研究物质的表面作为两个电极,当针尖和样品的间隙 a 极近时(通常小于 1 nm),在针尖和样品之间施加一电压,电子就可以通过隧道效应由针尖转移到样品或从样品转移到针尖,形成隧道电流.隧道电流 I 与偏压 V_b 和电子透射系数成比例:

$$I \propto V_b e^{-2ka} \tag{7.66.3}$$

因为透射系数对间隙 a 非常敏感,所以隧道电流 I 对 a 非常敏感.如果间隙 a 减小 0.1 nm,隧道电流 I 将增加一个数量级.由于表面原子的排布,所以当探针沿样品表面扫描时,间隙 a 是一个变量,从而隧道电流是位置的函数,它反映了样品表面的凹凸状况.实际测量时,靠样品表面被测点的隧道电流提供反馈信号,改变加在 z 轴方向压电元件上的电压 V_z,使探针移动以维持针尖与样品之间的间隙 a 恒定. z 轴方向压电元件上所加电压 V_z 的变化,反映了针尖在 xy 面扫描时的 z 轴方向位移 $\Delta z(x,y)$,它是 x,y 的函数,是对样品表面原子排布形貌的摹写.将此信号送交数据处理和显示系统,便能得到具有 0.1 nm 量级超高分辨率的表面原子排布图像.

对于观察表面形貌起伏较大的样品,则可利用电子反馈线路控制隧道电流的恒定,并用压电陶瓷材料控制针尖在样品表面扫描,探针在垂直于样品方向上高低的变化就反映出了样品表面的起伏形貌或原子排列图像.

三、STM 电子学系统工作原理

1. 使仪器处于恒定电流模式,设定所需恒定的隧道电流值及针尖偏压;

2. 计算机通过电子学控制箱的马达驱动电路(下部的虚框)驱动步进马达,使针尖缓慢趋近样品,直到进入隧道区并处于理想状态;

3. 通过 A/D 多功能卡发出 xy 扫描信号,电子学控制箱的扫描电路(上部的虚框)对其进行处理后,驱动头部的压电陶瓷扫描管,使针尖在样品表面进行二维扫描;

4. 在扫描过程中,随着针尖在样品表面上移动,其间的隧道电流会发生变化,头部的前置放大器检测这一信号变化,并将信号变化经过放大后送入电子学控制箱的反馈控制电路(中部的虚框);

5. 反馈控制电路根据隧道电流的变化控制压电陶瓷扫描器在 z 轴方向进行伸缩,以使得隧道电流保持与设定值的恒定;

6. 同时反馈控制电路将 z 轴的电压信号通过 A/D 多功能卡送入计算机,计算机将这一信号与所发出的 xy 信号组合重构成三维数据,即形貌数据.

【实验内容及步骤】

1. 启动计算机,系统正常工作后,点击桌面的 STM 图标运行 STM 驱动程序,当 STM 的在线扫描的控制窗口出现后,打开电子学控制箱电源.

2. 设定扫描前的各项参数.

电子学控制箱上的积分保持在 $2.5 \sim 4$ 之间,比例保持为 0. 积分上升,反馈降低;比例上升,反馈上升;

扫描量程:可扫描的最大范围和精度,大范围扫描可设在 $50 \sim 150$ 之间,此值与右侧的扫描尺寸一一对应.

采样数:数据图像的行、列像素数,设为 256.

采样放大倍率:设为 2 左右.

速度:两微步之间的时间,可设为 50 左右,此值越大扫描速度越小.

微步:两采样点间针尖走的步数,可设为最大,此值越大扫描速度越小.速度与微步的选择原则,样品起伏越大,扫描量程越大,选值越大.

旋转与 x,y 偏移:根据实际情况自行设定.

调色板:锁定项选中,其他在扫描过程中调节.

采集控制:不要选中显示标尺,否则会退出系统,其他全部选中.

AD 平衡:最初无效,等到针尖接近样品后可设为 0.

设定点:由隧道电流钮控制.先设为 0.4 nA,马达趋进完成后改为所需值 0.5 ~ 2.0 nA,此值下降样品与针尖间距上升.

监视:选中.

Z 电压:由 Z 偏压钮控制,设为 −181 V,此时 pzt 压电装置处于最大伸长状态.

隧道电流:不用考虑.

Z 偏压:随 Z 电压变化,不用考虑.

针尖偏压:先设定为 0.25 V,马达趋进完成后改为所需值 0.04 ~ 0.15 V 之间,此值上升样品与针尖间距上升.石墨、光栅可调到 0.08 V,不可小于 0.02 V.

增强状态:选中曲线与隧道电流,其他不动.

以上设定适用金膜,光栅等大范围扫描,也可参照帮助文件"stm. hlp"中在线扫描部分的扫描前状态.

3. 所有设定完成后准备进针.

调解左右两螺丝和步进马达使针尖与样品基本垂直,调整间距约为 1.5 mm.步进马达红色为进针,即针尖靠近表面,白色相反;左右螺丝刻度的增加为进针.之后,利用放大镜仔细调节左右螺丝使间距达到 0.1 mm 左右,千万注意不要撞击针尖.马达控制中选中电流 0.2 nA.然后点击马达控制中的自动进针直到自动停止.点击单步进针,观察 Z 电压由 −181 V 左右降到 0 V 时停止.如果 Z 电压达到 +180 V 左右,即已经发生了撞针,应重新换过针尖再做.进针完成后,参照两种设定好参数准备扫描,在此之前设定值的目的是防止撞针.

4. 在线扫描.

选中增强状态下的图像与高度,点击扫描.扫描过程中要不停调节 AD 平衡,是保持在 0 左右,同时还要多次点击适应,以达到良好的画面,存盘.

5. 点击马达控制下的退针,单步退几十步后,连续后退数百步之后利用马达的白色按钮退出针尖.关闭控制箱电源,进行离线分析,具体分析方法参照帮助文件"stm. hlp".

【注意事项】

1. 防震.STM 精度很高,除设备自身防震设施外,实验人员应注意不要乱走动与大声说话.

2. 针尖进针、退针时应注意,绝对避免碰撞样品表面.马达的进退针转换时应先点击停止.

3. 避免大功率的电器与 STM 放得很近.

4. 扫描速度与微步是影响图像质量的关键因素,对于大范围扫描应注意放慢扫描速度,通常采用较大的速度级别和微步.随时调节 A/D 平衡保持为 0.

【分析讨论】

1. 恒流与恒高模式各有什么特点?
2. 隧道电流的大小意味着什么?
3. 减震设施的具体含义是什么?
4. 不同方向的样品针尖偏压对实验结果有什么影响?

【总结与思考】

简述隧道效应的具体含义和应用.

第 三 篇

设计实验专题

第8章
气垫导轨上的实验

气垫导轨是一种阻力极小的力学实验装置. 它利用气源将压缩空气打入导轨型腔,再由导轨表面上的小孔喷出气流,在导轨与滑块之间形成很薄的气膜,将滑块浮起,并使滑块能在导轨上作近似无阻力的直线运动.

气垫导轨实验装置由导轨、滑块和光电测量系统等组成,如图 8.0.1 所示.

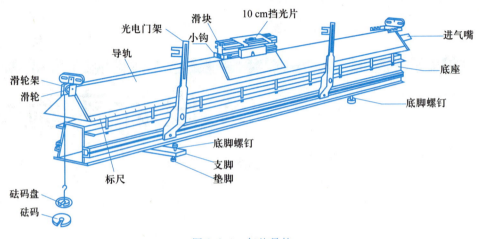

图 8.0.1   气垫导轨

1. 导轨

导轨的主体是一根长约 1.5 m、截面为三角形的金属空腔管,在空腔管的侧面钻有两排等间距并错开排列的喷气小孔. 空腔管一端密封,另一端装有进气嘴,与气泵相连. 气泵将压缩空气送入空腔管后,再由小孔高速喷出. 在导轨上安放滑块,在导轨下装有调节水平用的底脚螺钉和用于测量光电门位置的标尺. 整个导轨通过一系列直立的螺杆安装在"口"字形铸铝梁上.

2. 滑块

滑块是由长为 0.100 ~ 0.300 m 的角铝做成的. 其角度经过校准,内表面经过细磨,与导轨的两个上表面能很好地吻合. 当导轨的喷气小孔喷气时,在滑块和导轨这两个相对运动的物体之间,形成一层厚为 0.05 ~ 0.20 mm 的流动的空气薄膜. 由于空气的黏性力几乎可以忽略不计,所以这层薄膜就成了极好的润滑剂,这时虽然还存在气垫对滑块的黏性力和周围空气对滑块的阻力,但这些阻力和通常的动摩擦力相比,是微不足道的,它消除了导轨对运动物体(滑块)的直接摩擦,因此滑块可以在导轨上作近似无摩擦的直线运动. 滑块中部的上方水平安装着挡光片,与光电门和计时器相配合,测量滑块经过光电门的时间或速度. 滑块上还可以安装配重块(即砝码,用于改变滑块的质量)、接合器及弹簧片等附件,用于完成不同的实验. 滑块必须保持其纵向及横向的对称性,使其质心位于导轨的中心线且越低越好,至少不宜高于碰撞点.

3. 光电测量系统

光电测量系统由光电门和光电计时器组成,其结构和测量原理如图 8.0.2 所示. 当滑块从光电门旁经过时,安装在其上方的挡光片穿过光电门,从光电门发射器发出的红外线被挡光片挡住而无法照到接收器上,此时接收器产生一个脉冲信号. 在滑块经过光电门的整个过程中,挡光片两次挡光,则接收器共产生两个脉冲信号,计时器测出这两个脉冲信号之间的时间间隔 Δt.

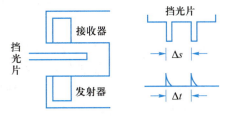

图 8.0.2　光电测量系统

它的作用与停表相似:第一次挡光相当于开启停表(开始计时),第二次挡光相当于关闭停表(停止计时). 但这种计时方式比停表所产生的系统误差要小得多,光电计时器显示的精度也比停表高得多. 如果预先确定了挡光片的宽度,即挡光片两翼的间距 Δs,则可求得滑块经过光电门的速度 $v = \Delta s / \Delta t$. 本实验中 $\Delta s = 1.00 \ \text{cm}$.

光电计时器是以单片机为核心的仪器,配有相应的控制程序,具有计时 1、计时 2、碰撞、加速度、计数等多种功能. 功能键兼具"功能选择"和"复位"两种功能:当光电门未挡过光,按此键可选择新的功能;当光电门挡过光,按此键则清除当前的数据(复位). 转换键则可以在计时 1 和计时 2 之间交替翻查 24 条时间记录.

【仪器调节】

1. 导轨的调平

横向调平是借助水平仪调节横向两个底脚螺钉来完成的;纵向调平有静态调节和动态调节两种方法.

（1）静态调节法

打开气泵给导轨通气,将滑块放在导轨上,观察滑块的移动,滑块向哪一端移动就说明哪一端低. 调节导轨底脚螺钉直至滑块保持不动或者稍有滑动但无一定的方向性为止. 原则上,应把滑块放在导轨上几个不同的地方进行调节. 如果发现把滑块放在导轨上某点的两侧时,滑块都向该点滑动,则表明导轨本身不直,并在该点处下凹(这属于导轨的固有缺陷,本实验条件下无法继续调整). 这种方法只作为导轨的初步调平.

（2）动态调节法

轻拨滑块使其在导轨上滑行,测出滑块通过两光电门的时间 Δt_1 和 Δt_2,Δt_1 和 Δt_2 相差较大则说明导轨不水平. 调整底脚螺钉直至 Δt_1 和 Δt_2 相近为止. 由于空气阻力的存在,即使导轨完全水平,滑块也是在作减速运动,即 $\Delta t_1 < \Delta t_2$,所以不必使二者相等.

2. 检查并调节光电计时器

分别将光电门 1、2 的导线插入计时器的 P_1、P_2 插口,打开电源开关,按功能键,使 S 指示灯亮. 让滑块经过光电门 1,仪器应显示滑块经过距离 Δs 所需要的时间 Δt,滑块再次经过光电门 1 时显数发生变化,说明仪器显示工作正常. 用同样的方法检查光电门 2 是否正常工作. 然后按功能键,清除已存数据,再次按功能键开始功能转换,选择相应的功能挡,准备正式测量.

【注意事项】

1. 气孔不喷气时,不得将滑块放在导轨上,更不得使滑块在导轨上来回滑动.

2. 每次实验前,都要把导轨调到水平状态,包括纵向和横向水平.

3. 导轨表面不允许有尘土污垢,使用前需用干净棉花蘸酒精将导轨表面和滑块内表面擦净.

4. 接通气源后,须待导轨空腔管内气压稳定、喷气流量均匀之后,再开始做实验.

5. 导轨与滑块配合很严密,导轨表面和滑块内表面有良好的直线度、平面度和光洁度. 所以,导轨表面和滑块内表面要防止磕碰、划伤和压弯.

6. 在气垫导轨上做实验时,配合使用的附件很多,要注意将附件放在专用盒里,不要弄乱. 轻质滑轮、挡光片以及一些塑料零件,要防止压弯、变形、折断.

7. 不做实验时,导轨上不准放滑块和其他东西.

实验 67　验证牛顿第二定律

验证是指实验结果与理论结果的完全一致,这种一致实际上是实验装置、方法在误差范围内的一致. 由于实验条件和实验水平的限制,有时实验结果与理论结果之差有可能超出了实验误差的范围,所以验证性实验是属于难度很大的一类实验,要求具备较高的实验条件和实验水平. 本实验通过直接测量牛顿第二定律所涉及的各物理量的值,并研究它们之间的定量关系,进行直接验证.

【目的要求】

1. 熟悉气垫导轨和光电计时器的调整与使用方法.
2. 学会测量滑块速度和加速度的方法.
3. 研究力、质量和加速度之间的关系,验证牛顿第二定律.

【仪器装置】

气垫导轨,滑块,光电计时器,砝码.

【实验原理】

1. 测量滑块的运动速度

悬浮在水平气垫导轨上的滑块,在气垫导轨上作"无摩擦阻力"的运动. 当所受合外力为零时,滑块在导轨上的运动为匀速直线运动. 在滑块上装两个平行的挡光片,当滑块通过某一个光电门时,第一个挡光片挡住照在光电管上的光,计数器开始计时,当另一个挡光片再次挡光时,计数器停止计时,计数器显示屏上显示出两次挡光的时间间隔 Δt. 若两个挡光片同侧边沿之间的距离为 ΔL,则可以计算出滑块通过光电门的平均速度 $\bar{v}$ 为

$$\bar{v} = \frac{\Delta L}{\Delta t} \qquad (8.67.1)$$

由于 ΔL 比较小(1 cm 左右),相应的 Δt 也较小,在 ΔL 范围内滑块的速度变化很小,故可将 $\bar{v}$ 视为滑块经过光电门所在点(以指针为准)的瞬时速度.

2. 测量滑块的加速度

在气垫导轨上设置两个间距为 s 的光电门. 滑块在水平方向上受恒力作用时将作匀加速直线运动,并依次通过这两个光电门. 计数器可显示出滑块分别通过这两个光电门的时间 Δt_1、Δt_2 及通过两光电门的时间间隔 Δt. 其加速度为

$$a = \frac{v_2 - v_1}{\Delta t} \quad \text{或} \quad a = \frac{v_2^2 - v_1^2}{2s} \qquad (8.67.2)$$

根据上述方法,只要测出滑块通过第一个光电门的初速度 $v_1 = \Delta L / \Delta t_1$ 及滑过第二个光电门的末速度 $v_2 = \Delta L / \Delta t_2$,便可根据式(8.67.2)获得滑块的加速度 a.

3. 验证牛顿第二定律

牛顿第二定律是运动学基本定律之一. 其内容为物体受外力作用时,所获得加速度的大小与所受合外力的大小成正比,与物体的质量成反比. 按照牛顿第二定律,对于一定质量 m 的物体,其所受的合外力 F 和物体的加速度 a 之间的关系如下:

$$F = ma \qquad (8.67.3)$$

验证此定律可分为两步:① 验证物体质量 m 一定时,其所受合外力 F 和物体的加速度 a 成正比;② 验证合外力 F 一定时,物体的加速度 a 和其质量 m 成反比.

实验中所用滑块质量为 m_1,砝码盘和砝码的质量为 m_2,则该系统的总质量 $m = m_1 + m_2$,细线张力为 F_T,则有

$$m_2 g - F_T = m_2 a, \quad F_T = m_1 a \qquad (8.67.4)$$

该系统所受的合外力的大小 $F = m_2 g$,则有

$$F = m_2 g = (m_1 + m_2) a \qquad (8.67.5)$$

即

$$F = ma \qquad (8.67.6)$$

其中滑块的加速度可以由式(8.67.2)计算,通过改变砝码的质量进而验证牛顿第二定律.

【探索与设计】

1. 自拟实验内容及步骤,验证牛顿第二定律.

2. 分析实验误差.

实验 68 测量重力加速度

重力加速度 g 是指物体在地球的重力场中,因受重力作用而具有的加速度,是一个反映地球万有引力强弱的物理常量. 它与地球上各个地区的经纬度、海拔高度及地下资源的分布有关,南北两极的重力加速度 g 最大,赤道附近的重力加速度 g 最小,两者相差约 1/300. 重力加速度的测定在理论、生产和科学研究中都具有重要意义.

【目的要求】

1. 学会测量滑块加速度的方法.
2. 利用气垫导轨测量本地的重力加速度.

【仪器装置】

气垫导轨,滑块,垫片,光电计时器,游标卡尺,卷尺.

【实验原理】

通过测量重力加速度沿倾斜导轨面的分力,再测量相应的倾斜角度,可获得物体的重力加速度. 首先将导轨调节成水平状态,然后再用垫片将导轨垫成倾斜状态,使滑块能够沿导轨表面自由滑下.

如图 8.68.1 所示,设垫片高度为 H,导轨单脚螺丝到双脚螺丝连成的距离为 L,滑块在导轨上所受的阻力忽略不计,则导轨所受的合外力就是重力沿斜面向下的分力

$$F = mg\sin\theta \tag{8.68.1}$$

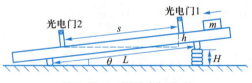

图 8.68.1 测重力加速度

而倾角的正弦值可以根据装置的几何配置获得,即 $\sin\theta = H/L$. 又根据牛顿第二定律,重力沿斜面的分力大小还可以描述为基本的定义形式 $F = ma$. 因此能够得到 $mgH/L = ma$,进而得到物体的重力加速度 g 为

$$g = a\frac{L}{H} \tag{8.68.2}$$

根据式(8.68.2),只要能够测量出装置导轨单脚螺丝到双脚螺丝的距离 L、垫片高度 H、物体下滑的加速度 a,便能够计算出相应的重力加速度.

加速度的计算可由气垫导轨的光电门与光电计时器实现.

【探索与设计】

1. 设计加速度的测量过程,在 H 不变的条件下多测几组加速度 a,取平均值 $\bar{a}$,则所获得的重力加速度为 $\bar{g}=\bar{a}L/H$.

2. 计算不确定度,并将测量结果表示成标准形式.

实验 69　验证动量守恒定律

　　动量守恒定律是自然界的一个普遍规律,它不仅适用于宏观世界,同样也适用于微观世界. 它揭示了通过物体间的相互作用,机械运动发生转换的规律. 如果一个系统所受的合外力为零,那么系统内部的物体在作相互碰撞传递动量的时候,虽然各个物体的动量是变化的,但系统的总动量守恒. 如果系统在某个方向上所受的合外力为零,则系统在该方向上的动量守恒. 本实验在近似无摩擦的气垫导轨上研究两个运动的滑块的一维对心碰撞,分析不同种类的碰撞前后动量和动能的变化情况,从而验证动量守恒定律.

【目的要求】

1. 观察弹性碰撞和完全非弹性碰撞现象.
2. 验证动量守恒定律.

【仪器装置】

气垫导轨,滑块,垫片,光电计时器.

【实验原理】

　　设两滑块的质量分别为 m_1 和 m_2,碰撞前的速度为 v_{10} 和 v_{20},相碰后的速度为 v_1 和 v_2. 根据动量守恒定律,有

$$m_1 v_{10}+m_2 v_{20}=m_1 v_1+m_2 v_2 \qquad (8.69.1)$$

测出两滑块的质量和碰撞前后的速度,就可验证碰撞过程中动量是否守恒. 其中 v_{10} 和 v_{20} 是滑块经过两个光电门的瞬时速度,可用 $\Delta L/\Delta t$ 计算,Δt 越小瞬时速度越准确. 在实验里假设挡光片的宽度为 ΔL,挡光片通过光电门的时间为 Δt,即有 $v_{10}=\Delta L/\Delta t_1$,$v_{20}=\Delta L/\Delta t_2$.

　　牛顿在研究碰撞现象时曾提出恢复系数的概念,定义恢复系数 $e=\dfrac{v_2-v_1}{v_{10}-v_{20}}$. 当 $e=1$ 时为完全弹性碰撞,$e=0$ 时为完全非弹性碰撞,$0<e<1$ 时为非完全弹性碰撞. 完全弹性碰撞是一个理想物理模型. 实验所用的滑块上的碰撞弹簧是钢制成的,e 值在 0.95 左右,虽然接近 1,但差异还是明显的,因此在气垫导轨上一般难以实现

完全弹性碰撞. 我们只在非完全弹性碰撞和完全非弹性碰撞两种条件下进行实验, 在这两种条件下, 虽然动能不守恒, 但是动量守恒.

为检验实验结果的准确程度, 可以引入动量相对误差的概念, 定义动量相对误差为

$$E = \frac{\Delta \sum (mv)}{\sum (mv_0)} \times 100\%$$

$\sum (mv_0)$ 是碰撞前系统的总动量, $\Delta \sum (mv)$ 是碰撞前后系统的总动量差. 一般情况下, 如果 $E < 5\%$, 我们就可以认为系统动量守恒了.

实验分以下两种情况进行.

1. 弹性碰撞

两滑块的相碰端装有缓冲弹簧, 它们的碰撞可以视为弹性碰撞. 在碰撞过程中除了动量守恒外, 它们的动能完全没有损失, 也遵守机械能守恒定律, 有

$$\frac{1}{2} m_1 v_{10}^2 + \frac{1}{2} m_2 v_{20}^2 = \frac{1}{2} m_1 v_1^2 + \frac{1}{2} m_2 v_2^2 \qquad (8.69.2)$$

由式(8.69.1)和式(8.69.2)可得

$$v_1 = \frac{(m_1 - m_2) v_{10} + 2m_2 v_{20}}{m_1 + m_2} \qquad (8.69.3)$$

$$v_2 = \frac{(m_2 - m_1) v_{20} + 2m_1 v_{10}}{m_1 + m_2} \qquad (8.69.4)$$

(1) 若两个滑块质量相等, $m_1 = m_2 = m$, 且令 m_2 碰撞前静止, 即 $v_{20} = 0$. 则由式 (8.69.1)、式(8.69.2)得 $v_1 = 0, v_2 = v_{10}$, 即两个滑块将彼此交换速度.

(2) 若两个滑块质量不相等, $m_1 \neq m_2$, 仍令 $v_{20} = 0$, 则有

$$m_1 v_{10} = m_1 v_1 + m_2 v_2 \qquad (8.69.5)$$

$$\frac{1}{2} m_1 v_{10}^2 = \frac{1}{2} m_1 v_1^2 + \frac{1}{2} m_2 v_2^2 \qquad (8.69.6)$$

可得 $v_1 = \dfrac{m_1 - m_2}{m_1 + m_2} v_{10}, v_2 = \dfrac{2m_1}{m_1 + m_2} v_{10}$. 当 $m_1 > m_2$ 时, 两滑块相碰后, 二者沿相同的速度方向 (与 $\boldsymbol{v}_{10}$ 相同) 运动; 当 $m_1 < m_2$ 时, 二者相碰后运动的速度方向相反, m_1 将反向运动, 速度为负值.

2. 完全非弹性碰撞

将两滑块上的缓冲弹簧取去. 在滑块的相碰端装上尼龙扣. 相碰后尼龙扣将两滑块扣在一起, 具有同一运动速度, 即 $v_1 = v_2 = v$. 由动量守恒定律可得

$$m_1 v_{10} + m_2 v_{20} = (m_1 + m_2) v \qquad (8.69.7)$$

仍令 $v_{20} = 0$, 则有 $m_1 v_{10} = (m_1 + m_2) v$, 进而可以得到

$$v = \frac{m_1}{m_1 + m_2} v_{10} \qquad (8.69.8)$$

当 $m_2 = m_1$ 时, $v = 0.5 v_{10}$, 即两滑块扣在一起后质量增加一倍, 速度为原来的一半.

【探索与设计】

设计实验过程, 完成动量守恒定律的验证.

实验 70　验证机械能守恒定律

机械能守恒定律是能量守恒定律在力学范围内的特例,在研究力学问题时有着重要的应用. 机械能守恒定律的内容为:物体在运动过程中,若只有保守力做功,则物体的机械能守恒,即 $E_1 = E_2$. 本实验利用气垫导轨上的滑块的运动来验证机械能守恒定律.

【目的要求】

验证机械能守恒定律.

【仪器装置】

气垫导轨,滑块,垫片,光电计时器.

【实验原理】

首先将导轨调节成水平状态,然后再用垫片将导轨垫成倾斜状态,如图 8.70.1 所示,使滑块能够沿导轨表面自由滑下. 设垫片高度为 H,导轨单脚螺丝到双脚螺丝连成的距离为 L,两光电门之间的距离为 s,则两光电门之间的高度差为 $h = sH/L$. 滑块 m 由上往下滑动,经过两个光电门时的速度分别为 $\boldsymbol{v}_1$、$\boldsymbol{v}_2$,滑块在导轨上所受的阻力忽略不计,运动过程中只有重力做功,符合机械能守恒定律成立的条件,有

$$\frac{1}{2}mv_1^2 + mgh = \frac{1}{2}mv_2^2 \qquad (8.70.1)$$

即

$$\frac{1}{2}mv_1^2 + mg\frac{Hs}{L} = \frac{1}{2}mv_2^2 \qquad (8.70.2)$$

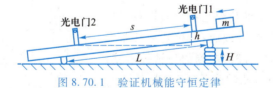

图 8.70.1　验证机械能守恒定律

为减少计算量,可约去 m,

$$v_1^2 + 2g\frac{Hs}{L} = v_2^2 \qquad (8.70.3)$$

为检验实验结果的准确程度,可以仿照前面验证动量守恒定律的方法,引入机械能相对误差的概念. 定义机械能相对误差

$$E = \frac{\left| \frac{1}{2}mv_2^2 - \left(\frac{1}{2}mv_1^2 + mgh \right) \right|}{\frac{1}{2}mv_1^2 + mgh} \times 100\% \qquad (8.70.4)$$

式(8.70.4)中,分母是下滑至第一个光电门时系统的总机械能,分子是下滑高度 h 后系统的总机械能变化量. 一般情况下,如果 $E<5\%$,我们就可以认为系统机械能守恒.

【探索与设计】

设计实验内容及步骤,完成机械能守恒定律验证实验的相关测量,通过计算机械能的相对误差验证机械能守恒定律.

实验 71 研究滑块的简谐振动

振动作为一种运动形式普遍存在于我们的周围. 简谐振动是物质振动形态中一种最基本、最简单的运动形式. 它是指运动物体因受到具有周期性的回复力作用,而以某一点为中心作往返运动. 多种简谐振动可以合成非常复杂的振动形式,因此,对简谐振动的研究是非常重要的,也是十分有意义的. 本实验通过弹簧振子系统研究简谐振动及其规律.

【目的要求】

1. 观察简谐振动现象,测定简谐振动的周期.
2. 观察简谐振动的周期随振子质量和弹簧弹性系数而变化的情形.

【仪器装置】

气垫导轨,滑块,弹簧,天平.

【实验原理】

如图 8.71.1 所示,将在水平气垫导轨上放置的滑块分别用两个弹性系数为 k_1 和 k_2 的弹簧相连,并将其固定在导轨两端. 当把滑块从静止位置向左(或向右)拉到与其原来位置的距离为 x 的位置时,左侧的弹簧被压缩,其弹性力为 k_1x,而右侧的弹簧被拉伸,其弹性

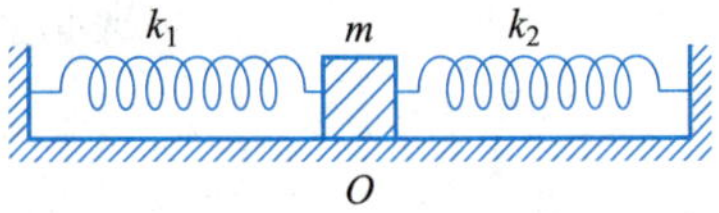

图 8.71.1 简谐振动研究

力为 k_2x. 两个力的方向相同,在忽略空气阻力和弹簧质量的理想情况下,滑块受到的弹簧的弹性力为

$$F = -(k_1+k_2)x \tag{8.71.1}$$

根据牛顿第二定律 $F=ma$,可得

$$m\frac{\mathrm{d}^2 x}{\mathrm{d}t^2} = -(k_1+k_2)x \tag{8.71.2}$$

方程式(8.71.2)是典型的简谐振动的动力学方程. 可将式(8.71.2)进一步整理,令 $\omega^2 = \dfrac{k_1+k_2}{m}$,则有

$$\frac{\mathrm{d}^2 x}{\mathrm{d}t^2} = -\omega^2 x \tag{8.71.3}$$

式(8.71.3)的通解为 $x = x_0 \sin(\omega t + \varphi_0)$, 其中 φ_0 为初相位. 则相应的简谐振动周期可以描述为

$$T = \frac{2\pi}{\omega} = 2\pi \sqrt{\frac{m}{k_1 + k_2}} \tag{8.71.4}$$

通过式(8.71.4)可知, 对于弹簧振子类系统, 其振动的周期仅与系统本身的配置, 即滑块的质量、两个弹簧的弹性系数等有关. 无论振幅有多大的变化, 其振动的周期将不发生变化, 这里我们称其为振动特征量. 然而若弹簧的弹性系数 k_1 和 k_2 与滑块的质量发生变化, 则相应的周期也会随之变化.

【探索与设计】

1. 设计实验内容及步骤, 完成对简谐振动现象的观察和对简谐振动周期的测量.

2. 换用弹性系数不同的弹簧及质量不同的物体, 研究振动周期受到的影响.

第9章
热学实验

实验72　液体比汽化热的测量

【目的要求】

1. 了解蒸发过程和凝结过程的特点.
2. 测量比汽化热的量值.

【仪器装置】

仪器装置见图 9.72.1, 也可以自行设计.

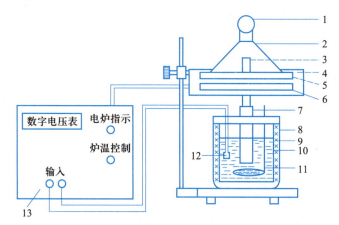

1—烧瓶盖；2—烧瓶；3—通气玻璃管；4—托盘；5—电炉；6—绝热板；
7—橡皮管；8—量热器外壳；9—绝热材料；10—量热器内杯；11—搅拌器；
12—温度传感器（AD590）；13—温控和测温表.

图 9.72.1　比汽化热测量装置

【实验原理】

在液体中, 有些分子因具有较高的动能而克服液体表面的束缚逸出液体的过程称为蒸发(汽化). 液体蒸发现象的强弱与液体本身的温度有关. 液体的温度越高, 液体分子的动能就越大, 蒸发速度越快. 常温时, 液体蒸发的速度慢, 高温(沸腾)时, 液体蒸发的速度快, 且此时液体的温度保持不变, 直至液体的所有分子都蒸发完毕, 这很显然是一个吸收热量的热力学过程. 当液体处于沸腾状态时, 单位质量的液体转变成为同温度的气体所需要的热量称为这种液体的比汽化热, 用符号 L 表示. 当温度下降时, 气体分子就会转变为液体分子, 这一过程称为凝结. 很显然凝结过程与蒸发过程相反,它是一个放热过程. 处于液体沸点温度的凝结过程放出的热量与相同条件下蒸发过程吸收的热量相等. 设量热器内杯及内杯中水的温度为 t_1. 将质量为 m 的 100 ℃的水蒸气通入量热器内杯的水中,水蒸气因放热而温度下降,最后凝结为水. 当水和量热器内杯温度相同时,设其温度为 t_2,因液体相变过程中热量守恒,有

$$mL + mc_s(100 - t_2) = (m_0 c_s + m_1 c_{Al} + m_2 c_{Al})(t_1 - t_2) \tag{9.72.1}$$

式(9.72.1)中 c_s 是水的比热容,c_{Al} 是铝(量热器)的比热容,m_0 是量热器中的水的质量,m_1 和 m_2 分别是量热器内杯和搅拌器的质量,L 是比汽化热.

这种测量方法与测量固态物体的比热容实验相似,称为混合法.

本实验若是用集成电路温度传感器,则需要在该装置上的两引线端加一定的直流电压. 如温度升高或降低 1 ℃,温度传感器电路中的电路电流就增加或减小 1 μA,可保持良好的线性关系,即

$$I = kt + b \tag{9.72.2}$$

式(9.72.2)中,I 为实验所用温度传感器的输出电流,k 为温度传感器温度系数,b 为0 ℃时的电流.

【探索与设计】

1. 设计实验给实验所用温度传感器定标.
2. 设计一个实验方案完成比汽化热的测量.

实验73　测量冰的熔化热

【目的要求】

1. 了解固态物质的熔化过程.
2. 计算熔化热.

【仪器装置】

自行设计(可参考实验72).

【实验原理】

物质吸收热量温度将会升高,但温度升到某一个值后,再吸收热量,温度也不会升高而是出现物态的变化. 如固态物质吸热达到某个温度时,再吸收热量它将由固态变为液态. 固态物质由固态变为液态的过程称为熔化,熔化时的温度称为熔点. 熔化过程显然是吸热过程. 熔化过程中单位质量的固态物质变为同温度的液态物质的过程所吸收的热量称为熔化热,用符号 λ 表示. 测量熔化热也可采用混合法.

设一块冰的质量为 m,温度为 t,将其放入温度为 t_1 的水中,冰吸收热量而熔化成

水,并达到与量热器中水相同的温度,此时量热器中的温度为 t_2. 设原来水的质量为 m_s,根据热量交换的等量原则,即量热器和水释放的热量与冰吸收的热量相等,有

$$m\lambda + mc_b t + mc_s(t_2) = (m_s c_s + m_1 c_{Al} + m_2 c_{Al})(t_1 - t_2) \qquad (9.73.1)$$

式(9.73.1)中 c_b 是冰的比热容, c_s 是水的比热容, c_{Al} 是铝(量热器、搅拌器)的比热容, m_1 和 m_2 分别是量热器和搅拌器的质量, λ 是熔化热. 由式(9.73.1)可知,只要测出式中各物质的质量和不同状态的温度即可求解熔化热.

【探索与设计】

1. 设计一个直接用温度计测量温度的实验方案,完成熔化热的测量.
2. 设计一个用温度传感器测量温度的实验方案,完成熔化热的测量.
3. 比较两个方案的测量结果,分析所得测量结果的原因.

实验 74　温度表的设计与制作

热敏电阻的阻值会随着温度的升高按指数规律迅速地下降. 当温度变化很微小时,可以引起热敏电阻的很大变化. 资料显示热敏电阻可以分辨出 0.005 ℃的温度变化. 因此,科学家们利用热敏电阻对温度敏感、热惰性小、体积小等特点,制成了各种测温仪表,在生产上、科研中得到了广泛的应用.

【目的要求】

练习将现有电表改装成温度表.

【仪器装置】

热敏电阻,电桥,电阻箱,微安表,电源,开关,保温瓶,水,电热杯,水银温度计,导线等.

【探索与设计】

1. 将微安表改成用热敏电阻测量温度的温度表,并要求 80 ℃对应微安表的满刻度.
2. 画出温度表的电路图,并标出各元件的参量.
3. 给温度表定标.

实验 75　良导体导热系数的测量

【目的要求】

了解用非稳态法测量良导体的导热系数的方法.

【仪器装置】

良导体导热系数测量仪.

【实验原理】

以一维物体(铜棒或铝棒)为热量传导模型,如图 9.75.1 所示. 在棒上取一段长 dx 的棒元,则由傅里叶热传导方程,单位时间在单位等温面上沿温度下降方向流过垂直于传播方向的热流密度为

$$\frac{\partial Q}{\partial t} = -\eta \frac{\partial T}{\partial x} \qquad (9.75.1)$$

式(9.75.1)中"−"表示热流方向与温度变化相反,即热量由高温流向低温,η 是导热系数,$\frac{\partial T}{\partial x}$ 表示热力学温度 T 对坐标 x 的一阶偏导数(梯度).

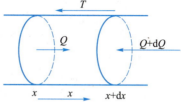

图 9.75.1　棒元的热流

dt 时间内通过单位面积流入小体积元的热量应等于 x 处流入的热量与 $(x+dx)$ 处流出的热量之差,即为

$$dQ = \left[\left(\frac{\partial Q}{\partial t}\right)_x - \left(\frac{\partial Q}{\partial t}\right)_{x+dx} \right] dt = \left[-\eta \left(\frac{\partial T}{\partial x}\right)_x + \eta \left(\frac{\partial T}{\partial x}\right)_{x+dx} \right] dt = \eta \frac{\partial^2 T}{\partial x^2} dx dt$$

设整个热量传导过程中没有任何能量损耗,则根据能量守恒定律可知,单位面积流入的净热量应等于小体积元在 dt 时间内温度升高所需的热量,于是有

$$c\rho dx \frac{\partial T}{\partial t} \cdot dt = \eta \frac{\partial^2 T}{\partial x^2} dx dt \qquad (9.75.2)$$

式(9.75.2)中 c 是棒元的比热容,ρ 是棒元的密度. 将式(9.75.2)整理后,令 $K = \eta / (c\rho)$,可得到

$$\frac{\partial T}{\partial t} = K \frac{\partial^2 T}{\partial x^2} \qquad (9.75.3)$$

式(9.75.3)表示棒中各点温度随时间的变化关系,其中 K 是扩散系数.

令棒的加热端的温度按简谐规律变化,即

$$T = T_0 + T_m \sin \omega t \qquad (9.75.4)$$

式(9.75.4)中 T_0 是低温端的温度(恒定),T_m 是高温端的最高温度,ω 是加热端温度变化的角频率. 式(9.75.3)的解为

$$T = T_0 - kx + T_m \exp\left(-\sqrt{\frac{\omega}{2K}} x \right) \sin\left(\omega t - \sqrt{\frac{\omega}{2K}} x \right) \qquad (9.75.5)$$

其中,k 为相关常量,由式(9.75.5)可得

(1) 加热端($x = 0$)温度按简谐振动规律变化,其在棒内的传播形成热波.

(2) 热波的速度为

$$v = 2\pi\sqrt{2K\omega} \qquad (9.75.6)$$

（3）热波的波长为

$$\lambda = 2\pi \sqrt{\frac{2K}{\omega}} \qquad (9.75.7)$$

【探索与设计】

1. 根据实验原理设计实验方案，并实施方案求出导热系数.

2. 自行查找良导体导热系数测量仪的结构、原理及使用方法，并练习仪器的使用方法.

第 10 章
光学测量实验

实验 76　单缝衍射一维光强分布的测试

　　光的衍射现象是光波动性的一种表现.衍射使光强在空间重新分配,利用光的衍射,采用光电元件测量光强的相对变化,是近代技术中常用的光强测量方法之一.

【目的要求】

　　1.观察单缝衍射现象,加深对衍射理论的理解.
　　2.会用光电元件测量单缝衍射的相对光强分布,掌握其分布规律.
　　3.学会用衍射法测量微小量.

【仪器装置】

　　半导体激光器,导轨,二维调节架,一维光强测试装置,可调狭缝,平行光管,起偏检偏装置,光电探头,小孔屏,数字式检流计.

【实验原理】

　　光的衍射根据光源及观察衍射图像的屏幕(衍射屏)到产生衍射的障碍物的距离不同,分为菲涅耳衍射和夫琅禾费衍射两种.前者是光源和衍射屏到衍射物的距离为有限远的衍射,即所谓近场衍射;后者则为距离为无限远的衍射,即所谓远场衍射.要实现夫琅禾费单缝衍射,必须保证光源至单缝的距离和单缝到衍射屏的距离均为无限远(或相当于无限远),即要求照射到单缝上的入射光、衍射光都为平行光,屏应放到相当远处,在实验中只用两个透镜即可达到此要求.实验光路如图 10.76.1 所示.

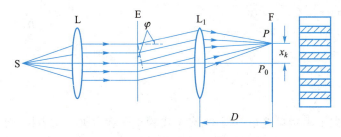

图 10.76.1　夫琅禾费单缝衍射实验装置

与狭缝 E 垂直的衍射光束会聚于屏上 P_0 处,是中央明条纹的中心,光强最大,设为 I_0,与光轴方向成 φ 角的衍射光束会聚于屏上 P 处,P 的光强由计算可得

$$I_{\mathrm{A}} = I_0 \frac{\sin^2\beta}{\beta^2} \quad \left(\beta = \frac{\pi b \sin\varphi}{\lambda}\right) \tag{10.76.1}$$

其中 $\sin\varphi = k\dfrac{\lambda}{b}$ $(k = \pm1, \pm2, \pm3, \cdots)$,$b$ 为狭缝的宽度,λ 为单色光的波长,当 $\beta = 0$ 时,光强最大,称为主极大,主极大的强度取决于入射光强的强度和缝的宽度. 当 $\beta = k\pi$ 时,即

$$\sin\varphi = k\frac{\lambda}{b} \quad (k = \pm1, \pm2, \pm3, \cdots) \tag{10.76.2}$$

时,出现暗条纹.

除了主极大之外,两相邻暗纹之间都有一个次极大,由数学计算可得出这些次极大的位置在 $\beta = \pm1.43\pi, \pm2.46\pi, \pm3.47\pi, \cdots$. 这些次极大的相对光强 I/I_0 依次为 $0.047, 0.017, 0.008, \cdots$.

夫琅禾费单缝衍射的光强分布如图 10.76.2 所示.

用氦氖激光器作光源,由于激光束的方向性好,能量集中,且缝的宽度 b 一般很小,这样就可以不用透镜 L,若观察屏(接收器)距离狭缝也较远(即 D 远大于 b),则透镜 $\mathrm{L_1}$ 也可以不用,这样夫琅禾费单缝衍射装置就简化为图 10.76.3 所示,这时

$$\sin\varphi \approx \tan\varphi = x/D \tag{10.76.3}$$

由式(10.76.2)和式(10.76.3)可得

$$b = k\lambda D/x \tag{10.76.4}$$

单缝衍射的缝宽 b 就可以测量出来了.

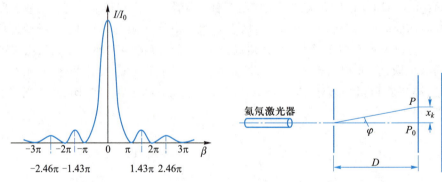

图 10.76.2　夫琅禾费单缝衍射光强分布　　　图 10.76.3　简化的夫琅禾费单缝衍射装置

【探索与设计】

1. 观察夫琅禾费单缝衍射现象,自拟实验步骤和数据记录表格,对其光强分布进行测量.

2. 自拟实验步骤,设计测量出单缝的宽度.

实验 77　偏振光现象的观察与测试

光的偏振使人们对光的波动理论和光的传播规律有了新的认识,光的偏振成为光波是横波的最好例证. 现代社会,基于光的横波性质的各种偏振光现象已被广泛地应用于光学计量、医学研究等多个领域,为科学研究、工程技术等提供了极有价值的方法和仪器.

【目的要求】

1. 观察偏振光现象.
2. 验证马吕斯定律.

【仪器装置】

半导体激光器,导轨,二维调节架,一维光强测试装置,可调狭缝,平行光管,起偏检偏装置,光电探头,小孔屏,数字式检流计.

【实验原理】

关于光偏振的详细原理,请参阅本教材偏振光实验部分内容(实验 24、25).

当两偏振片相对转动时,透射光强就随着两偏振片的透光轴的夹角而改变. 如果偏振片是理想的,当它们的透光轴互相垂直时,透射光强应为零;当夹角 θ 为其他值时,透射光强 I 为

$$I = I_0 \cos^2 \theta \tag{10.77.1}$$

式中 I_0 是两光轴平行($\theta = 0$)时的透射强度,式(10.77.1)称为马吕斯定律.

【探索与设计】

观察偏振光现象,自拟实验步骤和数据记录表格,测绘出光强分布图,对马吕斯定律进行验证.

实验 78　反射式光纤位移传感器

光纤传感器(fiber optic sensor,FOS)是 20 世纪 70 年代末期发展起来的一种新型传感器,与普通机械、电子类传感器相比,它具有抗电磁干扰能力强、电绝缘性好、耐腐蚀、测量范围广、体积小以及传输容量大等优点,被广泛地用于医疗、交通、电力、机械、航空航天等各个领域. 近年来,高精度、高速度的物体位移测量越来越受到关注,特别是关于狭小空间的微位移量的测量,科学家们正在进行大量的研究和探讨. 因此利用具有独特优势的光纤传感技术的位移测量越来越受到人们的重视.

【目的要求】

1. 弄清反射式光纤位移传感器的结构原理以及补偿机理.
2. 拟定实验步骤和数据记录表格,测绘反射式光纤位移传感器的输出特性曲线.
3. 测绘补偿式光纤位移传感器的输出特性曲线.

【仪器装置】

光源,光纤位移传感器,振动台,光电变换器,低频振荡器,直流稳压电源,反射板,测微头,小电机,电压表/频率计等,双踪示波器.

【实验原理】

1. 光纤与光纤传感器的一般原理

光纤是利用光的完全内反射原理传输光波的一种介质. 如图 10.78.1 所示,它是由高折射率的纤芯和包层所组成. 包层的折射率小于纤芯的折射率,直径大致为 0.1~0.2 mm. 当光线通过端面透入纤芯,在到达与包层的交界面时,由于光线的完全内反射,光线反射回纤芯层. 这样经过不断地反射,光线就能沿着纤芯向前传播.

外界因素(如温度、压力、电场、磁场、振动等)对光纤的作用,会引起光波特性参量(如振幅、相位、偏振态等)发生变化. 因此人们只要测出这些参量随外界因素的变化关系,就可以通过光特性参量的变化来检测外界因素的变化,这就是光纤传感器的基本工作原理.

图 10.78.1 光纤的基本结构

2. 反射式光纤位移传感器的结构原理

反射式光纤位移传感器的结构如图 10.78.2 所示. 光纤采用 Y 型结构,两束光纤一端合并在一起组成光纤探头,另一端分为两支,分别作为光源光纤和接收光纤. 光从光源耦合到光源光纤,通过光纤传输,射向反射片,再被反射到接收光纤,最后由光电转换器接收,转换器接收到的光强与反射片表面性质、反射片到光纤探头距离有关. 当反射片位置确定后,接收到的反射光光强随光纤探头到反射片的距离的变化而变化. 显然,当光纤探头紧贴反射片时,接收器接收到的光强为零. 随着光纤探头离反射片距离的增加,接收到的光强逐渐增加,到达最大值后又随两者的距离增加而减小. 图 10.78.3 所示就是反射式光纤位移传感器的输出特性曲

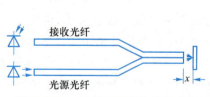

图 10.78.2 反射式光纤位移传感器

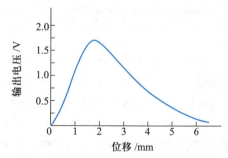

图 10.78.3 反射式光纤位移传感器的输出特性曲线

线,利用这条特性曲线可以通过对光强的检测得到位移量.反射式光纤位移传感器是一种非接触式测量工具,具有探头小、响应速度快、测量线性好(在小位移范围内)等优点,可在小位移范围内进行高速位移检测.

3.　光纤传感器的补偿机理

在整个光纤传感器家族中,反射式强度调制型光纤位移传感器是最基本和最成熟的一种.强度调制型光纤传感器除了具有体积小、重量轻、抗电磁干扰、本质上防燃防爆等特点外,还由于结构简单、价格便宜等优点受设计者青睐.但该传感器自身也有不足,例如光源功率的波动、光纤的弯曲、反射体的反射率以及光纤本身受到外界非测量因素(如温度、压力等)的干扰等,影响传感器的长期稳定性和测量一致性,从而影响仪器的精度.为了克服以上缺点,应采用必要的补偿措施,即引入三光纤的测量探头(一根光源光纤,两根接收光纤).由光源发出的光通过光源光纤的传输到达待测物体表面,经过反射后被接收光纤接收送至探测器进行光电转换.信号处理时,将两接收光纤所探测到的光强作商,商值与待测量满足一定的规律,即

$$I_1/I_2 = \exp\left[-\frac{r_1^2-r_2^2}{\omega^2(2x)}\right] \tag{10.78.1}$$

式(10.78.1)中 $\omega(x)=a_0\left[1+\xi\left(x/a_0\right)^{3/2}\right]$.式(10.78.1)表明,两接收光纤的比值与光纤探头到反射片的距离 x、光纤的芯半径 a_0 以及两光纤与光源光纤的传输轴之间的距离的平方差($r_1^2-r_2^2$)有关.

采用双接收光纤的好处是可以在测量过程中对非待测物理量进行有效的补偿.由于两接收光纤接收的是同一光源发射、同一物体反射的光,可以补偿光源光强的波动和物体表面反射率的改变;两接收光纤制作时可将它们并在一起,这样就可以补偿光纤弯曲和环境温度、压力等对光强的影响,如图 10.78.4 所示.采用补偿式的光纤传感探头,利用光纤反射测量原理,对位移测量可精确到微米的量级.

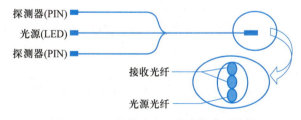

图 10.78.4　补偿式光纤位移传感器结构

【探索与设计】

1.　反射式光纤位移传感器输出特性曲线的测量.
2.　补偿式光纤位移传感器两探头的反射式光强特性曲线的测量.

实验 79 用补偿式光纤位移传感器测量线膨胀系数

绝大多数物体都具有"热胀冷缩"的性质,这是由于常压下物体内部分子热运动加剧或减弱造成分子间距增大或减小,从而造成宏观体积增大或缩小. 这个特性在工程结构的材料选择及加工中必须考虑. 材料的线膨胀是材料受热膨胀时,在一维方向上的伸长,常以线膨胀系数表示. 线膨胀系数是材料的热学参量之一,这个参量在选用合适的材料,特别是研究新材料时尤为重要.

【目的要求】

1. 弄清补偿式光纤位移传感器的工作原理,自拟实验步骤和数据记录表格.
2. 掌握位移传感器的标定方法,并能用位移传感器进行金属线膨胀系数的测量.

【仪器装置】

光纤位移传感器,线膨胀系数测量仪(包括铜杆),温度传感器,数字温度显示仪,钢直尺,钢卷尺,游标卡尺等.

【实验原理】

1. 热膨胀

常压下,固体物体受热温度升高时,物体内部微粒间距(物体微粒热运动平衡位置间的距离)增大,宏观上表现为物体体积增大,这就是常见的固体热膨胀现象.

固体热膨胀时只在某一方向上线度的增大,称为线膨胀. 大量实验证明,它与温度的变化近似成线性关系,在常压常温附近可作线性处理,表示为

$$L = L_0 \left[1 + \alpha (t - t_0) \right] \tag{10.79.1}$$

式(10.79.1)中 L_0 为 t_0 时的长度(原长),L 为 t_0 升温到 t 时的长度,α 称为线膨胀系数.

2. 线膨胀系数

线膨胀系数 α 在数值上等于当温度每升高 1 ℃时,物体每单位原长的伸长. 其数值因材料的不同而不同. 由式(10.79.1)可得

$$\alpha = \frac{L - L_0}{L_0(t - t_0)} = \frac{\Delta L}{L_0(t - t_0)} \tag{10.79.2}$$

式(10.79.2)中 $\Delta L = L - L_0$ 为物体温度从 t_0 升到 t 时长度的增长量.

严格地说,线膨胀系数也是温度的函数,但在常压下,常温附近,线膨胀系数变化不大,可视为常量,称为平均线膨胀系数(简称为线膨胀系数).

3. 补偿式光纤位移传感器的工作原理

本实验用光纤传感实验仪构成的光纤位移传感器来测量长度的微小伸长量 ΔL.

补偿式光纤位移传感器的原理如图 10.79.1 所示. 光纤传感实验仪的光纤探头由三根光纤组成,一根用于发射光,两根用于接收反射片反射的光,R 是反射片的反射率. 如图 10.79.1 所示的光纤传感探头,当光纤传感器固定时,反射片可在光纤探头前作垂直于探头方向的移动. 设反射片到探头的间距分别为 x,两光纤接收光强之比为

$$I_1/I_2 = \exp\left[-\frac{r_1^2 - r_2^2}{\omega^2(2x)}\right] \qquad (10.79.3)$$

式 (10.79.3) 中 $\omega(x) = \sigma a_0 \left[1 + \xi \left(x/a_0\right)^{3/2}\right]$.

对于本系统设计采用的多模光纤,$\sigma = 1$,光纤芯半径 $a_0 = 0.1$ mm,两光纤间距 $r \approx 0.34$ mm,综合调制参量 $\xi = 0.026$. 其归一化理论曲线 (A、B) 如图 10.79.2 所示.

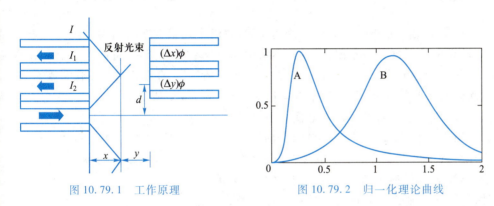

图 10.79.1　工作原理　　　　　　图 10.79.2　归一化理论曲线

由式 (10.79.3) 可以看出,探头的位置与它接收到的光强比值有一一对应关系,所以我们可以先对仪器进行标定,找到光纤探头位置与接收光强比值之间的关系,然后利用这个比值关系反过来测量位移.

【探索与设计】

1. 自拟实验步骤和数据记录表格,用最小二乘法进行数据处理,对补偿式光纤位移传感器进行定标.

2. 自拟实验步骤进行金属线膨胀系数的测量.

实验 80　硅光电池特性研究

光电池是一种光电转换元件,它不需外加电源而能直接把光能转化为电能. 光电池的种类很多,常见的有硒、锗、硅、砷化镓、氧化铜、氧化亚铜、硫化铊、硫化镉等. 其中最受重视、应用最广的是硅光电池. 硅光电池是根据光生伏打效应制成的光电转换元件. 目前半导体光电探测器在数码摄像、光通信、太阳电池等领域得到了广泛应用,硅光电池是半导体光电探测器的一个基本单元. 深刻理解硅光电池的工作原理和具体使用特性,可以进一步领会半导体 PN 结原理、光电效应理论和光

电池产生机理.

1. 掌握 PN 结形成原理及其工作机理.
2. 了解发光二极管(英文缩写为 LED)的驱动电流和输出光功率的关系.
3. 掌握硅光电池的工作原理及其工作特性.

【仪器装置】

硅光电池特性实验仪,信号发生器,双踪示波器.

【实验原理】

硅光电池在无外加电压时,光照引起的载流子迁移会在其两端产生光生电动势,即光生伏打效应. 硅光电池的基本结构为 PN 结,受光照后,将产生一个由 N 区到 P 区的光生电流 I_{ph}. 同时,由于 PN 结二极管的特性,存在正向二极管电流 I_d,此电流方向从 P 区到 N 区,与光生电流相反,如图 10.80.1 所示.

1. PN 结的形成及单向导电性

当 P 型和 N 型半导体材料结合时,由于 P 型材料空穴多电子少,而 N 型材料电子多空穴少,结果 P 型材料中的空穴向 N 型材料这边扩散,N 型材料中的电子向 P 型材料这边扩散,扩散的结果使得结合区两侧的 P 型区出现负电荷,N 型区带正电荷,形成一个势垒,由此而产生的

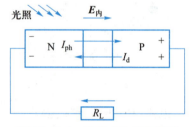

图 10.80.1 硅光电池工作原理

内电场将阻止扩散运动的继续进行,当两者达到平衡时,在 PN 结两侧形成一个耗尽区,耗尽区的特点是无自由载流子,呈现高阻抗. 当 PN 结反偏时,外加电场与内电场方向一致,耗尽区在外电场作用下变宽,使势垒加强;当 PN 结正偏时,外加电场与内电场方向相反,耗尽区在外电场作用下变窄,势垒削弱,使载流子扩散运动继续形成电流,此即为 PN 结的单向导电性,电流方向是从 P 指向 N.

2. LED 的工作原理

(本实验用一个驱动电流可调的红色超高亮度发光二极管作为实验用光源,故这里简单介绍一下发光二极管的工作原理.)

当给某些半导体材料形成的 PN 结加正向电压时,空穴与电子在 PN 结复合时将产生特定波长的光,发光的波长与半导体材料的能级间隙 E_g 有关. 发光波长 λ_p 可由下式确定:

$$\lambda_p = hc/E_g \tag{10.80.1}$$

式(10.80.1)中 h 为普朗克常量,c 为光速. 在实际的半导体材料中能级间隙 E_g 有一个宽度,因此发光二极管发出光的波长不是单一的,其发光波长宽度一般在 25 ~ 40 nm,随半导体材料的不同而有差别. 发光二极管输出光功率 P 与驱动电流 I 的关系由下式确定:

$$P = \eta E_{\mathrm{p}} I / e \qquad (10.80.2)$$

式(10.80.2)中,η 为发光效率,E_{p} 为光子能量,e 为电子电荷量的绝对值. 输出光功率与驱动电流成线性关系,当电流较大时由于 PN 结不能及时散热,输出光功率可能会趋向饱和.

3. 硅光电池的工作原理

硅光电池是一个大面积的光电二极管,它被设计用于把入射到它表面的光能转化为电能,因此,可用作光电探测器和光电池,被广泛用于太空和野外便携式仪器等的能源.

光电池的基本结构如图 10.80.2 所示. 当半导体 PN 结处于零偏或反偏时,在它们的结合面耗尽区存在一内电场. 当有光照时,入射光子将把处于介带中的束缚电子激发到导带,激发出的电子空穴对在内电场作用下分别漂移到 N 型区和 P 型区,当在 PN 结两端加负载时就有一光生电流流过负载. 流过 PN 结两端的电流可由下式确定:

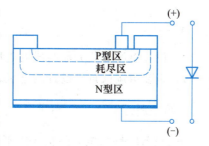

图 10.80.2　光电池的基本结构

$$I = I_{\mathrm{s}} \left(\mathrm{e}^{\frac{eU}{kT}} - 1 \right) + I_{\mathrm{p}} \qquad (10.80.3)$$

式(10.80.3)中 I 为流过硅光电池的总电流,I_{s} 为反向饱和电流,U 为 PN 结两端电压,T 为工作温度(单位:K),I_{p} 为产生的反向光电流. 从式中可以看到,当光电池处于零偏时,$U = 0$,流过 PN 结的电流 $I = I_{\mathrm{p}}$;当光电池处于反偏时(在本实验中取 $U = -5\ \mathrm{V}$),流过 PN 结的电流 $I = I_{\mathrm{p}} + I_{\mathrm{s}}$. 因此,当光电池用作光电转换器时,光电池必须处于零偏或反偏状态. 光电池处于零偏或反偏状态时,产生的反向光电流 I_{p} 与输入光功率 P_{i} 有以下关系:

$$I_{\mathrm{p}} = R P_{\mathrm{i}} \qquad (10.80.4)$$

式(10.80.4)中 R 为响应率,R 值随入射光波长的不同而变化,不同材料制作的光电池的 R 值分别在短波长和长波长处存在一截止波长. 在长波长处要求入射光子的能量大于材料的能级间隙 E_{g},以保证处于介带中的束缚电子得到足够的能量被激发到导带,对于硅光电池其长波截止波长为 $\lambda_{\mathrm{c}} = 1.1\ \mu\mathrm{m}$. 在短波长处也由于材料有较大吸收系数使 R 值很小.

【探索与设计】

自拟实验步骤和数据记录表格,进行以下内容测试:

1. 硅光电池零偏和反偏时光电流与输入光信号关系特性测定.
2. 硅光电池输出接恒定负载时产生的光电压与输入光信号测定.
3. 硅光电池伏安特性测定.
4. 硅光电池的频率响应.

第 11 章
电磁学实验

【目的要求】

1. 设计由运算放大器组成的电压表、电流表.
2. 组装与调试自己设计的电压表、电流表.

【实验原理】

在进行测量时,电表的接入应不影响被测电路的原工作状态,这就要求电压表应具有无穷大的输入电阻,电流表的内阻应为零. 但实际上,万用表表头的可动线圈总有一定的电阻,用它进行测量时会引起误差. 此外,交流电表中的整流二极管的压降和非线性特性也会产生误差. 如果在万用表中使用运算放大器,则能大大降低这些误差,提高测量精度.

1. 直流电压表

直流电压表原理如图 11.81.1 所示. 为了减小表头参量对测量精度的影响,将表头置于运算放大器 HA17741 的反馈回路中,这时,流经表头的电流与表头的参量无关,只要改变 R_1 一个电阻,就可进行量程的切换. 只要知道要转换的最大量程 U_{imax},即可得到 $R_1 = U_{\text{imax}}/I_{\text{max}}$.

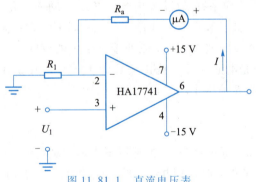

图 11.81.1　直流电压表

2. 直流电流表

直流电流表原理如图 11.81.2 所示. 此时,表头电流 I 与被测电流的关系为

$$I = \left(1 + \frac{R_1}{R_2}\right) I_1$$

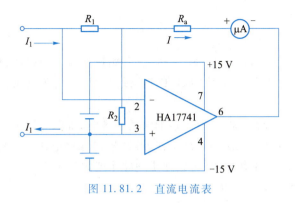

图 11.81.2　直流电流表

因此,调节 $\dfrac{R_1}{R_2}$ 就可以调节流过电流表的电流,提高灵敏度.

【探索与设计】

1. 电路设计:建议参考电路设计.

2. 元件选择及安装调试:应根据测试电流的大小来选择电流表表头的量程;电路中的电阻均采用金属膜电阻.

3. 设计前先计算出量程转换参量,遵循"先接线,再检查,再通电;先关电,再拆线"的原则,特别注意运算放大器的管脚排列顺序.

实验 82　稳压二极管反向伏安特性

【目的要求】

1. 通过了解稳压二极管反向伏安特性的非线性特征,进一步熟悉掌握电子元件伏安特性的测试技术.

2. 通过本实验,掌握二端式稳压二极管的使用方法.

【实验原理】

2CW56 属硅半导体稳压二极管,其正向伏安特性类似于二极管 1N4007,其反向特性变化甚大. 当 2CW56 二端电压反向偏置时,其电阻值很大,反向电流极小. 随着反向偏置电压进一步增加到 7~8.8 V 时,将出现反向击穿,产生雪崩效应,其电流迅速增加,电压稍有变化,将引起电流的巨大变化. 只要在线路中,对"雪崩"产生的电流进行有效的限流措施,尽管其电流有一些变化,但二极管二端电压仍然是稳定的. 电路如图 11.82.1 所示.

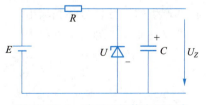

图 11.82.1　稳压二极管应用电路

【探索与设计】

将电源电压调至零,按图 11.82.2 接线,开始按电流表内接法,将电压表"+"端接于电流表"+"端. 变阻器旋到 1 000 Ω 后,慢慢地增加电源电压,记下电压表对应的数据.

当观察到电流开始增加,并有迅速加快的表现时,说明 2CW56 已开始进入反向击穿过程,这时将电流表接法改为外接式,继续慢慢地将电源电压增加至 10 V. 为了继续增加 2CW56 的工作电流,可以逐步地减小变阻器电阻.

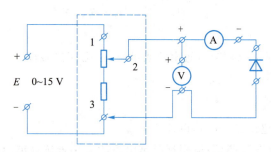

图 11.82.2　稳压二极管反向伏安特性测试电路

实验 83　电路混沌效应

【目的要求】

1. 用 RLC 串联谐振电路,测量仪器提供的铁氧体介质电感在通过不同电流时的电感.

2. 用示波器观测 LC 振荡器产生的波形及经 RC 移相后的波形.

3. 测量有源非线性负阻"元件"的伏安特性,结合非线性电路的动力学方程,解释混沌产生的原因.

【实验原理】

1. 非线性电路与非线性动力学

非线性电路如图 11.83.1 所示. 图中 R_2 是一个有源非线性负阻器件;电感器 L、电容器 C_1 组成一个损耗可以忽略的谐振回路;可变电阻 R_1 与电容器 C_2 连接将振荡器产生的正弦信号移相输出.

电路的非线性动力学方程为

$$C_2 \frac{\mathrm{d}U_{C2}}{\mathrm{d}t} = G(U_{C1} - U_{C2}) - gU_{C2} \tag{11.83.1a}$$

$$C_1 \frac{\mathrm{d}U_{C1}}{\mathrm{d}t} = G(U_{C2} - U_{C1}) + i_L \tag{11.83.1b}$$

$$L\frac{\mathrm{d}i_L}{\mathrm{d}t}=-U_{C1} \qquad\qquad (11.83.1\mathrm{c})$$

式(11.83.1)中，U_{C1}、U_{C2} 是 C_1、C_2 上的电压，i_L 是电感 L 上的电流，电导 $G=1/R_1$，g 为 U 的函数．如果 R_2 是线性的，则 g 为常量，电路就是一般的振荡电路，得到的解是正弦函数．电阻 R_1 的作用是调节 C_1 和 C_2 的相位差，把 C_1 和 C_2 两端的电压分别输入到示波器的 X、Y 轴，则显示的图形是椭圆．实际电路中 R_2 是一个伏安特性

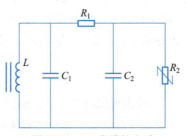

图 11.83.1　非线性电路

呈现分段线性，但整体呈现非线性的非线性元件．gU_{C2} 是一个分段线性函数，由于 g 总体是非线性的，因此三元非线性方程组没有解析解．用示波器可以观察混沌现象，实验电路如图 11.83.2 所示．

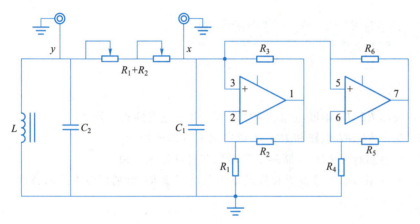

图 11.83.2　非线性混沌实验电路

2. 有源非线性负阻元件的实现

采用两个运算放大器和六个电阻来实现，电路如图 11.83.3 所示．

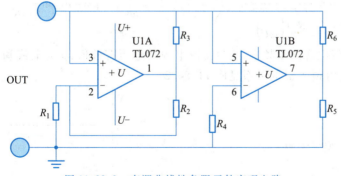

图 11.83.3　有源非线性负阻元件实现电路

3. 实验现象的观察

按图 11.83.2 接入示波器，将示波器调至 CH1–CH2 波形合成挡，调节可变电

阻器的阻值,可以观察到一系列现象.实验中,我们很容易观察到倍周期和四周期现象.再有一点变化,就会导致一个单漩涡状的混沌吸引子.我们得到的是混沌解,而不是噪声.在调节的最后,我们看到吸引子突然充满了原本两个混沌吸引子所占据的空间,形成双漩涡混沌吸引子.

【探索与设计】

1. 混沌现象的观察.按照图 11.83.2 连接电路,注意运算放大器的电源极性不要接反.可以改变电感和电容来观测不同情况中的现象.

2. 有源非线性电阻伏安特性的测量.此有源非线性电阻由两个运算放大器和六个电阻来实现.在测量其非线性时,可将其作为一个黑匣子来研究,其非线性表现与内阻和负载大小有关.

实验 84   *RLC* 电路特性的研究

【目的要求】

1. 观测 *RC*、*LC* 串联电路和 *RLC* 串联、并联电路的相频特性.
2. 观察 *RC*、*RL* 电路和 *RLC* 串联电路的暂态过程.
3. 观察和研究 *RLC* 电路的串联谐振和并联谐振现象.
4. 了解和熟悉半波整流和桥式整流电路以及 *RC* 低通滤波电路的特性.

【实验原理】

1. *RC* 串联电路的稳态特性

(1) *RC* 串联电路的频率特性

在图 11.84.1 所示电路中,电阻 R、电容 C 的电压有以下关系式:

$$I = \frac{U}{\sqrt{R^2 + \left(\dfrac{1}{\omega C}\right)^2}}, \quad U_R = IR, \quad U_C = \frac{I}{\omega C}, \quad \varphi = -\arctan\frac{1}{\omega C R}$$

其中 ω 为交流电源的角频率,U 为交流电源的电压有效值,φ 为电流和电源电压的相位差,它与角频率 ω 的关系见图 11.84.2.

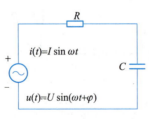

图 11.84.1   *RC* 串联电路

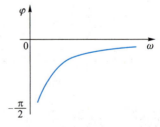

图 11.84.2   *RC* 串联电路的相频特性

由图 11.84.2 可见,当 ω 增加时,I 和 U_R 增加,而 U_C 减小. 当 ω 很小时 $\varphi \rightarrow -\frac{\pi}{2}$,$\omega$ 很大时 $\varphi \rightarrow 0$.

（2）RC 低通滤波电路

RC 低通滤波电路如图 11.84.3 所示,其中 U_i 为输入电压,U_o 为输出电压,则有 $\dfrac{U_o}{U_i} = \dfrac{1}{1+\mathrm{j}\omega RC}$. 它是一个复数,其模为

$$\left| \frac{U_o}{U_i} \right| = \frac{1}{\sqrt{1+(\omega RC)^2}} \tag{11.84.1}$$

设 $\omega_0 = \dfrac{1}{RC}$,则由式（11.84.1）可知

$\omega = 0$ 时,$\left| \dfrac{U_o}{U_i} \right| = 1$;　　$\omega = \omega_0$ 时,$\left| \dfrac{U_o}{U_i} \right| = \dfrac{1}{\sqrt{2}} = 0.707$;　　$\omega \rightarrow \infty$ 时,$\left| \dfrac{U_o}{U_i} \right| = 0$

可见 $\left| \dfrac{U_o}{U_i} \right|$ 随 ω 的变化而变化,并且当 $\omega < \omega_0$ 时,$\left| \dfrac{U_o}{U_i} \right|$ 变化较小,$\omega > \omega_0$ 时,$\left| \dfrac{U_o}{U_i} \right|$ 明显下降. 这就是低通滤波器的工作原理,它使较低频率的信号容易通过,而阻止较高频率的信号通过.

（3）RC 高通滤波电路

RC 高通滤波电路如图 11.84.4 所示. 根据分析可知

$$\left| \frac{U_o}{U_i} \right| = \frac{1}{\sqrt{1+\left(\dfrac{1}{\omega RC}\right)^2}} \tag{11.84.2}$$

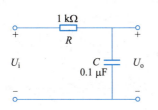
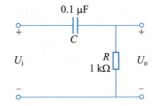

图 11.84.3　RC 低通滤波电路　　　图 11.84.4　RC 高通滤波电路

同样令 $\omega_0 = \dfrac{1}{RC}$ 则有

$\omega = 0$ 时,$\left| \dfrac{U_o}{U_i} \right| = 0$;　　$\omega = \omega_0$ 时,$\left| \dfrac{U_o}{U_i} \right| = \dfrac{1}{\sqrt{2}} = 0.707$;　　$\omega \rightarrow \infty$ 时,$\left| \dfrac{U_o}{U_i} \right| = 1$

可见该电路的特性与低通滤波电路相反,它对低频信号的衰减较大,而高频信号容易通过,衰减很小.

2. RL 串联电路的稳态特性

RL 串联电路如图 11.84.5 所示,可见电路中 I、U、U_R、U_L 有以下关系:

$$I = \frac{U}{\sqrt{R^2 + (\omega L)^2}} \qquad U_R = IR, \qquad U_L = I\omega L, \qquad \varphi = \arctan\left(\frac{\omega L}{R}\right)$$

可见 RL 电路的幅频特性与 RC 电路相反，增加时，I、U_R 减小，U_L 增大．它的相频特性见图 11.84.6 所示．ω 很小时 $\varphi \to 0$，ω 很大时 $\varphi \to \frac{\pi}{2}$．

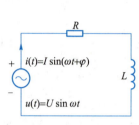

图 11.84.5 RL 串联电路

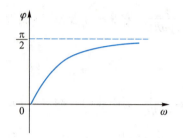

图 11.84.6 RL 串联电路的相频特性

3. RLC 电路的稳态特性

在电路中如果同时存在电感和电容元件，那么在一定条件下会产生某种特殊状态，能量会在电容和电感元件中产生交换，我们称之为谐振现象．

（1）RLC 串联电路

在如图 11.84.7 所示电路中，电路的总阻抗 $|Z|$，电压 U、U_R 和 i 之间有以下关系：

$$|Z| = \sqrt{R^2 + \left(\omega L - \frac{1}{\omega C}\right)^2}, \qquad \varphi = \arctan\left(\frac{\omega L - \frac{1}{\omega C}}{R}\right), \qquad i = \frac{U}{\sqrt{R^2 + \left(\omega L - \frac{1}{\omega C}\right)^2}}$$

其中 ω 为角频率，可见以上参量均与 ω 有关，它们与频率的关系称为频响特性．

（2）RLC 并联电路

在图 11.84.8 所示的电路中有

$$|Z| = \sqrt{\frac{R^2 + (\omega L)^2}{(1 - \omega^2 LC)^2 + (\omega CR)^2}}, \qquad \varphi = \arctan\left\{\frac{\omega L - \omega C[R^2 + (\omega L)^2]}{R}\right\}$$

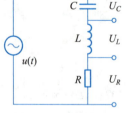

图 11.84.7 RLC 串联电路

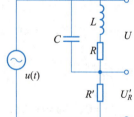

图 11.84.8 RLC 并联电路

求得并联谐振角频率为

$$\omega_0 = 2\pi f_0 = \sqrt{\frac{1}{LC} - \left(\frac{R}{L}\right)^2}$$

可见并联谐振频率与串联谐振频率不相等.

4. RC 串联电路的暂态特性

从一个值跳变到另一个值的电压称为阶跃电压.
在图 11.84.9 所示电路中当开关 S 合向"1"时,设 C 中
初始电荷为 0,则电源 E 通过电阻 R 对 C 充电,充电完
成后,把 S 合向"2",电容通过 R 放电.

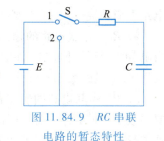

图 11.84.9　RC 串联
电路的暂态特性

5. RL 串联电路的暂态过程

在图 11.84.10 所示的 RL 串联电路中,当 S 合向"1"时,电感中的电流不能突
变,S 合向"2"时,电流也不能突变为 0,这两个过程中的电流均有相应的变化过程,
即暂态过程.

6. RLC 串联电路的暂态过程

在图 11.84.11 所示的电路中,先将 S 合向"1",待稳定后再将 S 合向"2",这称
为 RLC 串联电路的放电过程.

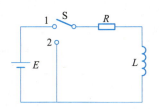

图 11.84.10　RL 串联电路的暂态过程

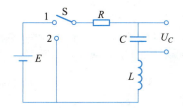

图 11.84.11　RLC 串联电路的暂态过程

【探索与设计】

对 RC、RL、RLC 电路的稳态特性的观测采用正弦波信号. 对 RLC 电路的暂态
特性观测可采用直流电源和方波信号,用方波作为测试信号可用普通示波器方便
地进行观测;以直流信号做实验时,需要用数字存储式示波器才能得到较好的观测
结果.

1. 串联电路的稳态特性

(1)RC 串联电路的幅频特性. 选择正弦波信号,保持其输出幅度不变,分别用
示波器测量不同频率时的 U_R、U_C,可取 $C = 0.1\ \mu\text{F}$,$R = 1\ \text{k}\Omega$,也可根据实际情况自
行选择 R、C 的参量.

(2)RC 串联电路的相频特性. 将信号源电压 U 和 U_R 分别接至示波器的两个
通道,可取 $C = 0.1\ \mu\text{F}$,$R = 1\ \text{k}\Omega$(也可自选). 从低到高调节信号源频率,观察示波
器上两个波形的相位变化情况,可用李萨如图形法观测,并记录不同频率时的相
位差.

2. RL 串联电路的稳态特性. 测量 RL 串联电路的幅频特性和相频特性,与 RC
串联电路时方法类似,可选 $L = 10\ \text{mH}$,$R = 1\ \text{k}\Omega$,也可自行确定.

3. RLC 串联电路的稳态特性. 自选合适的 L 值、C 值和 R 值,用示波器的两个
通道测量信号源电压 U 和电阻电压 U_R,必须注意两通道的公共线是相通的,接入

电路中应在同一点上,否则会造成短路.

4. RLC 并联电路的稳态特性. 按图 11.84.8 进行连线,注意此时 R 为电感的内阻,可自行设计选定. 注意 R' 的取值不能过小,否则会由于电路中的总电流变化大而影响 U_R' 的大小.

5. RC 串联电路的暂态特性. 如果选择信号源为直流电压,观察单次充电过程要用数字存储式示波器. 因此我们选择方波作为信号源进行实验,以便用普通示波器进行观测. 由于采用了功率信号输出,故应防止短路.

6. RL 串联电路的暂态过程. 选取合适的 L 值与 R 值,注意 R 的取值不能过小,因为 L 存在内阻. 如果波形有失真、自激现象,则应重新调整 L 值与 R 值进行实验,方法与 RC 串联电路的暂态特性实验类似.

7. RLC 串联电路的暂态过程. 选择合适的 L、C,根据选定参量,调节 R 值大小. 观察三种阻尼振动的波形. 如果欠阻尼时振动的周期数较少,则应重新调整 L、C.

实验85 整流、滤波和稳压电路

【目的要求】

1. 掌握整流、滤波、稳压电路的工作原理及各元件在电路中的作用.
2. 学习直流稳压电源的安装、调试和测试方法.
3. 熟悉和掌握线性集成稳压电路的工作原理和使用方法.

【实验原理】

1. 整流滤波电路

常见的整流电路有半波整流、全波整流和桥式整流电路等. 这里介绍半波整流电路和桥式整流电路.

(1) 半波整流电路如图 11.85.1 所示. 交流电压 u_2 经二极管 VD 后,由于二极管的单向导电性,只有信号的正半周 VD 能够导通,在 R_L 上形成压降;负半周 VD 截止. 电容 C 并联于 R_L 两端,起滤波作用. 在 VD 导通期间,电容充电;VD 截止期间,电容放电. 用示波器可以观察 C 接入和不接入电路时的差别,以及不同 C 值和 R_L 值时的波形差别,不同电源频率时的差别.

(2) 桥式整流电路如图 11.85.2 所示. 在交流信号的正半周,D1、D3 导通,D2、D4 截止;负半周 D2、D4 导通,D1、D3 截止,因此在电阻 R_L 上的压降始终为上"+"下"−",与半波整流相比,信号的另半周也有效地利用了起来,减小了输出的脉冲电压. 电容 C 同样起到滤波的作用. 用示波器比较桥式整流电路与半波整流电路的波形区别.

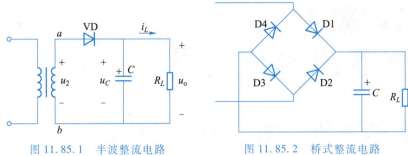

图 11.85.1　半波整流电路　　　　图 11.85.2　桥式整流电路

2. 直流稳压电源

直流稳压电源是电子设备中最基本、最常用的仪器之一. 它作为能源, 可保证电子设备的正常运行.

直流稳压电源一般由整流电路、滤波电路和稳压电路三部分组成. 整流电路利用二极管的单向导电性, 将交流电转变为直流电; 滤波电路利用电抗性元件(电容、电感)的储能作用, 以平滑地输出电压; 稳压电路的作用是保持输出电压的稳定, 使输出电压不随电网电压、负载和温度的变化而变化.

【探索与设计】

1. 整流滤波电路.

(1) 半波整流电路, 按照图 11.85.1 接线. u_2 由低频功率信号源提供, 预先把信号源的频率调节到 50 Hz, 幅度 3 V 左右.

(2) 测试电路.

(3) 改变信号的频率, 重新测试电路.

2. 桥式整流电路, 按图 11.85.2 连线, 重复半波整流电路的实验过程.

第 12 章
传感器技术及应用

实验 86　电阻应变式传感器的特性及应用

电阻式传感器的基本原理就是将被测物理量的变化转换成电阻值的变化,再经过转换电路变成电学量输出. 电阻式传感器可以测量应力、压力、位移、应变、加速度、温度等物理学参量.

【目的要求】

1. 了解电阻应变式传感器的组成、结构及工作参量.
2. 了解电阻应变式传感器的线性组成、调整与定标.
3. 通过实验掌握非平衡电桥的测量及信号转换技术,理解差动调节的作用.

【仪器装置】

电阻应变式传感器,交直流电阻箱,固定电阻实验板,稳压电源,电压表,电势差计,导线和砝码等.

【实验原理】

弹性体在压力(重量)作用下产生形变(应变),导致(按电桥方式连接)粘贴于弹性体中的应变片的电阻产生变化. 应变式传感器的主要指标是它的最大载重(压力)、灵敏度、输出输入电阻值、工作电压 (激励电压)(U_{in})、输出电压(U_{out})范围. 电阻应变式传感器是由特殊工艺材料制成的弹性体、电阻应变片、温度补偿电路组成,并采用非平衡电桥方式连接,最后密封在弹性体中.

【探索与设计】

1. 设计金属铂式应变片–单臂电桥性能实验.
2. 设计金属铂式应变片–半桥性能实验.
3. 设计金属铂式应变片–全桥性能实验.
4. 设计金属铂式应变片–电子秤实验.

实验 87　电感式传感器的特性及应用

利用电磁感应原理将被测非电学量(如位移、压力、流量、振动等)转换成线圈

自感系数 L 或互感系数 M 的关系,再由测量电路转换为电压或电流的变化量输出,这种装置称为电感式传感器.

【目的要求】

1. 了解电感式传感器的工作原理和特性.
2. 了解电感式传感器在实际中的应用.

【仪器装置】

差动变压器,音频振荡器,电桥,差动放大器,电压表,移相器,低通滤波器,测微头等.

【实验原理】

电感式传感器的工作原理是基于电磁感应原理,把被测量转化为电感变化的一种装置. 按照工作方式和结构的差异大体可分为三类.

1. 自感式电感传感器

自感式电感传感器是由线圈、铁芯和衔铁三部分组成的. 铁芯和衔铁由导磁材料(如硅钢片或坡莫合金)制成,在铁芯和衔铁之间有气隙,传感器的运动部分与衔铁相连. 当被测量变化时,衔铁产生位移,引起磁路中磁阻变化,从而导致电感线圈的电感变化,因此只要能测出这种电感的变化,就能确定衔铁位移量的大小和方向.

2. 差动变压器式传感器

差动变压器式传感器是根据变压器的基本原理制成的,并且次级绕组都用差动形式连接,故称差动变压器式传感器.

3. 电涡流式传感器

电涡流式传感器是根据法拉第电磁感应定律设计的,将块状金属导体置于变化的磁场中或使其在磁场中作切割磁感线运动时,导体内将产生呈涡旋状的感应电流.

【探索与设计】

1. 设计用差动变压器式传感器测量位移的实验.
2. 探索激励频率对电感式传感器的影响.

实验88　电容式传感器的特性及应用

电容式传感器是一种将被测量(如尺寸、压力等)的变化转换成电容变化的传感器. 实际上它本身(或和被测物)就是一个可变电容器.

【目的要求】

1. 掌握电容式传感器的原理及其结构特点.

2. 了解电容式传感器的典型应用.

【仪器装置】

电容式传感器,电容式传感器实验模板,测微头,数显单元,示波器,直流稳压电源等.

【实验原理】

把被测的物理量(如位移、压力等)转换为电容变化的传感器,称为电容式传感器. 它的敏感部分就是具有可变参量的电容器. 其最常用的形式是由两个平行电极组成、极间以空气为介质的平板电容器. 若忽略边缘效应,则平板电容器的电容为

$$C = \varepsilon S / d \tag{12.88.1}$$

式(12.88.1)中 ε 为极间介质的介电常量,S 为两极板互相覆盖的有效面积,d 为两电极之间的距离. d、S、ε 三个参量中任一个的变化都将引起电容变化,并可用于测量. 因此电容式传感器可分为极距变化型、面积变化型、介质变化型三类. 极距变化型一般用来测量微小的线位移或由于力、振动等引起的极距变化(见电容式压力传感器). 面积变化型一般用于测量角位移或较大的线位移. 介质变化型常用于物体位置的测量和各种介质的温度、密度、湿度的测定.

【探索与设计】

1. 设计电容式传感器的位移特性实验.
2. 分析该传感器的非线性误差.

实验 89　磁电式传感器的特性及应用

磁电式传感器是利用电磁感应原理,将输入的运动速度转换成感应电势输出的传感器. 它不需要辅助电源,就能把被测对象的机械能转化成易于测量的电信号,是一种无源传感器.

【目的要求】

1. 了解磁电式传感器的特性及工作情况.
2. 掌握霍尔传感器的原理与应用.

【仪器装置】

霍尔传感器实验模块,霍尔传感器,测微头,数显单元,±15 V 的直流电源.

【实验原理】

根据电磁感应定律,当 N 匝线圈在恒定磁场内运动时,设穿过线圈的磁通量

为 Φ，则线圈内的感应电势 $\mathscr{E}$ 与磁通量变化率 $\mathrm{d}\Phi/\mathrm{d}t$ 有如下关系：

$$\mathscr{E} = -N\frac{\mathrm{d}\Phi}{\mathrm{d}t} \tag{12.89.1}$$

磁通量变化率 $\mathrm{d}\Phi/\mathrm{d}t$ 与磁场强度、磁路磁阻、线圈的运动速度有关,故若改变其中一个因素,都会改变线圈的感应电动势.

【探索与设计】

1. 设计直流激励式霍尔传感器的位移特性实验.
2. 霍尔元件的误差主要有哪几种？各自产生的原因是什么？怎样进行补偿？

实验 90　热电式传感器的特性及应用

热电式传感器是将温度变化转换为电学量变化的装置. 它是利用某些材料或元件的性能随温度变化的特性来进行测量的,例如将温度变化转换为电阻、电动势、热膨胀、磁导率等的变化,再通过适当的测量电路达到检测温度的目的. 我们把温度变化转换为电势变化的热电式传感器称为热电偶,把温度变化转换为电阻变化的热电式传感器称为热电阻.

【目的要求】

1. 了解热电式传感器的工作原理及结构类型.
2. 掌握几种常用热电式传感器的特性与实际应用.
3. 会对测温装置进行定标.

【仪器装置】

温度控制器,加热元,控温模块,数显单元,万用表,Pt100 热电阻.

【实验原理】

热电偶是利用热电效应制成的温度传感器. 所谓热电效应,就是两种不同材料的导体(或半导体)组成一个闭合回路,当两接触点温度 T 和 T_0 不同时,在该回路中就会产生电动势的现象. 由热电效应产生的电动势包括接触电动势和温差电动势. 接触电动势是由于两种不同导体的自由电子密度不同而在接触处形成的电动势,其数值取决于两种不同导体的材料特性和接触点的温度. 温差电动势是一种同一导体的两端因其温度不同而产生的电动势,其产生的机理为:高温端的电子能量要比低温端的电子能量大,从高温端跑到低温端的电子数要比从低温端跑到高温端的多,从而高温端因失去电子而带正电,低温端因获得多余的电子而带负电,在导体两端便形成温差电动势.

热电阻是利用导体的电阻随温度变化而变化的原理进行测温的. 热电阻可广

泛用来测量−200 ~ 850 ℃范围内的温度,少数情况下,低温可测量至−272 ℃,高温可测量至 1 000 ℃.标准铂电阻温度计的精确度高,通常作为复现国际温标的标准仪器.

【探索与设计】

1. 设计用 Pt100 热电阻进行测温实验.

2. 研究 NTC、PTC 型热敏电阻的特性曲线,两种电阻主要应用场合分别是什么?各有哪些优缺点?

实验 91　光电式传感器的特性及应用

光电式传感器是一种将光学量转换为电学量的传感器,光电式传感器的理论基础是光电转换元件的光电效应.由于光电测量方法灵活多样,可测参量众多,具有非接触、高精度、高可靠性和反应快等特点,使得光电式传感器在检测和控制领域获得了广泛的应用.

【目的要求】

1. 了解光电式传感器的基本原理及基本特性.
2. 掌握光电式传感器在实际问题中的应用.

【仪器装置】

光电式传感器模块,主控箱,电源.

【实验原理】

光电式传感器是通过把光强的变化转换成电信号的变化来实现控制的.光电式传感器在一般情况下由三部分构成,它们分别为发送器、接收器和检测电路.发送器对准目标发射光束,发射的光束一般来源于半导体光源、发光二极管(英文缩写为 LED)、激光二极管及红外发射二极管.光束不间断地发射或者改变脉冲宽度.接收器由光电二极管、光电三极管、光电池组成.在接收器的前面,装有光学元件(如透镜和光圈等),在其后面是检测电路,它能滤出有效信号并应用该信号.此外,光电开关的结构元件中还有发射板和光纤.

【探索与设计】

1. 作出光敏电阻和硅光电池的特性曲线图.
2. 利用光电式传感器设计并制作一个烟雾报警器.

实验 92　压电式传感器的特性及应用

压电式传感器是一种可逆型换能器,它既可以将机械能转化为电能,又可以将电能转化为机械能. 它是基于某些物质的压电效应制成的.

【目的要求】

1. 了解压电式传感器的工作原理及其应用.
2. 学会设计常用的压电式传感器.

【仪器装置】

压电式传感器,弹簧,信号放大器,玻璃等.

【实验原理】

压电效应可分为正压电效应和逆压电效应. 正压电效应是指:当晶体受到某固定方向外力的作用时,内部将产生电极化现象,同时在某两个表面上产生符号相反的电荷. 当外力撤去后,晶体又恢复到不带电的状态;当外力作用方向改变时,电荷的极性也随之改变;晶体受力所产生的电荷量与外力的大小成正比. 压电式传感器大多是利用正压电效应制成的. 逆压电效应是指对晶体施加交变电场引起晶体机械变形的现象,又称电致伸缩效应. 用逆压电效应制造的变送器可用于电声和超声工程.

【探索与设计】

1. 设计压电式加速度传感器.
2. 设计一个压电式玻璃破碎报警器.

实验 93　光纤传感器的特性及应用

传感器在向灵敏、精确、适应性强、小巧和智能化的方向发展. 在这一过程中,光纤传感器这个传感器家族的新成员备受青睐. 光纤具有很多优异的性能,例如具有抗电磁和原子辐射干扰的性能,径细、质软、重量轻的机械性能,绝缘、无感应的电气性能,耐水、耐高温、耐腐蚀的化学性能等. 它不仅能够在人达不到的地方(如高温区),或者对人有害的地区(如核辐射区),起到人的耳目的作用,还能超越人的生理极限,接收人的感官所感受不到的外界信息.

【目的要求】

1. 了解光纤传感器的工作原理及其特性.

2. 加深对光纤传感理论的理解,接受光纤技术基本操作技能的训练.

【仪器装置】

光纤传感器实验仪,反射式光纤,对射式光纤,连接导线若干,电源.

【实验原理】

光纤传感器的基本工作原理是将来自光源的光经过光纤送入调制器,待测参量与进入调制区的光相互作用后,光的光学性质(如光的强度、波长、频率、相位、偏振态等)发生变化,形成被调制的信号光,再经过光纤送入光探测器,经解调后,获得被测参量.

【探索与设计】

1. 设计一个用光纤传感器测量位移的装置.
2. 影响测量精度的因素有哪些? 如何避免?

实验94 气敏传感器的特性及应用

气敏传感器是一种检测特定气体的传感器. 它主要包括半导体气敏传感器、接触燃烧式气敏传感器和电化学气敏传感器等,其中用得最多的是半导体气敏传感器.

【目的要求】

1. 了解气敏传感器的工作原理及其特性.
2. 学习气敏传感器的应用.

【仪器装置】

传感器实训台操作板的直流电压源,气敏传感器应用电路,蜂鸣器电路,继电器电路,气敏传感器,导线若干,万用表.

【实验原理】

声表面波的波速和频率会随外界环境的变化而发生漂移. 气敏传感器就是利用这种性能在压电晶体表面涂敷一层选择性吸附某气体的气敏薄膜,当该气敏薄膜与待测气体相互作用(化学作用、生物作用或物理吸附),使得气敏薄膜的膜层质量和导电率发生变化时,引起压电晶体的声表面波频率发生漂移. 气体浓度不同,膜层质量和导电率变化程度亦不同,即引起声表面波频率的变化也不同. 通过测量声表面波频率的变化就可以获得准确的反应气体浓度的变化值.

【探索与设计】

1. 设计一个用于呼气中乙醇含量检测的装置.
2. 设计一个检测甲烷的气敏传感装置.

实验 95　湿度传感器的特性及应用

随着时代的发展,科研、农业、暖通、纺织、机房、航空航天、电力等工业部门,越来越需要湿度传感器. 对产品质量的要求越高,对环境温度、湿度的控制以及对工业材料水分含量的监测与分析就越重要,其中湿度传感器的使用已成为比较普遍的技术条件之一.

【目的要求】

1. 了解湿度传感器的工作原理及应用.
2. 学习湿度传感器的应用.

【仪器装置】

湿度传感器实验模块,直流源,数显单元,湿海绵.

【实验原理】

湿敏元件主要有电容式和电阻式两种. 电容式湿敏元件采用高分子薄膜作为感湿材料,用微电子技术制作,其电容值与湿度线性相关,当将湿敏元件接入测量电路时,输出电压值随湿度成线性变化. 电阻式湿敏元件的电阻值的对数与相对湿度值接近线性关系,同样可用于检测相对湿度 R_H.

【探索与设计】

1. 设计一个测量海绵湿度的实验.
2. 分析一下测试湿度的误差来源.

第 13 章
超声波应用

实验 96　超声波探伤实验

　　超声波是频率高于 20 kHz 的声波. 超声波除具有声波所有的物理性质外,还具有频率高、波长短的特性. 产生超声波的方法有多种,现在超声波的产生主要是利用某些晶体(如石英、酒石酸钾钠、锆钛酸铅等)的特殊物理性质——压电效应来实现.

　　超声波探伤是一种利用超声波透入金属材料的深处,并由一截面进入另一截面时,在界面边缘发生反射的特点来检查工件缺陷的方法. 当超声波束自工件表面由探头传播至金属内部,遇到缺陷处与工件底面时就分别引起反射波,在荧光屏上形成脉冲波形,根据这些脉冲波形来判断缺陷处的位置和大小. 超声波探伤是无损检测常用的一种方法.

【目的要求】

　　1. 了解超声波探伤的基本原理.
　　2. 掌握超声波探伤仪使用的一般方法和检测步骤.

【仪器装置】

　　XYZ-2A 型超声波综合设计实验仪,专用探头一个,标准金属测试块,待测缺陷金属块,20 MHz 以上的示波器一台.

【实验原理】

　　脉冲反射法是运用最广泛的一种超声波探伤法. 它使用的不是连续波,而是有一定持续时间、按一定频率间隔发射的超声脉冲. 探伤结果可以用示波器显示.

　　信号发生器在一定时间间隔内发射一个触发脉冲信号,通过专用压电转换器,使得信号以相同的频率作机械振动,这个高频脉冲信号相应地在示波器荧光屏上形成一个起始脉冲信号. 当探头接触到所要探测的工件面时,超声波以一定的速度在其内部传播,当遇到缺陷或工件底面时,就会引起反射,反射后的超声波返回到探头. 此时,压电换能器又将声脉冲转换成电脉冲并将信号再次传送到示波器,形成一个反射脉冲信号.

　　由于电子束在荧光屏上的移动与超声波在均匀物质中传播过程都是匀速的,所以来自缺陷或底面的反射脉冲信号距起始脉冲的距离与探头距缺陷或底面的距离是成正比的.

脉冲反射法就是根据缺陷及底面反射信号的有无、反射信号幅度的大小及反射信号在荧光屏上的位置来判断有无缺陷、缺陷的大小以及缺陷的深度.

【探索与设计】

用脉冲反射法测量金属块缺陷所在的位置深度.

实验 97　超声波液位计的设计

液位测量是超声波测量技术较为成功的应用之一,广泛应用于化工、石油和水电等部门油位、水位的测量.

【目的要求】

1. 了解用超声波脉冲回波法测液位的基本原理.
2. 回顾示波器的使用方法并通过其测量介质中的声速及液位.
3. 学会自行设计各种方式的液位测量.

【仪器装置】

XYZ-2A 型超声波综合设计实验仪,高频线一根,2.5 MHz 超声波探头一个,量筒一个,定制的薄铁片,水,油(水和油中声速已知),螺杆,螺丝等.

【探索与设计】

1. 设计制作液介式简易液位计. 要求测出油水分界面的位置并与量筒的实际刻度进行比较.
2. 设计不用考虑测定声速的脉冲回波式超声波液位计. 要求写出实验原理及测量数学表达式,分析该表达式的适用条件,画出示意图.

实验 98　金属杨氏模量的测量

【目的要求】

1. 了解超声波的产生原理及作用.
2. 学会用超声波法测量金属杨氏模量的原理和方法.
3. 学习用作图法、逐差法和最小二乘法处理实验数据.

【仪器装置】

XYZ-2A 型超声波综合设计实验仪,声速测量组合仪,示波器一台,游标卡尺一个.

【探索与设计】

1. 设计用超声波法测量金属的杨氏模量.
2. 设计用超声波法测量金属的声速.

实验 99　用脉冲回波比较法测量金属和液体的声速

脉冲回波比较法是指把被测材料的声速与一已知材料的声速作比较,用已知材料的声速来计算被测材料的声速. 此时不需要制作专门的试块,可直接在被测材料上进行.

【目的要求】

1. 练习比较法在实验中的应用.
2. 设计利用脉冲回波测量声速的实验.

【仪器装置】

XYZ-2A 型超声波综合设计实验仪,声速测量仪,量筒,游标卡尺.

【探索与设计】

1. 根据所给仪器查找资料,弄清利用脉冲回波比较法测量声速的实验原理.
2. 根据实验原理设计利用脉冲回波比较法测量金属和液体声速的实验方案.
3. 利用脉冲回波比较法,实施实验测量金属和液体的声速.

实验 100　用超声波测量水下地形地貌

地形勘探是超声波测量技术较为成功的应用之一,广泛应用于石油勘探、水下地貌的测量和军事领域等.

【目的要求】

1. 了解用超声波脉冲回波法测量水下地貌的基本原理.
2. 回顾示波器的使用方法并通过其测量介质中的声速及液位.
3. 学会自行设计各种水下地貌的测量方法.
4. 加深超声波技术在生活中的应用.

【仪器装置】

XYZ-2A 型超声波综合设计实验仪,20 MHz 以上的示波器,带可滑动探头的水槽.

【实验原理】

用超声波脉冲回波法测量水下地貌的工作原理是发射探头发射出超声脉冲,在水中传播至水底地表,经地表反射后,反射的超声脉冲被接收探头所接收,测量超声脉冲从发射至接收所经过的时间,根据超声波在水中的声速,可以通过计算求得探头至水底地表的距离,从而确定水面至水下地表间的距离.

【探索与设计】

设计实验,用超声波测量水下地形地貌. 要求写出测量的数学表达式,分析该表达式的适用条件,画出示意图.

附录

附录1 常用物理常量表

物理量	符号	数值	单位	相对标准不确定度
真空中的光速	c	299 792 458	$m \cdot s^{-1}$	精确
普朗克常量	h	$6.626\ 070\ 15 \times 10^{-34}$	$J \cdot s$	精确
约化普朗克常量	$h/2\pi$	$1.054\ 571\ 817 \cdots \times 10^{-34}$	$J \cdot s$	精确
元电荷	e	$1.602\ 176\ 634 \times 10^{-19}$	C	精确
阿伏伽德罗常量	N_A	$6.022\ 140\ 76 \times 10^{23}$	mol^{-1}	精确
玻耳兹曼常量	k	$1.380\ 649 \times 10^{-23}$	$J \cdot K^{-1}$	精确
摩尔气体常量	R	$8.314\ 462\ 618 \cdots$	$J \cdot mol^{-1} \cdot K^{-1}$	精确
理想气体的摩尔体积（标准状况下）	V_m	$22.413\ 969\ 54 \cdots \times 10^{-3}$	$m^3 \cdot mol^{-1}$	精确
斯特藩–玻耳兹曼常量	σ	$5.670\ 374\ 419 \cdots \times 10^{-8}$	$W \cdot m^{-2} \cdot K^{-4}$	精确
维恩位移定律常量	b	$2.897\ 771\ 955 \times 10^{-3}$	$m \cdot K$	精确
引力常量	G	$6.674\ 30(15) \times 10^{-11}$	$m^3 \cdot kg^{-1} \cdot s^{-2}$	2.2×10^{-5}
真空磁导率	μ_0	$1.256\ 637\ 062\ 12(19) \times 10^{-6}$	$N \cdot A^{-2}$	1.5×10^{-10}
真空电容率	ε_0	$8.854\ 187\ 812\ 8(13) \times 10^{-12}$	$F \cdot m^{-1}$	1.5×10^{-10}
电子质量	m_e	$9.109\ 383\ 701\ 5(28) \times 10^{-31}$	kg	3.0×10^{-10}
电子荷质比	$-e/m_e$	$-1.758\ 820\ 010\ 76(53) \times 10^{11}$	$C \cdot kg^{-1}$	3.0×10^{-10}
质子质量	m_p	$1.672\ 621\ 923\ 69(51) \times 10^{-27}$	kg	3.1×10^{-10}
中子质量	m_n	$1.674\ 927\ 498\ 04(95) \times 10^{-27}$	kg	5.7×10^{-10}
氘核质量	m_d	$3.343\ 583\ 772\ 4(10) \times 10^{-27}$	kg	3.0×10^{-10}
氚核质量	m_t	$5.007\ 356\ 744\ 6(15) \times 10^{-27}$	kg	3.0×10^{-10}
里德伯常量	R_∞	$1.097\ 373\ 156\ 816\ 0(21) \times 10^7$	m^{-1}	1.9×10^{-12}
精细结构常数	α	$7.297\ 352\ 569\ 3(11) \times 10^{-3}$		1.5×10^{-10}
玻尔磁子	μ_B	$9.274\ 010\ 078\ 3(28) \times 10^{-24}$	$J \cdot T^{-1}$	3.0×10^{-10}
核磁子	μ_N	$5.050\ 783\ 746\ 1(15) \times 10^{-27}$	$J \cdot T^{-1}$	3.1×10^{-10}
玻尔半径	a_0	$5.291\ 772\ 109\ 03(80) \times 10^{-11}$	m	1.5×10^{-10}
康普顿波长	λ_C	$2.426\ 310\ 238\ 67(73) \times 10^{-12}$	m	3.0×10^{-10}
原子质量常量	m_u	$1.660\ 539\ 066\ 60(50) \times 10^{-27}$	kg	3.0×10^{-10}

注：① 表中数据为国际科学理事会（ISC）国际数据委员会（CODATA）2018 年的国际推荐值。

② 标准状况是指 $T = 273.15$ K，$p = 101\ 325$ Pa。

附录2　物质的密度

物质	密度/$(kg \cdot m^{-3})$	物质	密度/$(kg \cdot m^{-3})$
铝	2.699×10^3	无水甘油(15 ℃)	1.260×10^3
铜	8.960×10^3	无水乙醇(20 ℃)	$0.789\,4 \times 10^3$
铁	7.874×10^3	变压器油	$(0.84 \sim 0.89) \times 10^3$
银	10.50×10^3	蓖麻油	0.957×10^3
金	19.32×10^3	松节油	0.855×10^3
钨	19.30×10^3	煤油	0.80×10^3
铂	21.45×10^3	汽油	0.70×10^3
铅	11.35×10^3	蜂蜜	1.40×10^3
锡	7.298×10^3	石蜡	0.792×10^3
石英	$(2.5 \sim 2.8) \times 10^3$	乙醚(20 ℃)	0.714×10^3
金刚石	$(3.4 \sim 3.5) \times 10^3$	空气(0 ℃)	1.293
玻璃	$(2.5 \sim 2.7) \times 10^3$	氢气(标准状况下)	0.089\,88
冰(0 ℃)	0.900×10^3	氦气(标准状况下)	0.178\,5
海水(15 ℃)	1.025×10^3	氮气(标准状况下)	1.251
水(4 ℃)	1.000×10^3	氧气(标准状况下)	1.429
水银(20 ℃)	13.595×10^3		

附录3　20 ℃时金属的杨氏模量

金属	杨氏模量 $E/(10^9\ N \cdot m^{-2})$	金属	杨氏模量 $E/(10^9\ N \cdot m^{-2})$
铝	$69 \sim 70$	铁	$186 \sim 206$
金	77	镍	203
银	$69 \sim 80$	碳钢	$196 \sim 206$
锌	78	合金钢	$206 \sim 216$
铜	$103 \sim 127$	铬	$235 \sim 245$
康铜	160	钨	407

附录 4　某些物质中的声速

物质(0 ℃)	声速 $v/(\text{m} \cdot \text{s}^{-1})$	物质(0 ℃)	声速 $v/(\text{m} \cdot \text{s}^{-1})$
空气	331.45*	水(20 ℃)	1 482.9
一氧化碳	337.1	酒精	1 168
二氧化碳	258.0	铝**	5 000
氧气	317.2	铜	3 750
氩气	319	不锈钢	5 000
氢气	1 269.5	金	2 030
氮气	337	银	2 680

* 干燥空气中的声速与温度的关系: $v/(\text{m} \cdot \text{s}^{-1}) = 331.45 + 0.54t/℃$

** 固体中的声速为棒内纵波速度

附录 5　在 20 ℃时与空气接触的液体表面张力系数

液体	$\alpha/(10^{-3}\ \text{N} \cdot \text{m}^{-1})$	液体	$\alpha/(10^{-3}\ \text{N} \cdot \text{m}^{-1})$
航空汽油(10 ℃)	21	甘油	63
石油	30	甲醇	22.6
煤油	24	甲醇(0 ℃)	24.5
松节油	28.8	乙醇	22.0
水	72.75	乙醇(0 ℃)	24.1
肥皂溶液	40	乙醇(60 ℃)	18.4
氟利昂-12	9.0	蓖麻油	36.4

附录 6　液体的黏度 η

液体	温度/℃	$\eta/(10^{-3}\ \text{Pa} \cdot \text{s})$	液体	温度/℃	$\eta/(10^{-3}\ \text{Pa} \cdot \text{s})$
汽油	0	1.788	甘油	-20	134
	18	0.530		0	12.1
乙醇	-20	2.780		20	1.50
	0	1.780		100	0.012 9
	20	1.190	蓖麻油	0	5.30
甲醇	0	0.817		10	2.42
	20	0.584		20	0.986
乙醚	0	0.296		30	0.451
	20	0.243		40	0.230
水银	-20	1.855	变压器油	20	0.019 8
	0	1.685	葵花籽油	20	0.050 0
	20	1.554	蜂蜜	20	6.50
	100	1.240		80	0.010 0

附录 7　金属和合金的电阻率及其温度系数

金属或合金	电阻率/$(10^{-6}\ \Omega \cdot m)$	温度系数/$℃^{-1}$	金属或合金	电阻率/$(10^{-6}\ \Omega \cdot m)$	温度系数/$℃^{-1}$
铝	0.028	4.2×10^{-3}	锡	0.12	4.4×10^{-3}
铜	0.017 2	4.3×10^{-3}	锌	0.059	4.2×10^{-3}
银	0.016	4.0×10^{-3}	水银	0.958	1.0×10^{-3}
金	0.024	4.0×10^{-3}	武德合金	0.52	3.7×10^{-3}
铁	0.098	6.0×10^{-3}	钢(0.10% ~ 0.15%碳)	0.10 ~ 0.14	0.6×10^{-3}
铅	0.205	3.7×10^{-3}	康铜	0.47 ~ 0.51	$(-0.04 ~ +0.01) \times 10^{-3}$
铂	0.105	3.9×10^{-3}	铜锰镍合金	0.34 ~ 1.00	$(-0.03 ~ +0.02) \times 10^{-3}$
钨	0.055	4.8×10^{-3}	镍铬合金	0.98 ~ 1.10	$(0.03 ~ 0.4) \times 10^{-3}$

参考文献

姓名＿＿＿＿＿＿＿＿＿   实验台编号＿＿＿＿＿＿＿＿＿＿＿

实验3 用扭摆法测刚体的转动惯量

1. 测量数据表

测量量		载物圆盘	圆柱体	金属圆筒			细金属杆
质量 m/g	1						
	2						
	3						
几何尺寸 /mm	1		直径 D_1	外径 $D_外$		内径 $D_内$	
	2						
	3						
周期 T/s	1	T_0	T_1	T_2			T_3
	2						
	3						

2. 数据处理结果表

测量量	载物圆盘	圆柱体	金属圆筒		细金属杆
质量/g		m_1	m_2		m_3
几何尺寸/mm		$\overline{D}_1$	$\overline{D}_外$	$\overline{D}_内$	L
$J_理/(\mathrm{kg \cdot m^2})$		J'_1	J'_2		J'_3
周期 T/s	T_0	T_1	T_2		T_3
$J_实/(\mathrm{kg \cdot m^2})$	J_0	J_1	J_2		J_3
$E/\%$		E_1	E_2		E_3

教师签字＿＿＿＿＿＿＿＿＿＿＿＿实验日期＿＿＿＿＿＿＿＿＿＿＿＿

实验 4　用气垫法测刚体的转动惯量

1. 测量数据表

i			1		2		3		4		5
$m_i/$＿＿＿											
顺时针旋转	t_{1i}/s	1		1		1		1		1	
		2		2		2		2		2	
		3		3		3		3		3	
	t_{2i}/s	1		1		1		1		1	
		2		2		2		2		2	
		3		3		3		3		3	
逆时针旋转	t_{1i}/s	1		1		1		1		1	
		2		2		2		2		2	
		3		3		3		3		3	
	t_{2i}/s	1		1		1		1		1	
		2		2		2		2		2	
		3		3		3		3		3	

2. 数据处理结果

$g = 9.8\,\mathrm{m/s^2}, D_1 = 2 \times 10^{-2}\,\mathrm{m}$

i		1	2	3	4	5
$M_i = m_i g D/$＿＿＿						
顺时针旋转	$\bar{t}_{1i}/s$					
	$\bar{t}_{2i}/s$					
	α_{1i}/s					
逆时针旋转	$\bar{t}_{1i}/s$					
	$\bar{t}_{2i}/s$					
	α_{2i}/s					
$\bar{\alpha}/$＿＿＿						

教师签字＿＿＿＿＿＿＿＿＿＿＿＿＿＿实验日期＿＿＿＿＿＿＿＿＿＿＿＿＿

实验 8　用拉脱法测定液体表面张力系数

1. 力敏传感器定标

砝码 m/g	0	0.5	1.0	1.5	2.0	2.5	3.0	3.5
电压 U/mV								

2. 测金属圆环内、外径

次数	1	2	3	4	5	平均值
D_1/mm						
D_2/mm						

3. 表面张力测量数据表

次数		1	2	3	4	5	6
盐水	U_1/mV						
	U_2/mV						
水	U_1/mV						
	U_2/mV						
酒精	U_1/mV						
	U_2/mV						

4. 表面张力系数数据处理结果

次数		1	2	3	4	5	6
盐水	$\Delta U/mV$						
	$F/(10^{-3}N)$						
	$\sigma/(10^{-3}N \cdot m^{-1})$						
	$\overline{\sigma}/(10^{-3}N \cdot m^{-1})$						
水	$\Delta U/mV$						
	$F/(10^{-3}N)$						
	$\sigma/(10^{-3}N \cdot m^{-1})$						
	$\overline{\sigma}/(10^{-3}N \cdot m^{-1})$						
酒精	$\Delta U/mV$						
	$F/(10^{-3}N)$						
	$\sigma/(10^{-3}N \cdot m^{-1})$						
	$\overline{\sigma}/(10^{-3}N \cdot m^{-1})$						

实验 9　用落球法测量液体的黏度

1. 测小球直径 d

小球号 i	左读数 l_1/mm	左读数 l_2/mm	$d=\mid l_1-l_2\mid$/mm	$\bar{d}$/mm
1				
2				
3				
4				
5				

2. 液体黏度测量

（已知蓖麻油 $\rho=0.957\times10^3$ kg/m^3，小钢球 $\rho_0=7.874\times10^3$ kg/m^3）

油温 T/℃	球号 i	下落时间 t/s	$\bar{t}$/s	距离 h/m	下落速度 v/(m·s^{-1})	黏度 η/(Pa·s)
	1					
	2					
	3					
	4					
	5					
	1					
	2					
	3					
	4					
	5					
	1					
	2					
	3					
	4					
	5					
	1					
	2					
	3					
	4					
	5					
	1					
	2					
	3					
	4					
	5					

教师签字＿＿＿＿＿＿＿＿＿＿＿＿＿＿　　实验日期＿＿＿＿＿＿＿＿＿＿＿＿＿＿

姓名＿＿＿＿＿＿＿　　　　　　　　　实验台编号＿＿＿＿＿＿＿＿＿＿＿＿

实验 10　声速的测量

1．共振干涉法

f=＿＿＿＿＿＿＿，单位：＿＿＿＿

编号	L_0	L_1	L_2	L_3	L_4	L_5
坐标值						
编号	L_6	L_7	L_8	L_9	L_{10}	L_{11}
坐标值						
ΔL	ΔL_1	ΔL_2	ΔL_3	ΔL_4	ΔL_5	ΔL_6
计算值						
$\overline{\Delta L}$						

2．相位比较法

f=＿＿＿＿＿＿＿，单位：＿＿＿＿

编号	L_0	L_1	L_2	L_3	L_4	L_5
坐标值						
编号	L_6	L_7	L_8	L_9	L_{10}	L_{11}
坐标值						
ΔL	ΔL_1	ΔL_2	ΔL_3	ΔL_4	ΔL_5	ΔL_6
计算值						
$\overline{\Delta L}$						

教师签字＿＿＿＿＿＿＿＿＿＿＿＿实验日期＿＿＿＿＿＿＿＿＿＿＿＿

姓名_____ 实验台编号_____

实验 12　用稳态法测量不良导体的导热系数

1. 样品圆盘 B、铜散热盘 P 的直径与厚度

i	1	2	3	平均值
$D_B/$____				
$h_B/$____				
$D_P/$____				
$h_P/$____				

2. 稳态温度的测量过程

$t/$min	0	1	2	3	4	5	6	7	8	9
$T_1/℃$										
$T_2/℃$										

3. 稳态时样品圆盘 B 上下表面的温度及铜散热盘 P 的质量

$T_1/$____		$T_2/$____		$m_P/$____	$\overline{m}_P/$____

4. 铜散热盘 P 冷却速率（比热容 $c_P = 3.805 \times 10^2$ J·kg^{-1}·℃$^{-1}$）

$t/$s	0	30	60	90	120	150	180	210
$T_2/℃$								
$t/$s	240							
$T_2/℃$								
$t/$s								
$T_2/℃$								
$t/$s								
$T_2/℃$								

教师签字_____实验日期_____

姓名＿＿＿＿＿＿＿＿＿　　　　　　　　实验台编号＿＿＿＿＿＿＿＿＿＿＿＿＿

实验 13　用冷却法测量金属的比热容

1. 样品质量

样品名称	Cu	Fe	Al
$m/$＿＿＿			

2. 样品由 E_1 下降到 E_2 所需时间

热电偶冷端温度：＿＿℃　　　　　　　　　　　　　　　　　　单位：＿＿

样品	Δt_1	Δt_2	Δt_3	Δt_4	Δt_5	Δt_6	平均值$\overline{\Delta t}$
Cu							
Fe							
Al							

教师签字＿＿＿＿＿＿＿＿＿＿＿＿＿＿＿实验日期＿＿＿＿＿＿＿＿＿＿＿＿＿

附录　铜-康铜热电偶分度表

温度/℃	热电势/mV									
	0	1	2	3	4	5	6	7	8	9
−10	−0.383	−0.421	−0.458	−0.496	−0.534	−0.571	−0.608	−0.646	−0.683	−0.720
−0	0.000	−0.039	−0.077	−0.116	−0.154	−0.193	−0.231	−0.269	−0.307	−0.345
0	0.000	0.039	0.078	0.117	0.156	0.195	0.234	0.273	0.312	0.351
10	0.391	0.430	0.470	0.510	0.549	0.589	0.629	0.669	0.709	0.749
20	0.789	0.830	0.870	0.911	0.951	0.992	1.032	1.073	1.114	1.155
30	1.196	1.237	1.279	1.320	1.361	1.403	1.444	1.486	1.528	1.569
40	1.611	1.653	1.695	1.738	1.780	1.882	1.865	1.907	1.950	1.992
50	2.035	2.078	2.121	2.164	2.207	2.250	2.294	2.337	2.380	2.424
60	2.467	2.511	2.555	2.599	2.643	2.687	2.731	2.775	2.819	2.864
70	2.908	2.953	2.997	3.042	3.087	3.131	3.176	3.221	3.266	3.312
80	3.357	3.402	3.447	3.493	3.538	3.584	3.630	3.676	3.721	3.767
90	3.813	3.859	3.906	3.952	3.998	4.044	4.091	4.137	4.184	4.231
100	4.277	4.324	4.371	4.418	4.465	4.512	4.559	4.607	4.654	4.701
110	4.749	4.796	4.844	4.891	4.939	4.987	5.035	5.083	5.131	5.179
120	5.227	5.275	5.324	5.372	5.420	5.469	5.517	5.566	5.615	5.663
130	5.712	5.761	5.810	5.859	5.908	5.957	6.007	6.056	6.105	6.155
140	6.204	6.254	6.303	6.353	6.403	6.452	6.502	6.552	6.602	6.652
150	6.702	6.753	6.803	6.853	6.903	6.954	7.004	7.055	7.106	7.156
160	7.207	7.258	7.309	7.360	7.411	7.462	7.513	7.564	7.615	7.666
170	7.718	7.769	7.821	7.872	7.924	7.975	8.027	8.079	8.131	8.183
180	8.235	8.287	8.339	8.391	8.443	8.495	8.548	8.600	8.652	8.705
190	8.757	8.810	8.863	8.915	8.968	9.024	9.074	9.127	9.180	9.233
200	9.286									

注意:不同的热电偶的输出会有一定的偏差,所以以上表格的数据仅供参考。

实验 19　光的等厚干涉——牛顿环

1．暗纹直径端点坐标的测量数据

单位：____

环数 m						
m 环直径端点	x_m					
	x'_m					
环数 n						
n 环直径端点	x_n					
	x'_n					

2．数据处理结果

单位：____

直径 D_m ($=x'_m-x_m$)					
直径 D_n ($=x'_n-x_n$)					
ΔD_i^2 ($=D_m^2-D_n^2$)					
透镜曲率半径 R_i					
曲率半径 $\overline{R}$					

实验 20 光的等厚干涉——劈尖

单位：＿＿＿

条纹级数 k					
x_k					
条纹级数 l					
x_l					
$\Delta x = x_k - x_l$					

劈尖的斜面长度 $L=$＿＿＿＿＿＿＿。

实验 21　菲涅耳双棱镜干涉实验

单位:____

	1	2	3	平均值
S_1'				
S_2'				
L_1				
L_3				
L_4				
x_1				
x_{11}				
L_2				

因狭缝到光具座中心距离为 3.5 cm,测微目镜分划板到光具座中心距离为 2.1 cm,故有

$$D = |L_1 - L_2| \pm 3.5 \text{ cm} \pm 2.1 \text{ cm}$$

$$A = |L_3 - L_1| \pm 3.5 \text{ cm}$$

$$B = |L_4 - L_3| \pm 2.1 \text{ cm}$$

"±"符号的选取由狭缝和测微目镜的位置决定.

实验 23　光栅衍射——测量光的波长

光谱线	+1 级条纹位置		−1 级条纹位置		φ	$d/$____	λ/nm
紫光	θ_1		θ_1'				
	θ_2		θ_2'				
蓝光	θ_1		θ_1'				
	θ_2		θ_2'				
绿光	θ_1		θ_1'				546.07
	θ_2		θ_2'				
黄线 1	θ_1		θ_1'				
	θ_2		θ_2'				
黄线 2	θ_1		θ_1'				
	θ_2		θ_2'				

衍射角 φ 的计算公式：$\varphi = \dfrac{1}{4}\left(\left|\theta_1 - \theta_1'\right| + \left|\theta_2 - \theta_2'\right|\right)$

实验 24　线偏振现象及规律

1. 验证马吕斯定律(自消光角度开始,每10°测量一次)

θ								
I								
θ								
I								
θ								
I								
θ								
I								
θ								
I								

2. 测量激光的偏振度

I_{max}	I_{min}	$I_{max}+I_{min}$	$I_{max}-I_{min}$	$P=\dfrac{I_{max}-I_{min}}{I_{max}+I_{min}}$

姓名____________　　　　　　　　　　实验台编号____________________

实验 25　圆偏振及椭圆偏振

1. 测量旋光晶体旋光率

第一次消光位置（角度 θ_1）	第二次消光位置（角度 θ_2）	转过角度 $\theta(=\theta_1-\theta_2)$	旋光率 $\alpha=\frac{\theta}{3\ \mathrm{mm}}$

2. 观测圆偏振光和椭圆偏振光

（从消光状态开始）

1/4 波片的位置	偏振片转 360°光强的变化	光的偏振状态
15°		
30°		
45°		
60°		
75°		
90°		
105°		
120°		
135°		
150°		
165°		
180°		

教师签字____________________实验日期____________________

实验 26　测绘线性电阻和非线性电阻的伏安特性曲线

1. 线性电阻伏安特性

（量程：电压表直流 20 V；电流表直流 200 mA）

U/V	0	2	4	6	8	10	12	14	16	18	20
$I_{内}/\text{mA}$											
$I_{外}/\underline{\ \ \ \ }$											

2. 小灯泡伏安特性

（量程：电压表直流 20 V；电流表直流 200 mA）

U_{L}/V	0	0.02	0.04	0.06	0.08	0.10
$I/\underline{\ \ \ \ }$						
$R/\underline{\ \ \ \ }$						
U_{L}/V	0.15	0.18	0.2	0.4	0.6	1.0
$I/\underline{\ \ \ \ }$						
$R/\underline{\ \ \ \ }$						
U_{L}/V	1.5	2.5	3.5	4.0	4.5	
$I/\underline{\ \ \ \ }$						
$R/\underline{\ \ \ \ }$						

3. 二极管伏安特性

（量程：电压表直流 2 V；电流表直流 200 mA）

U/V	0.00	0.10	0.30	0.40	0.50	0.60	0.65
$I/\underline{\ \ \ \ }$							
U/V	0.70	0.72	0.74	0.76	0.78		
$I/\underline{\ \ \ \ }$							

实验 29　直流单臂电桥

次数	1	2	3	4	5
$t_{铜}/℃$					
$R_{铜}/Ω$					
$t_{半导体}/℃$					
$R_{半导体}/Ω$					

姓名＿＿＿＿＿＿＿　　　　　　实验台编号＿＿＿＿＿＿＿＿＿＿

实验 30　直流双臂电桥

次数	1	2	3	4	5
R_x/Ω					
l/mm					
d/mm					
$\bar{d}/\text{mm}$					
$\bar{S}/\text{m}^2$					
$\rho/(\Omega\cdot\text{m})$					
$\bar{\rho}/(\Omega\cdot\text{m})$					

教师签字＿＿＿＿＿＿＿＿＿＿　实验日期＿＿＿＿＿＿＿＿＿＿

实验 32　用自组式电势差计测量电池电动势

1．校准时测得的电阻

单位：＿＿＿＿＿＿＿＿＿＿

次数	R_n	R_1	R_2	$R = R_n + R_1 + R_2$
1				
2				
3				

2．测量时 R_1 的电阻及平均值

单位：＿＿＿＿＿＿＿＿＿＿

次数	1	2	3	平均值 $\overline{R}_1$
电阻 R_1				

3．灵敏度 S

次数	ΔR_1	Δn	S	$\overline{S}$
1				
2				
3				

姓名＿＿＿＿＿＿＿＿＿　　　　　　　实验台编号＿＿＿＿＿＿＿＿＿＿＿＿＿＿

实验 33　示波器原理及应用

1. 峰–峰值

信号源输出 U_{p-p}/V	示波器垂直格数	示波器垂直挡位/V	示波器测得 U_{p-p}/V

2. 频率

信号源输出 f/Hz	示波器水平格数	示波器水平挡位/s	周期 T/s	示波器测得 f/Hz

3. 李萨如图形

$f_x = 50$ Hz

$n_x : n_y$				
信号源 f_y/Hz				
示波器图像				
$f_y(= n_x f_x / n_y)$/Hz				

教师签字＿＿＿＿＿＿＿＿＿＿＿＿＿实验日期＿＿＿＿＿＿＿＿＿＿＿＿＿＿

实验 35　霍尔效应及霍尔元件基本参量的测量

1. U_H–I_S 数据表

$I_M = $＿＿＿＿＿＿＿＿＿＿＿

I_S/mA	U_1/mV	U_2/mV	U_3/mV	U_4/mV	U_H/mV
	$+I_S$,$+I_M$	$+I_S$,$-I_M$	$-I_S$,$+I_M$	$-I_S$,$-I_M$	
0.50					
1.00					
1.50					
2.00					
2.50					
3.00					

$U_H = (U_1 - U_2 - U_3 + U_4)/4$

2. U_H–I_M 数据表

$I_S = $＿＿＿＿＿＿＿＿＿＿＿

I_M/A	U_1/mV	U_2/mV	U_3/mV	U_4/mV	U_H/mV
	$+I_S$,$+I_M$	$+I_S$,$-I_M$	$-I_S$,$+I_M$	$-I_S$,$-I_M$	
0.10					
0.20					
0.30					
0.40					
0.50					

3. $U_a = $＿＿＿＿＿＿＿＿＿＿＿，$I_s = 1.00$ mA，$I_m = 0$ A.

姓名＿＿＿＿＿＿＿＿＿＿＿　　　　　　　　实验台编号＿＿＿＿＿＿＿＿＿＿＿＿＿＿

实验 40　迈克耳孙干涉仪的调节和使用

1. 求波长

ΔK = ＿＿＿＿＿环

d_1/mm					
d_2/mm					
$\Delta d = \lvert d_2 - d_1 \rvert$					
λ/nm					
$\overline{\lambda}/\text{nm}$					

波长的计算公式：$\lambda = \dfrac{2\Delta d}{\Delta K}$

2. 求折射率

ΔK = ＿＿＿＿＿环，单位：＿＿＿＿＿

	1	2	3	4	5	...
p_1						
p_2						
Δp						
n						
$\overline{n}$						

计算折射率的公式：$n = 1 + \dfrac{\Delta K\lambda}{2L} \cdot \dfrac{p}{\lvert \Delta p \rvert}$

教师签字＿＿＿＿＿＿＿＿＿＿＿＿＿＿　实验日期＿＿＿＿＿＿＿＿＿＿＿＿＿＿

实验 42　光电效应和普朗克常量的测定

1. 不同频率入射光对应的截止电压（U_a–ν 关系）

波长 λ_i/nm	365.0	405.0	436.0	546.0	577.0
频率 ν/(10^{14} Hz)					
截止电压 U_a/V					

2. 光电流和电压的测量数据（I–U_{AK} 关系）

（数据表格见背面）

3. 光电流与入射光强度的关系（I_M–P 关系）

$U_{AK} = $＿＿＿＿＿＿ V，$\lambda = $＿＿＿＿＿＿ nm，$L = $＿＿＿＿＿＿ mm

光阑孔 Φ/mm	2	4	8
I/(10^{-10} A)			

4. 光电流与入射光强度的关系（I_M–P 关系）

$U_{AK} = $＿＿＿＿＿＿ V，$\lambda = $＿＿＿＿＿＿ nm，$\Phi = $＿＿＿＿＿＿ mm

入射距离 L/mm				
I/(10^{-10} A)				

U_{AK}/V	−1	0	5	10	15	20	25	30	35	40	45	50
365 nm												
405 nm												
436 nm												
546 nm												
577 nm												

$I = \underline{\qquad} \times 10^{-10}\ A$

教师签字 _____ 实验日期 _____

姓名＿＿＿＿＿＿＿＿＿＿   实验台编号＿＿＿＿＿＿＿＿＿＿＿＿＿

实验 45　用超声光栅测声速实验

已知 $\lambda_{蓝光}=435.8$ nm，$\lambda_{绿光}=546.1$ nm，$\lambda_{黄光}=578.0$ nm，透镜焦距 $f=170$ mm

超声光栅频率 $\nu=$＿＿＿＿ MHz，温度 $t=$＿＿＿＿℃

（单位：mm）

级次位置	-3	-2	-1	0	1	2	3
黄							
绿							
蓝							

教师签字＿＿＿＿＿＿＿＿＿＿＿＿＿＿实验日期＿＿＿＿＿＿＿＿＿＿＿＿＿＿

实验 46　用霍尔位置传感器与弯曲法测量杨氏模量

1. 霍尔位置传感器定标

m_i/g	0.00	20.00	40.00	60.00	80.00	100.00
$F_i/$____						
$\Delta z_i/$____						
$U_i/$____						

2. 测黄铜梁、铸铁横梁的刀口间长度 d、厚度 a、宽度 b

	材料	1	2	3	平均值
$a/$____	黄铜				
	铸铁				
$b/$____	黄铜				
	铸铁				
$d/$____	黄铜				
	铸铁				

3. 测量黄铜、铸铁的杨氏模量

m/g	0.00	20.00	40.00	60.00	80.00	100.00
$U_{铜}/$____						
$U_{铁}/$____						

实验 53　PN 结物理特性的测定

1. I_s–U_{be} 关系测定

U_1/V	0.310	0.320	0.330	0.340	0.350	0.360	0.370	0.380
U_2/V								
U_1/V	0.390	0.400	0.410	0.420	0.430	0.440	0.450	0.460
U_2/V								
U_1/V	0.470	0.480	0.490	0.500	0.510	0.520	0.530	0.540
U_2/V								

与指数函数 $U_2 = a e^{bU_1}$ 回归拟合得到参量 a、b。

2. U_{be}–T 关系测定

t/℃	30.0	35.0	40.0	45.0	50.0	55.0
U_{be}/V						
R_T/Ω						
t/℃	60.0	65.0	70.0	75.0	80.0	
U_{be}/V						
R_T/Ω						

郑重声明

高等教育出版社依法对本书享有专有出版权。任何未经许可的复制、销售行为均违反《中华人民共和国著作权法》,其行为人将承担相应的民事责任和行政责任;构成犯罪的,将被依法追究刑事责任。为了维护市场秩序,保护读者的合法权益,避免读者误用盗版书造成不良后果,我社将配合行政执法部门和司法机关对违法犯罪的单位和个人进行严厉打击。社会各界人士如发现上述侵权行为,希望及时举报,我社将奖励举报有功人员。

反盗版举报电话　(010) 58581999　58582371

反盗版举报邮箱　dd@ hep. com. cn

通信地址　北京市西城区德外大街 4 号

　　　　　高等教育出版社法律事务部

邮政编码　100120

读者意见反馈

为收集对教材的意见建议,进一步完善教材编写并做好服务工作,读者可将对本教材的意见建议通过如下渠道反馈至我社。

咨询电话　400-810-0598

反馈邮箱　hepsci@ pub. hep. cn

通信地址　北京市朝阳区惠新东街 4 号富盛大厦 1 座

　　　　　高等教育出版社理科事业部

邮政编码　100029

防伪查询说明

用户购书后刮开封底防伪涂层,使用手机微信等软件扫描二维码,会跳转至防伪查询网页,获得所购图书详细信息。

防伪客服电话　(010) 58582300